高职高专"十一五"规划教材

★ 农林牧渔系列

农业推广

NONGYE TUIGUANG

田 伟　皇甫自起　主编

化学工业出版社

·北京·

全书共十三章，包括农业推广概论、农民行为的产生与改变、农业推广沟通、创新的采用与扩散、农业科技成果推广与转化、农业推广的基本方法与技能、农业推广试验与示范、农业推广教育与培训、农业推广计划与项目管理、农业推广体系建设、农业推广信息服务、农业推广调查、农业推广工作的评价等内容。同时，设置了签订农业技术承包合同、编制农业项目可行性研究报告、农业推广成果示范、农业推广培训演讲、制订农业推广项目计划、农业推广项目总结、农业推广现状调查、农业推广项目评价等实训项目。

本书总结和概括了我国近几年来农业推广的新成果、新经验，突出了实用性，加强了针对性，充分体现了高职高专教育的特点，具有鲜明的专业特色和时代特色。

本书可作为高职高专种植类专业学生的通用教材，也可作为高职高专生物技术、农业经济、畜牧兽医等专业学生的选修教材，同时还可作为农业推广、农村区域发展、农业经济管理等工作人员的参考书。

图书在版编目（CIP）数据

农业推广/田伟，皇甫自起主编．—北京：化学工业出版社，2009.9（2023.1重印）
高职高专"十一五"规划教材★农林牧渔系列
ISBN 978-7-122-06469-1

Ⅰ．农… Ⅱ．①田…②皇… Ⅲ．农业技术-技术推广-高等学校：技术学校-教材 Ⅳ．S3-33

中国版本图书馆 CIP 数据核字（2009）第 140760 号

责任编辑：李植峰　梁静丽　郭庆睿　　　　文字编辑：李　瑾
责任校对：周梦华　　　　　　　　　　　　装帧设计：史利平

出版发行：化学工业出版社（北京市东城区青年湖南街13号　邮政编码100011）
印　　装：北京虎彩文化传播有限公司
787mm×1092mm　1/16　印张15½　字数436千字　2023年1月北京第1版第11次印刷

购书咨询：010-64518888　　　　　　　　售后服务：010-64518899
网　　址：http://www.cip.com.cn
凡购买本书，如有缺损质量问题，本社销售中心负责调换。

定　价：38.00元　　　　　　　　　　　　　　　　　　　　　　版权所有　违者必究

"高职高专'十一五'规划教材★农林牧渔系列"
建设委员会成员名单

主 任 委 员 介晓磊
副主任委员 温景文　陈明达　林洪金　江世宏　荆　宇　张晓根
　　　　　　　窦铁生　何华西　田应华　吴　健　马继权　张震云
委　　　员（按姓名汉语拼音排列）

边静玮	陈桂银	陈宏智	陈明达	陈　涛	邓灶福	窦铁生	甘勇辉	高　婕	耿明杰
宫麟丰	谷凤柱	郭桂义	郭永胜	郭振升	郭正富	何华西	胡繁荣	胡克伟	胡孔峰
胡天正	黄绿荷	江世宏	姜文联	姜小文	蒋艾青	介晓磊	金伊洙	荆　宇	李　纯
李光武	李彦军	梁学勇	梁运霞	林伯全	林洪金	刘俊栋	刘　莉	刘　蕊	刘淑春
刘万平	刘晓娜	刘新社	刘奕清	刘　政	卢　颖	马继权	倪海星	欧阳素贞	潘开宇
潘自舒	彭　宏	彭小燕	邱运亮	任　平	商世能	史延平	苏允平	陶正平	田应华
王存兴	王　宏	王秋梅	王水琦	王晓典	王秀娟	王燕丽	温景文	吴昌标	吴　健
吴郁魂	吴云辉	武模戈	肖卫苹	肖文左	解相林	谢利娟	谢拥军	徐苏凌	徐作仁
许开录	闫慎飞	颜世发	燕智文	杨玉珍	尹秀玲	于文越	张德炎	张海松	张晓根
张玉廷	张震云	张志轩	赵晨霞	赵　华	赵先明	赵勇军	郑继昌	周晓舟	朱学文

"高职高专'十一五'规划教材★农林牧渔系列"
编审委员会成员名单

主 任 委 员 蒋锦标
副主任委员 杨宝进　张慎举　黄　瑞　杨廷桂　胡虹文　张守润
　　　　　　　宋连喜　薛瑞辰　王德芝　王学民　张桂臣
委　　　员（按姓名汉语拼音排列）

艾国良	白彩霞	白迎春	白永莉	白远国	柏玉平	毕玉霞	边传周	卜春华	曹　晶
曹宗波	陈传印	陈杭芳	陈金雄	陈　璟	陈盛彬	陈现臣	程　冉	褚秀玲	崔爱萍
丁玉玲	董义超	董曾施	段鹏慧	范洲衡	方希修	付美云	高　凯	高　梅	高志花
弓建国	顾成柏	顾洪娟	关小奕	韩建强	韩　强	何海健	何英俊	胡凤新	胡虹文
胡　辉	胡石柳	黄　瑞	黄修奇	吉　梅	纪守学	纪　瑛	蒋锦标	鞠志新	李碧全
李　刚	李继连	李　军	李雷斌	李林春	梁本国	梁称福	梁俊荣	林　纬	林仲桂
刘革利	刘广文	刘丽云	刘贤忠	刘晓欣	刘振华	刘振湘	刘宗亮	柳遵新	龙冰雁
罗　玲	潘　琦	潘一展	邱深本	任国栋	阮国荣	申庆全	石冬梅	史兴山	史雅静
宋连喜	孙克威	孙雄华	孙志浩	唐建勋	唐晓玲	陶令霞	田　伟	田伟政	田文儒
汪玉琳	王爱华	王朝霞	王大来	王道国	王德芝	王　健	王立军	王孟宇	王双山
王铁岗	王文焕	王新军	王　星	王学民	王艳立	王云惠	王中华	吴俊琢	吴琼峰
吴占福	吴中军	肖尚修	熊运海	徐公义	徐占云	许美解	薛瑞辰	羊建平	杨宝进
杨平科	杨廷桂	杨卫韵	杨学敏	杨　志	杨治国	姚志刚	易　诚	易新军	于承鹤
于显威	袁亚芳	曾饶琼	曾元根	战忠玲	张春华	张桂臣	张怀珠	张　玲	张庆霞
张慎举	张守润	张响英	张　欣	张新明	张艳红	张祖荣	赵希彦	赵秀娟	郑翠芝
周显忠	朱雅安	卓开荣

"高职高专'十一五'规划教材★农林牧渔系列"建设单位

（按汉语拼音排列）

安阳工学院	河西学院	青海畜牧兽医职业技术学院
保定职业技术学院	黑龙江农业工程职业学院	曲靖职业技术学院
北京城市学院	黑龙江农业经济职业学院	日照职业技术学院
北京林业大学	黑龙江农业职业技术学院	三门峡职业技术学院
北京农业职业学院	黑龙江生物科技职业学院	山东科技职业学院
本钢工学院	黑龙江畜牧兽医职业学院	山东理工职业学院
滨州职业学院	呼和浩特职业学院	山东省贸易职工大学
长治学院	湖北生物科技职业学院	山东省农业管理干部学院
长治职业技术学院	湖南怀化职业技术学院	山西林业职业技术学院
常德职业技术学院	湖南环境生物职业技术学院	商洛学院
成都农业科技职业学院	湖南生物机电职业技术学院	商丘师范学院
成都市农林科学院园艺研究所	吉林农业科技学院	商丘职业技术学院
重庆三峡职业学院	集宁师范高等专科学校	深圳职业技术学院
重庆水利电力职业技术学院	济宁市高新技术开发区农业局	沈阳农业大学
重庆文理学院	济宁市教育局	沈阳农业大学高等职业技术学院
德州职业技术学院	济宁职业技术学院	苏州农业职业技术学院
福建农业职业技术学院	嘉兴职业技术学院	温州科技职业学院
抚顺师范高等专科学校	江苏联合职业技术学院	乌兰察布职业学院
甘肃农业职业技术学院	江苏农林职业技术学院	厦门海洋职业技术学院
广东科贸职业学院	江苏畜牧兽医职业技术学院	仙桃职业学院
广东农工商职业技术学院	金华职业技术学院	咸宁学院
广西百色市水产畜牧兽医局	晋中职业技术学院	咸宁职业技术学院
广西大学	荆楚理工学院	信阳农业高等专科学校
广西农业职业技术学院	荆州职业技术学院	延安职业技术学院
广西职业技术学院	景德镇高等专科学校	杨凌职业技术学院
广州城市职业学院	丽水学院	宜宾职业技术学院
海南大学应用科技学院	丽水职业技术学院	永州职业技术学院
海南师范大学	辽东学院	玉溪农业职业技术学院
海南职业技术学院	辽宁科技学院	岳阳职业技术学院
杭州万向职业技术学院	辽宁农业职业技术学院	云南农业职业技术学院
河北北方学院	辽宁医学院高等职业技术学院	云南热带作物职业学院
河北工程大学	辽宁职业学院	云南省曲靖农业学校
河北交通职业技术学院	聊城大学	云南省思茅农业学校
河北科技师范学院	聊城职业技术学院	张家口教育学院
河北省现代农业高等职业技术学院	眉山职业技术学院	漳州职业技术学院
河南科技大学林业职业学院	南充职业技术学院	郑州牧业工程高等专科学校
河南农业大学	盘锦职业技术学院	郑州师范高等专科学校
河南农业职业学院	濮阳职业技术学院	中国农业大学
	青岛农业大学	

《农业推广》编写人员

主　编　田　伟　（商丘职业技术学院）
　　　　　皇甫自起　（商丘职业技术学院）

副主编　郭振升　（商丘职业技术学院）
　　　　　王文焕　（黑龙江畜牧兽医职业学院）

编写者　（按姓名汉语拼音排列）
　　　　　高晓容　（济宁职业技术学院）
　　　　　郭宏敏　（河南农业职业学院）
　　　　　郭振升　（商丘职业技术学院）
　　　　　皇甫自起　（商丘职业技术学院）
　　　　　刘成启　（辽宁职业学院）
　　　　　普　匡　（玉溪农业职业技术学院）
　　　　　田　伟　（商丘职业技术学院）
　　　　　王文焕　（黑龙江畜牧兽医职业学院）
　　　　　薛全义　（辽宁农业职业技术学院）
　　　　　张崇海　（商丘职业技术学院）

序

  当今，我国高等职业教育作为高等教育的一个类型，已经进入到以加强内涵建设，全面提高人才培养质量为主旋律的发展新阶段。各高职高专院校针对区域经济社会的发展与行业进步，积极开展新一轮的教育教学改革。以服务为宗旨，以就业为导向，在人才培养质量工程建设的各个侧面加大投入，不断改革、创新和实践。尤其是在课程体系与教学内容改革上，许多学校都非常关注利用校内、校外两种资源，积极推动校企合作与工学结合，如邀请行业企业参与制定培养方案，按职业要求设置课程体系；校企合作共同开发课程；根据工作过程设计课程内容和改革教学方式；教学过程突出实践性，加大生产性实训比例等，这些工作主动适应了新形势下高素质技能型人才培养的需要，是落实科学发展观、努力办人民满意的高等职业教育的主要举措。教材建设是课程建设的重要内容，也是教学改革的重要物化成果。教育部《关于全面提高高等职业教育教学质量的若干意见》（教高［2006］16号）指出"课程建设与改革是提高教学质量的核心，也是教学改革的重点和难点"，明确要求要"加强教材建设，重点建设好3000种左右国家规划教材，与行业企业共同开发紧密结合生产实际的实训教材，并确保优质教材进课堂。"目前，在农林牧渔类高职院校中，教材建设还存在一些问题，如行业变革较大与课程内容老化的矛盾、能力本位教育与学科型教材供应的矛盾、教学改革加快推进与教材建设严重滞后的矛盾、教材需求多样化与教材供应形式单一的矛盾等。随着经济发展、科技进步和行业对人才培养要求的不断提高，组织编写一批真正遵循职业教育规律和行业生产经营规律、适应职业岗位群的职业能力要求和高素质技能型人才培养的要求、具有创新性和普适性的教材将具有十分重要的意义。

  化学工业出版社为中央级综合科技出版社，是国家规划教材的重要出版基地，为我国高等教育的发展做出了积极贡献，曾被新闻出版总署领导评价为"导向正确、管理规范、特色鲜明、效益良好的模范出版社"，2008年荣获首届中国出版政府奖——先进出版单位奖。近年来，化学工业出版社密切关注我国农林牧渔类职业教育的改革和发展，积极开拓教材的出版工作，2007年底，在原"教育部高等学校高职高专农林牧渔类专业教学指导委员会"有关专家的指导下，化学工业出版社邀请了全国100余所开设农林牧渔类专业的高职高专院校的骨干教师，共同研讨高等职业教育新阶段教学改革中相关专业教材的建设工作，并邀请相关行业企业作为教材建设单位参与建设，共同开发教材。为做好系列教材的组织建设与指导服务工作，化学工业出版社聘请有关专家组建了"高职高专'十一五'规划教材★农林牧渔系列建设委员会"和"高职高专'十一五'规划教材★农林牧渔系列编审委员会"，拟在"十一五"期间组织相关院校的一线教师和相关企业的技术人员，在深入调研、整体规划的基础上，编写出版一套适应农林牧渔类相关专业教育的基础课、专业课及相关外延课程教材——"高职高专'十一五'规划教材★农林牧渔系列"。该套教材将涉及种植、园林园艺、畜牧、兽医、水产、宠物等专业，于2008~2009年陆续出版。

  该套教材的建设贯彻了以职业岗位能力培养为中心，以素质教育、创新教育为基础的教育理念，理论知识"必需"、"够用"和"管用"，以常规技术为基础，关键技术为重点，先进技术为导向。此套教材汇集众多农林牧渔类高职高专院校教师的教学经验和教改成果，又得到了相关行业企业专家的指导和积极参与，相信它的出版不仅能较好地满足高职高专农林牧渔类专业的教学需求，而且对促进高职高专专业建设、课程建设与改革、提高教学质量也将起到积极的推动作用。希望有关教师和行业企业技术人员，积极关注并参与教材建设。毕竟，为高职高专农林牧渔类专业教育教学服务，共同开发、建设出一套优质教材是我们共同的责任和义务。

介晓磊
2008 年 10 月

我国农业发展已进入了一个攻坚的关键阶段，人多地少矛盾将日益突出，粮食安全的形势将日益严峻。据预测到2030年，我国将有16亿~17亿人口。而可用耕地量随着工业化、城市化发展，工业建设用地、城市建设用地、道路建设用地等不断增加，将持续减少。人们将无法依靠扩大耕地面积来增加粮食产量，而只有依靠科学技术和增加投入等措施，来改善农业生产条件，加快传统农业改造，提高土地生产率，增加粮食产量。所有这些都依赖于大量科技成果的应用，需要有更多的农业推广人员来促进科技成果的转化应用。随着时代的发展，农业对科学技术的依存度将逐渐增大，农村发展将需要有更多的农业推广人才。

高职高专中的农业院校或农学类专业培养出来的毕业生，如农学、植保、土化、蔬菜园艺、农业经济管理、农业工程、水产养殖、畜牧兽医等专业的毕业生，主要面向现代农业、农业企业、新农村建设，主要从事农业技术推广、农资营销、良种繁育、农产品加工、农产品质量检测、创办企业、农村基层工作，他们会不同程度地与农民打交道。这就要求他们必须了解农民的心理、行为，了解他们的经济技术条件，掌握农业推广的基本知识和技能。为此，根据农业、农村经济发展形势及学生素质教育和推广技能提高的需要，我们组织了部分高职高专院校的教师（他们中的一些人长期从事农业推广的实践活动，也是农业推广专家）编写了本教材。

本书是农林牧渔类高职高专"十一五"规划教材，由田伟、皇甫自起担任主编，郭振升、王文焕担任副主编。编写分工为：第一章由田伟编写，第二章由郭宏敏编写，第三章由薛全义编写，第四章由刘成启、田伟编写，第五章由张崇海、皇甫自起编写，第六章由高晓容编写，第七章由王文焕编写，第八章由普匡编写，第九章由郭振升编写，第十章由田伟编写，第十一章由皇甫自起编写，第十二章由张崇海编写，第十三章由田伟、刘成启编写，实训部分由皇甫自起编写。田伟、皇甫自起对全书进行修改定稿。书稿引用的主要参考文献列于书后，以便查阅原文使用。本书的出版，得到编者所在院校的大力支持，在此，我们对参考文献的作者以及支持单位深表谢意。

本书可作为农学、园艺、植保、畜牧、渔业、资源环境等专业的教材，也可作为其他专业和农业科研、推广、行政人员的参考书籍。

由于编者水平和掌握资料有限，不足之处在所难免，敬请读者批评指正。

编者
2009 年 4 月

第一章 绪论 … 1

第一节 农业推广的基本概念 … 1
一、农业推广的涵义及其演变 … 1
二、农业推广的地位和主要社会功能 … 3

第二节 农业推广发展简史 … 4
一、中国古代农业推广史 … 4
二、我国近代的农业推广 … 7
三、新中国成立后的农业推广工作 … 9
四、改革开放 30 年农业推广取得的主要成就与经验 … 12
五、我国农业推广发展对策 … 13
六、国外农业推广发展史 … 16

第三节 农业推广学的产生和发展 … 19
一、农业推广学的性质 … 19
二、农业推广学的研究对象、内容及与相关学科的关系 … 19
三、学习与研究农业推广学的目的、意义和方法 … 21

本章小结 … 21
复习思考题 … 22

第二章 农民行为的产生与改变 … 23

第一节 农民行为的产生 … 23
一、行为的概念及特点 … 23
二、行为产生的机理 … 24
三、影响行为产生的因素 … 24
四、行为产生和改变的理论 … 24

第二节 农民行为的改变 … 27
一、行为改变的一般规律 … 27
二、农民个人行为的改变 … 28
三、农民群体行为的改变 … 30
四、改变农民行为的方法 … 31
五、改变农民行为的基本策略 … 33

第三节 行为原理在农业推广工作中的应用 … 33
一、按农民的需要进行推广 … 33
二、正确使用期望激励,调动农民积极性 … 35

三、改变农民群体行为，促进农村经济稳步发展 ………………………………………… 36
　本章小结 ……………………………………………………………………………………… 37
　复习思考题 …………………………………………………………………………………… 38

第三章　农业推广沟通 …………………………………………………………………………… 39

　第一节　沟通的概念和分类 ………………………………………………………………… 39
　　一、沟通的含义及作用 …………………………………………………………………… 39
　　二、沟通的分类 …………………………………………………………………………… 41
　第二节　农业推广沟通的要素、程序和特点 ……………………………………………… 43
　　一、农业推广沟通的要素 ………………………………………………………………… 43
　　二、农业推广沟通程序 …………………………………………………………………… 45
　　三、农业推广沟通的特点 ………………………………………………………………… 47
　第三节　农业推广沟通的准则、要领和技巧 ……………………………………………… 47
　　一、农业推广沟通的基本准则 …………………………………………………………… 47
　　二、农业推广沟通的基本要领 …………………………………………………………… 49
　　三、农业推广沟通的技巧 ………………………………………………………………… 50
　　四、提高沟通效果的措施 ………………………………………………………………… 51
　本章小结 ……………………………………………………………………………………… 52
　复习思考题 …………………………………………………………………………………… 53

第四章　创新的采用与扩散 ……………………………………………………………………… 54

　第一节　创新的采用过程与规律 …………………………………………………………… 54
　　一、创新的概念 …………………………………………………………………………… 54
　　二、创新采用过程的阶段性 ……………………………………………………………… 54
　　三、创新采用者的差异 …………………………………………………………………… 56
　　四、创新采用率及其决定因素 …………………………………………………………… 57
　第二节　创新扩散曲线与扩散过程 ………………………………………………………… 61
　　一、创新扩散曲线及其表示方法 ………………………………………………………… 61
　　二、创新扩散的阶段性与周期性 ………………………………………………………… 66
　　三、农业创新扩散的影响因素 …………………………………………………………… 68
　　四、农业创新扩散的有效性 ……………………………………………………………… 71
　第三节　进步农民策略 ……………………………………………………………………… 72
　　一、进步农民策略的概念 ………………………………………………………………… 72
　　二、实行进步农民策略的后果 …………………………………………………………… 73
　　三、实行进步农民策略的原因 …………………………………………………………… 73
　　四、进步农民策略的问题 ………………………………………………………………… 74
　本章小结 ……………………………………………………………………………………… 74
　复习思考题 …………………………………………………………………………………… 75

第五章　农业科技成果转化与推广 ……………………………………………………………… 76

　第一节　农业科技成果概述 ………………………………………………………………… 76
　　一、农业科技成果的含义与属性 ………………………………………………………… 76
　　二、农业科技成果的类型与特点 ………………………………………………………… 77

第二节　农业科技成果转化 …………………………………………………………… 79
　一、农业科技成果转化的概念 ………………………………………………………… 79
　二、农业科技成果转化的要素与条件 ………………………………………………… 79
　三、农业科技成果转化的过程与特征 ………………………………………………… 81
　四、农业科技成果转化机制 …………………………………………………………… 83
第三节　农业科技成果推广 …………………………………………………………… 85
　一、农业科技成果推广方式 …………………………………………………………… 85
　二、我国农业科技成果推广存在的主要问题 ………………………………………… 88
　三、提高农业科技成果推广效率的基本途径 ………………………………………… 89
第四节　农业科技成果转化与推广的评价 …………………………………………… 91
　一、农业科技成果转化程度与效率的评价 …………………………………………… 91
　二、农业科技成果推广应用效益的评价 ……………………………………………… 93
本章小结 …………………………………………………………………………………… 96
复习思考题 ………………………………………………………………………………… 96
实训　签订农业技术承包合同 …………………………………………………………… 96

第六章　农业推广的基本方法与技能 ………………………………………………… 99

第一节　农业推广的基本方法 ………………………………………………………… 99
　一、大众传播法 ………………………………………………………………………… 99
　二、群体指导法 ………………………………………………………………………… 100
　三、个别指导法 ………………………………………………………………………… 101
　四、推广方法的选择与应用 …………………………………………………………… 102
第二节　农业推广的基本技能 ………………………………………………………… 103
　一、推广演讲 …………………………………………………………………………… 103
　二、推广写作 …………………………………………………………………………… 104
第三节　农业推广工作的原则和程序 ………………………………………………… 106
　一、农业推广工作的基本原则 ………………………………………………………… 106
　二、农业推广工作程序 ………………………………………………………………… 107
本章小结 …………………………………………………………………………………… 108
复习思考题 ………………………………………………………………………………… 108
实训　编制农业项目可行性研究报告 …………………………………………………… 109

第七章　农业推广试验与示范 ………………………………………………………… 112

第一节　农业推广试验 ………………………………………………………………… 112
　一、推广试验的类型 …………………………………………………………………… 112
　二、基本要求 …………………………………………………………………………… 113
　三、试验设计与误差控制 ……………………………………………………………… 113
　四、方案设计 …………………………………………………………………………… 115
第二节　成果示范 ……………………………………………………………………… 116
　一、概念与作用 ………………………………………………………………………… 116
　二、基本要求 …………………………………………………………………………… 117
　三、步骤 ………………………………………………………………………………… 118
　四、总结 ………………………………………………………………………………… 119

第三节　方法示范 …… 120
     一、概念与作用 …… 120
     二、基本要求 …… 120
     三、步骤 …… 121
     四、总结 …… 122
   本章小结 …… 122
   复习思考题 …… 122
   实训　农业推广成果示范 …… 123

第八章　农业推广教育与培训 …… 124
   第一节　农业推广教育 …… 124
     一、农业推广教育的特点 …… 124
     二、农业推广教育的教学原则 …… 124
     三、农业推广教育活动的实施 …… 125
     四、农业推广教学方法 …… 125
   第二节　农民技术培训 …… 126
     一、农民技术培训教师应具备的能力 …… 126
     二、农民学习的心理 …… 127
     三、农民技术培训方法 …… 128
   第三节　农业推广人员培训 …… 129
     一、农业推广人员培训的意义 …… 129
     二、农业推广人员培训的内容与方法 …… 130
   本章小结 …… 131
   复习思考题 …… 132
   实训　农业推广培训演讲 …… 132

第九章　农业推广计划与项目管理 …… 133
   第一节　农业推广计划与项目概述 …… 133
     一、农业推广计划与农业推广项目的含义 …… 133
     二、农业推广项目的类型及来源 …… 133
   第二节　农业推广计划的编制与实施 …… 134
     一、农业推广项目的选择 …… 134
     二、农业推广计划的编制 …… 135
     三、农业推广计划的实施 …… 138
   第三节　农业推广项目的管理 …… 139
     一、农业推广项目的管理方法 …… 139
     二、农业推广项目计划动态调整与评估 …… 140
     三、农业推广项目的验收、鉴定与报奖 …… 141
   本章小结 …… 143
   复习思考题 …… 144
   实训一　制订农业推广项目计划 …… 144
   实训二　农业推广项目总结 …… 144

第十章 农业推广体系建设 …… 146

第一节 农业推广组织 …… 146
一、农业推广组织的概念与职能 …… 146
二、农业推广组织类型 …… 147
三、我国的农业推广组织体制 …… 148
四、几个有代表性国家的农业推广组织体系 …… 153
五、农业推广组织的管理 …… 156

第二节 农业推广人员 …… 157
一、农业推广人员的作用 …… 157
二、农业推广人员的素质 …… 158
三、农业推广人员的职责 …… 161
四、推广人员的管理 …… 163

本章小结 …… 165
复习思考题 …… 166

第十一章 农业推广信息服务 …… 167

第一节 农业信息概述 …… 167
一、信息的概念和特征 …… 167
二、农业信息的种类和内容 …… 169
三、农业信息的来源与特性 …… 170

第二节 农业信息化和信息农业 …… 172
一、农业信息化的基本概念 …… 172
二、农业信息化的内容 …… 173
三、农业信息化的意义 …… 174
四、信息农业 …… 175

第三节 农业推广信息系统 …… 177
一、农业推广信息系统概述 …… 177
二、农业推广信息系统的利用途径 …… 178
三、农业推广信息系统的应用 …… 179

第四节 农业推广信息服务 …… 183
一、农业推广信息服务体系 …… 183
二、农业推广信息服务的内容与方法 …… 183
三、农业推广信息咨询服务 …… 184
四、提高农业推广信息服务质量 …… 186

本章小结 …… 187
复习思考题 …… 188

第十二章 农业推广调查 …… 189

第一节 农业推广调查的内容 …… 189
一、农业资源调查 …… 189
二、农业生产调查 …… 192
三、农业市场调查 …… 194

四、农业科技推广调查 ·· 196
　第二节　农业推广调查的类型与方法 ·· 197
　　一、农业推广调查的类型 ·· 197
　　二、农业推广调查的方法 ·· 201
　第三节　农业推广调查的实施 ·· 204
　　一、农业推广调查的准备 ·· 204
　　二、调查资料的收集与整理 ··· 205
　　三、撰写调查报告 ··· 207
　本章小结 ··· 209
　复习思考题 ··· 209
　实训　农业推广现状调查 ··· 210

第十三章　农业推广工作的评价 ·· 212

　第一节　农业推广工作评价概述 ·· 212
　　一、农业推广工作评价的作用 ·· 212
　　二、农业推广工作评价的原则 ·· 212
　　三、农业推广工作评价的内容 ·· 213
　第二节　农业推广工作评价的指标体系 ·· 216
　　一、经济效益评价指标体系 ··· 216
　　二、社会效益评价指标体系 ··· 219
　　三、生态效益指标体系 ·· 220
　　四、推广成果综合评价 ·· 220
　　五、农业推广工作综合评价指标体系 ·· 222
　第三节　农业推广工作评价步骤和方法 ·· 223
　　一、农业推广工作评价步骤 ··· 223
　　二、农业推广工作评价方式与方法 ·· 225
　本章小结 ··· 228
　复习思考题 ··· 229
　实训　农业推广项目评价 ··· 229

参考文献 ·· 231

第一章 绪 论

[学习目标]
1. 学习和理解农业推广的基本内涵。
2. 了解农业推广的主要功能。
3. 了解农业推广的简要历史及建国后农业推广的主要成就。
4. 了解农业推广学的性质、研究对象、内容与相关学科的关系。
5. 掌握学习与研究农业推广学的目的、意义和方法。

第一节 农业推广的基本概念

一、农业推广的涵义及其演变

从世界各国农业推广发展的历史看,农业推广的涵义是随着时间、空间的变化而演变的。在不同的社会历史条件下,农业推广是为了不同目标,采取不同方式来组织实施的,因此,不同的历史时期其含义也不尽相同。从农业推广活动的发生和发展历史,我们不难看出,随着社会经济由低级向高级发展,农业推广工作由单纯的生产技术型逐渐向教育型和现代型扩展。

1. 狭义的农业推广

狭义的农业推广在国外起源于英国剑桥的"推广教育"和早期美国大学的"农业推广",基本的涵义是:把大学和科学研究机构的研究成果,通过适当的方法介绍给农民,使农民获得新的知识和技能,并且在生产中采用,从而增加其经济收入。这是一种单纯以改良农业生产技术为手段,提高农业生产水平为目标的农业推广活动。是一个国家处于传统农业发展阶段,农业商品不发达,农业技术水平是农业生产的制约因素条件下的产物。

世界上一些发展中国家的农业推广都属于狭义的农业推广。我国长期以来沿用农业技术推广的概念,也属此范畴。

2. 广义的农业推广

这是西方发达国家广为流传的农业推广概念,它是农业生产发展到一定水平,农产品产量已满足或已过剩,市场因素成为农业生产和农村发展主导因素以及提高生活质量成为人们追求目标的产物。

广义的农业推广已不单纯地指推广农业技术,还包括教育农民、组织农民以及改善农民实际生活质量等方面。这类推广工作的重点包括:对成年农民的农事指导,对农家妇女的家政指导,对农村青年的"手、脑、身、心"教育,即"4H教育"(hands, head, health, heart)。因此,广义的农业推广是以农村社会为范围,以农民为对象,以家庭农场或农家为中心,以农民实际需要为内容,以改善农民生活质量为最终目标的农村社会教育。

1973年联合国粮农组织出版的《农业推广参考手册》(第1版)将农业推广解释为:农业推广是在改进耕作方法和技术、增加产品效益和收入、改善农民生活水平和提高农村社会教育水平方面,主要通过教育来帮助农民的一种服务或体系。

广义的农业推广工作的内容、范围很广,以农村发展需要为依据,一般包括以下10个方面:①有效的农业生产指导;②农产品运输、加工、贮藏指导;③市场信息和价格指导;④资源利用和自然资源保护指导;⑤农家经营和管理计划指导;⑥农家家庭生活指导;⑦乡村领导人才培养和使用指导；⑧乡村青年人才培养和使用指导；⑨乡村团体工作改善指导；⑩公共关系指导。

广义的农业推广强调教育过程。农业推广教育是农村发展的迫切需要。在世界上许多国家，大都认为农业推广是一种农村社会教育。美国把农业推广称为非正规教育，核心是开发民智，改变农民行为。农业推广是作为发展农村经济、文化的社会性教育，是有组织、有计划地进行的，教育的重点是培养个人和社会团体的发展能力，因而成为以社区发展为目标的农村社会教育。

3. 现代农业推广

当代西方发达国家，农业已实现了现代化、企业化和商品化，农民文化素质和科技知识水平已有极大提高，农产品产量大幅度增加，面临的主要问题是如何在生产过剩条件下提高农产品的质量和农业经营的效益。因此，农民在激烈的生产经营竞争中，不再满足于生产和经营知识的一般指导，更重要的是需要提供科技、市场、金融等方面的信息和咨询服务。

为描述此种农业推广的特征，学者们又提出了"现代农业推广"的概念。联合国粮农组织出版的《农业推广》（1984年第2版）写道："推广工作是一个把有用信息传递给人们（传播过程），然后帮助这些人获得必要的知识、技能和正确的观点，以便有效地利用这些信息或技术（教育过程）的一种过程。"与此解释类似的有A. W. 范登班和H. S. 霍金斯所著的《农业推广》（1988年），他们认为："推广是一种有意识的社会影响形式。通过有意识的信息交流来帮助人们形成正确的观念和做出最佳决策。"

从以上农业推广三种不同的涵义中可以看出，狭义农业推广是一个国家处于传统农业发展阶段，农业商品生产不发达，农业技术水平是制约农业生产的主要因素的情况下的产物。在此种情况下，农业推广首要解决的是技术问题，因此，势必形成以技术指导为主的"技术推广"。广义农业推广则是一个国家由传统农业向现代农业过渡时期，农业商品生产比较发达，农业技术已不是农业生产的主要限制因素下的产物。在此种情况下，农业推广所要解决的问题除了技术以外，还有许多非技术问题，由此便产生了以"教育"为主要手段的"农业推广"。现代农业推广是在一个国家实现农业现代化以后，农业商品生产高度发达，往往是非技术因素（如市场供求等）成为农业生产和经营的限制因素，而技术因素则退于次要地位情况下的产物。在此种情况下，必然出现能够提供满足农民需要的各种信息和以咨询为主要手段的现代农业推广。可以这样说，狭义农业推广以"技术指导"为主要特征，广义农业推广以"教育"为主要特征，而现代农业推广则以"咨询"为主要特征。

4. 中国特色的农业推广

20世纪90年代后期以来，我国正在由传统农业向现代农业转变，农业技术不断进步，数量型农业逐步向质量和效益型农业提升，特别是建立社会主义市场经济体制，实施"科教兴国"战略，对我国农业推广理论与方法提出新的挑战。随着经济全球化的到来及加入WTO，我国原有的农业推广体系必须进行改革，农业技术推广的概念也必须拓宽。

结合我国国情并借鉴国外农业推广发展的历史经验，我们既不能停留在技术推广这种农业推广的初级形式阶段，也不能完全照搬国外的农业推广模式，正确的作法是应探索出具有中国特色的、符合中国国情的农业推广模式。即在由计划经济向社会主义市场经济、传统农业向现代农业转变的时期内，比较适合中国国情的农业推广内涵应该是：农业推广是应用自然科学和社会科学原理，采取教育、咨询、开发、服务等形式，采用示范、培训、技术指导等方法，将农业新成果、新技术、新知识及新信息，扩散、普及应用到农村、农业、农民中去，把潜在的生产力尽快转化为现实生产力，促进农业三态效益和人们生活水平全面提高的一种专门活动。

这一涵义的特征：农业推广集科技、教育、管理及生产活动于一身，具有系统性、综合性及社会性的特点。农业推广的根本任务是通过扩散、沟通、教育、干预等方法，使我国的农业和农村发展走上依靠科技进步和提高劳动者素质的轨道，根本目标是发展农业生产、繁荣农村经济和改善农民生活。

二、农业推广的地位和主要社会功能

1. 农业推广在农业系统中的地位

农业推广、农业研究、农业教育是农业发展的三大支柱。农业研究是创造知识，出成果；农业教育是传授知识，出人才；农业推广是应用知识，出效益。农业科学研究依赖教育的发展和推广来扩散、普及，教育有赖于农业研究的发展和推广辅助，推广有赖于研究的创新和教育的发展。农业推广与农业研究、农业教育三足鼎立，成为促进农业科技进步，实现农业现代化的三大支柱。三者互为因果，互相促进，缺一不可，在农业科技系统中处于同等重要的地位。

2. 农业推广的主要社会功能

从前面对农业推广含义与特征的描述可知，农业推广工作对提高农村人口素质与科技进步水平从而推动农村发展产生极其重要的影响。农业推广工作是以人为对象，通过改变个人能力、行为与条件，来改变社会事物与环境。因此，农业推广的社会功能可以分为直接功能和间接功能两类。直接功能具有促成农村人口改变个人知识、技能、态度、行为及其自我组织与决策能力的作用；间接功能是通过直接功能的表现成果而再显示出来的推广功能。

(1) 直接功能

① 增进农民的基本知识与信息。农业推广工作的重要内容之一就是知识和信息的传播。知识和信息的传播为农民提供了良好的非正式校外教育机会，这在某种意义上讲就是把大学带给了农民。

② 提高农村劳动力的生产技术水平。这是传统农业推广的主要功能。通过传播和教育过程，农业技术创新得到扩散，农村劳动者的农业生产技术和经营管理水平得到提高，从而增强了农民的职业工作能力，使农民能够随着现代科学技术的发展而获得满意的农业生产或经营成果。

③ 提高农民的生活技能。农业推广工作内容还涉及农家生活咨询，因此，通过教育和传播方法，可针对农村老年、妇女、青少年等不同对象提供相应的咨询服务，从而提供农村居民适应社会变革以及现代生活的能力。

④ 改善农民的价值观念、态度和行为。农业推广工作通过行为层面的改变而使人的行为发生改变。通过农业推广教育、咨询活动引导农民学习现代社会的价值观念、态度和行为方式，这使农民在观念上也能适应现代社会生活的变迁。

⑤ 增强农民的自我组织与决策能力。通过传播信息与组织、教育、咨询等活动，农民在面临各项问题时，能有效地选择行动方案，从而缓和或解决问题。农民参与农业推广计划的制订、实施和评价，必然提高农民的组织与决策能力。

(2) 间接功能

① 促进农业科技成果转化。农业推广工作具有传播农业技术创新的作用。农民采用新技术后，农业科技成果才能转化为现实的生产力，对经济增长起到促进作用。在农业技术创新及科技进步系统中，农业技术推广是一个及其重要的环节。

② 提高农业生产与经营效率。农业推广工作具有提高农业综合发展水平的作用。农民在改变知识、信息、技术和资源条件后，可以提高农业生产的投入产出效率。一般认为，农业发展的主要因素有研究、教育、推广、供应、生产、市场及政府干预等，农业推广是农业发展的促进因素，是改变生产力的重要工具。

③ 改善农村生活环境及生活质量。农业推广工作具有提高农业综合发展水平的作用。在农村综合发展活动中，通过教育、传播和服务等工作方式，可以改变农村人口对生活环境及质量的认识和期望水平，并进而引起人们参与环境改善活动，发展农村文化娱乐事业和各项基础服务设施，以达到更高水平的农村环境景观和生活内涵，同时促进社会公平与民主意识的形成。

④ 优化农业生态条件。农业推广工作具有促进农村可持续发展的作用。通过农业推广工作，可以改变农业生产者乃至整个农村居民对农业生态的认识，使其了解农业对生态环境所产生的影响，树立科学的环境生态观念，实现人口、经济、社会、资源和环境的协调发展，既达到发展经

济的目的，又保护人类赖以生存的自然资源和环境，使子孙后代能够永续发展和安居乐业。

⑤ 促进农村组织发展。农业推广工作具有发展社会意识、领导才能及社会行动的效果。推广人员可以协助农民形成各种自主性团体与组织，从而凝结农民的资源和力量，发挥农民的组织影响力。

⑥ 执行国家的农业计划、方针与政策。农业推广工作具有传递服务的作用。在许多国家和地区，农业推广工作系统是农业行政体系的一个部分，因而在某种意义上是政府手臂的延伸，通常被用来执行政府的部分农业或农村发展计划、方针与政策，以确保国家农业或农村发展目标的实现。

第二节 农业推广发展简史

一、中国古代农业推广史

1. 原始社会和农业起源

（1）原始农业 农业是人们利用动物、植物、微生物有机体进行物质循环和能量转换，以获取人类所需产品的一个物质生产部门。农业从它产生的那天起，解决的就是"人以食为天"的问题。人类出现在地球上的历史，至少已经有 100 万年之久。但人类的进步极其缓慢，在很长的时期一直处于"食物采集"方式的原始社会，只是到了大约一万年前，人类才开始进入"食物生产"方式的原始农业社会。"食物生产"逐渐取代"食物采集"，成为人类获取食物的主要方式，这标志着人类开始进入粗放的农业社会。相当长的时间，人类一直处于对大自然的从属地位，过着采集、狩猎生活。通过长期的实践，对自然界的某些动植物，逐渐积累了知识，同时由于人口的不断增多，人们开始逐渐驯化野生植物、驯养野生动物，用以补充粮食不足，从而开始了食物生产的变革，创造了最早的原始种植、养殖技术。

（2）神农氏的故事 在湖北省的西部，长江与汉水之间，秦岭与巴东的交汇地段，突兀地耸起一群峰峦。这儿山高谷深，林海苍茫，藏秀纳娇，神奇无穷——她就是驰名中外的神农架！

神农架是块古老而神秘的土地，相传炎帝神农氏曾在此尝草采药，并因此而得名。炎帝神农氏生活在距今约 4500～5000 年之前的远古时代，他的生平、业绩，少见于历史典籍，多闻于民间传说。因为他"以火德王，亦以火纪官，故称炎帝"，他"始教民为耒耜，兴农业，故称神农氏"。

神农氏教人用木制耒耜从事农业生产，反映了中国原始社会从采集渔猎进入农耕的情况，神农氏是一个时代的象征，他最伟大的贡献就在于"始作耒耜，教民耕种"，"播种五谷""使粒食"，结束了我们祖先"茹草饮水，采树木之实，食蠃蠬之肉"的野蛮时代。

神农时代开始的原始农业历时了上千年的时间，先后跨越了尝草别谷的起始阶段（母系民族社会时期刀耕火种，生荒农业）；教民农作的发展阶段（父系氏族社会时期耜耕，熟荒农业）。传说尝草别谷的农神，曾备尝艰辛，才发现"五谷"——即稻、黍、稷、麦、豆。

神农开始原始农业的伟绩，不仅为后世所传颂，而且作为农神受到后人祭祀膜拜，甚至历代帝王也要效法这个"田祖"，在每年春耕开始前，都要斋戒沐浴，以行亲执耒耜躬籍田之大礼。神农氏是一个时代的象征，是地球上第一个产业——农业开拓的时代，这是人类文明的起点，是走向更高文明的基础。近万年来，我们是沿着神农氏的足迹前进的！今天，我们正在做着超越神农氏的事业，有继承才能超越，有超越才有更美好的辉煌！

2. 奴隶社会的农业推广

自人类创造原始的农业技术以来，世界农业发展大致有三个阶段：粗放的农业，精细的集约农业和商品化的现代农业。我国历史上的粗放农业阶段，从大约 5000 年的父系氏族公社开始，到奴隶社会末期，历时约 2500 余年。在这个阶段里，农业技术有了初步发展，创造了我国早期的农业文化。同时有组织的农业传播制度也开始出现，是世界农业推广的最早起源。

(1) 奴隶社会的粗放农业　人类在创造原始的农业技术以后，经过许多世纪，食物生产逐渐取代食物采集成为人类获取食物的主要方式，标志着人类开始进入粗放农业社会。粗放农业的主要特征是，劳动工具和技术比较简单，全靠人力，不使用犁铧和畜力，没有灌溉、施肥技术，采用"刀耕火种"的粗放经营，实行土地休耕制，靠自然恢复土壤肥力。

大约在5000年前，我国黄河流域的龙山文化、齐家文化地区和江淮流域的良渚文化地区的先民，进入了父系氏族公社时期，这时期的农业和畜牧业有了初步发展。生产工具主要是磨制精细、锋利的木耒和石器，并且开始使用铜器。我国古史传说的黄帝、尧帝和舜帝，大概就是这个时期的氏族公社的一些首领人物。在父系氏族公社末期，开始出现财产私有制和阶级分化，原始社会逐渐解体，向奴隶社会过渡。大约从公元前21世纪到公元前771年，我国历史上的夏、商、西周时代都是奴隶社会时期。在这个时期里，使用青铜农具，并出现了中耕除草农具。农作物种类增多，开始栽培果树和蔬菜，甲骨文中已有作物品种的记载。农业技术有新的发展，出现垄作，沟洫制度，开始应用除草、治虫技术。发明历法，并用以指导农事。畜牧业出现六畜，甲骨文已有马牛羊鸡犬豕等名称，还发明了阉猪技术。

(2) 后稷教民稼穑的故事　据我国古书记载，相传后稷是周族的祖先，姓名叫姬弃，是黄帝的曾孙，尧帝的异母兄弟。弃喜爱农业生产技艺，善于种植谷物，姬氏族的人民都愿意仿效他。于是尧帝拜弃为农师，指导百姓务农。舜帝继位又任命弃主管农业，封赠官号为"后稷"。《孟子·滕文公上》说："后稷教民稼穑，树艺五谷，五谷熟而民人育。"在后稷的指导下，百姓因地制宜，发展农、林、牧、渔业生产，获得了丰裕的生活，周族也日渐昌盛起来。

后稷教民稼穑的传说，反映了4000年前的尧舜时代，在我国粗放农业社会的一些先进部族里，就有了专门负责农业技术指导与传播的"农师"。经过古籍的传颂，后稷便成了我国古代从事农业推广的第一位农师，受到后世的崇敬与纪念。在现今的陕西武功建立有古迹后稷台，历代都有祭祀活动，1985年又新立了后稷的塑像。后人为了纪念这位中国农业始祖的不朽功绩，遂建立了后稷教稼台。与此相邻的杨陵农科城和现已成立的国家级杨凌农业高新技术示范区，可视为我国古老的后稷教稼台的历史传脉。

3. 封建社会的农业推广

集约农业是农业发展的第二个阶段，其主要标志是：开始使用犁铧农具，并使用畜力代替部分人的劳力，采用各种各样的技术对土地进行物力和劳力投入，使土地能够长期使用，而不必依靠自然来恢复地力。我国历史上的集约农业开始于奴隶社会末期，并在长达2000多年的封建社会时期里，发展为世界闻名的精耕细作农业，形成了历代相沿的"劝农官"农业推广制度。

(1) 封建社会的农业发展　公元前770年，我国进入春秋战国时代，也是我国从奴隶社会向封建社会转变的时期。到公元前221年，秦始皇建立了中央集权的封建统一国家，从此封建制度社会在我国延续2000多年。在封建社会里，农业是"立国之本"，重农思想为历代统治者所提倡。摆脱了奴隶枷锁的农民作为有一定人身自由的个体小生产者，也更加关心农业的收成。这些因素促使整个社会对土地利用、工具改革、技术革新更加注意，从而带来农业生产的迅速发展和农业技术的重大进步。

我国在春秋、战国时代（公元前770～公元前221年）就有了铁制农具和牛耕的运用，出现了农田水利工程和井灌技术，发明了"粪田法"、"土化之法"等施肥技术。开始提倡"深耕细耙"的耕作技术。这些都表明当时的农业已进入集约农业阶段，是我国精耕细作农业技术的发生时期。

秦始皇统一中国后，封建经济在全国进一步发展，农业技术不断进步。秦、汉至南北朝（公元前221～公元581年），在我国北方逐步形成了成套的旱作技术体系，完成了二十四节气的农事历，家畜饲养技术也有了很大进步。随、唐至宋、元朝代（581～1368年），我国南方水田农业技术体系逐步发展和完善，还出现了用画烙法治家畜四肢病、系统的耕牛饲养、饲料发酵、家禽强制换羽等养殖技术。明、清两代（1368～1840年）我国传统农业技术进一步精细化，良种繁育技术进步，作物品种增多，引进了玉米、甘薯、烟草、马铃薯等新作物，复种、轮作制逐步推广,还出现了"基种桑、塘蓄鱼、桑叶饲蚕、蚕屎饲鱼"的生态农业技术。同时,畜牧兽医技术也进一步发展,创造了家畜填食肥育、家禽人工孵化照蛋施温、马病治疗、养蜂等新技术,我国农业日益向精耕细作方向发展。

(2) 劝农政策和劝农官制度　在封建社会里,农业是社会政治、经济的基础和命脉。我国自秦、汉起成为统一的封建国家以来,历代统治者都奉行重农主义的经济思想,强调"农为立国之本"。历代封建朝庭和地方政府,为了发展农业经济,沿袭不断地推行劝农政策,实行教育与行政相结合的方针,对农民进行劝导、教育和督导,借以达到推广农业技术、提高农业生产的目的。

据《周礼·地官司徒》记述:周代官制中主管农业的是"地官司徒",其职责为"辨十有二壤之物,而知其种,以教稼穑树艺"。司徒以下还有分管专门农业项目的、几种不同称呼的人员:"司稼"分管谷类农作物,"掌巡邦野之稼";"遂人"分管土地分类利用,"掌邦之野";"草人"分管粪种、施肥,"掌土化之法";"稻人"分管水泽地种谷,"掌稼下地";"场人"分管瓜果、园艺,"掌国之场圃";"山虞"分管林木,"掌山林之政令"。可见,我国早在大约3000年前的周代,就开始有了官办的劝农组织和官员,并且有了初步的业务分工。秦、汉时期,由于发展农业的需要,开始从中央到地方设置劝农官的制度。秦朝的"治粟内史",汉朝的"大农令"都是朝廷管理农业生产和农业推广的官员,地方政府也设有名称不同的劝农官。以后,这种官办的农业推广制度——劝农官制度,历代沿袭下来,有时还发展到了民间。如公元9世纪后期,宋太宗下诏在全国各地设"农师",配合地方督导农业的农官,指导农民务农。农师由百姓推举当地有丰富农业知识的人担任,不拿国家俸禄,可减免赋税和服役,并由农民拿出一部分农产品给农师作为报酬。

又如公元1260年,元世祖提倡农业,下令各路宣抚司,选择通晓农事的人担任各地劝农官,次年又在朝廷设劝农司,"不沾他事,而专以劝课农桑为务"。1271年,颁布劝农立社条例,以五十家农户为一社,每社设一所"社学",公推年长、通晓农事的人为社长,免服其他差役,承担"教劝本社农桑"的任务。1273年,农司组织编写了一本《农桑辑要》大量印发全国各地,用以推广各类种植、养殖技术。这些措施说明,元代的劝农制度,已出现从中央、地方到村社的农业推广组织系统。

(3) 农业推广的重大事件和著名人物　在我国封建社会的历史古籍里,可以找到关于农业推广史实的大量记载。了解和研究其中的重大事件和著名人物,对于认识我国农业推广的传统,具有重要的现实意义。

① 公元前100年,汉武帝任命赵过为"搜粟都尉",改革和推广农业新技术,改"缦田"(满土撒播)为"代田法"(宽幅条播、轮作),推广"新田器",用牛拉犁代替人力耕地。赵过首先经过试验,选择能工巧匠制作新田器,然后,通知各郡守派所属县令、地方小农官和老农,到京城现场参观,学习新田器和代田法,使之在各地推广应用。这是历史上一次大规模的农业改革项目推广活动,对发展农业生产起了重大作用,并且创造了示范培训农业官员和技术骨干的成功经验。

② 汉成帝时(公元前33年～公元前7年),氾胜之任"议郎"(技术顾问),"教田三辅",在关中地区推广农业技术获得丰收,被人尊为农师。他还总结当时的农业生产经验,写成共18卷的农书《氾胜之书》。氾胜之既从事农业科学技术调查研究,又身体力行兼摘农业推广工作,使两者有机地结合起来,堪为后世的楷模。

③ 公元1世纪北魏人贾思勰,杰出农学家。他刻苦钻研,经常和经验丰富的老农研究,因此对农业的知识十分丰富。贾思勰把自己多年的研究和前人的经验总结,结集成书,这便是一共有11部内容的《齐民要术》。这是中国6世纪一部完整、系统的农业著作,也是世界上现存最早的一部农业名著,是世界人民共同的精神财富。全书共分10卷,共92篇。其中参考和引用的古书就有150~160种。采用的歌谣和民间谚语便有30多条。书中的内容十分广泛,从耕种到制造醋酱,凡是有关农业生产和农民生活的,都有详细记录。其中分有:农艺(精耕、输作、育种、

绿肥、土壤改良）；园艺（蔬菜、果树）；林木；畜牧（家禽、家畜的饲养）；养鱼和农业副产品加工；其他农业和手工业等。贾思勰在农业方面提出了很多见解和农业生产规律，他认为耕种要顺应自然的时序变化，估量耕作的肥力。他又提出轮耕法、密植和套作法，重视种子品种和特性。在牲畜饲养方面，他也对各种不同品种牲畜做出深入浅出的比较。

这部"农业百科全书"在中国农业发展史上起了承先启后的重要作用。它不仅对当时的农业起到了促进作用，而且对于以后的农业科学家，如元末的王祯、明代的徐光启以及清代的一些农业家，也有过深远的影响。

④ 公元6世纪后期，唐代武则天执政，召集地方官员和学者到京城编写农书，并将手抄本分发各地。这是我国农业推广史上，通过政府用文字材料，在全国范围内传播农业知识技术的一次创举。

⑤ 公元9世纪末，宋太祖采纳何承矩、黄懋的建议，在北方推广水稻种植。何承矩被任命为河北沿边屯田史，同黄懋带领18000名士兵，在现今任丘、保定、顺安一带长达300公里的地区兴修水利，屯田种稻，发展生产。他们同士兵们"推诚御众，同甘共苦"，不怕失败，终于取得成功。周围的农民向军队学习技术，也开始栽种水稻，水稻北移逐渐得到推广。

⑥ 公元11世纪，北宋人陈旉，博学多才，终身"不求仕进"，以"种药治圃自给"，是一位亲自务农的知识分子。他晚年仍一面劳动，一面著书，为传播农业知识而辛勤努力。他著书的态度十分严谨，不仅要"知之"，而且要"蹈之"（亲自实践），证明"确乎能其事，乃敢著其说以告人"。陈旉74岁时（1149年）写成了著名的《农书》，他为发展农业生产的强烈事业心和严谨的治学态度，至今仍然是值得效法的。

⑦ 公元13世纪初，元代人王祯曾任旌德（今安徽境内）、永丰（今江西境内）的县尹。他在任期内，"爱惠有为"，"教民勤树艺"，曾经用自己的钱购棉籽，在永丰县推广植棉，还向农民传授纺织技术。看到外地的先进农具，就派人绘图，在当地制作、推广，还写了一部《农书》。

⑧ 公元1594年，明代商人陈振龙冒险从吕宋（菲律宾）引种甘薯回福建。在家试种成功后，由其子陈经纶向福建总督金学曾反映。金亲自撰文宣传，并下令全省推广种植甘薯，帮助福建人民度过了一次特大旱灾。福建人民为了表示纪念，称甘薯为"金薯"，并在福州修建先薯祠纪念陈振龙的功绩。继后，陈振龙家族七代人，为推广甘薯连续奋斗150年，成了后人高度赞扬的农业推广世家。

⑨ 公元16世纪20年代末，明朝宰相徐光启写成一部《农政全书》。这是他用了毕生精力，对当时我国农业生产政策和农业生产技术经验的系统总结。在《农政全书》中还介绍了一些西方科学技术知识，如在农田水利上介绍"泰西水法"。这在我国农业史上，具有最早传播西方农业科学技术的历史意义。

⑩ 公元1715年，清康熙帝将亲自发现和选育的"御稻"良种一石，赐给苏州织造（为皇宫督造丝织品的官员）李煦，令其在江苏试验种双季稻。李煦亲自在苏州主持，以御稻为早稻、晚稻，以本地稻为早稻、晚稻和本地稻为一季稻，进行栽培对比试验。经过连续3年的试验，取得了成功的技术经验。以后，又将御稻用到双季稻栽培的区域，从江苏向江西、安徽、湖北一带推广。李煦推广双季稻栽培，从试验到推广，前后经过8年时间。他有明确的目的，既有栽培技术的试验记录，又有简洁的总结报告。这在我国农作物良种推广史上，创造了一套比较科学的试验、示范、繁育、推广的程序。

我国农业推广源远流长，已有4000多年的悠久历史，历代政府都奉行劝农政策。这种劝农政策，提倡"教稼"、"课桑"、"劝导"和"督导"，从中央到地方建立劝农官制度，既强调教育在农业推广中的作用，又用农业行政机构来推行劝农政策。因此，我国农业推广，具有运用教育方法和行政措施相结合的传统。

二、我国近代的农业推广

在近代的世界历史中，当西方的许多国家进入资本主义社会时，中国仍旧停滞于封建社会里。中国作为一个东方大国，早在19世纪便成了西方资本主义国家掠夺的对象，自1840年鸦片战争后，逐步沦落为一个半封建半殖民地的国家，农业生产及农业推广工作一度停滞不前。辛亥革命后也由于战事连绵，政局不稳，经济萧条，当局无心顾及农业及农业推广工作，随有不少有识之士及地方官吏竭力倡导发展农业推广事业，对局部农业生产的发展起到了一定的作用，总体上看，这个阶段农业推广工作发展缓慢。

1. 良种引进活动

清朝末年洋务派和维新派开始向欧、美、日学习，创建农事试验场。19世纪末，从引进良种开始，把国外的农业推广传入了我国。最早的是1989年（光绪15年）美国传教士、副主教阿奇狄肯·汤普逊和查尔斯·密尔斯，从美国带来大花生种子（洋花生），在山东蓬莱繁殖，使蓬莱成为我国著名的大花生生产区。

1892年（光绪18年），洋务派首领，两广总督张之洞，在广州设纺织局，为了改进棉花品质，适应近代机器纺织工业的发展，派人从美国引进陆地棉良种，在湖北试种。

1901年，张謇（中国教育家、实业家，江苏南通人，1895年在南通开始创办大生纱厂，后又举办通海垦牧公司、复新面粉公司等）在江苏南通试种并推广陆地棉。1914年，张謇出任农商部长，购进大批美国棉种子，并公布植棉奖励办法，凡植美国棉者每亩奖大洋叁角。又在正定、北平、武昌、南通设棉作试验场。同时，各种试验农场也在全国各地相继建立起来。

安徽农务局从日本引进早稻种"女郎"等。

2. 建立农业科研机构

至辛亥革命前，全国各地共建20多所科研机构，这标志着我国农业技术由靠经验积累逐步向实验研究转轨。但由于人员少、经验不足、缺乏经费，所起作用有限。

3. 实业社团资助农业院校的科研活动

美国丝商、上海棉纺业、面粉业同业公会等对岭南农科大学蚕学院、金陵大学农学院、东南大学农学院提供捐款，使其在家蚕改良、棉花、小麦育种等方面取得可喜成绩。

4. 制定农业法规、条例

1898年，光绪帝下诏兼采中西各法，规定："各省、府、县，皆立农务学堂，广开农会，刊农报、购农器。由绅富之有田业者试办，以为之章。"1902～1903年，先后颁布一系列兴办学堂的章程。1906年，清政府正式颁布推广农林简章23条，奖励垦荒，农务学堂，农事试验场，农林讲习所。

1929年1月由农矿、内政、教育三部共同公布《农业推广规程》，提出农业推广的宗旨为："普及农业科学知识，提高农民技能，改进农业生产方法，改善农村组织、农民生活及促进农民合作。"同年12月，成立中央推广委员会，隶属实业部，其主要职责为：制订方案、法规，审核章程、报告，设置中央直属实验区，检查各省农业推广工作，编印推广季刊。

1940年农产促进委员会组织农业推广巡回辅导团，分设农业推广、农业生产、作物病虫害、畜牧兽医、农村经济及乡村妇女等组，采取巡回辅导方式以促进地方推广事业。但由于历年战乱、民不聊生，推广体制混乱，推广人员少、素质差、经费短缺，推广工作成效不大，进展也只是在农业院校和一些零星地区。当时的一些学者也效法西方编写了农业推广书籍，如金陵大学农学院章之汶、李醒愚合著了《农业推广》一书，同年孙希复编写了《农业推广方法》一书，但我国自己的研究成果很少。

在苏区，党和政府十分重视农业生产和农业技术的推广工作。早在土地革命时期，就领导群众组织劳动互助、犁牛调节、开荒造田、兴修水利等，帮助群众解决生产中的问题。在抗日战争极为困难的条件下，陕甘宁边区政府仍然组织一定的力量，加强对农业生产的领导，1938年曾制订过一个农业推广计划，并得到了当时农产促进委员会经费上的帮助。边区政府派出农业督察团和技术人员下乡指导，在开垦荒地、推广植棉、繁殖牲畜、植树造林、兴修水利以及发展纺织品方面都取得了一定成绩。

截至1948年底，全国有农业推广人员2246人，其中中央级396人、省级550人、县级1500

人，还有在公私农业机构从事农业推广工作的专职、兼职人员 700 人。有 16 省的农林厅或农业改进所设有农业推广机构。在 11 个省按相当于专区的范围设 19 个农业推广辅导区。

5. 开创与发展农业教育

19 世纪末洋务派、维新派及民主革命先驱孙中山等都大力兴办农业教育，1897 年，中华农学会在上海成立。以罗振玉会长为首的一批先驱，创办《农学报》，翻译日本农业科技书籍，从事农业（近代）教育，传播农业技术。到 1909 年全国办高等农学堂 5 所，中等农学堂 31 所，初等农学堂 59 所，培养农业技术和推广人才。创办的农务学堂有：杭州蚕学，河北农务工艺学堂，江西高安蚕桑学院，江宁农务工艺学堂，广西农学堂等。

1902 年，直隶农务大学堂建立。

1907 年清政府正式颁布推广农林简章 23 条，规定奖励垦荒，设立农事学堂、农事试验场、农村讲习所等。

20 世纪 20～30 年代，各高等农业学校纷纷仿效美国大学农学院成立农业推广部，开展防虫治病、编印资料。他们举办讲习会，示范田，指导农民组织合作社。

1923 年在北京成立了中华平民教育促进会等社团，这些社团开始到农村建立实验区，以农民为对象进行乡村社会调查、乡村教育和农业推广。

三、新中国成立后的农业推广工作

1949 年 10 月以来，我国的农业推广历程，大体上经历了六个阶段。

1. 创建和发展时期（1949～1957 年）

中华人民共和国成立后，1951 年 12 月中共中央在《关于农业生产互助合作的决议》（草案）中，就明确规定，搞好农业生产是农村中压倒一切的工作。为了贯彻《决议》精神，1952 年中央农业部在"全国农业工作会议"上制订 1953 年《农业技术推广方案》（草案），进一步明确了农业技术推广工作的方针和任务，要求各级政府设立专业机构，配备干部负责农业技术推广工作，自上而下建立农业技术推广的调查总结制度，建立以农场为中心，互助组为基础，劳模、技术员为骨干的技术推广网。并在这次会议上提出了《关于充实农业机构加强农业技术指导的意见》，要求省与大区，凡林业、水利、畜牧业占比重大的地方，应与农业分开，单独设置，以提高效能。县级设农林水利局，在现有编制外，增设 10～15 名技术干部，局长应相当于副县长。区级设立农林水利技术推广站，每站 10 人左右。乡或村级设农业合作乡委员会。

从 1953 年起全国各地进入了有领导、有计划、有步骤地建立农业技术推广站的新阶段。1954 年，中央农业部拟定了《农业技术推广站工作条件》（草案），共六章三十一条。同年 7 月又召开了"全国农业科学技术工作会议"，部署了关于改进农业技术推广站的工作任务，进一步强调了充实基层的重要性。

1955 年 4 月，农业部颁布了《关于农业技术推广站工作指示》，明确规定农业技术推广站的具体任务是：推广新式农具，传授使用和维修技术；推广作物优良品种，指导农民改进栽培技术；宣传农业互助合作的政策；指导改进牲畜饲养管理方法，推广家畜繁殖和防疫工作；培养出农民技术骨干；收集整理当地农民的突出经验。

1956 年全国已建立了 16466 个农技站，配有 94219 名干部和技术员，除边远山区外，做到了一区一站，平均每站 5～7 人。这支队伍为完成和超额完成第一个五年计划做出了巨大贡献。中共中央国务院 1956 年 9 月在《关于加强农业生产合作化的生产领导和组织建设的指示》中，对农业推广工作给予了高度评价，肯定了成绩，提出了缺点，明确了今后的努力方向。

2. 前进中的曲折和恢复发展时期（1958～1965 年）

1958 年 2 月，中共中央发出了《关于全国各地区各方面普遍推行种试验田的通知》，接着在全国掀起了由领导干部、技术人员和农民群众相结合的种试验田的高潮。同年 5 月，党的八届二中全会通过了建设社会主义的总路线，正确反映了广大人民群众迫切改变我国经济文化落后状况的普遍愿望。其缺点是忽视了客观经济规律，一些领导同志急于求成，夸大了主观能动性的作用,在没有经过调查和试点的情况下,轻率地发动了"大跃进"和人民公社化的运动,使得高指标、瞎指挥、浮夸风和共产风为主要标志的左倾错误泛滥起来。"人有多大胆,地有多大产","整风出干劲,干劲出指标,指标出措施,措施出产量"等就是当时提出的错误口号,并且还干了不少"土地深翻"、"高度密植"等蠢事,使我国的农业生产蒙受了极大的损失,再加上自然灾害和某些国际原因的影响,致使1959~1961年我国国民经济出现了暂时困难,农业技术推广站被精简了2/3,使农业技术推广受到很大的损害。

1962年,中共中央国务院及时发出了关于充实和调整农业科学研究机构的通知,农业部根据通知精神也发出了充实农业技术推广站,加强农业技术推广工作的指示。1965年,全国已恢复农技站14462个,干部70560人。各地农技站人员在社队蹲点搞样板田的人数占了农技干部的70%。许多生产队还建立了科学实验小组,搞种子田、丰产实验田,为扩大农村开展科学实验打下了基础。

3. 遭受严重破坏的十年（1966~1976年）

在文化大革命的十年动乱中,农业技术推广机构的工作处于瘫痪、停顿状态。广大农业科技干部被卷入"文革"的斗争中,不少人受到批判和打击。农业技术干部不敢抓生产,不敢抓技术,正在推广的先进技术被迫中断,已有的技术资料被烧毁,整个技术推广工作受到严重的摧残。就在这种形势下,湖南省华容县从1968年开始,创办了"四级农业科学实验网",即县办农科所,公社办农技站,生产大队办农科队,生产队办农科小组。1972年,农林部成立了科教局,决定在全国推广华容经验。1975年,召开全国农业学大寨会议,对"四级农科网"的建议提出了明确要求。提出"各县都要建立和健全县、社、大队、生产队'四级农科网',广泛开展群众性的科学实验活动"。据当年年终统计,全国已有1140个县建立了县农科所,26872个公社建立了农科站,332223个大队建立了农科队,2246594个生产队建立了农科组。四级科技队伍共有1100万余人。

"四级农科网"虽然是华容县的干部、群众创建的,但在当时的历史条件下,受极左路线的影响也是严重的,主要表现在强调在科学技术领域内实行无产阶级对资产阶级的专政,提出了一些极左的口号,贬低专家和科研机构的作用,强调群众也能搞科研,要求"四级农科网"也搞科学研究,把"四级农科网"的方向任务搞偏了。

4. 恢复发展阶段（1977年~20世纪80年代末）

这个时期的主要特点是：农技推广适应农村家庭承包经营体制和农业农村经济发展需要,建立了相应的推广体系,实现了恢复发展,并逐步形成了以国家扶持与自我发展、有偿服务与无偿服务相结合的新机制。

一是初步健全了全国农技推广体系。1978年党的十一届三中全会以后,"五级一员一户"的农技推广体系（即在中央、省、市、县、乡层层设立推广机构,村设农民技术员和科技示范户）随之逐步建立。1982年中央1号文件（中发[1982]1号）提出:"要恢复和健全各级农业技术推广机构,充实加强技术力量。重点办好县一级推广机构,逐步把技术推广、植保、土肥等农业技术结合起来,实行统一领导,分工协作,使各项技术能够综合应用于生产。"该文件的出台,为全国县级农技推广体系建设指明了方向。同年,农牧渔业部组建了全国农业技术推广总站,这标志着现代农技推广体系雏形的形成。

二是落实了基层农技推广的基本保障。1983年,农牧渔业部颁发了《农业技术推广条例》（试行）,对农技推广的机构、职能、编制、队伍、经费和奖惩做了具体规定。这标志着农技推广人员的待遇有了政策保障。

三是拓展了职能、创新了推广机制。1984年,农牧渔业部颁发了《农业技术承包责任制试行条例》,号召广大农技人员深入基层,开展技术承包活动,用经济手段推广技术。1985年中央6号文件（中发[1985]6号）提出:"要推行联系经济效益报酬的技术责任制或收取技术服务费的办法,使技术推广机构和科学技术人员的收入随着农民收入的增长而逐步增加。技术推广机构可以兴办企业型经营实体。"1989年国务院78号文件（国发[1989]78号）提出,要大力加强农业科技成果的推广应用，建立健全各种形式的农技推广服务组织，进一步稳定和发展农村科技队伍等。这标志着基层农技推广体系的职能由无偿技术推广拓展到有偿技术服务，初步探索出适应当时农业生产和农村经济发展需要的运行机制与方式方法。

通过这一时期的发展建设，恢复了基层县级农技推广机构，健全了中央和省、地（市）级的农技推广机构；加强了队伍和基础设施建设，调动了推广人员的积极性。农技推广为粮食及主要农产品生产实现"丰产丰收"提供了有力的技术支撑。到1990年，全国种植业推广系统共有机构58176个，职工人数316342人。其中县、乡级机构分别为7761和46249个，人员分别为152898和122833人。与1978年相比，机构和队伍都明显壮大。

5. 巩固发展阶段（20世纪90年代初～20世纪末）

这个时期的主要特点是出台了《农业技术推广法》，落实了乡镇农技推广"三定"工作，组织实施了丰收计划、植保工程、种子工程和沃土工程等重大项目，促进了农技推广体系的稳定和农业生产的发展。

一是推进了乡镇推广机构"三定"工作的落实。1991年国务院59号文件（国发［1991］59号）强调指出："为了鼓励大中专毕业生到农村第一线服务，决定把乡级技术推广机构定为国家在基层的事业单位，其编制员额和所需经费，由各省、自治区、直辖市根据需要和财力自行解决。"1996年中央2号文件（中发［1996］2号）提出："各级政府都要增加农业技术推广的经费，并对乡镇农业技术推广的定性、定员、定编和经费保障等情况进行一次全面检查，切实按国家有关规定在今年内落实。"这些文件的出台，促进了乡镇农技推广机构的建设和"三定"工作的落实。

二是颁布实施了《中华人民共和国农业技术推广法》。1993年，《中华人民共和国农业技术推广法》正式颁布实施，明确了我国农技推广工作的原则、规范、保障机制等。该部法律的出台对我国农技推广事业的发展具有里程碑意义。其后，先后有24个省、自治区、直辖市结合当地实际，制定并颁布了农业技术推广法实施办法，标志着我国农技推广事业发展逐步步入法制化轨道。

三是保持了农技推广体系和队伍稳定。1998年，农业部成立了农业社会化服务体系领导小组，并设立了办公室，统筹协调种植业、畜牧兽医、农机化、水产和农村经营管理五个系统推广体系的建设；针对一些地方在机构改革中对基层农技推广体系造成的影响，农业部会同中编办、人事部、财政部起草了"关于稳定农业技术推广体系的意见"上报国务院，1999年国务院办公厅转发了该意见（国办发［1999］79号）。该文件为在机构改革中稳定农技推广体系发挥了重要作用。

通过这个时期的发展，促进了农技推广体系和队伍的稳定，为粮食及主要农产品生产实现"高产、优质、高效"提供了有力的技术支撑。到2000年，全国种植业推广系统共有机构53478个，人员407387。其中县级机构7655个，人员162693人；乡级机构44563个，人员220851人。这是我国农技推广队伍人员数量最多的时期。

6. 创新发展阶段（进入21世纪以来）

这个时期的主要特点是：乡镇机构改革、农村税费改革和综合改革对基层农技推广体系改革提出了新的要求。农业部通过积极组织试点，探索强化农技推广系统的公益性职能、剥离经营性服务，构建"一主多元"的新型农技推广体系，促进了《国务院关于深化改革加强基层农业技术推广体系建设的意见》（国发［2006］30号）的出台，推进了全国基层农技推广体系的改革和建设。

一是开展了改革试点。2000年中共中央办公厅国务院办公厅30号文件（中办发［2000］30号）下发后，各地纷纷把农口设在乡镇的农技推广机构合并为农业综合服务中心，其"人权、财权、物权"下放到乡镇管理。2002年中央2号文件（中发［2002］2号）提出："继续推进农业科技推广体系改革，逐步建立起分别承担经营性服务和公益性职能的农业技术推广体系"。2003年农业部起草了农经发［2003］5号文件，会同中编办、科技部和财政部等四部办联合在12个省、直辖市开展基层农技推广体系改革试点工作。通过改革试点，在农技推广体制改革、机制创新方面取得了重要成果，为2006年出台国发〔2006〕30号文件，全面推进基层农技推广体系改革和建设统一了认识、积累了经验、奠定了基础。

二是创办了科技示范场。2000年中央3号文件（中发〔2000〕3号）提出："各级财政要拨出专项经费作为启动资金，支持各地以现有农业技术推广机构为基础，有计划，有重点地创办一批农业科技示范场，使之成为农业新技术试验示范基地、优良种苗繁育基地、实用技术培训基地，在结构调整中发挥带动作用。"为此，农业部和财政部在深入调研的基础上，从2001年起，启动了农业科技示范场建设项目。到2007年，中央财政共投入资金2.1亿元，在全国补助建设了1261个农业科技示范场，其中种植业900个，占71.4%。基层农技推广部门以科技示范场为载体，通过做给农民看，引导农民干的方法，探索了市场经济条件下加快农技推广的新途径。

三是推进了全面改革创新。2003年中央3号文件，2004~2006年中央1号文件，都对农技推广改革发展提出了具体要求。国发〔2006〕30号文件，对加强基层农技推广体系建设作出了全面部署。2007年和2008年中央1号文件进一步提出"继续加强基层农业技术推广体系建设，健全公益性职能经费保障机构，改善推广条件，提高人员素质"；"切实加强公益性农业技术推广服务，对国家政策规定必须确保的各项公益性服务，要抓紧健全相关机构和队伍，确保必要经费。通过3~5年的建设，力争使基层公益性农技推广机构具备必要的办公场所、仪器设备和试验示范基地。"目前，全国基层农技推广体系改革和建设正在全面展开。

通过这个时期的发展，确立了构建"一主多元"农业社会化服务新体系的指导思想，突出了国家农技推广体系的公益性职能与主体地位，探索了新的推广体制、机制和方法，为粮食及主要农产品生产实现"高产、高效、优质、生态、安全"提供了有力的技术支撑。到2007年，全国种植业推广系统共有机构51786个，人员341357人。虽然比2000年明显减少，但国家正在通过全面推进改革加强建设。

四、改革开放30年农业推广取得的主要成就与经验

1. 主要成就

改革开放30年来，我国农业取得了举世瞩目的成就，粮食生产先后迈上了4个台阶，从3045亿千克增加到5000亿千克以上，创造了用仅占世界9%的耕地养活了占世界21%的人口的奇迹。农民收入由1978年的人均134元增加到2007年的4140元，实现了人民生活从温饱不足到总体小康的历史性跨越。这些成绩的取得，农业科技成果的推广应用发挥了巨大作用，其中农业技术推广功不可没。

通过30年的改革发展，我国农技推广工作取得了举世瞩目的成就。主要包括如下方面。

（1）国家推广体系逐步完善　30年来，我国农技推广体系建设虽然经历了一定的起伏，但总体看，机构队伍逐步健全、条件不断改善，特别是县以上推广单位。一是健全了推广机构。二是培育了推广队伍。三是改善了工作条件。

（2）推广方式方法不断创新　随着我国工业化和信息化的推进，农业对外开放水平的不断提高，以各种信息载体为平台的农技推广方式方法不断创新，服务农业生产的水平不断提升。一是公益性服务全面创新。二是经营性服务不断拓展。

（3）重大技术推广成效显著　30年来，全国农技推广部门组织研发和引进推广了一大批先进实用新技术，有力促进了我国粮食及其他主要农产品生产的稳定发展。一是高产优质品种推广。二是高产高效栽培技术推广。三是科学施肥技术推广。四是生物灾害监控技术推广。

（4）依法监管能力不断增强　通过完善法律法规体系，制定工作规范和行业标准等，依法监管能力不断提升。一是参与了法律法规体系建设。二是提高了执法管理水平。三是提升了质量监管能力。

（5）国际交流合作蓬勃发展　30年来，尤其是近10多年来，全国农技推广系统实行走出去、引进来等方式，积极拓宽渠道，广泛开展对外合作交流，取得了显著的成效。一是大力实施

国际合作项目。二是广泛开展国际合作交流。

2. 农业推广的基本经验

改革开放30年来，我国农技推广事业不断发展，其基本经验可以概括为"五个始终坚持"。

(1) 始终坚持围绕中心，服务大局　始终围绕党和国家有关农业和农村工作大局以及各级党委政府、农业行政主管部门的中心工作，发挥优势，做好技术支撑，努力成为党和政府履行职责的重要依靠力量是农技推广发展的基础。

(2) 始终坚持解放思想，更新观念　只有积极适应形势的变化，解放思想，更新观念，以改革创新为动力，才能使农技推广体系建设在思想观念、工作思路、办法措施等全面体现科学发展观的要求。

(3) 始终坚持突出主体，发展多元　根据我国实际情况，必须要靠国家农技人员提供无偿的技术指导才能有效促进新技术的推广应用。同时，随着市场经济的发展，农技推广服务呈现多元化发展的趋势，农业科研、教育单位和涉农企业、中介机构、农民专业合作组织广泛参与到技术推广与服务中来，成为农技推广有益的补充。实践证明，只有强化公共推广，发展多元推广，才能有效满足农民日益增长的多样化、个性化农业生产技术需求。

(4) 始终坚持创新体制，优化机制　在创新体制方面，初步实现了按公益性、层次性、综合性的原则设置机构。因地制宜选择区域站、县级农业部门派出的乡镇行业站和乡镇综合站等机构设置方式，理顺了管理体制，使一线农技推广机构成为技术集成、传播、培训的前沿阵地。在优化机制方面，通过对农技人员实行多角度全方位考评，将服务对象对农技人员的评价作为重要的考核内容纳入考评体系，并通过改革分配制度，把考评结果与工资福利待遇、职务晋升、职称评聘、继续教育、解聘、续聘等挂钩，建立起奖勤罚懒的激励机制，充分调动了基层农技推广人员的积极性、主动性和创造性。

(5) 始终坚持强化保障，依法推广　《中华人民共和国农业技术推广法》明确了国家农技推广机构的主体地位，规定了政府对国家农技推广体系的保障责任，为我国农技推广事业持续稳定发展奠定了基础。党中央、国务院和农业部等部委在各个时期出台的一系列政策文件，都为加强农技推广体系建设，保障农技推广体系稳定提供了政策依据，促进了农技推广事业的健康发展。

五、我国农业推广发展对策

(一) 我国农业推广面临的机遇与挑战

党的十七届三中全会提出的农村改革发展的目标任务，要求加快农业科技创新、建立新型农业社会化服务体系，这些新要求、新构想，为农技推广提供了良好的发展机遇。

1. 建设社会主义新农村和现代农业为农技推广带来了新的机遇

党的十六届五中全会提出了建设社会主义新农村的重大历史任务，而发展现代农业是建设社会主义新农村的首要任务。发展现代农业的根本途径是要加速科技进步，而加速科技进步的重中之重是要强化技术推广。所有这些，都为农技推广事业的发展提供了难得的历史机遇。

2. 保障国家粮食安全和主要农产品有效供给为农技推广赋予了新的使命

确保国家粮食安全和主要农产品有效供给事关我国社会稳定和经济发展的大局，也是构建和谐社会的基础。我国粮食要做到基本自给、供求平衡压力巨大。这就要求农技推广必须把发展粮食生产、确保主要农产品有效供给放在首要位置，着力推广主导品种及其配套技术，创建高产模式，示范带动区域平衡增产，在确保国家粮食安全及主要农产品有效供给中发挥农技推广部门强有力的技术支撑作用。特别是在确保粮食稳定增产中，农技部门可以发挥三大作用，即推广优良品种增产、推广先进技术增产和提高技术到位率增产。

3. 确保农产品质量安全为农技推广构建了新的平台

"三鹿奶粉事件"及近年来发生的一系列食品安全事件，一次又一次地给人们敲响了警钟。确保农产品质量安全不仅为农技推广构筑了新的平台，也对农技推广提出了更高的要求。因此，各级农技推广部门要认真贯彻《中华人民共和国农产品质量安全法》，不断提高农产品质量安全监控能力。一是净化农产品产地环境保安全。二是强化放心农业投入品保安全。三是推广无害化生产技术保安全。

4. 促进农民增收为农技推广拓展了新的职能

促进农民增收是党和国家农村工作的着力点和落脚点，是推动科学发展、实现社会和谐、全国建设小康社会的必然要求。促进农民增收离不开农技推广。一是大力发展高产高效特色农业增收。二是大力推广节本降耗技术增收。三是大力推进规模经营增收。

5. 构建新型农业社会化服务体系为农技推广注入了新的活力

党的十七届三中全会提出："建设覆盖全程、综合配套、便捷高效的社会化服务体系，是发展现代农业的必然要求。加快构建以公共服务机构为依托、合作经济组织为基础、龙头企业为骨干、其他社会力量为补充，公益性服务和经营性服务相结合、专项服务和综合服务相协调的新型农业社会化服务体系。加强农业公共服务能力建设，创新管理体制，提高人品素质，力争三年内在全国普遍健全乡镇或区域性农业技术推广、动植物疫病防控、农产品质量监管等公共服务机构，逐步建立村级服务站点。"国发〔2006〕30号文件也明确提出了"按照强化公益性职能、放活经营性服务的要求，加大基层农业技术推广体系改革力度，合理布局国家基层农业技术推广机构，有效发挥其主导和带动作用"的改革要求。一是稳定推广队伍。二是激发工作热情。三是优化工作环境。

面对新形势、新任务，既面临着良好的发展机遇，也面临着严峻的挑战。从我国农技推广实际看，还存在"五个方面的不适应"。

一是推广理念不适应。现代农业的竞争首先是劳动者素质的竞争，其次是农产品质量的竞争，第三是成本价格的竞争。农技推广的实质就是提高农业劳动者素质，加速科技成果转化。以前的农业推广工作主要是就技术推广技术，较少顾及农民的接受能力和需求，缺乏市场意识，缺乏大市场、大农业、大科技、大推广和以农民为本的推广理念。

二是体制机制不适应。在管理体制上，随着地方机构改革，乡镇农技推广机构的管理方式发生了较大变化。由于管理体制的不顺，形成了条块分割，人事分离，造成技术指导严重脱节，技术推广普及不能很好地向基层和农村延伸，阻碍了农业科技成果的有效转化。在运行机制上，普遍缺乏科学的评价、考核、激励、惩罚机制，农技人员的付出与回报难以挂钩。

三是方式方法不适应。长期以来，我国农技推广主要采用"技术+行政"的方法，许多农技推广工作主要以行政命令的方式推进、分任务、下指标，带有一定的强制性。农技推广项目多数是单项技术推广。农技推广服务主要集中在产中环节，产前信息和产后商品化处理、贮运、加工转化等服务太少，推广的技术主要集中在粮、棉、油，而不是"粮-经-饲"全覆盖。

四是队伍素质不适应。国家基层农技推广体系普遍存在队伍结构不合理、人员老化、素质不高、知识陈旧等问题。据统计，2007年底，全国县乡两级种植业推广机构国家编制内人员中，具备农业专业学历的农技人员仅占编内人员的38.3%。基层种植业农技人员中，每年只有9.7%的人能够得到培训机会，且培训时间多在一周左右；每年只有2%的人可以得到三个月以上的培训机会。

五是保障条件不适应。在经费保障方面，一些地方基层农技推广人员的基本待遇无法落实，工资待遇低，且拖欠现象严重，乡镇农技人员的养老、医疗保险得不到落实等，事业经费更是无着落，造成农技推广部门缺钱养人，无钱干事，严重影响农技推广事业的发展。在政策保障方面，现行《中华人民共和国农业技术推广法》的执法主体、保障责任和违法处罚等内容都不够明确，农技推广的法律地位还没有真正确立。在设施手段方面，不少基层农技推广机构因长期投入不足，设施老化、设备陈旧，服务功能下降。

（二）农业推广发展的思路与对策

党的十七届三中全会，为我国新阶段国家农技推广体系的改革和建设指明了方向，明确了我国农技推广体系建设的目标任务，规划了美好的发展前景。

1. 指导思想

新阶段我国农技推广改革发展要以邓小平理论和"三个代表"重要思想为指导，深入贯彻落实科学发展观，通过明确职能、理顺体制、加强建设、提升能力，创新机制、能强活力，强化主体、培育多元，构建以公共服务机构为依托、合作经济组织为基础、龙头企业为骨干、其他社会力量为补充，公益性服务和经营性服务相结合、专项服务和综合服务相协调的充满活力的新型社会化服务体系，为保障国家粮食安全，促进农业增效、农民增收提供职有力的技术支撑。

2. 基本思路

新阶段我国农技推广改革发展的基本思路为：围绕"一个中心"，着力"三大推广"，提升"五种能力"。

围绕"一个中心"：在当前和今后一段时期，我国农技推广要紧紧围绕服务中国特色农业现代化建设这个中心，为确保主要农产品有效供给、农民持续增收和农业可持续发展提供有力的技术支撑。

着力"三大推广"：一是突出公共推广。就是由国家建立的农技推广队伍，通过强化其主导地位，发挥其依托作用，负责公共管理，开展公共服务，提供公共产品。二是发展多元推广。就是在公共服务体系的支撑下，为满足生产的多样化需求，大力依靠社会力量发展市场化服务组织。主要包括三个方面的力量，即农村专业经济合作组织、科研教学单位和涉农企业。三是构建和谐推广。就是通过改革创新，逐步形成以优势农产品区域布局规划和优势（特色）农产品为主线，各方面的资源大整合，多方面的力量大联合的大农业、大科技、大推广、大协作的格局。

提升"五种能力"：改革创新农技推广要始终坚持不断提升集成创新、执法监管、指导服务、推广应用与和谐发展等五个方面的能力，从而为切实提高先进实用农业技术的到位率和普及率提供基础支撑。

一是提升集成创新能力。集成创新能力主要是指因地制宜将先进实用技术本土化的能力。农技推广工作的首要任务就是开展集成创新，为此要不断强化创新意识，提高调研分析、综合归纳和解决实际问题等方面的能力。

二是提升执法监管能力。执法监管能力主要是指为农业执法和农业投入品质量监管提供技术保障的能力。当前，农技推广体系的执法监管职能主要包括与植物检疫管理、品种管理、耕地质量管理，以及农业投入品质量监管等方面的技术执法与管理工作。提高农技推广的执法监管能力，既要注重加强执法监管体系和设施条件等方面的硬件建设，更要注重加强人员队伍素质及其依法办事能力等方面的软件建设。

三是提升指导服务能力。指导服务能力主要是指农技推广机构为服务区域内的农业生产者和农技推广者提供技术指导和综合服务的能力。提高农技推广的指导服务能力，既要注重加强与指导服务相关的硬件建设，更要注重加强人员队伍的指导能力、服务能力和转化能力建设。

四是提升推广应用能力。推广应用能力主要是指农技推广队伍自身的基本业务能力，包括调研分析、综合归纳、知识传播、应急处置等方面的能力。

五是提升和谐发展能力。和谐发展能力主要是指统筹协调单位内部、体系上下、部门之间等各方面关系的能力，特别是在形成单位的整体合力，发挥系统的整体功能，实施工作的整体推进等方面的组织、协调与管理能力。

3. 目标任务

根据新阶段我国农技推广改革发展的指导思想和基本思路，我国农技推广改革发展的目标任务有"五个一"。

① 建立一支"一主多元"的新型农技推广体系。
② 培育一支精干高效的国家农技推广队伍。
③ 配置一批先进适用的农技推广设施设备。
④ 形成一套行之有效的农技推广方式方法。

⑤ 创新一套充满活力的农技推广运行机制。

4. 对策措施

要实现新阶段我国农技推广改革发展的目标任务，就必须采取以下对策措施。

（1）革新推广观念　农技推广要逐步实现"五个转变"：一是从以"技术为本"的农技推广逐步转变为"以人为本"的农业推广；二是从以政府为主的农技推广逐步转变为以政府为主导、多元化发展的农技推广；三是从以服务农业生产为主的农技推广逐步转变为农业生产、农民生活、农村生态提供综合服务的农技推广；四是从以技术为主线的农技推广逐步转变为以产业为主线的农技推广；五是从以提供生产技术服务为主的农技推广逐步转变为提供产业技术、优质农资、综合信息等全程化全方位服务的农技推广。

（2）保障资金投入　建立农技推广的投入保障机制，落实好农技推广的四项经费，即：人员经费和公用经费、条件和手段建设经费、队伍素质建设经费和重大农技推广项目专项经费。

（3）加强条件建设　搞好建设规划，积极争取立项，以"完善设施条件为重点"，尽快对农技推广体系加以建设，进一步提高农技推广服务农业生产的能力和水平。

（4）提高人员素质　要大力加强知识更新培训，建立基层公益性农技人员定期轮训制度，不断地提高基层农技推广人员的业务技能和素质；要实行职业资格准入制，积极推进职业技能鉴定，实行全员竞争上岗、持证上岗；要提升业务能力，主要包括基本情况调研、基本数据分析、基本趋势判断、基本规律把握等方面的能力。

（5）完善政策法规　抓紧研究制定配套措施，出台支持多元化服务体系发展等方面的政策；要尽快将《中华人民共和国农业技术推广法》修订工作列入我国人大或国务院的立法计划，把在改革开放30年中积累起来的符合我国国情、有利于促进农技推广事业发展的经验、政策措施和做法，用法律的形式固定下来。

5. 农业推广前景展望

党的十七届三中全会确立了构建新型农业社会化服务新体系的指导思想，为我国农技推广事业勾画了美好的蓝图，标志着我国农技推广的春天已经到来。展望2020年，我国农技推广将逐步实现"四化"。

推广格局多元化。按照"一主多元"的建设思路，未来我国的农技推广体系将是以国家农技推广机构为主导的公共服务体系和市场化服务体系相互协调、相互依存、共同发展的新型农业社会化服务体系。

推广手段现代化。随着以工促农、城乡一体发展战略的实施，国家农技推广体系将拥有现代化的办公条件，设施齐全的试验示范基地，先进实用的监测检验设备，经济实用的交通工具，畅通高效的信息传播网络，可为农技推广服务提供强大的物质装备支撑。

推广服务专业化。农技推广的组织方式势要以农业产业为主线，以农业生产的关键环节为切入点，充分发挥各种专业技术特长开展专业化服务。

推广行为规范化。随着国家支持农技推广政策法规的不断完善，我国农技推广服务的职责将更加明确，保障将更加有力，行为将更加规范，真正进入依法推广的轨道。

六、国外农业推广发展史

1. 美国的农业推广

19世纪60年代是美国在农业开发上的关键时期，为了适应农民对农业技术培训、农业知识学习的要求，农业发展的需要，议会通过成立了农业部，并通过了《莫里尔赠地法》和《哈奇试验站法》，从而为美国农业推广体系建成提供了先决条件。

1862年美国农业部当时的中心任务是农业科研和推广。最终的推广工作主要是搜集和向农民传播有关的农业情报资料，进行农业试验，征集、鉴定和推广农畜新品种，编制农业统计等。同年通过《莫里尔赠地法》。为了向农民传授农业知识和技术，建立教育机构是形势的要求。莫里尔赠地法案规定把公有土地拨赠给各州，筹建至少一所农业及农机学院。土地数量按每州在国会中的议席拨赠,每席3万英亩❶。1870年5月,纽约《美国农民》杂志提出农学院应办试验农场,让学生直接观察和亲自帮助试验。1876年,康涅狄克州威斯里尔大学创办农业试验站,要求农学院的教授参加试验站的研究工作,通过科学研究,解决农业生产和农村生活中的各种问题。

1887年,克里夫兰总统签署了全国通过的学院建立试验站的法案——《哈奇试验站法》。赠地学院法案没有规定农工学院有搞推广的任务,但是农学院的教师在与农民接触中,了解到农民迫切要求应用农业科学技术法发展农业生产。一些农民抱怨说,尽管农学院有上千名学生,但对全州农民来讲还是少数,广大农民不能直接从农学院得到好处,农学院对农民的指导帮助太少,远不能满足农民对农学院的期望和要求。在这种情况下,1891～1892年,纽约大学、芝加哥大学和华盛顿大学,便开始组织农业推广项目。

为了能将研究成果及时传授给农民,1897年在美国农学院和试验站协会之下设立了推广工作委员会,协助农民成立研究机构,出版刊物,举办展览,传授农业科学技术知识,推广农业科研成果等为其主要任务,这是美国建立合作推广服务体系的萌芽。

美国有两位农业推广的先驱,一个是农业部长南伯,另一个是马萨诸塞斯农学院院长巴特菲尔德。这两位先驱者,为美国的农业推广工作做了突出的贡献,南伯主张由农业部领导的农田局通过合作示范农场来搞农业推广工作;巴特菲尔德则主张由学院搞农业推广工作,坚持农业推广应是农学院的一部分工作任务,把推广工作和农学院教学、科研置于同等的地位。

依阿华州农民要求学院派教授到当地农村直接指导农民,他们批评农学院关门办学,于是农学院派农业系主任霍尔登教授去指导农民。依阿华州是几条铁路的交叉点,霍尔登教授说服铁路当局免费提供一个大车厢,他把车厢布置成玉米种子展览室,当时称为"玉米种子车厢"。车厢每天到处展出,由农学院教师和高年级学生向农民示范和讲解玉米种子的选种和检验。

1905年,美国农学院和试验站协会设立推广工作常设委员会,该协会要求联邦政府为农业推广提供资金。1909年开始在农村开展合作示范,教育农民用最有效和最经济的办法从事农业生产。1910年,犹他州农学院开始设立农业推广处,由农学院和试验站负责农业推广工作,举办农业培训班,组织农民讲座,对农民进行技术示范,推广处成了学校的一个重要部门。

1914年5月8日,威尔逊总统签署了《史密斯-利弗法》,即合作推广法。该法规定由农业部和赠地学院协作领导农业推广工作,由联邦政府拨经费和州、县拨款,资助各州、县建立农业推广组织,即联邦政府设立农业推广局,各州赠地大学农学院领导下设立州合作推广服务中心。各县建立推广站,配备县推广员。这种联邦政府、赠地学院和试验站、推广站的合作组织形式,使农业管理、科学研究、农业教育和推广工作形成一体,成为独具特色的美国合作推广体系。这项法令形成了美国赠地学院教学、科研和农业推广三结合的体制。实行教学、科研、推广三统一是农学院的领导体制,是美国高等农业学校的特点,把农业推广提高到同教学、科研同等重要的地位。教师兼任推广工作,能够及时地把科学信息直接传播给农民,同时对学校和农民也能直接取得联系。农业生产中的问题、农民的意见、社会对学校的要求等,也能够直接反馈到学校的教学和科研中去,学校也可以想各种办法通过推广来满足社会对学校的要求。

2. 日本的农业推广

日本农业技术推广历史悠久,推广体系在漫长的社会变革中,经过长期的历史演变形成并不断得以发展和完善。日本把农业推广称之为"农业改良普及",其发展可追溯到19世纪中叶的明治时期。

明治维新以后,新政府为了发展农业生产,积极推行"劝农政策",开展了农业技术推广活动。一方面启用有经验的老农,挖掘、普及民间成熟的农业技术,推广高产品种;同时实行门户开放,引进欧美先进的农业技术,并先后派学生到欧美诸国留学,聘请外籍教师来日本讲学。1870年在民部省设立了"劝农局(后来的农商务省)",主要任务是向国内介绍欧美农业技术和

---

❶ 1英亩=6.0720市亩=0.405公顷,全书余同。

从事农作物、果树、花卉等新品种、新种苗的引进。1877年根据《劝农局训令》在各府县设置了由有经验的老农担任的"农事通讯员",负责宣传推广农业新技术、新知识,负责向政府报告农作物生长情况、病虫害发生情况以及农事动向,并以召开"农谈会"的形式,宣传推广农民的先进栽培技术,完善耕作技术和公布新品种引种结果,举办优良品种、种苗交易会等,促进农业技术的推广。1885年制定了"农事巡回教师制度",目的是为有效实施农业技术推广活动进行巡回指导。此是日本农业技术推广体系的雏型,标志着日本政府有组织地开展农业技术推广活动的开始。"农事巡回教师",负责对农民进行通俗教育,指导农业生产。巡回教师由农务省任命的称为"甲部巡回教师",由地方官任命称为"乙部巡回教师"。前者负责全国的巡回指导,后者负责地区的巡回指导。1899年,制订"农会法",在郡、县、镇、村设立农会,农会的任务主要是进行农事改良活动,派技术员巡回指导,农会的技术员大多数是农事试验场技术员培训班毕业的,推广内容主要是农事试验的研究成果。到明治大正时代,早期的农业推广教育,主要是通过举办劝农展览会、共进会、品评会,以实物展览教育和经验交流为主的农谈会、农事研究会、劝农会、劝农演说会、集淡会、传习会、种子交换会、养蚕制茶座谈会等,以及各种巡回指导活动。1903年农商务省颁布的《农事改良必行事项》14条,由农会系统实施。并规定其中5项为农会必须执行的项目:①水稻、麦类的盐水选种;②麦类黑穗病的预防;③窄畦秧田;④取消通用秧田;⑤稻苗的正方形插秧。

到了20世纪20年代以后,日本的农业推广主要由农会和农业合作社组织,农会组织的推广活动着重奖励农业推广项目,增加农民福利,举办展览评比。农业合作社开展的推广项目,主要是指农业生产经营中存在的各种问题。

第二次世界大战,使日本的农业遭受严重的破坏。1945年日本的谷物生产比战前减少39%,人均粮食只有135千克,城乡严重缺粮,不能维持正常供给,每月的口粮标准只能供给27天。这一严峻的局面,迫使日本必须尽快采取有效措施,解决粮食问题,于是农林省农蚕园艺局设普及部,以推进农业改良普及工作。政府建立指导农场制,确定在3~5个镇,建立一个指导农场,指导农家制订农业增产的技术措施,并且设置"粮食增产指导员",大力宣传和普及以增产粮食为中心的农业普及宣传活动。为了工作方便,每一个技术员配给一辆自行车,农民称为"绿色自行车"。1949年:开始对普及员进行资格考试,合格者正式任命为改良普及员。1952年修订《农业改良助长法》,由国家和地方共同负责农业改良和普及事业。到50年代中期,每个村都有一名改良普及员,这一时期称为小地区时期,普及员的自行车开始换成摩托车。1958年,改良普及员的驻地称为改良普及所,全国共有改良普及所1568个,每个所有6~7名普及员,其工作任务是研究农业生产形势,听取农民和市、镇、村当局的意见,制订每年的普及计划,并按计划进行活动。到60年代,全国改良普及所合并为630个,负责范围进一步扩大,活动内容也更加多样化。70年代以后,农民进修成为普及事业的主要环节,各道、府、县纷纷创办农民研修所。发展为"农业者大学校"。80年代初期,农民研修所发展为"农业者大学校"的已有83所。

1981年秋,日本召开"推广事业研究会",对农业推广工作提出了以下重点任务:组织强有力的技术力量,指导农业生产和农业经营,提高综合技术的迅速普及;指导各地区的农业发展方向,并协助组织落实,推动地区的农业振兴;培养技术骨干,指导农民学习科学技术,提供信息,培养优秀的农业先进者;结合农业生产和农村生活,指导农民搞好劳逸结合,合理安排劳动,维持和提高农民的健康水平,加强农村社会活动。现在日本的农业推广重点已从物转向人,从单方面的指导和督促农民生产粮食转向培养其自发性,提高他们自身的能力,并且向农民提供信息和指导性意见。

3. 欧洲的农业推广活动

欧洲的农业推广活动是伴随18世纪中叶的产业革命而产生与发展的。开始于英国的产业革命促进了西方社会经济的发展,各国倡导学习农业科学技术。18世纪在欧洲出现了各种改良农业会社。1723年在苏格兰成立了农业知识改进协会,以协会为主体进行巡回的农业推广教育。1761年法国有一个早期的农学家协会。这些由农民自己组织起来的团体,交流农业技术和经营经验，出版农业书刊，传播农业知识和信息，成为西方最早的农业推广组织。19世纪中叶的马铃薯大饥荒时期（由于马铃薯晚疫病大发生），爱尔兰于1847年成立了农业咨询和指导性的服务机构，派出人员到南部和西部受饥荒最严重的地区指导工作，这是近代农业推广史上的一次重大活动。1866年，英国剑桥、牛津大学一改贵族教育之传统，主动适应社会对知识、技术的需要，开始派巡回教师到校外进行教学活动，为那些不能进入大学的人提供教育机会，从而创立"推广教育"，其后，推广教育被英国和其他各国接受并普遍使用。

第三节 农业推广学的产生和发展

一、农业推广学的性质

农业推广学是农业推广实践经验、推广研究成果及相关学科有关理论渗透而形成的一门边缘性、交叉性和综合性学科。农业推广学是一门重实际应用的科学。

从农业推广学的发展过程来看，实际工作经验在其早期发展历史上占有主要成分，在后期的发展历程中，其他社会学科渗透又有重要贡献。尤其是20世纪行为科学的产生与发展，对农业推广学科的发展产生了重大影响。1966年，孙达（H. C. Sanders）主编《合作推广学》，与早期出版的农业推广学书籍的不同之处是增加了行为科学的贡献一篇，正式承认农业推广学是行为科学的一种，同时强调从社会科学、心理学的角度去探讨农业推广学的理论基础。

农业推广工作若从其工作内容来讲，主要是农业信息、知识、技术和技能的应用，应属于自然科学或农业科学。

从其工作过程及形式来看，是研究如何采用干预、试验、示范、教育、沟通等手段来诱发农民自愿改变其行为。农业推广学所要研究的是指组织与教育（或沟通）的方法，而不是直接讨论农业知识本身。是研究组织与教育（或沟通）农民原理和方法的一门学问，又属于社会科学的范畴。它的内容还具有农业科学的特性。因此，农业推广学具有边缘性、交叉性和综合性的学科特点。

二、农业推广学的研究对象、内容及与相关学科的关系

1. 农业推广学的研究对象

农业推广学的学科性质确定了农业推广学的研究对象。

农业推广活动的产生主要是由两个方面决定的：一方面，由于各地区自然、技术、经济条件不相同，因此，新的农业创新成果由小区试验成功到大面积运用，必须有一个在当地条件下试验、观察、鉴定，以及判定适合当地示范推广的过程；另一方面，广大农民由于生活在不同的农村社区，受社会文化条件的影响，在接受新的农业创新成果时也存在一个认识、估价、试用、采用的过程。

农民从认识到行为的改变，必须借助于农业推广的力量。推广是加速科学技术向生产转移的客观要求，是科学技术转化为现实生产力的具有决定意义的环节，也是广大农民依靠科学技术致富的迫切要求。因此，农业推广学的研究对象可以做如下概括：农业推广学是研究农业创新成果传播、扩散规律，农民采纳规律及其方法论的一门科学。用通俗的语言讲，就是研究如何向农村传播和扩散新的信息、成果和知识，如何用教育、沟通、干预等的方法促使农民自觉采用创新成果，如何使农业、农村的发展尽快走上依靠科技进步和劳动者素质提高轨道的一门学科。具体地讲，包括三个方面。

① 研究如何以先进的科学技术与技能、新的知识与信息为内容，以试验、示范、培训、干预、沟通（或教育）为手段，采用传播、传授、传递等方式，使农民自愿改变其行为的规律性，包括农民个人行为、群体行为。具体地说，就是研究农民对物质生活、精神生活包括农业科学技术的需要，由需要产生心理、心态、动机，从而驱动行为变化的规律。

② 研究改变农民行为诸因素变化的规律性。具体地说，就是研究外界社会的、政治的、经济的、自然的环境诸多因素的变化及其规律如何影响农民行为的变化。

③ 研究有效诱导农民行为变化的方法论。具体地说，就是研究诱导农民行为改变的方法。

2. 农业推广学的内容

从农业推广的性质、特点和任务，以及农业推广学的研究对象，可以了解到这门学科的内容十分广泛，它不仅继承了传统的农业推广经验，也广泛吸收了许多有关学科的理论与方法，是建立在多种学科基础上的一门综合学科，它的研究领域相当宽广，它所涉及的内容十分丰富，其主要内容有以下几个方面。

① 农业推广的原理。包括农业的创新扩散，科技成果转化，推广心理，推广行为，推广沟通，推广教育，推广组织等。

② 农业推广的方式与方法。包括集体指导方法，个别指导方法，大众媒体宣传方法等。

③ 农业推广的技能。主要包括试验与示范，信息服务，项目管理，经营服务，语言与演讲，推广工作评价等。

④ 农业推广学的研究方法。包括理论研究方法，案例研究方法，社会调查方法等。

概括起来农业推广学的研究内容为：

推什么 —→ 为什么推 —→ 怎么推 —→ 推给谁
（四新）　（必要性和重要性）　（方式、方法）（农民——研究农民的心理）
—→ 谁来推 —→ 推后效果
（推广组织和人员）　（经济、社会、生态效益——推广工作评价）

3. 农业推广学与相关学科的关系

农业推广学与许多自然和社会科学发生关系，其中关系最为密切的有农村社会学、教育心理学、社会心理学、行政组织学、行为科学等。正确理解这些关系，不仅有助于进一步掌握农业推广学的研究对象、内容，而且还有助于从不同的角度，了解农业推广学的性质与特征。

(1) 农村社会学　农村社会学主要从农村社会这个特定领域研究社会现象的理论和原理。农业推广是促进农村社会变革的一种手段。农村社会学中的若干概念，如社会变迁与计划变迁、社会组织、社会阶层、大众媒介的社会性、创新的传播与采用等，都为农业推广学的发展提供了理论与方法的基础。

(2) 教育心理学　教育心理学是研究教育者与受教育者在教学活动中，心理活动现象和规律的科学。农业推广是通过一种干预、沟通、诱导农民自愿变革的活动，培训和教育是农业推广必不可少的手段。因此，教育心理学的许多概念，都为农业推广所应用。主要有学习动机、学习态度、认知策略、心智技能、动作技能等。

(3) 社会心理学　社会心理学是研究社会活动中的个体、群体社会心理和社会行为规律的科学。它的许多概念，如态度、人际沟通、群体特征、环境心理、群体心理等都为农业推广学从心理学方面研究农民个体、农民群体的行为提供了理论与方法的基础。

(4) 行政组织学　行政组织学是研究公共行政的组织系统、组织原则和行政管理工作规律的科学。农业推广是有组织的活动，因此行政组织与农业推广的关系十分密切。行政组织学的若干概念，常常应用到农业推广工作中，如工作制度、个人与组织目标、决策、正式组织与非正式组织等。

(5) 传播学　传播学是研究人类传播行为和传播过程及其发生、发展规律的一门新兴科学。农业推广是一种传播行为，是一个传播过程，传播学的许多概念在农业推广中可得到广泛与直接地应用，如大众传播、组织传播、个人沟通、媒介、信息传播、传播策略等。

(6) 行为科学　顾名思义，行为科学是若干社会科学的集合体，概括地说，凡研究与人类行为有关的科学，均属行为科学。例如，心理学主要研究个人行为，如欲望、动机、需要等；社会学是探讨人类生活在一起的问题，如生活关系、社会制度等团体行为；而人类学则侧重文化、社会规范等团体行为。这些学科都研究与人类行为有关的问题，由此可见，行为科学可以说是在若干社会科学中孕育出来的，由于社会的发展，才有今日的行为科学。

农业推广工作本身也是促成行为科学发展的一个重要原因，所以，凡是对行为科学有贡献的社会科学理论都会对农业推广学理论的发展产生影响。

（7）其他学科　农业推广作为一种社会现象，还可以应用其他学科的理论进行研究和解释，如农业经济与管理、农业技术经济学、市场营销学、农业技术学等。在整个学科发展过程中，农业推广学与相关学科相互促进，相互补充。

三、学习与研究农业推广学的目的、意义和方法

1. 学习农业推广学的目的、意义

简言之，掌握农业推广（农村发展）的技能或本领，为将来从事农业推广或农村发展工作奠定基础。这些技能和本领主要包括 4 个方面。

（1）认识和掌握农业推广的本质、原理和规律　人们对客观世界的认识有感性认识和理性认识两个阶段：感性看表面、看现象；理性看本质、找规律。从事农业推广工作，必须掌握农业推广的本质、原理和规律。否则，就无法进行或无法有效地进行推广工作。只有在正确的农业推广理论指导下的推广实践，才能获得成功。农业推广的本质规律是农业创新成果的扩散规律和农民的采纳规律。把握住这一规律，不管政治、经济环境如何变换，只是方式和方法的变化，一切都可以应用自如。

（2）学会运用农业推广理论指导农业推广实践　即理论与实践的结合问题。做农业推广工作必须按农业推广规律办事，没有理论指导的实践必然是盲动的也是低效的。尤其是新农村建设中，农业与农村发展从形式到内容都在发生重大变化，迫切需要新的农业推广理论的指导。光会理论，不会指导实践，达不到学习的目的。另外，我国地域辽阔，情况多变，应因地制宜，不同地区，理论与实践的结合方式不同。

（3）深入研究农业推广理论体系　并能将理论、实践、经验融会贯通，有改革创新的能力。

（4）提高农业院校学生的推广素质与技能　我国的农业推广学科创立较晚，现有一些农业院校的学生（有些专业）没有经过农业推广理论与方法的熏陶，毕业到农业推广工作岗位后，总有一些不适应，给工作带来不便。推广工作成效以人的素质和技能为基础，农业推广人员不仅要有扎实的推广理论功底，而且要有过硬的推广技能。只有掌握了原理、方法和技能，工作才能得心应手。

2. 农业推广学的研究方法

农业推广学研究方法的基础是辩证唯物主义和历史唯物主义。采取实事求是的科学态度，理论联系实际，进行调查研究，总结历史经验，利用有关学科的先进成果与研究方法来丰富本学科的内容，使它的学科体系更加完善，这是发展农业推广学的基本要求。

农业推广学是一门同实践紧密结合的应用学科，因此，深入农村、面向农业、了解农民，参与农业推广实践活动，进行调查研究，了解情况，收集第一手材料和数据，加以分析和归纳，是研究这一学科的基本方法。具体说，主要包括如下三个层面。

第一层面：农业推广的理论研究方法。如实证的方法、归纳演绎的方法等。

第二层面：各种具体研究方法。如观察法、试验法、调查法、案例研究法等。

第三层面：各种研究技术。如调查技术、抽样技术、统计方法与技术、计算机操作与应用技术等。掌握了基本研究方法，相当于拿到了一把打开解决问题大门的钥匙。

本 章 小 结

农业推广的基本内涵的演变，从狭义农业推广，到广义农业推广、现代农业推广，再到中国特色的农业推广，反映了农业推广的涵义是随着时间、空间的变化而演变的，也反映了农业推广的发展趋势。农业推广、农业研究、农业教育是农业发展的三大支柱。三者互为因果，互相促进，缺一不可，在农业科技系统中处于同等重要的地位。农业推广的社会功能可以分为直接功能和间接功能两类。直接功能具有促成农

村人口改变个人知识、技能、态度、行为及其自我组织与决策能力的作用;间接功能是通过直接功能的表现成果而再显示出来的推广功能。如促进农业科技成果转化;提高农业生产与经营效率;改善农村生活环境及生活质量;优化农业生态条件;促进农村组织发展;执行国家的农业计划、方针与政策。农业推广活动是伴随农业生产活动而发生、发展起来的一项专门活动。我国是农业历史悠久的国家,因而,农业推广活动有着悠久的历史和演变过程。

农业推广学是农业推广实践经验、推广研究成果及相关学科有关理论渗透而形成的一门边缘性、交叉性和综合性学科。其主要内容包括农业推广的原理、农业推广的方式与方法、农业推广的技能和农业推广学的研究方法。学习农业推广学的目的、意义是为了掌握农业推广(农村发展)技能或本领,为将来从事农业推广或农村发展工作奠定基础。

复习思考题

1. 农业推广的基本内涵是什么?
2. 农业推广的主要功能是什么?
3. 农业推广学的研究对象是什么?
4. 新中国成立后农业推广的主要成就有哪些?
5. 如何才能学好农业推广学?
6. 美国的农业推广工作有什么特点?

第二章 农民行为的产生与改变

[学习目标]
1. 理解行为的概念及含义、行为产生的机理、行为产生和改变的理论。
2. 了解行为改变的一般规律、农民个人行为改变的主要阻力和动力、影响农民行为的因素。
3. 掌握农民行为改变的方法与改变农民行为的基本策略。
4. 分析农民个人行为改变和农民群体行为改变的影响因素,探讨行为原理在农业推广工作中的应用。
5. 提高改变农民行为的实践技能。

农民是农业推广行为的主体,是农业科学技术的最终接受者和采用者,没有农民对科学技术的接受与采用,科学技术就难以转化为现实生产力。而农民对科学技术的接受及采用与农民需要和农民行为密切相关。农民需要是农民采用科学技术积极性的最初源泉,而农民行为能否改变则是新技术能否得以推广的根本所在。研究农民需要、农民行为及行为改变的规律性、行为改变的影响因素等,对于更好地调动农民主动采用新技术的积极性和发挥他们的主观能动性,促使农民行为的自愿改变,进而促进农业和农村的发展,提高农村物质文明和精神文明具有重要意义。

第一节 农民行为的产生

一、行为的概念及特点

人们在一定的自然和社会环境中生活和工作,其所作所为受着生理和心理作用的影响。人在环境影响下所引起的内在生理、生态和心理变化的外在反应称为行为。

1. 构成行为的基本要素
(1) 行为的主体是人 无论是个人行为还是组织行为,都是由具体的人表现出的功能。
(2) 行为是在人的意识支配下的活动 这种活动具有一定的目的性、方向性及预见性。
(3) 行为与一定的客体相联系 作用于一定的对象,所作用的对象是物或是人。
(4) 行为总要产生一定的结果 其结果与行为的动机、目的有一定的内在联系。因此,可以说行为是在一定的社会环境中,在人的意识支配下,按照一定的规范进行并取得一定结果的客观活动。

2. 人类行为的特点
(1) 目的性 人们为达到一定的目的,去采取一定的行为。
(2) 可调节性 人的行为受思维、意志、情感等心理活动的调节。
(3) 差异性 人的行为受个性心理特征和外部环境的强烈影响,所以人与人之间的行为都表现出很大的差异。
(4) 可塑性 人的行为是在社会实践中学到的,受着家庭、学校及社会的教育与影响,所以一个人的行为会发生不同程度的改变。

3. 人类行为的种类
根据行为主体不同,人类的行为可分为:

(1) 个体行为　主要指个人行为，如农民个人行为；
(2) 群体行为　主要指小集体行为，例如，农民家庭行为；
(3) 领导行为（引导性行为）　指领导者和领导群体行为，例如，村领导者、科技示范户的行为；
(4) 组织行为　指大集体行为，例如，村民委员会、农业企业、宏观管理的行为。

4. 农民行为的种类

农民行为是指农民在其所处的环境的作用下，为满足生产和生活需要所进行的一切活动，一般把农民行为分为两大类：一类为社会行为，如交往行为、采用行为、社会参与行为、生育行为等；另一类为经济行为，如投资行为、劳动组织行为、收入分配行为、消费行为、市场行为等。

二、行为产生的机理

行为科学研究表明，人的行为是由动机产生，而动机则是由内在的需要和外来的刺激引起的。一般来说，人的行为是在某种动机的驱使下达到某一目标的过程。当一个人产生某种需要尚未得到满足，就会处于一种紧张不安的心理状态中，此时若受到外界环境条件的刺激，就会引起寻求满足的动机。在动机的驱使下，产生满足需要的行为，向着能够满足需要的目标进行。当他的行为达到目标时，需要就得到了满足，紧张不安的心理状态就会消除，这时又会有新的需要和刺激、引起新的动机，产生新的行为……如此周而复始，永无止境，这就是人的行为产生的机理（图 2-1）。

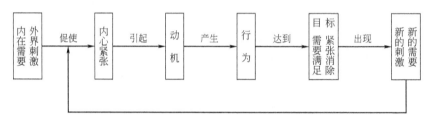

图 2-1　行为产生模式

三、影响行为产生的因素

根据行为产生模式，人的行为受人的内在因素和外在环境的影响。具体分析，人的行为主要受三个方面的影响。

(1) 受环境因素的影响　包括自然环境（地理、地貌、气候等）和社会环境（社会政治、经济、文化、道德、习俗等）。自然环境和社会环境的相互作用，使不同环境下的人们表现出不同的行为特征。

(2) 受人的世界观的影响　世界观影响人们的社会认知和社会态度，从而影响人们的行为。不同的人对同一事物有不同的认识、不同的态度和不同的行为。

(3) 受人的生理、心理因素的影响　青年人、中年人和老年人以及男性和女性在生理上的差异可以导致行为的不同。同时，人的性格、气质、情感、兴趣等心理因素也影响人的行为。但是，在所有心理因素中，对人们行为具有直接支配意义的，则是人的需要和动机。

四、行为产生和改变的理论

1. 需要层次理论

需要是引起动机，进而导致行为产生的根本原因。所谓需要，是指人们对某种事物的渴求或欲望。人们生活在特定的自然及社会文化环境中，往往有各种各样的需要。一个人的行为，总是直接或间接、自觉或不自觉地为了实现某种需要满足，才采取各种行为的。

美国心理学家马斯洛提出了著名的"需要层次论"，把人的需要划分为 5 个层次，并认为人类的需要是以层次的形式出现的，按其重要性和发生的先后顺序，由低级到高级呈梯状排列，即生理需要→安全需要→社交需要→尊重需要→自我实现的需要（图 2-2）。

（1）生理需要　包括对维持生命和延续种族所必需的各种物质生活条件，如食物、水分、氧气、性、排泄及休息的需要。生理需要是最基本的，因而也是推动力最强大的需要，在这一级需要未满足之前，其他更高级的需要一般不会起主导作用。

（2）安全需要　指人身安全、职业保障、防止意外事故和经济损失以及医疗保障、养老保险等。

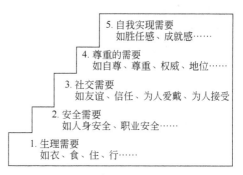

图 2-2　马斯洛的需要层次理论图示

基本的生理需要得到满足以后，人们就会考虑自我保护，并采取措施防备未来的生理需要得不到满足，如对生病、失业、职业危害、意外事故等表现出的对心理安全、劳动安全、环境安全及经济安全的保障要求。

（3）社交的需要　又叫情感和归属的需要，指建立人与人之间的良好关系，希望得到友谊和爱情，并希望被某一团体接纳为成员，有所归属。这是一个人在基本满足前两种需要后对新产生的需要层次的追求，需要被周围的人所接受并使感情得到依托。

（4）尊重的需要　也称心理需要或自尊需要，希望他人尊重自己的人格，希望自己的能力和才华得到公正的评价、赞许。要求在团体中确定自己的地位，一种是希望自己有实力、有成就，能胜任工作，并要求有相对的独立和自由；另一种是要求给予荣誉、地位和权力等，要求他人对自己重视并给予高度评价。这是一种自信、自立、自尊、自爱的自我感觉。

（5）自我实现的需要　是人类最高层次的需要。希望能胜任与自己的能力相称的工作，发挥最大潜在能力；充分表达个人的情感、思想、愿望、兴趣、能力及意志等，实现自己的理想。

这个理论强调三个基本论点。

第一，人是有需要的动物。其需要取决于他已经得到的东西。只有尚未满足的需要才是行为的激励因素。

第二，人的需要都有其轻重的层次，一旦下一级的需要得到满足，上一级的需要又出现，又需要满足。

第三，在特定时刻中，人的一切需要如果都未得到满足，那么最迫切的需要就是行为的主要激励因素。

上述是指人的一般需要层次行为模式。这个模式没有包括行为中的个人差异。否则，根据这个模式，就能够预测人的行为了。但是，这是不可能的，我们假定人的需要是类似的，但不同的人其反应方式不相同，他不仅反应在选择的目标上和为了达到目标而选择的手段上，而且在对挫折的反应上也有所不同，这主要取决于人的个性问题。

对马斯洛的需要层次论，国内外都有着不同的评价。这个理论存在着一定的局限性，如忽视人的主观能动作用和一定条件下的教育功能等来研究人的需要。因此，在运用一般需要层次模式时，绝不可生搬硬套，要特别注意调查研究，针对农民的不同需要，因时、因地、因人制宜地进行推广工作，激励农民学科学发展农业生产的积极性。

2. 期望理论

美国心理学家弗罗姆（V. H. Vroom）1964 年提出一个新的激励理论——期望理论。该理论强调确定恰当的目标和提高个人对目标价值的认识，得到较广泛的应用。

期望论可以用这样的公式来简单表示：

$$激励强度(MF) = 期望率(E) \times 目标效价(V)$$

激励强度，指调动一个人的积极性，激发人内部潜力的大小。期望率，指一个人对自己的行为和努力，能否达到某一目标的主观概率。目标效价，指一个人对自己要努力去达到目标的效用价值，在认识上的评价大小。

效用价值和期望值的不同组合，可以产生不同强度的激励力量。

① E 高×V 高＝MF 高，为强激励；
② E 中×V 中＝MF 中，为中激励；
③ E 低×V 高＝MF 低，为弱激励；
④ E 高×V 低＝MF 低，为弱激励；
⑤ E 低×V 低＝MF 低，为极弱激励或无激励。

公式表明，一个追求某一目标的行为动机的强度，取决于他对可能达到目标的信心和对目标效价的重视程度。当一个人对他所追求的目标价值看的越大，估计能实现这一目标的概率越高，他的动机就越强烈，激励的水平就越高，内部潜力也就会充分调动起来。因此，应该从提高目标的效价和增强实现目标的可能性两方面，去鼓励一个人的行为。这就要求恰当地确定目标，使人们有决心、有信心去努力实现目标，从而激发人的积极性。

同一目标对不同的人所起的激励作用，也会有差别，这是由于每个人对这一目标价值的评价，对实现目标期望率的估计，既受个人的知识、经验、价值观念等主观因素的影响，又受到社会政治、经济、道德风气、人际关系等环境因素的影响，致使在认识上会各有其目标效价和期望率的组合，因此，在确定了恰当的目标以后，还要根据社会环境和个人特点，进行目标价值的宣传教育，并给工作条件方面的具体支持以提高人对目标价值的认识，增强人对达到目标的信心。

期望论应用于农业推广，首先要求根据当地大多数农民的情况，恰当地选择、确定推广项目和期望达到的推广目标；还要求对不同的推广对象，进行耐心、细致地宣传教育。提供有关的咨询、服务与支持。这样，才能促使农民群众为实现推广目标而积极行动起来。

3. 动机理论

动机是由需要引发的，是指为满足某种需要而进行活动的念头或想法。它是激励人们去行动，以达到一定目的的内在原因。动机是行为的动因，它规定着行为的方向，是行为的直接力量。动机对行为具有以下作用：①始发作用。动机是一个人行为的动力，它能够驱使一个人产生某种行为。②导向作用。动机是行为的指南针，它使人的行为趋向一定的目标。③强化作用。动机是行为的催化剂，它可根据行为和目标的是否一致来加强或减弱行为的速度。

动机的形成要经过意向形成、意向转化为愿望、愿望形成动机的不同阶段。当人的需要还处于萌芽状态时，往往以模糊的形式反映在人们的意识之中，这时使人产生不安之感，并意识到可以通过什么手段来满足需要。这时意向开始转化为愿望。人的心理进入愿望阶段后，在一定外界条件下，就可能成为行为的动机。可见，动机是内在条件与外在条件相互影响、相互作用的结果。也就是说，人的行为不仅与人体自身的身心变化活动有关，还会因时、因地、因其所处的情景而出现不同的反应。

动机根据不同的划分标准可以被分为各种类别。例如，根据动机的内容来分，可分为生理性动机（物质方面的动机）和心理性动机（精神方面的动机）。根据动机在活动中所起作用的大小来分，可分为主导动机（优势动机）和辅助动机。说明了一个关于动机强度的问题。有的动机比较强烈而稳定，而另一些动机比较微弱且不稳定。那种最强烈且又稳定的动机叫优势动机，其他动机叫辅助动机。人的某种行为是受优势动机支配的，辅助动机对行为产生影响，但不起支配作用。

优势动机具有两个特点：特点之一是它的可变异性。一个人的动机结构，并不是一成不变的。一个人的各种动机的强度随时间和条件的变化而变化。特点之二是它的相对稳定性。它在一定时期支配着一个人的行为。这种动机结构的变异性和主导动机的稳定性，说明了外部环境条件对动机影响的重要性和复杂性。

动机是一种主观状态，具有内隐性的特点。动机不容易从外部被察觉，但人们可以根据行为追溯真正的动机。当然，事情并非如此简单。有时良好的动机并不一定会达到预期的行为结果。在分析一个人的行为时，要考虑个人因素与环境因素相互作用的综合效应。在分析个人因素时，要同时分析外在表现与内在动机。动机和行为往往并非表现为一种线性关系。有时候，同一动机可以引起种种不同的行为；反之，同一行为可以出自不同的动机。合理的动机也可能引起不合理甚至错误的行为。错误的动机有时可以被外表积极的行为所掩盖。在分析一个人的动机结构时，要善于区分其中的积极因素和消极因素。

4. 目标理论

一般来说，对人的行为的诱导主要有三种途径：一是满足人的合理需要；二是通过设置适当的目标；三是通过运用强化原理及时反馈。目标是人的行为所要达到的结果，同时也有引发、导向和激励行为的作用。

行为科学认为：从目标的角度，人的行为可分为目标导向行为、目标行为和间接行为三类。目标导向行为，指为了达到目标所表现的行为。有了动机就要选择和寻找目标，目标导向行为代表寻求、到达目标的过程。目标行为，指直接满足需要的行为，即完成目标达到满足的过程。间接行为，是指与当前目标暂无关系，为将来满足需要做准备的行为。

由动机产生的行为有一个从确立目标到实现目标的过程。这个过程分为目标导向行为和目标行为两个阶段。例如，农民为了农作物增产，购买新品种、学习新技术，以及准备其他生产资料的产前行为，属于第一阶段；将上述相关生产资料应用于农田到作物收获的产中行为，则为第二阶段。

研究表明，目标导向行为与目标行为，各自对需要强度或动机强度有着不同的影响力。①对目标导向行为来说，需要强度会随着这种行为的进行而增加，越接近目标，动机强度越强，直到达到目标或者遭受挫折停止；②目标行为则不一样，需要强度会随着这种行为的开始而减低。行为科学把一个人从动机到行为到达目标的过程，称为激励过程。

目标导向理论认为，要达到任何一个目标，而进入目标行为，都必须通过目标导向行为。但是，由于目标导向行为与目标行为对需要（动机）强度有着不同的影响力，所以，循环交替地运用目标导向行为和目标行为，便可使动机（需要）强度经常保持在较高的水平。也就是说，当一个目标达到时，马上提出新的更高的目标，并进入新的目标导向过程，从而使人的积极性经常保持在较高的水平上。当人们达成目标的能力增强时，应该善于提供实现目标的条件、环境及成长和发展机会，引导人们去为实现一个又一个更高的目标而奋斗。

第二节 农民行为的改变

一、行为改变的一般规律

人类行为可分为四个层面，即知识层面，指知识、智能等；态度层面，指人们对人、事、物的反应和感觉，人生观及价值标准等；技能层面，指人们的操作技能和思维技能，即处理问题的方法；期望层面，指人们永远在追求各种愿望。这四个层面只要有一个层面的改变就会发生行为改变，进而引起环境改变。农业推广活动可以影响推广对象行为四个层面的任何一个层面或几个层面，使其行为自愿改变，有可能带来正效应，也可能带来负效应，都会影响和促进环境改变。

1. 行为改变的层次性

在一个地区人们行为的变化有一个过程，在这个过程中需要发生不同层次和内容的行为变化。据研究，人们行为改变的层次主要包括：知识的改变；态度的改变；个人行为的改变；群体行为的改变。这四种改变的难度和所需时间是不同的（图2-3）

（1）知识的改变 知识的改变就是由不知道向知道的转变，一般来说比较容易做到，它可通过宣传、培训、教育、咨询、信息交流等手段使人们改变知识，增加认识和了解。这是行为改变的第一步，也是

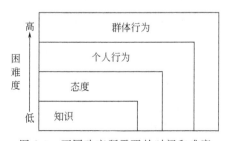

图 2-3 不同改变所需要的时间和难度

基本的行为改变。只有知识水平提高了，才有可能发展到以后层次的改变。

（2）态度的改变　态度的改变就是对事物评价倾向的改变，是人们对事物认知后在情感和意向上的变化。态度中的情感成分强烈，并非理智所能随意驾驭的。另外，态度的改变还常受到人际关系的影响。因此它比知识的改变难度较大，而且所需时间较长。但态度的改变又是人们行为改变关键的一步。

态度的改变就是在知识改变的基础上，通过认识的改变，特别是情感的改变来达到意向的改变。态度的改变一般过程是由服从（表面上转变自己的观念与态度，内心并未真正改变）转变为认同（不是被迫，而是自愿接受新的观点、信念等），再由认同转变为同化（真正从内心深处相信并接受新的观点、信念等，彻底改变了自己的态度，并把新观点、新思想纳入自己的价值体系之内）。例如通过推广教育，农民对某项新技术从不认识到认识，从没有兴趣到逐渐产生兴趣并产生极大热情，从而抛弃旧技术准备采用新技术就是态度的改变。

（3）个人行为改变　个人行为的改变是个人在行动上发生的变化，这种变化受态度和动机的影响。也受个人习惯的影响，同时还受环境因素的影响。例如，农民采用行为的改变，就受到对创新的采用动机，对创新的态度意向，采用该创新所需物质、资金、人力、自然条件等多种因素的影响。因此，个人行为的完全改变其难度更大，所需时间更长。

（4）群体行为的改变　这是某一区域内人们行为的改变，是以大多数人的行为改变为基础的。在农村，农民是一个异质群体，个人之间在经济、文化、生理、心理等方面的差异大，因而改变农民群体行为的难度最大，所需时间最长。例如对某项技术的推广，群体内不同农民可能会停留在不同的行为改变层次。有的农民知识改变了，但未改变态度；还有的人知识、态度都改变了，但由于有些条件不具备，最终行为没有改变。因此，推广人员要注意分析不同农民属于哪个行为改变层次，有针对性地进行推广工作。

2. 行为改变的阶段性

管理心理学的研究发现，个人行为的改变要经历解冻、变化和冻结三个时期。

（1）解冻期　就是从不接受改变到接受改变的时期。"解冻"又称"醒悟"，就是认识到应该破坏个人原有的标准、习惯、传统及旧的行为方式，应该接受新的行为方式。解冻的目的在于使被改变者在认识上感到需要改变，在心理上感到必须改变。促进解冻的办法是：增加改变的动力，减少阻力；将愿意改变与奖赏联系起来，将不愿改变与惩罚联系起来，从而促进解冻过程。

（2）变化期　就是个人旧的行为方式越来越少，而被期望的新行为方式越来越多的时期。这种改变先是"认同"和"模仿"新的行为模式，然后逐渐将该新行为模式"内在化"。

（3）冻结期　就是将新的行为方式加以巩固和加强的阶段。这个时期的工作就是在认识上再加深，在情感上更增强，使新行为成为模式行为、习惯性行为。

在不同的行为改变阶段，应采取不同的措施加以促进改变。在解冻期应该：①消除对方的疑惧心理、对立情绪；②要善于发现他们的积极因素；③因人施教。在变化期和冻结期：要进行有效的强化。强化是对行为的定向控制，分连续和非连续两种强化方式。连续强化是指当被改变的个人每次从事新的行为方式时，都给以强化，如给以肯定、表扬、鼓励等。非连续强化是在每隔一定时间或一定次数好的行为时给予强化。在通常情况下，开始时用连续强化，一段时间后两种强化兼用，到后来以非连续强化为主。

二、农民个人行为的改变

1. 农民个人行为改变的主要阻力和动力

在某一特定的农村环境，农民个人行为的改变是动力和阻力相互作用的结果。

根据人们对发展中国家农民行为的研究结果，并结合我国的实际情况，可以认为影响农民个人行为改变的动力和阻力因素主要表现在以下方面。

（1）动力因素

① 农户经济需要引起的内驱力。几乎所有的农民都有发展生产，增加收入，改善生活的愿

望。随着传统农业向现代农业、计划经济向市场经济的转变,农民的致富愿望越来越强烈,要求不断地提高物质生活和精神生活的水平。这些经济发展的需要,不断激励农民采用新技术的积极性,驱使他们不断改变传统的生产经营行为。

② 社会环境的改变对农民的推动力。主要有:现代科学技术的有效应用,为农民提供了先进适用及有效的技术和方法;建立健全了农业推广服务体系,为农民提供了信息、技术、物质等,方便了农民;政府根据社会发展需要制定出能激发农民积极性的政策与法规;教育、信贷、运输、销售等方面的改善,为农民增加了可能采用新技术的机会。

(2) 阻力因素

① 农民自身的障碍和传统的文化障碍。大多数农民受传统文化影响较深。例如,比较保守、不愿冒险、只顾眼前、听天由命等传统的价值观,农民受教育水平较低,技术水平落后等阻碍他们的行为改变。

② 农业环境障碍。主要是缺乏经济上的吸引力和投入水平低。任何先进的技术,如果在经济上不能给农民带来较多的收益,都不可能激励农民行为的改变。某项技术虽然可能带来一定的效益,但缺少必要的投入,农民也难以采用。只有增加对农业的投入,才能有效地克服这些障碍,推动农民行为的改变。

(3) 动力与阻力相互作用的模式(图2-4) 推广一项技术,首先要清楚地分析动力和阻力,然后采取相应措施,帮助农民增加动力,减少阻力,打破平衡状态,使农民行为得以改变,达到推广目标。这时,推广的动力和阻力二者处于平衡状态,生产处于停滞,这以后必须根据农民的更高层次的需要,把更好的技术作为推广目标,继续增加动力,克服阻力,打破平衡……,推广工作就是这样,不断提供新技术,打破平衡,促进农民行为改变,推动农民向一个又一个目标前进。

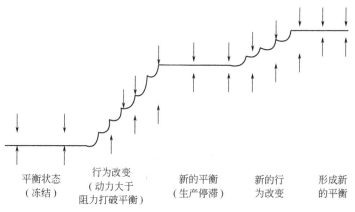

图 2-4 行为改变中动力与阻力的相互作用模式

2. 影响农民行为的因素

在现实农业生产过程中,人们常见到各式各样的农民个人行为。但是,影响农民个人行为的因素,归纳起来不外有六个方面的因素:生理因素、心理因素、文化因素、自然环境因素、经济环境因素、社会环境因素(见图2-5)。农民个人行为因素的一般规律图,可以帮助农业推广机构和农业推广人员分析和理解农民个人行为与环境的关系;了解农民的经验背景和他们的生存空间;考虑现实的新知识、新技术、新技能对于农民的影响和作用;促使和转变农民传统价值成为现代价值,改变农民的心理、态度、感情、行为及其人格,迅速地把先进的科学技术转化为现实的生产力,提高科研成果的扩散与转化率。

3. 改变农民个人行为的途径

改变农民个人行为的途径可以从两个方面考虑:一是增加动力的途径;二是减少阻力的途径。

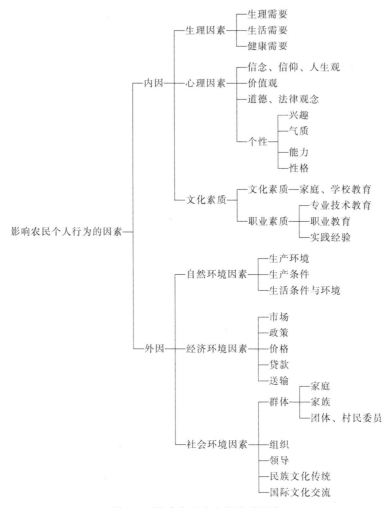

图 2-5　影响农民个人行为的因素

（1）增加动力　根据农民的迫切需要，选择推广项目，激发和利用农民的采用动机；加强创新的宣传刺激，增加农民的认识，通过创新的目标来吸引他们的采用行为；通过低息贷款、经费补助、降低税收等政策，推动农民采用创新；筛选和推广市场需求强烈、成本低、价格高、效益好的项目，促使农民在经济利益的驱使下采用创新。

（2）减少阻力　通过提高农民素质和改善环境两个方面来减少阻力。农民采用创新的一个阻力，常常是他们文化水平过低和受传统观念影响太深。通过宣传、引导、示范、技术培训、信息传播，帮助不同类型的农民改变观念、态度和获得应用某项技术的知识与技能。

农民采用创新的另一个阻力，是环境条件的限制。创造农民行为改变的环境条件，就是要在农村建立健全各种社会服务体系，向农民提供与采用创新配套的人力、财力、物质、运输、加工、市场销售等方面的服务。同时，要在舆论导向等方面鼓励采用创新，形成采用创新光荣的社会氛围。

三、农民群体行为的改变

农业推广中，要面向农民个人（个体），但更多的时间是面向一个又一个的农民群体。因此，掌握农民群体行为特点及其改变方式，有利于更好地开展推广工作。

1. 群体成员的行为规律

群体成员的行为与一般个人的行为相比，具有明显的差异性，表现出以下规律。

（1）服从　遵守群体规章制度、服从组织安排是群体成员的义务。当群体决定采取某种行为时，少数成员不论心理愿意还是不愿意，都得服从，采取群体所要求的行为。

（2）从众　群体对某些行为（如采用某项创新）没有强制性要求，而又有多数成员在采用时，其他成员常常不知不觉地感受到群体的"压力"，而在意见、判断和行动上表现出与群体大多数人相一致的现象。即"大家干我就干"。从众行为是农民采用创新的一个重要特点。

（3）相容　同一群体的成员由于经常相处、相互认识和了解，即使成员之间某时有不合意的语言或行为，彼此也能宽容待之。一般来讲，同一群体的成员之间容易相互信任、相互容纳、协调相处。

（4）感染与模仿　所谓感染，是指群体成员对某些心理状态和行为模式无意识及不自觉地感受与接受。在感染过程中，某些成员并不清楚地认识到应该接受还是拒绝一种情绪或行为模式，而是无意识之中的情绪传递、相互影响，产生共同的行为模式。感染实质上是群众模仿。在农民中，一种情绪或一种行为从一个人传到另一个人身上，产生连锁反应，以致形成大规模的行为反应。群体中的自然领袖一般具有较大的感染作用。在实践中，选择那些感染力强的农户作为科技示范户，有利于创新的推广。

2. 群体行为的改变方式

群体行为的改变主要有两种方式，一是参与式改变，二是强迫性改变（见图2-6）。

参与性改变就是让群体中的每个成员都能了解群体进行某项活动的意图，并使他们亲自参与制订活动目标、讨论活动计划，从中获得有关知识和信息，在参与中改变了知识和态度。这种改变的特点是权力来自下

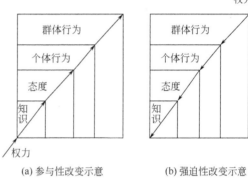

图 2-6　群体行为改变的方式

面，成员积极性较高，有利于个体和整个群体行为的改变。这种改变的优点是改变持久且有效，适合于成熟水平较高的群体。不足是费时较长。

强制性改变是一开始便把改变行为的要求强加于群体，在执行过程中使群体规范和行为改变，也使个人行为改变，在改变过程中，对新行为产生了新的感情、新的认识、新的态度。特点是权力主要来自上面，群体成员在压力的情况下，带有强迫性；适合于成熟水平较低的群体。一般来说，上级的政策、法令、制度凌驾于整个群体之上是这种改变方式。

四、改变农民行为的方法

政府通常采用政策、法律、经济、补贴等手段影响农民的行为。推广人员则主要通过教育、培训、试验、示范等手段影响农民的行为。常见的影响农民行为的方法有如下几种。

1. 强迫

强迫和强制使用权力，迫使某人做某事。使用强迫手段的人，应具备以下条件：①他必须有足够的权力可以强制；②他必须了解如何达到目的，即有达到目的的方法与手段；③他必须有能力去检查被强制的人是否按要求去做；④使用强制力量便意味着强制者对他力图改变的对象的行为负责，如果失败或造成损失应全面承担责任。

此法在相对短的时间内，改变许多人的行为是可能的，但耗费大，且被强制者未必总能按要求行动。所以，要想在改变人们的行为的过程中发挥人的主动积极性，用强制的方法是不适宜的。要使被强制者了解有些什么制裁，并努力说服其自愿遵守规定，在这方面，推广可能是很重要的方法。例如，为了要使奶牛专业户的挤奶棚符合更严格的卫生要求，乳品质量监督员必须事先宣讲某些规定与制度，如果专业户未按要求去做，监督员不得不使用某些规定、罚款及其他制

裁等强制手段来达到目的。

2. 交换

即在两个对象之间进行商品及服务方面的交换。使用该方法需有以下的必备条件：①交换的每一方都认为对各自有利；②每一方都直接有对方所需要的商品或服务；③每一方只能在另一方已提供所交换的商品或服务的条件下，才提供自己的那一部分，除非互相信任度很高。

尽管交换并不总是有效和公平的，有时利益向一方倾斜，如农民与城市商人之间的交换。但对于满足不同群体、社团和个人需要及兴趣来说，交换通常是非常有效的方法。在交换的过程中，推广可起到有效的作用，它提醒在交换中处于潜在不利地位的一方，以防止另一方获得不公平利益。例如，对发展中国家的边远地区及山区的农民，可以向他们提供城市市场农产品价格的信息，也可以提供有关城市贸易伙伴进行有保障的、公平合法的贸易方面的咨询。

3. 咨询

咨询用于对确定问题解决方案的选择，其应用条件是：①就问题的性质与选择"正确的"解决方案的标准方面，农民与推广人员的看法一致；②推广人员对农民的情况了如指掌，有足够的知识来解决农民的困难，而且实践证明，这些知识是科学的、可行的；③农民相信推广人员能够帮助他们解决问题；④推广人员认为农民自己不可能或不必要自己解决问题；⑤农民自己具备足够条件采纳建议。

推广人员要对咨询质量负责，如果农业推广人员有很好的专业知识，且理论结合实际，则能很好地发挥咨询的作用。

4. 公开影响农民的知识水平和态度

其应用的条件是：①由于农民的知识不够或有误，或者由于其态度与其所达到的目标不一致，推广人员认为农民不能自己解决问题；②推广人员认为如果农民有更多的知识或改变了态度，就能自己解决问题；③推广人员乐意帮助农民搜集更多、更好的信息，以促进农民改变态度；④推广人员有这种知识或知道如何获得这些知识；⑤推广人员可以采用教育方法来传播知识或影响农民的态度；⑥农民相信推广人员的专长与动机，并在改变其知识或态度方面乐意与推广人员合作。

用这种方法可达到长期行为改变的效果，能增强农民自己解决类似问题的能力和信心，这是在推广或培训项目中常用的一种方法。例如，推广人员教给农民如何防治病虫害，应首先讲害虫及作物的生命周期，使农民懂得在害虫最脆弱的时候安全用药。这样，农民再遇到类似问题，就可以根据自己积累的经验，分析并解决问题。

5. 操纵

操纵在这里的意思，是指在农民尚未清楚的情况下来影响其知识水平和态度。其应用条件是：①推广人员坚信在某一确定的方向，改变农民的行为是必要而可行的；②推广人员认为由农民去做独立的决策是不必要或不可行的；③推广人员要掌握影响农民行为的分寸，使他们不易觉察到；④农民并不极力反对受这样的影响。在这种情况下，实施影响的人要对其行为后果负责。如：推广机构发表拖拉机及其他农业机械的操作性能方面公正的官方试验报告，于是，农民可根据这些报告，对照厂家在广告中的宣传来检验机具的操作性能。

6. 提供条件

提供条件主要是指为农民提供农业生产所需的特定条件。在下列情况可用此法：①农民努力达到某个目标，推广人员认为这一目标是合适的，但条件不够，需要提供；②推广人员具备这些条件，并准备短期或长期地提供给农民；③农民不具备达到目标的现成条件，或者不冒险使用这些条件。

农业上特定的条件包括：短期或长期贷款，用于购置化肥、良种、药械、建筑材料、农机具以及生产补贴等。这有助于增加个体农民的收入，但也存在有危险性，如不精心管理和监督，贷款及其他东西可能收不回或不能完全收回，使这种影响方式耗资昂贵。

推广机构虽不直接参与贷款和生产资料分配，但在提醒农民注意获得这些条件来改善环境方面能起到重要作用，推广人员可以帮助农民使用补贴、贷款等，也可以在使用这些条件时，帮助农民做出相应的决策。

7. 提供服务

即帮助农民做某些工作。其应用条件是：①推广人员有现成的知识或条件，能让农民更好更经济地开展某项工作；②推广人员和农民都认为开展这项工作是有益的；③推广人员乐意为农民做这些工作。

如果无限制地为农民提供免费的帮助，那么，农民很可能滋长依赖思想，缺少自力更生的精神；但千方百计去赚农民的钱也是不应该的。

8. 改变农村的社会、经济结构

在下述情况下，改变可能是十分重要的影响手段：①推广人员认为农民的行为恰当，如农民自己组织专业技术协会、研究会等；②由于存在社会经济结构方面的障碍，农民处于不能按这种方式行动的地位；③推广人员结构方面的变化是合理的；④推广人员有权力朝这个方面开展工作；⑤推广人员处于可以通过权力或说服来影响农民的地位。改变社会结构也会遭到某些人及社团的反对，因为会导致他们丧失权力和收入。农民组织协会，就能更好地联合起来，可能有足够的力量来克服这种阻力。影响人们行为的方法是不断变化的。影响者和被影响者之间利益冲突与和谐的程度，双方对利害关系的认识状况，以及双方各拥有多少权力等都影响这些方法。

就推广来说，推广人员与农民的利益是互相依存的，任何一方的某种变化都有可能破坏彼此的利益关系。通常农民不受与推广人员相同道德的约束。因此，农民更易打破这种关系。因此，推广人员的活动要与贷款监督、投入分配、规章制度执行等结合起来，那么他和农民的关系就会更紧密。

五、改变农民行为的基本策略

从图2-3、图2-5可以看出，影响农民行为改变的阻力或动力，都来自农民本身及其环境两个方面，同时根据社会心理学家烈文曾提出的一个关于人类行为的著名公式：

$$B = f(P, E)$$

式中　B——人类的行为；

P——个性特征；

E——环境；

f——函数符号。

该式表明，人类的行为是个人特性和他所处环境的函数。或者说，人的行为是个人特性与周围环境交互作用的结果。根据这个公式，要想改变农民的行为，就必须改变个人特性，或改变外界环境。因此，改变农民行为的基本策略与方法也需要从两个方面进行考虑：一是直接改变农民本身；二是改变农民的生产和生活环境。

(1) 以改变农民为中心的策略　即以提高农民本身素质为主的策略，通过推广工作直接改变农民的知识、态度，提高他们的自身素质，减少或完全克服行为改变的阻力。

(2) 以改变环境为中心的策略　即变革社会环境或农民工作环境的策略。在许多场合下，农民之所以没有能采取新技术，不是由于自身素质差，而是由于环境条件不具备，一旦为农民创造了新的工作环境，提供各种必要的服务，环境方面的障碍就会减少或排除。

(3) 人与环境同时改变策略　即提高农民素质与改变其工作环境同时进行。

第三节　行为原理在农业推广工作中的应用

一、按农民的需要进行推广

1. 市场经济条件下农业推广的动力

根据现代行为科学理论和社会主义市场经济条件下的农业推广实践，农民需要、市场需求和政府政策导向是推动农业推广工作，促进科学技术转化为生产力的三大动力，其中农民需要是原动力，市场需求是拉动力，政策导向是推动力。农民需要是内在的动力，是农民主动采用新技术积极性的源泉，是内因；市场需求和政府政策导向是外来动力，是外因。市场需求是一种诱导力，它可以刺激农民萌发欲望，产生内在需要，进而导致农民对新技术的追求、兴趣直至采用；政府政策导向是一种辅助推动力，它可以创造良好的外部环境条件，使农业新技术更快更好的传播。

（1）农民需要是农业推广的原动力　现代行为科学研究表明，人类有各种各样的需要，这些需要是激发人的积极性的最初源泉，是驱使人的行为的内在动力。农业推广工作就是要使农业创新成果转化为现实生产力，产生物质财富和精神文明。而创新成果的采用和转化则要由农业生产和经营的主体——农民去完成。可以说，推广工作的一切最后都要落实在农民身上，做不到这一点，推广工作就是一句空话，采用与转化均不可能实现。所以如何调动农民采用新技术的积极性是最为重要的问题。

在社会主义市场经济条件下，农民以家庭为单位独立占有生产资料和享有很高的生产经营自主权。他们根据国家需求，社会需求（市场需求）及家庭个人需求通盘考虑生产、经营问题。根据需要安排生产经营，从而决定采用何种创新技术。在这里，能满足农民需要的技术，就是农民最感兴趣、最乐于采用的技术。换言之，什么样的技术能切中农民需要，能解决他们迫切需要解决的问题，农民采用这些技术的积极性就高，否则就低。在推广实践中常可见到有些技术不推自广，传播速度快，覆盖面广；而有些技术则费九牛二虎之力也难以推广，究其原因固然很多，但最根本原因是技术未能切中农民需要。可见，在市场经济条件下，农业创新成果推广的内在动力是农民的需要，这些需要产生动机，动机驱使农民的采用行为，创新成果方能推广开来。

（2）市场需求是农业推广的拉动力　在市场经济体制下，农业生产中生产经营什么，种类比例如何，在多数场合已不再受制于政府计划，而是依据市场对农产品的供求变化。供求变化一般以市场价格变化来体现，市场价格是农民安排生产和经营的主要依据，市场价格作为反映农产品供求变化的信号，对农民下一年度的种植、养殖等安排具有强烈的刺激影响作用。例如，随着养殖业的发展，饲料加工业迅速发展起来，而作为饲料原料之一的玉米身价越来越高，所以极大地刺激了农民种植玉米的积极性，不仅种植面积扩大，而且积极地采用各种增产新技术，如先用紧凑型抗病品种、地膜覆盖、优化配方施肥以及化控等技术，在高产、优质、高效上下功夫。从这个例子可以看出，市场需求刺激农民内在需要，农民根据需要选择技术。

（3）政府政策导向是农业推广的推动力　在市场经济条件下，除农民需要和市场需要外，政府政策导向也是农业推广的一种必不可少的动力。事实表明，什么时候政策对头，推广工作就有起色，对推广科学技术起到强大推动作用；政策失误则成为推广工作的阻力，推广事业就遭受损失。在市场经济条件下，政府当然不能用过去简单的行政手段推动推广工作，而正确的宏观调控政策对农业推广工作仍有重要作用。如：国家较大幅度地提高皮棉收购价格，农民种棉积极性空前高涨，对栽培管理更为精细也乐于采用地膜覆盖等新技术。

2. 农民需要、市场需求、政府政策导向三者互相作用模式

（1）叠加型　农民需要、市场需求、政府政策导向三种动力方向一致，形成正向合力，最有利于农业先进技术的推广，效益最为显著。即三者方向一致，目标一致，几乎没有什么矛盾，三种动力向同一个方向叠加起来，形成一种强大的动力。

（2）相容型　三种动力方向不尽一致但有互相接近的趋势，经过调整后可以形成一定的正向合力。假如，农民需要与市场需求之间有一定距离，就应该调整农民需要，使其尽量向市场需求靠拢，政府政策导向也应向前两者方向靠拢。例如农民根据市场供求变化调整作物布局和经营结构，导致对新技术采用行为的变化；政府根据市场和农民需要调整政策及价格等，都是相容型的例子。

（3）抵消型　三种动力有两种或两种以上方向互不一致，形成内耗，作用力互相抵消甚至形

成负向合力，形成对新技术推广的阻力，最不利于农业新技术的推广应用。

由前所述可知，农民需要起重要作用，必须按农民需要进行推广。因为，按农民需要进行推广，是市场经济的客观要求。作为相对独立的微观经济主体的农户是自主的生产经营者，他们的生产经营是以满足市场和自身的经济利益为取向，即追求利润的最大化；作为宏观经济主体的政府以价格、税收、信贷等经济杠杆进行宏观调控，对农业经济进行管理。解决国家利益和农民利益矛盾的方法，是通过间接宏观调控使两者趋于一致，而不能使用强制农民服从的办法。这样，推广工作就必须尊重农民的意愿、符合农民的需要，以增加农民的经济收入为最终目的，这与满足社会的意愿、国家的需要是一致的。

按农民需要进行推广，也是行为规律所决定的。行为科学认为，人的行为是由动机产生的，而动机则是由内在需要和外来刺激引起的，其中内在需要是产生动机的根本条件。动机是行为的驱动力，它驱使人们通过某种行为达到某一目标。要想调动人的积极性，就要满足人的需要，从而激发人的动机，引导人的行为，使其发挥内在潜力，自觉自愿地为实现所追求的目标而努力。农民的需要是一种客观存在，是农民利益的集中体现，是农民从事生产活动的原动力所在，只有承认它、尊重它、保护它，才能调动农民的主动性和创造性、促进农业的发展。按农民需要进行推广，正是通过满足农民在生产经营中的实际需要，来帮助农民实现增加收入的最终目标。

3. 按农民需要进行推广，推广机构和人员应注意的问题

（1）应深入了解农民的实际需要　要启发诱导、挖掘农民需要；要尊重农民的客观需要；辨别合理与不合理、合法与不合法的需要；分析满足需要的可能性、可行性，尽可能满足农民合理可行的需要。

（2）分析农民需要的层次性　根据需要层次理论，推广人员应该对不同地区（发达、一般、落后等）和不同个体（生产水平高低等）制订不同的推广目标，满足不同地区、不同农民的不同需要。例如，边远落后地区首先解决温饱问题，针对此问题提供适宜技术，如地膜玉米、温饱工程等，让农民首先吃饱，而后再考虑其他问题；而已达小康水平的地区，则应考虑物质生活提高之后，如何加强精神文明建设的问题等。

（3）分析农民需要的主导性　所谓需要的主导性就是在众多的需要中，某种需要在一定的时期内起主导作用，它是关键的需要，只要一经满足，就会起较大的效果。如对农民尊重的需要有时会占主导地位，他希望推广人员看得起他，与他平等对话，而不希望推广人员指手画脚、高人一等。

二、正确使用期望激励，调动农民积极性

1. 正确确定推广目标，科学设置推广项目

期望理论表明，恰当的目标会给人以期望，使人产生心理动力，激发热情，引导行为。因此，目标确定是增强激励力量最重要的环节。在确定目标时，首先要尽可能地在组织目标中包含更多农民的共同要求，使更多的农民在组织目标中看到自己的切身利益，把组织目标和个人利益高度联系起来，这是设置目标的关键。再者，要尽量切合实际，只有所确定的目标经过努力后能实现，才有可能激励农民干下去；反之目标遥远、高不可攀，积极性会大大削弱。

2. 认真分析农民心理，热情诱发农民兴趣

同一的目标，在不同人心目中会有不同的效价，甚至同一目标，由于内容、形式的变化，也会产生不同的效价。因此，要根据不同农民的情况，采取不同的方法，深入进行思想动员，从经济效益、社会效益和生态效益的角度，讲深讲透所要推广项目的价值，提高对其重要意义的认识。只要你推的项目，农民很器重，很向往，觉得很有意义，其效价越高，这样激励力量就越强；反之，农民觉得无足轻重，漠不关心，其效价就会很低甚至为零；如果农民觉得害怕、讨厌而不希望实现，其效价为负数，不但不会调动其积极性，反而会产生抵触情绪。

3. 提高推广人员自身素质，积极创造良好推广环境，增大推广期望值

对期望值估计过高，盲目乐观，到头来实现不了，反遭心理挫折；估计低了，过分悲观，容

易泄气，会影响信心。所以，对期望值应有一个恰当的估计。当一个合理的目标确定后，期望值的高低往往与个人的知识、能力、意志、气质、经验有关。要使期望变为现实，还要求推广人员训练有素，既要有过硬的专业技术本领，也要有良好的心理素质。同时，要努力创造良好的环境，排除不利因素，创造实现目标所需的条件。

三、改变农民群体行为，促进农村经济稳步发展

农民群体行为的改变，是一种最困难、最费时但却是最重要的行为改变。群体行为的改变首先是集体意识的培养，并把集体意识上升为集体主义意识，最后才能使他们步调一致，达到群体行为的改变。

1. 形成集体意识的条件

（1）共同目标和利益是形成集体意识的基础　目标和利益是结合在一起的，只有当人们从目标中看到了共同的切身利益，才能鼓舞人们去为之奋斗，看不到共同利益的目标，就难以形成集体意识的基础。当然，集体意识能否较好地建立起来的根本问题，是能否正确处理个人利益和集体利益之间的关系。

（2）合理的管理制度和奖惩制度　要按劳分配，不搞平均主义、吃大锅饭。但在社会心理学中有一种观点，不主张个人之间的竞争，而主张多开展团体与团体之间的竞赛，即主张对外竞赛，在团体内部则强调协作。按劳动分配不能差别太大，在一个人数很少的集体内，报酬差别太大，不利于团结、不利于调动积极性，还会造成成员之间的矛盾，涣散集体力量，不利于集体意识的形成。

（3）自然形成的群众领袖人物的作用是集体意识形成的不可缺少的条件　自然领袖，就是集体的组织者和领导者，应具备如下条件：①以身作则，起模范带头作用；②关心、爱护同志，帮助别人解决实际困难；③有一定的组织管理能力，有较多的知识和较高的技术水平；④光明正大，作风正派，不谋私利；⑤善听别人意见，作风民主。

常有这种情况，一个集体的领导者是群众不熟悉的一些人，是上面派下来的，而群众公认的自然领袖则是另外一些人，这个集体的工作往往是由不担任公职的自然领袖推动的。要充分发挥群众公认的自然领袖的作用，对于培养集体意识是十分重要的。若自然领袖不能发挥作用，是组织状态不佳的表现。

（4）亲近和友爱是形成集体意识的纽带和动力　要充分重视情感因素在人际关系中的作用，培养亲近和友爱，互相同情、关心、帮助，这样容易转化为力量，对于集体意识的形成有重要作用。金钱和物质对调动积极性有作用，但不宜夸大，在某种意义上，情感的作用比金钱作用要大得多。

2. 集体主义的培养

集体意识只是一种朦胧的、萌芽状态的成员意识，往往具有暂时性和随意性。因此将集体意识上升为集体主义意识是十分重要的。集体主义培养的途径有多种多样，主要有两个方面。

（1）集体活动

① 集体舆论。集体舆论是对社会生活（集体活动）、个别人活动的事实做出一致的判断。舆论起着评论的作用。舆论的形成有时是自发的，有时是有意识的。自发的舆论往往是依靠不准确的消息和口头传播。有意识的舆论反映统治阶级思想体系，借大众传播媒介传播，形成快，传播也快。舆论有正确与错误之分，因此集体要力求控制舆论。

② 集体感受。在社会共同体中，人们的情绪状态相同，就是集体感受。集体感受有肯定与否定之分，一个健康集体的特点是：精神饱满，气氛热烈，热情高涨。

③ 竞赛。这是个人或集体或团体的各方力求超过对方成绩的相互行动。竞赛按其性质来说是一种社会现象，即它的内容与社会的需求是相联系的，竞赛的内容愈丰富就愈有价值。竞赛和竞争不同，它没有对抗趋向，并不想不惜任何代价来压倒对方、吃掉对方。竞赛造成情绪饱满，并相互感染，因为每一方都力求取胜，获得荣誉，从而显示集体的团结和意志的力量。

④ 模仿。就是自觉或不自觉地模拟一个榜样，农村中年青人模仿有经验的老人等就是如此。对于榜样的模仿是根据上级的指示、成员之间的约定或是自发进行的。模仿和其他心理现象一样，逐渐成为团体和集体中人与人关系的内容和形式。

（2）个人修养　修养是一个含义广泛的概念，主要是指人们在政治、道德、学术以至技艺方面勤奋学习和刻苦锻炼的功夫，以及长期努力所达到的一种能力和思想品质。集体成员的个人修养好，思想境界高，集体主义意识就越容易增强。

3. 集体行为改变的方法

群体行为改变主要有三大类。

（1）风俗习惯性行为调节改变　风俗习惯是人类在长期的生产活动中自发形成、自觉遵守的，反映人们共同意志的行为规范，它包括风尚、礼节、习惯等。因此它有如下特点。

① 规范的形成具有自发性。风俗习惯是人们在长期的生产活动中逐步形成的，具有约定俗成的特征，它的产生和变化有两种趋势：一种是个别形成而为大家所接受的行为规则；另一种是个别违反而不加惩罚的行为规则。

② 规范的遵守具有自觉性。由于规范是自然形成的，因而对于这种规范的遵守，具有自觉的性质，没有谁会去故意破坏它。

③ 规范反映全体社会成员的共同意志。由于规范反映的是社会成员的共同意志，因而对每一个社会成员都有约束力，具有调节、改变人们之间关系，建立良好社会秩序的功能。

（2）知识情感性行为调节改变　主要有三个方面。

① 科学调节改变。道德的中心问题是真理问题。通过学习科学，认清真理与谬误，调节自己的行为。

② 道德调节改变。道德的中心问题是善的问题，通过评价，向善而斗恶，自觉按照道德规范约束自己，改变调节自己的行为。

③ 艺术调节改变。艺术的中心问题是美的问题，通过美的鉴赏和美的创造活动，使人们了解什么是美，什么是丑，从而自觉地按照美的形象塑造自己，塑造集体。

（3）政策法律性行为调节改变　人们的行为规则基本上可分成两类。

① 社会规范。这是调节人与人之间关系的行为规范，有法律规范、道德规范、宗教规范、日常生活规范等。例如村规民俗、规章制度等。

② 自然规范。这是调节人与自然之间的关系，是人们如何利用自然力的行为规范，也叫操作规程。例如，土地法、水利法、森林法等。这种自然规范本身没有阶级性，但违反了它，往往不仅给违反者本人，而且也给社会造成极大的危害。因此，在现代，统治阶级把自然规范同社会规范一起确定为法定的义务，以政策、法律的形式公诸于众，从而保证生产、社会生活的正常进行。当然，反映统治阶级的这种愿望、利益和要求的政策、法律就成了带强制性的、人们必须遵守的行为规范。

由于人们所处的层次不同，所发挥的作用不同，因而对于集体行为的影响和约束力也不同，所以改变集体行为，要综合而恰当地运用上述三种方法。

本 章 小 结

农民是农业推广行为的主体，农民行为能否改变则是新技术能否得以推广的根本所在。行为是在一定的社会环境中，在人的意识支配下，按照一定的规范进行并取得一定结果的客观活动。人的行为具有目的性、差异性和可调节性的特点。根据行为主体不同，人类的行为可分为个体行为、群体行为、领导行为和组织行为。农民行为是指农民在其所处的环境的作用下，为满足生产和生活需要所进行的一切活动。行为产生的机理是：需要→动机→行为→满足需要。人的行为受人的内在因素和外在环境的影响。行为产生和改变的理论主要有需要层次理论、期望理论、动机理论和目标理论。

影响农民个人行为的因素有生理因素、心理因素、文化因素、自然环境因素、经济环境因素、社会环境因素。改变农民个人行为的途径：一是增加动力，二是减少阻力。群体成员的行为规律表现为：服从、从众、相容、感染与模仿。群体行为的改变主要有两种方式,一是参与式改变,二是强迫性改变。政府通常采用政策、法律、经济、补贴等手段影响农民的行为。推广人员则主要通过教育、培训、试验、示范等手段影响农民的行为。常见的影响农民行为的方法有:强迫和强制使用权力迫使某人做某事、交换、咨询、公开影响农民的知识水平和态度、操纵、提供条件、提供服务和改变农村的社会、经济结构。改变农民行为的基本策略与方法一是直接改变农民本身;二是改变农民的生产和生活环境。

农民需要、市场需求和政府政策导向是推动农业推广工作,促进科学技术转化为生产力的三大动力,其中农民需要是原动力,市场需求是拉动力,政策导向是推动力。三者互相作用模式有叠加型、相容型和抵消型。按农民需要进行推广,推广机构和人员应注意:一是应深入了解农民的实际需要,启发诱导、挖掘农民需要,要尊重农民的客观需要;二是分析农民需要的层次性,根据需要层次理论,制订不同的推广目标,满足不同地区、不同农民的不同需要;三是分析农民需要的主导性,它是关键的需要,只要一经满足,就会起较大的效果。

农民群体行为的改变,是一种最困难、最费时但却是最重要的行为改变。群体行为的改变首先是集体意识的培养,并把集体意识上升为集体主义意识,最后才能使他们步调一致,达到群体行为的改变。形成集体意识的条件为:①共同目标和利益是形成集体意识的基础;②合理的管理制度和奖惩制度;③自然形成的群众领袖人物的作用是集体意识形成的不可缺少的条件;④亲近和友爱是形成集体意识的纽带和动力。集体主义培养的途径主要有集体活动和个人修养两个方面,群体行为改变主要有三大类:①风俗习惯性行为调节改变;②知识情感性行为调节改变;③政策法律性行为调节改变。

复习思考题

1. 人的行为特征理论在农业推广上如何应用?
2. 需要、动机理论在农业推广中怎样应用?
3. 农民行为改变的动力因素有哪些?如何增加动力,减少阻力?
4. 公共推广机构和民间推广机构的行为特点有何不同?
5. 按农民需要进行推广,推广人员应注意什么?
6. 怎样培养农民的集体主义意识?

第三章　农业推广沟通

[学习目标]
1. 理解沟通的概念和含义，了解沟通的作用和分类。
2. 掌握农业推广沟通的要素、程序和特点。
3. 掌握农业推广沟通的准则、要领和技巧。
4. 探讨提高农业推广沟通效果的基本途径。
5. 切实提高农业推广沟通的实践技能。

第一节　沟通的概念和分类

农业推广不仅是农业推广人员向农民传授知识、推广技术的过程，而且也是农业推广人员和农民进行信息交流、相互沟通的人际交往活动。通过与农民的沟通，推广人员可以更好地了解农民的各种需要与要求，可以针对农民的实际需要为农民提供信息、传授知识、传播技术，提高农民的技能和素质，改变农民的态度与行为。

一、沟通的含义及作用

1. 沟通的含义

沟通是指在一定的社会环境下，人们借助共同的符号系统，如语言、文字、图像、记号及形体等，以直接或间接的方式彼此交流和传递各自的观点、思想、知识、爱好、情感、愿望等各种各样信息的过程，是社会信息在人与人之间交流、理解与互动的过程。通过沟通可以影响别人和调整自己的态度和行为，最终可以达到一定的目的。

要实现对沟通概念的完整理解，需要注意以下几个方面：①沟通是双向行为，存在沟通主体和沟通客体，一般在自我交流、人与人、人与机、机与机之间进行交流；②沟通是一个过程，发出刺激—产生结果，只有信息传递而没有对信息接受者产生影响的过程不能称之为真正意义上的沟通；③沟通取得成效的关键环节是编码、译码和沟通渠道。沟通的前提是信息和信息的传递，且传递的信息能够被信息接受者理解；完美的沟通是发送者与接受者之间的信息没有任何衰减和失真。后面我们还要对沟通要素进行具体的阐述。

沟通的基本特征：在沟通中，沟通双方位置可以变换，即发送者可以变为接受者，反之，接受者也可以变为发送者；沟通双方必须使用统一的或相同的符号，否则沟通难以进行；沟通双方对交往的情景有相同的理解，否则就无法进行沟通；沟通双方是互相影响的。

在现代社会生活中，沟通活动到处可见，社会中的每一个人，每一个群体或组织每天都毫无例外地在发送和接受信息，通过获取信息从事着沟通活动，因此说沟通具有普遍性。沟通还具有情景性，不同的国家和地区具有不同的社交礼仪和沟通方式，人们在不同的地点和场合有着不同的沟通心态和行为。

沟通是人际间交往的主要形式，沟通的目的在于交流思想、表明态度、表白感情、交换意见、表达愿望等，通过沟通达到了解各自的行为动机和发展需要，从而影响别人和调整自己的态度和行为，达到预期理想的结果。

2. 农业推广沟通的概念

在农业推广工作中经常使用的人际沟通，就是指推广人员和推广对象之间彼此交流知识、意见、感情、愿望等各种信息的社会行为。农业推广沟通是指在推广过程中农业推广人员向农民提供信息、了解需要、传授知识、交流感情，最终提高农民的素质与技能，改变农民的态度和行为，并根据农民的需求和心态不断调整自己的态度、方法、行为等的一种农业信息交流活动。其最终目的是提高农业推广工作的效率。

沟通贯穿于农业推广的全过程中，体现在各种推广方法的具体应用之中。例如，农业推广人员深入农户了解农民的实际需要，获得农民的需要信息，据此信息提供给农民相应的技术、技能及知识，从而提高农民的科技素质和经营水平，使农民的生产经营得以改善与提高，就是一种沟通活动。

3. 沟通的作用

沟通的作用可以从个人、组织、社会三个不同的层次来论述。

（1）有利于个人的生活和发展　沟通在现代社会生活中到处可见，是人与人之间交往的主要形式。通过沟通可以使人视野开阔、信息灵通、反应敏捷和思维方式多样化，使个人的能力或水平得到提升，确保其在平凡的岗位上做出不平凡的成绩来。很难想象一个把自己封闭起来、一个沟通范围很小的人在当今世界能大有作为。过去判断一个人的价值，常常看其拥有的财富或权力；现代社会判断一个人的价值和发展趋势，是看其拥有的信息量，看其在与其他人沟通中所处的位置和社会资本存量。

英国文豪萧伯纳曾经说过："假如你有一个苹果，我也有一个苹果，当我们彼此交换苹果，那么，你和我仍然是各有一个苹果；但是，如果你有一种思想，我也有一种思想，当我们彼此交换这些思想，那么，我们每个人将各有两种思想。"这段话生动形象地说明了沟通的重要性。

在物质不断丰富、科技不断发展的现代社会中，不同的人，知识结构、观察范围、思想观念、行为模式以及与社会的融合程度都存在很大的差异，人们或多或少都有自己的落后、狭隘之处，以及内心深处的矛盾、犹豫和困惑，需要通过多种途径利用多种方法与人交流和沟通，从而使自己正确地面对生活、面对社会。

一个人对自己的工作和工作环境了解越多，就越能更好地工作；一个人对他人了解越多，就越能有效地与他人交往。一个在任何场合下都能有意识地运用沟通理论和技巧进行沟通的人，显然容易获取有用的信息，提高办事效率。不善于沟通的人，就像一台没有联网的微机，自身性能再好也难以发挥大的作用。

（2）提高组织的运行效率　现代组织理论的先驱切斯特·巴纳德视沟通为不可或缺的三个要素之一。任何一个组织，无论是政府、军队，还是公司，缺少沟通，必然影响其发展。对组织自身而言，为了更好地在政策允许的条件下，实现发展并服务于社会，也需要处理好与政府、公众、媒体等各方面的关系。对一个组织或单位内部而言，人们越来越强调"团队精神"。有效的内部沟通，使组织的管理者熟悉每个职员的优点和缺点，正确进行职员角色定位，激发成员士气和积极性，最大限度地发挥每个人的作用。因此，有效沟通是一个组织良性运行并获得成功的关键；对组织外部而言，沟通能够实现联合与互补，通过有效的信息沟通把组织同其外部环境联系起来，使之成为一个与外部环境发生相互作用的开放系统，提高有效决策的能力。

（3）促进人类社会进步与发展　回溯人类发展的历程，研究者发现使人类成为现代人的关键要素有两个，即劳动和沟通。从某种角度上说，后者的力量更大。研究结果显示，人类如果缺乏信息交流，其语言表达能力及其认知能力将会受到严重损害。例如，在印度发现的狼孩和在我国发现的猪孩，由于长期脱离人类社会，在被人们发现，回归人类社会后，其语言的表达能力和认知能力很差。对于老年人和新生儿的研究也发现，如果多给他们提供刺激，特别是社会性刺激，就能够促进儿童心理发展的速度，也能够减缓老年人的衰老速度，有利于他们的心理健康。

如果说劳动是个体行为，那么沟通则是人类的群体行为。最初，人类为了获得更好的生存条件而沟通，现在人类为了获得更多的科学技术、文化知识、社会认同等更高层次的需求而进行信息与思想的沟通。沟通通过改变意识和观念来促进社会发展。沟通还使社会成员进一步了解各种社会规范如法律、纪律、道德、习俗等，形成一个良性的大环境。沟通使人们了解社会与科技的进步，消除矛盾与障碍，把不利因素转化为有利因素，把消极力量转化积极力量，有利于加快社会变革和发展。

4. 农业推广沟通的重要性

每一项具体的农业推广活动一般应包括两大要素，即推广内容（信息）和推广方法（沟通）。内容与方法的有效结合是推广工作成败的关键，也是影响推广工作效率的主要因素，即：推广内容（信息）×推广方法（沟通）＝推广效果。

$$内容(10)×方法(0)=0$$
$$内容(0)×方法(10)=0$$
$$内容(5)×方法(5)=25$$
$$内容(4)×方法(6)=24$$

农业推广的内容（信息）要传播给接受者（农民），此内容是为农民服务的，必须是切中农民所需要的、有实际意义的、能被农民所接受的；而沟通则是信息传递的必然过程，没有沟通，再好的信息也不能起任何作用。在某种意义上说，沟通往往比信息更为重要。这是由于信息（技术、方法、经验等）为一种客观存在，但农民对信息的感受、理解、态度、接受则是多种多样的，要受到多种主、客观因素的影响；同一推广内容可以遇到农民不同的态度和看法。所以，推广人员要根据不同推广对象的实际情况，有针对性地采取有效的沟通方法，才能达到预期的效果。

二、沟通的分类

沟通分类方法很多，主要有以下几种。

1. 根据沟通者之间的组织关系进行分类

（1）正式沟通　在一定的组织体系中，通过明文规定的渠道进行的沟通。这种沟通的优点是正规、严肃、富有权威性，参与沟通的人员普遍具有较强的责任心和义务感，从而易于保持沟通内容的准确性和保密性。缺点是信息传播速度慢，传播范围小，缺乏灵活性。正式沟通按信息的流向可划分为四种类型。

① 上行沟通。信息由下级农业推广机构向上级农业推广机构流动。如乡农技站向县推广中心报送汇报材料，反映执行推广计划中的问题等。

② 下行沟通。信息由上级推广机构向下级推广机构流动。如下达政策、规章、任务、计划等。

③ 平行沟通。指同级推广机构之间的信息交流，如省内不同县的农业技术推广中心的推广人员之间相互交流各自的推广项目及进展情况。

④ 交叉沟通。指不同组织层次的无隶属关系的成员之间所进行的信息交流。如与外地各级推广机构的信息交流。

（2）非正式沟通　指非组织系统所进行的信息交流，如农技推广人员与农民私下交换意见，农民之间的信息交流等。此种沟通不受组织的约束和干涉，可以获得通过正式沟通难以得到的有用信息，是正式沟通有效的、必不可少的补充。非正式沟通除了交流工作信息外，还有更多情感交流，对于改变农民的态度和行为具有相当重要的作用。

2. 根据沟通媒介类型进行分类

（1）语言沟通　是指利用口头语言和书面语言进行的沟通。在农业推广工作中，为了获得较好的沟通效果，常常把口头语言沟通和书面语言沟通两种方法结合起来应用。

① 口头语言沟通。口头语言沟通简便易行，迅速灵活，同时伴随着生动的情感交流，效果较好，如技术讨论会、座谈会、现场技术咨询、电话咨询等。口头语言沟通优点是信息传递及时，缺点是信息在传递过程中容易失真。

② 书面语言沟通。指利用报纸、通讯、杂志、活页、小册子等进行的沟通，书面语言沟通

受时间、空间的限制较小，保存时间较长，信息比较全面系统，但对情况变化的适应性较差。

（2）非语言沟通　是指借助非正式语言符号如肢体动作、面部表情等进行的沟通。主要包括手势、身体姿态、音调（副语言）、空间距离和表情等。非语言沟通与语言沟通往往在效果上是互相补充的，二者同时使用能够提高沟通效率和效果。有人认为，在人获得的信息总量中，语言沟通的作用只占7%，语调的作用占38%，表情的作用占55%左右。非语言沟通的类型主要有以下几种。

① 表情。人类祖先为了适应自然环境，达到有效沟通的目的，逐渐形成了丰富的表情，这些表情随着人类的进化不断发展、衍变，成为非言语沟通的重要手段。人们通过表情来表达自己的情感、态度，也通过表情理解和判断他人的情感和态度，学会辨认表情所流露的真情实感，是人类社会化过程的主要内容。

农业推广人员在进行推广活动时所表露出来的真诚、热情，可以调动农民自愿采用行为发生，提高其参与社会变革活动的积极性。

② 目光语。俗话说，眼睛是心灵的窗户，它可以传递丰富的信息，是表达情感信息的重要方式。人们将通过眼睛这一视觉的接触来进行信息交流的方式称作目光语。

一般认为，目光语具有提供信息、调节气氛、启发引导、互动、暗示的作用。行为心理学的研究认为，目光语的注视行为包括：注视时间、注视的部位和注视的方式。注视的时间长可以表现为吸引，也可以表现为憎恨，如长时间的注视会引起对方生理上和情绪上的紧张。注视的部位因双方关系的不同而异，友好的注视为平视，充满敌意的注视往往为斜视。在一般交谈的情况下，相互注视约占31%，单向注视约占69%，每次注视的平均时间约为3秒，但相互注视约为1秒。当我们喜欢一个人的时候，就会与他有更多的目光接触。

③ 身体语言或体态语。在日常生活中，人们经常采用身体姿势或身体动作来与别人交流信息、传达情感。法斯特认为，身体语言是人们同外界进行情感交流的反射性或非反射性动作。比如，摆手表示制止或否定，搓手或拽衣领表示紧张，拍脑袋表示自责，耸肩表示不以为然或无可奈何。触摸也能表达一定的情感和信息，因而也常被人们用作沟通的方式。但是身体的接触或触摸是受一定社会规则和文化习俗限制的。

④ 装饰。装饰可以表现一个人的特性，传达人的职业、文化修养、社会背景等信息，如服装、服饰等。农业推广人员在与农民沟通时，若穿着奇装异服、说话装腔拿调，会使贫穷落后地区的农民有一种不舒服的感觉，人为加大沟通距离。

⑤ 时空距离。人们在交谈中的空间距离可以表明双方的关系。英国人类学家爱德华·霍尔（Hall）根据人们的交往状况将沟通中的人际距离分为四类：a. 亲热距离，是0~0.46米；b. 亲近距离，在0.46~1.22米之间；c. 社交距离，为1.22~3.66米之间，同乡、同事、同学、熟人间的沟通和交际处于这个距离；d. 公众距离，为3.05~7.62米，常见于上课、公开演讲及报告等公共场合。这种分类在一定程度上反映了社会生活中人际距离的远近与人际关系的亲疏确实有密切关系，但在不同文化、职业、地位、个性、性别的人中会有不同的做法。

预约、守时、准时的时间概念是人际沟通中的非语言尺度，反映了人的个性、文化、价值观以及沟通过程中的诚意和尊重程度。

（3）电子沟通　电子沟通是随着电子通讯技术的发展应运而生的。目前电子沟通特指对互联网技术的应用，使信息以高速度、大容量、开放性的方式传递，而且可以检索和复制。借助移动电话、可视电话、电子邮件等现代电子技术，人与人之间的交流日趋广泛，信息沟通的数量和种类显著增加，信息更新更快捷，对时间和空间的依赖性几乎消失，电子邮件（Email）已成为人们最普遍使用的沟通工具。

3. 根据信息反馈状况进行分类

（1）单向沟通　指发信者与接受者地位不变，如技术讲座、演讲等，主要是为了传播思想、意见，并不重视反馈。单向沟通具有速度快、干扰小、条理性强、覆盖面广的特点。如果意见十分明确，不必讨论，又急需让对方知道，宜采用单向沟通。如推广人员向农民发布病虫害发生情况及预防措施，由于病虫害一旦发生，必须及时防治，推广人员可以采用单向沟通方式。

（2）双向沟通　指沟通过程中发信者与接受者地位不断交换，信息与反馈往返多次，如小组讨论、咨询会等。双向沟通速度慢、易受干扰，但能获得反馈信息，了解接受状况，同时使沟通双方在心理上产生交互影响，能使双方充分地阐释和理解信息。

4. 根据沟通主体范围进行分类

（1）内向沟通　指信息在一个人个体内的传递过程。内向沟通属于自我信息交流，是个体对外界环境的感知以及大脑对外界初级的反映。这种自我内向沟通活动是人固有的最基本的沟通活动，是人类一切沟通活动的前提和基础。如自言自语就是内向沟通的反应。

（2）个人沟通　指个人之间直接面对面或通过个人媒介进行的沟通，如书信、农家访问、电话咨询等。个人沟通具有针对性强，可以直接解决问题的优势，如农业推广人员与农民的直接沟通，可以解决农民关心的问题。但这种沟通方式的沟通成本较高，推广人员较少时，个人沟通的次数要减少，而且要针对典型农民进行。

（3）大众沟通　指借助大众传播媒介如报纸杂志、广播电视等进行的沟通，如科技广告、科普杂志等。大众沟通具有信息传播速度快，数量大的特点，但对反馈信息接受慢。

在农业推广工作中，在创新采用的不同阶段，不同沟通的作用不同，在认识阶段，大众沟通的作用较大，而在试用与采用阶段，个体沟通的效果更为明显。

5. 根据沟通的内容进行分类

（1）信息沟通　指以交流信息为主要目的的沟通。在农业推广沟通中，推广人员提供给农民的各种信息，如气候信息、病虫害信息、新技术信息等均为信息沟通。

（2）心理沟通　指人的感情、意志、兴趣等心理活动的交流。例如，通过推广人员耐心的科技教育转变农民对新技术的态度，从拒绝采用到主动采用；对于生产上遭受挫折的农民，经过推广人员的协助，找出问题，确定对策，使农民鼓足勇气、克服困难等。

第二节　农业推广沟通的要素、程序和特点

一、农业推广沟通的要素

农业推广沟通是一个多因子构成的复杂过程，是传者与受者之间多因子相互作用的过程。沟通过程主要包括5个要素：①发送者；②接收者；③信息；④渠道和媒介；⑤环境。只有这些沟通要素有机地结合在一起时，才能构成沟通的有效体系，实现信息的有效交流。其中发送者和接收者共同构成沟通的主体、信息为沟通的客体。

1. 沟通主体

沟通主体指承担信息交流的个人、团体及组织。根据他们在沟通活动中所处的地位和职能不同，沟通主体又分为发送者与接收者。

（1）发送者　发送者又叫信源，指在沟通中主动发出信息的一方。在农业推广活动中，推广人员一旦获得了农业创新信息，就会产生向农村、农民传递此项创新的意向和行为。这时，推广机构和人员就成为信源。发送者在沟通中居于主动地位，把要传送的技术、信息等，通过加工变为接受者（农民）能够理解的信息发送出去，经过一定的渠道让农民接受。因此，传送者是首先发起沟通活动的一方。

（2）接收者　接收者是指接收信息的一方。推广人员发出信息后，农民通过一定的渠道接收信息，有选择地消化这些信息，并转化为自己所能理解的形式，采取一定的行为，将此行为结果反馈给发送者，所以接收者是被动的沟通者。

在双向沟通中，发送者和接收者是相对的，农业推广机构及人员与农民互为发送者和接收者，共同构成农业推广沟通的主体。

2. 沟通客体

沟通客体指沟通的内容。农业推广沟通客体主要由信息、情感、思想等构成。

(1) 信息　是发送者与接收者之间以某种相互理解的符号进行传递沟通的信息。信息作为沟通客体极为普遍，它是发送者所要表达的内容，如技术、方法、经验、意见、见解等。农业推广中，信息是一种客观存在，是农业推广的内容，一般以农业科普文章、讲话、简报及声像资料的形式进入沟通过程。

(2) 情感　常常被作为沟通的客体。在农民群体中，其内聚力的大小决定于农民之间的人际关系状况。推广人员与农民之间如果互相尊重，双方共同商讨技术问题，彼此发表各自看法，相互吸取对方的有益意见，相互满足心理上的需要，就会产生亲密感和相互依赖感。由此可见相互的"感情投资"的重要性。用感情沟通的手段可以提高与农民群体的凝聚力，增加农民主动采用农业新技术的积极性。

(3) 思想　思想也称为观念，即理性认识。思想沟通的普遍性表现在农业推广上是农业科技进步的必要条件。农村联产承包责任制给农村带来的巨大变化，就是思想解放的硕果。没有思想沟通，就没有社会进步。集体指导所采用的讨论会、座谈会、评价会等都是现代农业推广思想沟通的好方式。其基本特点是力求形成最大信息流量和容量的思想沟通网络，最大限度地提高思想信息共享和相互反馈的机会。

3. 沟通渠道

沟通渠道是指传送和接受农业信息的通道和路径。农业推广中常见的沟通渠道有以下几种类型。

(1) 接力式　由首先发出信息的人经过一系列的人依次把信息传递给最终的接收者；接收者的反馈信息则以相反的方向依次传递给最初的发出信息者（图3-1）。在农业推广机构中，上级机构给下级机构或组织下发文件和通知，或下级机构或组织向上级机构上报材料，属于这

图3-1　接力式传递方式

种类型。这一沟通渠道信息发送速度慢，在传递过程中，信息容易被误传和失真。采用这种沟通渠道时，信息的传递者要深刻理解信息的内容，并及时传递，否则，信息就会失真或耽误时间而失去使用价值。

(2) 传习式　又叫轮式渠道，即由一个人把信息同时传递给若干人，反馈信息则由此若干人直接传递给最初发出信息的人（图3-2）。在农业推广活动中，方法示范、集体指导即属于此种类型。

(3) 波浪式　由一个人将信息传递给若干人，再由这些人把信息分别传递给更多的人，使信息接收者越来越多，反馈信息则以相反的方向回流，最终流向最初发出信息的人，即平常所说的"一传十、十传百"。推广工作中，由推广人员首先指导农村中文化素质较高的科技示范户、重点户、农民"二传手"，这些积极分子再把创新知识、技术传递给周围一大批农民，就属于此种类型（图3-3）。

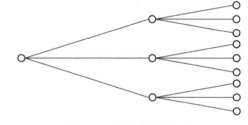

图3-2　传习式传递方式

(4) 跳跃式　指参与沟通的多数人相互之间均能有信息交流的机会。例如在推广工作中，根据实际需要，推广人员组织农民参加小组讨论会、辩论会等（图3-4）。

4. 沟通媒介

沟通媒介指沟通的信息载体和信息传播工具。推广沟通常用的媒介有以下几个方面。

(1) 大众传播媒介　利用电视、广播、报纸、杂志等大众媒介进行信息传播，具有速度快、覆盖面广的特点，但反馈信息少，对接收者的接受状况了解较少。

(2) 声像宣传媒介　利用电影、录像带、幻灯等进行沟通。传播速度及覆盖面不及大众传播媒介，但反馈信息多，对接收者的接受状况有较多的了解。

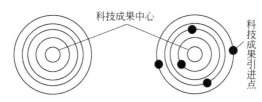

图 3-3　波浪式传习方式　　图 3-4　跳跃式传习方式

（3）语言传播媒介　即通过口头语言和书面语言进行信息传播，前者如讲话、谈话、培训讲课、小组讨论等；后者如科技图书、科普文章、科技通讯、培训教材等。

5. 沟通环境

沟通总是发生在一定的情景和场合中，沟通的环境可以影响其他要素或者整个沟通过程。人们在一定的社会环境中生活，必然受到所处群体文化氛围的影响和制约，在不同地区和环境内人们表达的方式、交换信息的内容等都会有很大差别。另一方面，同样的信息在不同场合下会引起受者不同的理解。比如在小学里说学生们天真是形容孩子的可爱，但是如果说成年人天真可能是形容他们思想比较浅薄。

沟通主体之间的关系可以看做沟通的人际环境。沟通主体之间的人际关系是指沟通主体之间的亲密程度、信任程度以及相互间的亲和力。当信息发送者与信息接收者的关系逐步密切起来时，便可以看做沟通的关系逐步加强，信息以某种方式被交换或解释，当这种关系处于削弱状态时，信息可能变成另一种方式进行交换和解释。

在农村，农民最不喜欢的就是那些"官不大，架子不小；本事不大，脾气不小"的干部，对那些在田间地头或企业指手画脚、胡乱指责的干部，要么敬而远之，要么消极对待，甚至公开对抗。

二、农业推广沟通程序

农业推广沟通的一般程序是：首先由推广人员进行农业信息准备，然后将这些信息进行编码，变成农民能够理解的信息传递出去，经一定的渠道让农民接受；农民在接到信息后，进行解码，变成自己的意见，并采取一定的行为和将行为结果反馈给推广人员。具体地讲，可分为如下六个阶段。

1. 农业信息准备阶段

农业信息准备是指农业推广人员通过多种途径获得农业信息，有了传播的意向，为信息的传递所做的准备工作，该阶段具体包括以下工作。

（1）确定农业信息内容　即在正式沟通以前，先系统地分析本次沟通所要解决的问题、目的、意义及信息的质量、适合性等。推广人员得到的信息较多，在众多的信息中选择使用的信息。

（2）确定信息接收者　即确定信息传送给农村中的集体或个人，领导或群众，示范户或一般农户等。农业推广人员根据实际情况，分析推广对象是个人还是集体，是领导还是群众，最终确定合适的推广对象。如果推广对象选择不当，造成农民积极性不高或推广范围小，将大大影响推广效率。

（3）确定信息传递时间　信息传递的时间很重要，过早则时机不成熟，不一定能引起对方兴趣；过晚，则由于时过境迁而失去使用价值，因此要把握好沟通的时机。一般在大多数农民最需要信息的时候，是传递信息的最好时机。这时候，农民会主动了解信息，带着极大兴趣来掌握信息内容。

2. 农业信息编码阶段

农业信息编码就是指农业推广人员将所要传播的信息，以语言、文字或其他符号来进行表达，以便于传递和接收。信息编码有以下三方面的要求。

(1) 农业信息表达要准确无误　农业推广沟通最常用的工具是语言和文字。在与农民进行沟通时，要使用简单明了、通俗易懂、形象生动的语言文字来准确地表述科学概念、原理及技术方法。农业推广人员要把书本上的语言转化为农民容易接受的语言，使农民准确掌握信息。

(2) 沟通工具要协调配合　例如书面语言和口头语言相配合，语言沟通和非语言沟通相结合。要根据沟通内容选择适当的沟通工具。例如，在某一病虫害大发生的时候，推广人员到某村进行病虫害防治知识的宣传，通过广播向农民讲授病虫发生和防治知识，效果较好，但农民听后，容易遗忘，推广人员可以先印刷一些宣传材料，先把宣传材料发给农民，然后在进行广播，农民对照宣传材料听讲，理解效果会更好。

(3) 要考虑农民的接收能力　在编码时要考虑农民的文化水平和接收能力。据研究，人在单位时间内所能接收的信息量是有一定限度的。因此在一次沟通中，信息量不能太多，否则影响沟通效果。

3. 农业信息传递阶段

本阶段是推广人员借助沟通工具，通过一定的渠道，把农业信息传送出去的过程。有效的传递，要注意以下几点。

(1) 选择合适的工具和渠道　同一信息可以通过不同的渠道和工具来传递，在选择工具和沟通渠道时，推广人员要根据信息的特点选择既经济实惠又效率高的渠道和工具。

(2) 控制好传递的速度　传递的速度过快，可能会使对方接受不完全，欲速则不达；过慢，则可能坐失良机，影响沟通效果。因此，推广人员在传递信息时，要控制传递的速度，使信息传递速度适合农民的接受能力，既让农民完全接受信息，又不延误时机。

(3) 防止信息内的遗漏和误传　农业推广人员在信息传递中，要尽最大努力排除各种干扰因素，避免信息内容遗漏和误传，力求做到准确、无遗漏。

4. 农业信息接收阶段

农业信息接收是指农民从沟通渠道接受农业信息的过程。推广人员要创造良好的接受信息的环境，确保农民在接受信息时力求做到完整，不漏掉传递来的每一个信息符号。这一阶段对推广沟通的影响较大，如果农民接收到的信息不完整、不全面，就会使得农民与农业推广人员的沟通出现误解和断章取义，严重影响沟通活动的顺利进行。

5. 农业信息译码阶段

农业信息译码是接收者将获得的信息转换为自己所能理解的概念的过程，又称译解或解码。接收信息时一定要做到完整，力求接收传送来的每一个信息符号。要求接受者能充分地发挥自己的理解能力，准确地理解所接受信息的全部内容，不能断章取义，更不能误解传递者的原意。实际上沟通的主体具有相同经验或经历是完成沟通过程的必要条件，传送者与接收者的相同知识、经验和经历越多，沟通成功的可能性就越高。如果双方对信息符号及内容的理解缺乏共识，那么就无法达到共鸣，因此，就不可避免地产生认知差异和障碍。农业推广人员要及时、正确地引导，使理解和接受有困难的农民能够准确理解信息。

6. 农业信息反馈阶段

农业信息反馈是接受者对接受到并理解的信息内容加以判断，向传递者（推广人员）做出一定反映的过程。本阶段要注意以下两个问题。

(1) 反馈要清晰、主动　反馈者要清楚地说明自己的意见，便于传送者了解接收者的全部想法，以便进行及时调整，只有接收者的主动反馈，才能使沟通过程不断升华。日常生活中许多农民由于平时缺乏锻炼，在与推广人员沟通时，往往不能把自己对沟通信息的理解和想法说清楚，推广人员态度要热情，要鼓励农民多提反馈意见，要耐心、细致地解答农民的疑问，打消其顾虑和畏惧心理。

(2) 反馈要及时　迅速地反馈可以使传送者及时了解传递信息被接收的程度，便于传送者及时采取相应措施，这样才能提高沟通效果。要求推广人员平时多与农民沟通，使二者关系融洽，农民有什么意见和建议都敢于同推广人员交流。

三、农业推广沟通的特点

1. 沟通双方互为信息的发布者

农民与推广人员的信息沟通不是某一方发送信息另一方接收的单向信息传递,而是沟通双方之间的双向信息交流。他们的位子可以变换,发信者可以变为收信者,同时收信者也可以变为发信者。推广人员向农民传递信息时,农民也向推广人员进行信息反馈,在这一沟通中,推广人员和农民互为信息发布者。

2. 沟通双方使用统一的符号

农业推广沟通需要借助一定的符号,因此沟通双方必须使用统一的符号或者对使用的符号所代表的意义有相同的理解,否则沟通难以进行,也就无法进行信息交流。例如,推广人员推广某一技术时,如果不懂当地语言,农民也听不懂推广人员的学术语言,农民与推广人员的沟通活动就不能进行,即不能实现二者的对话过程。

3. 沟通双方对沟通情境有相同的理解

农业推广沟通必须在一定的交往情境下进行。沟通的情境是影响沟通过程的重要因素。在沟通过程中,沟通的情境可以提供许多信息,也可以改变或强化沟通的内容。所以,在不同的沟通情境下,即使是完全相同的沟通信息,也可能获得截然不同的沟通效果。农业推广人员和农民,双方对沟通的情境必须有相同的理解,否则沟通就无法正常进行。

4. 沟通双方互相影响

农业推广人员与农民在进行沟通时或完成沟通后,对各自的心理和行为都会产生一定的影响,而不是一种纯粹的信息交流。推广人员对农民的影响是要提高其素质和技能,改变其态度和行为,也就是说,通过沟通要使农民掌握一定的先进技术,把科技成果传播普及开来,变为现实的生产力。农民对推广人员的影响则是使后者对前者有更充分的了解,如当前存在的问题是什么,农民需要哪方面的技术和信息等,从而改变推广的方式与方法,调整推广服务的内容。例如,推广人员通过与农民的交流,对农民的生产生活状况有了进一步的了解,才能激发推广人员的敬业精神和改变工作态度,对农民更热心、更主动;而农民通过与推广人员的沟通,被推广人员的工作精神所打动,增强其采用新技术的积极性。

5. 推广人员主动适应农民

农业推广人员往往是信息的发布者,是农业推广过程中沟通的主体,处于沟通中的中心地位,是沟通的组织者和发动者。在农业推广活动中,农业推广人员是根据农民的具体生产条件、具体需要决定沟通的方法和内容,而不是农民根据推广人员的需要来决定内容和方式。推广人员应该主动了解和适应农民,而不是农民去适应农业推广人员。

6. 沟通的多层次性和侧重性

(1) 沟通的多层次性　由于农业生产的自然条件、社会环境和经济条件差异,造成了农民生产经营状况复杂多样,农民的生产水平和经营管理能力高低不一,因而对农业新技术的态度不同,需要的层次也不同。这就决定了农业推广沟通的多层次性。农业推广人员应根据农民不同的需要层次采取不同的方法和技巧进行沟通。

(2) 沟通的侧重性　由于推广内容不同和推广对象的差异,沟通会有所侧重,这就形成了农业推广的侧重性。在我国广大农村地区,农民生产经营条件各异,在农业推广中,推广人要分析不同时期不同农民需要的层次性,抓住农民的主导需要来进行推广才能取得良好的推广效果。

第三节　农业推广沟通的准则、要领和技巧

一、农业推广沟通的基本准则

1. 沟通的内容要与农民生产状况相关

要做到这点,推广人员需要把农民划分为若干类群,了解各个类群的兴趣、爱好、需要与问题,从而有针对性地提供技术和信息咨询服务。例如,在持续的旱灾期间,同农民谈论土壤改良技术,农民是不会有多大兴趣的,而农民关心的问题是干旱对作物生长发育的影响与有效的抗旱技术,因为他们面临的紧迫问题是解除旱灾。有时候,推广人员传播的新技术的确对农民有作用,但农民可能不以为然。出现这种情况后,推广人员要深入了解农民不接受新技术的原因,如果是由于语言方面的障碍,推广人员要耐心向其解释新旧技术之间的关系与差异,用新技术的成果示范来引导与教育农民。

2. 维护和提高沟通内容的信誉

沟通能否成功在很大程度上取决于信息接受者对待信息源的态度和方式。例如,一个农民认为某个推广人员是可信赖的朋友,那么他对这个推广人员提出的建议就会抱积极的态度从而加以采纳。如果他对报纸或其他信息源抱消极或否定的态度,他就倾向于忽视这些信息源提供的信息。但是,如果他后来发现报纸等信息源也提供了有用的信息时,他会及时地转变态度。推广人员要想在农民中树立良好形象,就得花费一定的时间与精力同推广对象进行沟通,了解他们的需要与问题,向他们介绍实用的技术与信息,培养他们的自主能力与自我决策能力,同时也建立起一种相互信任的良好关系。

3. 沟通的内容应简单明了

在推广沟通内容的组织与处理中应注意以下三点。

(1) 选用正确的传播媒介　在农业推广信息处理时,要选择适宜的传播媒介,编码简单易懂,适合农民的接受能力。多运用模型、图片、图表、实物来传播新技术,通常比只用语言文字符号效果更好。

(2) 解释新出现的概念　在传播每一个新的概念之前需要指明其意义。因为对传播者而言可能是很简单的术语,但接受者可能并不理解。

(3) 注意信息的逻辑顺序和结构　推广人员在组织信息时,要注意信息的逻辑顺序和结构安排,尽可能使信息的理解与接受简单、明了,这样农民就更容易理解。

4. 适当重复信息的关键内容

(1) 口语传播信息中的重复　在口语传播信息中,由于信息传递速度快,农民很容易遗忘信息的内容,重复特别重要。推广人员在进行培训、讲座时,要在适当时机重复一些重要内容,通常需要重复的内容为重点、难点,澄清误解,举例说明。

(2) 多种信息源进行信息重复　通过多种信息源进行信息重复效果更佳。例如,人们以前已经从大众传播媒介上了解到某项技术,若再在某地进行成果示范和方法示范,带领农民到现场考察,使其接受培训和指导,农民会更相信这项技术。

5. 合理运用比较和对比方法

"比较见异同,比较分优劣"。在农业推广沟通活动中,推广人员要多运用比较和对比方法,把准备推广的新技术和旧技术联系起来,把已知的信息和未知的信息进行比较,会更容易看出它们之间的异同,从而使农民更清楚地了解新技术的优越性,提高农民对新技术的认知度。

6. 加强信息反馈

在农业推广沟通中,推广人员和农民都是沟通的参与者,他们之间是相互学习、相互促进的关系,因此,必须重视加强信息反馈。只有加强信息反馈,才能增进理解、实现互动,才能使推广人员真正了解农民的实际需要,有针对性地开展农业推广活动。

7. 重视沟通网络

在农业推广过程中,农业推广人员必须充分认识到自己是在同农民、农业企业、有关机构团体一道推广技术并交流信息,需要与农村的基层行政组织、农民技术协会以及参与农业服务的农业科研机构、教育机构、生产资料供应机构、市场营销机构、金融与信贷机构等各种机构团体进行有效的沟通,在这种沟通网络中推广人员是关键的一员。因此,推广人员需要加强同网络中其他成员的沟通，以形成高质量的信息流，为农业和农村的发展提供更有效的服务。

8. 改善沟通环境

（1）改善沟通的社会、文化环境　社会、文化环境指农民的文化水平、价值观、宗教信仰、传统习惯、传统生产操作方法等。改善这些环境能提高推广机构和推广人员的工作效率。文化程度低的农民，很少采用新技术；而文化程度较高的农民，则积极主动采用新技术。

（2）改善沟通心理、外部的物理环境　沟通的心理、外部的物理环境的改善，可以提高推广沟通效率。例如，在闷热的房间里，农民很难聚精会神地听讲。同样，在烈日当空或寒风刺骨的野外，农民也不可能全神贯注地观看示范、接收信息。在刺耳的噪声环境中，农民根本无法听清推广人员的讲话。

二、农业推广沟通的基本要领

1. 摆正"教"与"学"的相互关系

在沟通过程中，推广人员应具备教师和学生的双重身份，既是教育者，要向农民传递有用信息，同时又是受教育者，要向农民学习生产经验，倾听农民的反馈意见，要明白农民是"主角"，推广人员是"导演"，因此，农民需要什么就提供什么，不是推广人员愿意教什么，农民就得被动地接受什么。推广人员与农民两者是互教互学、互相促进、相得益彰的关系，推广人员应采取与农民共同研究、共同探讨的态度，求得问题的解决。

2. 正确处理好与农民的关系

国家各级推广机构的推广人员既要完成上级下达的任务，又要为农民服务。在农民的心目中，常认为推广人员是代表政府执行公务的。推广人员有时也会不自觉地以"国家干部"的派头出现。这就难免造成一定的隔阂，影响沟通的有效性。所以，在农业推广中，推广人员一定要同农民打成一片，了解他们的生产和生活需要，与他们一起讨论其所关心的问题，帮助他们排忧解难，取得农民信任，使农民感到你不是"外来人"，而是"自己人"。

3. 采用适当的语言与措辞

要尽可能采用适合农民的简单明了、通俗易懂的语言。如，解释遗传变异现象时可用"种瓜得瓜、种豆得豆"等形象化语言。解释杂种优势时可用马与驴杂交生骡子为例来说明等。切忌总是科学术语的"学究腔"、"书生腔"。同时还要注意自己的语调、表情、情感及农民的反应，以便及时调整自己的行为。

4. 善于启发农民提出问题

推广沟通的最终目的就是为农民解决生产和生活中的问题。农民存在这样那样的问题，但由于各种原因（如文化素质、传统习惯等）使其很难提炼出问题的概念，或提出的问题很笼统。这就要善于启发、引导，使他们准确地提出自己存在的问题。例如，可以召开小组座谈会，相互启发，相互分析，推广人员加以必要的引导，这样就可以较准确地认识到存在的问题。

5. 善于利用他人的力量

由于目前推广人员数量较少，不可能直接面对千家万户，把工作"做到家"。因此，要善于利用农民中的创新先驱者为"义务领导"、科技示范户等，把他们作为科技的"二传手"，借助他们的榜样作用和权威作用，充分利用"辐射效应"，使农业科学技术更快更好地传播，取得事半功倍的效果。

6. 注意沟通方法的结合使用和必要的重复

多种方法结合使用常常会提高沟通的有效性，所以要注意各种沟通方法的结合使用。如大众传播媒介与成果示范相结合、家庭访问与小组讨论相结合等。行为科学指出，人在单位时间内所能接收的信息量是有限的，同时，在一定的时间加以重复则可使信息作用加强。所以在进行技术性较强或较复杂的沟通时，适当进行重复能够明显增强沟通效果。例如，大众传播媒介，需要多次重复才能广为流传，提高传播效率。

三、农业推广沟通的技巧

1. 留下美好的第一印象

农业推广人员到一个新的工作地点,要与别人第一次见面。初次见面,别人往往对你形成一定的认识,这就是第一印象。第一印象形成后,会深深印记在脑海中,常对以后的交往起参考作用。农业推广人员,要给人以好的第一印象,即朴实、诚恳、勤奋、大方。因为推广工作的对象主要是农民,他们都非常朴实,只有给他们一个朴实的印象,推广人员才便于与之交流与沟通,才有利于开展工作。当他们看到推广人员不在乎、不挑剔农村较差的条件时,才认为推广人员不摆架子,才愿意把推广人员当成知心朋友。如果过分重视衣着打扮,坐下来二郎腿高翘,无休止地高谈阔论,恐怕推广人员再有能耐,农民群众也不会买账。而面带笑容、自然开朗、朴素大方、积极肯干,就会给人留下美好的第一印象。

2. 做农民的知心朋友

农业推广工作者,必须成为农民的知心朋友。推广人员要克服以下四方面的缺点。

(1) 封闭内向　农业推广活动需要推广人员与农民进行大量的交流,如果推广人员性格过于内向,平时少言寡语,不大愿意主动与人交往,就会被人误认为是"高傲"、"难以接近",就会疏远想与推广人员接触的人。

(2) 心胸狭窄　推广人员如果心胸狭窄、忌妒心重、缺乏自知之明、容不得别人,就会断送友情和人缘。在农业推广活动中,推广人员应心胸宽广,性格开朗,与人为善。

(3) 性格多疑　如果推广人员多疑、对他人不信任、从不与人进行心灵沟通,就很难建立良好的人际关系。推广人员应该相信农民,与农民坦诚相待。

(4) 狂妄自大　若推广人员觉得自己知识渊博、经验丰富,自以为是、狂妄自大、瞧不起人,会引起农民群众的反感,就会拉大与农民的心理距离。

因此,要获得推广事业的成功,要做农民的知心朋友,应努力做到以下几个方面:

① 尊重他人,关心他人,对人一视同仁,富于同情心;
② 热心集体活动,对工作高度负责;
③ 稳重、耐心、忠厚、诚实;
④ 热情、开朗、喜欢交往、待人真诚;
⑤ 聪颖,爱独立思考,善于解答别人提出的问题;
⑥ 谦虚、谨慎、仔细、认真;
⑦ 有多方面的兴趣和爱好,不受本人所学专业的限制;
⑧ 知识渊博,说话幽默。

3. 与农民沟通之前先"认同"

(1) "认同"的含义　农业推广工作比较单调,下乡时会看到农村的大杂院,狗、猪满院跑,鸡、鸭满院飞,初做推广工作都会不习惯。怎么办?这就需要"认同"。"认同"在心理学上是指在千差万别当中,在一定的条件下能够在某些方面趋向一致。认同的过程就是协调人际关系的过程。

(2) "认同"的三个阶段

① 顺应。顺应就是要求一方迁就另一方。迁就在沟通中很重要,双方暂时迁就,就会有机会互相了解、体谅,各自就会逐渐打开心扉,开始说真话。

② 同化。顺应可能是不十分乐意,也许是一种策略,而同化则是另一回事,最后可以"入乡随俗"。"人家这样干我也这样干","老推广人员能这样咱也能这样","他是人咱也是人,为什么不能像他那样呢?"这样干得多了,下乡次数多了,就习惯了,适应了,觉得没有什么不舒服不自在了,这就是被同化了。

③ 内化。内化就是推广人员长期和农民在一起,各方面或某些方面都达到高度一致,十分默契,对于推广对象的性格、兴趣、习惯和作风等摸得很透,十分适应,双方觉得非常合得来。

（3）认同的原则　推广人员和推广对象表现亲密、和睦、团结一致的认同是正常的，但还需注意，这种认同往往是在非原则问题上，并注意用好的同化差的、真的同化假的、文明的同化落后的、积极的同化消极的，不能本末倒置。

4. 站在对方的角度上看问题

推广人员每推广一项技术，每说一句话，都要站在对方的角度上看问题，不妨做这样的假设，我如果是他会怎么看？怎么想？怎么做？即设身处地，换位思考。做到了这一点，农民就会对推广人员或推广人员的推广内容感兴趣。实事求是地、客观地站在对方的角度上看问题，应该成为农业推广工作者的工作原则。

5. 善于利用人们迷信成功者的心理

人们都有探求别人秘密的好奇心理，每个人都有迷信成功者的心理，推广人员要善于利用这一心理。例如，当你试验某一项技术获得成功，确信可以推广时，你应该先让推广对象看你的结果，不要轻易将技术的关键道出，让对方先对你产生迷信，他就会更相信你的技术肯定对他有用。相反，在他还没有引起足够重视的情况下，你便将技术讲给他听，他会不相信，或者认为没这么简单，这样，你的话就不能打动他。而当他对你、对你的技术产生了迷信心理之后，抱着渴求的心理在迷惑不解的时候来找你，你一旦说出，他便有茅塞顿开之感，使他对技术理解得深，掌握得好，并且传播也快。

6. 了解、利用风俗习惯为农业推广服务

农业推广人员每到一地，首先必须了解当地的风俗习惯、风土人情，努力做到"入乡随俗"，才能成为一个受当地人民欢迎的人，不了解当地风俗习惯就容易产生笑话，甚至直接影响推广工作。了解了风俗习惯，就可以利用这些为农业推广服务。如近年各地兴起的"科技赶集"，就是一种非常行之有效的推广方法。一些推广人员利用集日人多、集中的特点，宣传科学技术，进行技术经营，收到非常好的推广效果。国外农业推广人员也利用人们到教堂做礼拜的习惯，将教堂作为传播技术的场所。在教堂里发放宣传品、新种子等，起到了很好的推广效果。发达国家遍布全国的俱乐部、周末晚会，都是他们宣传、推广技术的主要场所。这些方法既符合了当地的风俗习惯，又顺乎自然，生动活泼，涉及人员多，推广面大，推广效果好。

7. 善于发挥非正式组织的作用

非正式组织的存在，对农业推广活动有积极作用，也有消极作用。就其积极作用而言，它可以沟通在正式交往渠道中不易沟通的意见，协调一些正式组织难以协调的关系，减少正式组织目标实施中的阻力；同时与非正式组织成员的沟通，还可以结识许多新的朋友，扩大推广效果。就其消极作用而言，容易形成小圈子，一个人有消极的情绪后，会影响到一大批人。

要注意发挥非正式组织的积极作用，纠正和克服消极作用。如在农业推广中，就需要寻找非正式组织中的领袖人物，可以将其培养成科技示范户、科技标兵。利用他在非正式组织中的地位和威信，形成科技推广的"辐射源"，以其为中心向四周成员"辐射"，将科技新信息迅速传播，使农业推广收到事半功倍的效果。

四、提高沟通效果的措施

要提高沟通效果，除克服推广沟通中的一些障碍外，还需要运用恰当的方法与措施。

1. 提高沟通信息的清晰度

可采用以下方法提高沟通信息的清晰度。

（1）增加沟通的渠道　通过多种渠道向农民传递信息，可以提高农民对信息的接受效果。

（2）明确沟通的问题及传递的信息　推广人员要明确自己与农民沟通的问题是什么，传递的信息是什么，选取最主要的信息，有针对性的与农民进行沟通。

（3）沟通中要言行一致　农业推广人员要言行一致，实事求是地与农民交流，不能夸夸其谈，不干实事。

（4）沟通中用语简单　农业推广人员与农民沟通时，要考虑农民的接受能力，不断提高自己的语言表达能力。语言表达要深入浅出、形象生动、朴实无华。

2. 增加沟通双方的信任度

推广人员和推广对象在沟通过程中，如果坦诚相待，自始至终保持亲密、信任的人际关系，并采用有效的沟通方式，农民就会感受到推广人员的热情和真诚，为农业推广沟通奠定感情基础。

3. 及时获得沟通的反馈信息

反馈信息对沟通双方都很重要，它是沟通的重要环节，可以增进理解，实现良性互动。反馈信息要及时发出，而且要具体、明确，这样推广人员才能根据农民的反馈意见调整自己的心理和行为。

4. 积极创造良好的沟通氛围

良好的沟通气氛，是顺利进行沟通的重要保证，而不良的沟通习惯既影响沟通本身的进行，又影响人际交流、人际关系和人际评价。

5. 沟通语言要通俗易懂

推广人员要尽可能选择适合当地农民文化背景的语言。用于信息沟通的语言不仅要简明扼要、通俗易懂，而且还要根据当地农民文化背景的差异，选择合适的语言，这样可让对方充分理解其中的含义。

6. 善于非正式沟通

由于非正式沟通往往可以获得比正式沟通更好的效果，因此，如果有一些信息沟通用正式沟通效果不理想，可选用非正式沟通。

7. 主动聆听

聆听是一个综合运用身体、情绪、智力寻求理解和意义的过程，只有当接受者理解发送者要传递的信息，聆听才是有效的。接受者只有主动聆听，才能更好地理解发送者的信息内容。主动聆听的特点有：

① 排除外界干扰，如噪声、风景等；
② 目的明确，一个优秀的聆听者总倾向于寻找说话者所说内容的价值和含义；
③ 推迟判断，不要妄加评论和争论，至少不要在开始时就做结论；
④ 把握主题，根据信息的全部内容寻求发送者的主题。

本 章 小 结

沟通是人类最古老的活动之一，是自有人类社会以来人们就具有的本能活动。沟通是指在一定的社会环境下，人们借助共同的符号系统，如语言、文字、图像、记号及形体等，以直接或间接的方式彼此交流和传递各自的观点、思想、知识、爱好、情感、愿望等各种各样信息的过程，是社会信息在人与人之间交流、理解与互动的过程。在现代社会生活中，沟通活动到处可见，沟通是人际间交往的主要形式。农业推广沟通是指在推广过程中农业推广人员向农民提供信息、了解需要、传授知识、交流感情，最终提高农民的素质与技能，改变农民的态度和行为，并根据农民的需求和心态不断调整自己的态度、方法、行为等的一种农业信息交流活动。沟通有利于个人的生活和发展；有利于提高组织的运行效率；有利于促进人类社会进步与发展。沟通的重要性即：推广内容（信息）×推广方法（沟通）＝推广效果。

根据不同的角度划分，沟通可划分为不同的类型，主要有以下几种：正式沟通和非正式沟通；语言沟通和非语言沟通；单向沟通和双向沟通；个人沟通和大众沟通；信息沟通和心理沟通。

农业推广沟通是一个多因子构成的复杂过程，是传者与受者之间多因子相互作用的过程。沟通过程主要包括5个要素：①发送者；②接收者；③信息；④渠道和媒介；⑤环境。只有这些沟通要素有机地结合在一起时，才能构成沟通的有效体系，实现信息的有效交流。农业推广沟通的一般程序可分为如下六个阶段：农业信息准备阶段，编码阶段，传递阶段，接收阶段，译码阶段，反馈阶段。农业推广沟通的特点是沟通双方互为信息的发布者；沟通双方使用统一的符号；沟通双方对沟通情境有相同的理解；沟通双方互相影响；推广人员主动适应农民；沟通的多层次性和侧重性。

农业推广沟通的基本准则：沟通的内容要与农民生产状况相关；维护和提高沟通内容的信誉；沟通的内容应简单明了；适当重复信息的关键内容；合理运用比较和对比方法；加强信息反馈；重视沟通网络；改善沟通环境。农业推广沟通的基本要领是要摆正"教"与"学"的相互关系；要正确处理好与农民的关系；要采用适当的语言与措辞；要善于启发农民提出问题；要善于利用他人的力量；要注意沟通方法的结合使用和必要的重复。农业推广沟通的技巧主要是：留下美好的第一印象；做农民的知心朋友；与农民沟通之前先"认同"；站在对方的角度上看问题；善于利用人们迷信成功者的心理；了解、利用风俗习惯为农业推广服务；善于发挥非正式组织的作用。提高沟通效果的措施主要是：提高沟通信息的清晰度；增加沟通双方的信任度；及时获得沟通的反馈信息；积极创造良好的沟通氛围；沟通语言要通俗易懂；善于非正式沟通；主动聆听。

复习思考题

1. 如何理解沟通和农业推广沟通的涵义？
2. 沟通的重要意义是什么？
3. 农业推广沟通的要素是什么？沟通的一般程序包括哪几个阶段？
4. 农业推广沟通的基本准则是什么？
5. 农业推广沟通的基本要领是什么？
6. 农业推广沟通的技巧有哪些？
7. 提高农业推广沟通的主要措施是什么？

第四章 创新的采用与扩散

[学习目标]

1. 熟悉创新的概念和特性,掌握创新扩散的基本理论。
2. 理解和认识农民创新采用过程不同阶段的心理特点。
3. 并能够针对创新扩散规律和交换规律在创新扩散的不同阶段选择适宜的推广方法。

创新的扩散是农业推广的一个核心问题。根据罗杰斯的解释,创新的扩散是指某项创新在一定的时间内,通过一定的渠道,在某一社会系统的成员之间被传播的过程。农业创新扩散的一般规律是农业推广的基本规律。

第一节 创新的采用过程与规律

一、创新的概念

约瑟夫·阿洛伊斯·熊彼得,1939 年在其名著《资本主义、社会主义和民主主义》中提出了著名的创新理论。熊彼得认为:所谓创新就是建立一种"新的生产函数",生产函数即生产要素的一种组合比率 $P=f(a, b, c, \cdots, n)$,也就是说,将一种从来没有过的生产要素和生产条件的"新组合"引入生产体系(经济学角度)。他将创新和发明这两个概念严格区分,他说,发明是新技术的发现,而创新则是将发明应用到经济活动中,为当事人带来利润。

埃弗雷特·M·罗杰斯,著有《创新的扩散》。罗杰斯认为:创新是一种被个人或其他采纳单位视为新颖的观念、时间或事物(传播学角度)。

创新的五种存在形式:

① 引进新产品或提供一种产品的新质量。如农作物品种引入新的地区;鲜牛奶高温灭菌耐贮藏。

② 采用新技术或新生产方法。如苹果套代技术的采用;玉米面→玉米渣。

③ 开辟新市场。如蔬菜当地消费→出口创汇。

④ 获得原材料的新来源。如南水北调。

⑤ 实现企业组织的新形式。如国企→股份制。

由上可知,创新是一种被某个特定的采用个体或群体主观上视为新的东西,它可以是新的技术、产品或设备,也可以是新的方法或思想观念。这里所说的创新并不一定或并不总是指客观上新的东西,而是一种在原有基础上发生的变化,这种变化在当时当地被某个社会系统里特定的成员主观上认为是解决问题的一种较新的方法。通俗地讲,只要是有助于解决问题的、与推广对象生产和生活有关的各种实用技术、知识与信息都可以理解为创新。

农业创新是应用于农业领域内各方面的新成果、新技术、新知识及新信息的统称。

二、创新采用过程的阶段性

农业推广的过程就是通过农业推广人员与农民的沟通活动采用农业创新的过程。在这个过程中既有推广人员的主导作用,又有农民的主动作用。农民不是消极地接受和被动地采用农业创新,而是通过观察、思考、认识和反复实践才能最后实现采用。

对农业创新采用的早晚、快慢和效率高低,既受创新本身特点的制约,又受农民基本素质的左右,认识并掌握农业创新的采用规律,对农业推广工作的深入开展将有极大的帮助。

农业创新的采用是指采用者个人从获得新的创新信息到最终在生产实践中采用的一种心理、行为变化过程,如农民经过观察、评价、最后决定采用这项创新。这个过程所用的时间为采用时间,有的从获得创新信息后就决定采用,有的则经过几年的时间才肯采用。

农业创新的采用过程为采用者的一种决策行为或决策过程,根据心理学和行为学的观点分析得知,农民在采用一项创新过程中,大体上需要经过几个阶段,有的人主张分为:认识—试行—采用三个阶段;还有的人主张分为:认识—确信—试行—采用,或认识—兴趣—评价—采用四个阶段;更多的人主张分为:认识—兴趣—评价—试验—采用五个阶段。这里把创新采用过程分为五个阶段,表示一种顺序,但不一定每项创新的采用都必须按顺序一步不差才行,根据情况的不同可以超越阶段。

(1) 认识阶段　也称感知阶段。这是农民采用农业创新的第一阶段。农民通过各种接触,知道有比他过去所用的更好的新技术信息,这些信息包括物质形态的技术,如新品种、新农具、新农药;非物质形态的技术,如栽培技术、饲养管理技术。于是农民开始意识到了某项创新的存在,得到一种新的概念,但没有任何详细的信息,农民对这项创新不一定关心和产生兴趣。

(2) 兴趣阶段　农民初步认识到某项创新可能会给自己带来一定好处时,其行为就发展到了第二阶段,即感兴趣阶段。这时农民想进一步了解创新的方法和结果,对这项创新表现出极大关心和浓厚的兴趣,准备寻求更多的信息,并开始出现学习上的行动。他可能向邻居询问有关的信息、阅读此题目的小册子或访问推广员。这些人之所以表示关心和有兴趣,是由于认为新技术对他是有用的,而且也是可行的。可是,另外一些人知道这项创新的信息后,或者由于不相信,或者由于没有钱、没有能力以及其他条件而不能采用,他就不会对其产生兴趣。

(3) 评价阶段　一旦农民对创新发生兴趣,就会联系自己的情况进行评价,对采用创新的得失加以分析、判断,利弊加以权衡,这就意味着他想更多了解这项创新的详细情况。例如一个作物新品种,它的生育期有多长?会不会影响下茬作物?需肥量、需水量多少?劳力是否安排得开?需要增加多少投资?效益上对他有多少价值?农民在这一阶段的心理状况是没有把握的,他或者想试验一下,或者想观察一下其他农民试用创新的情况,因而表现得犹豫不决。并初步考虑采用的规模、投资的程度及承受风险的能力,初步做出是否试用的打算。

(4) 试验阶段　也称尝试阶段。农民为了效益经过评价,确认了创新的有效性,但为了稳妥行事、减少投资风险、防止盲目应用、估计效益高低等,在正式采用之前要先进行小规模的采用即试用,为今后大规模采用做准备。农民在这个阶段里,需要筹集必要的资金,学习有关的技术,投入所需的土地、劳力和其他生产资料,并观察其结果情况对自己是否有效和有利。他期望试验成功,当试验中出现问题时需要有人帮助他去解决。农民经过自己的试验,取得了成功的经验和掌握了技术,就会确信这项创新是自己可以采用的。

(5) 采用(或放弃)阶段　通过试用评价得出是否采用的决策,如果该项创新较为理想,农民便根据自己的财力、物力等状况,决定采用的规模,正式实施创新。农民常常不是经过一次,而是二次、三次以至多次试验,最后才决定是否采用。每次试验的过程,也是他增加或减少兴趣的过程。在这些重复的试验中,如果得到了更大的兴趣和进一步的验证,就可能逐步扩大试用创新的面积,这样的重复试验就意味着创新已被他采用。当试验结束时,农民经过自己的试验得出的结论,是决定是否采用创新的最后阶段。

实例:2003 年,大同区政府首次引进种植万寿菊。为了让更多的农民认同,他们制订了诸多推广优惠政策:制订保护价,现钱支付,敞开收购;乡镇技术人员走村入户发放技术资料,手把手地教;万寿菊生产协会随之成立,专门为农民提供各种服务。 螃蟹好吃,但第一个吃螃蟹,还需要勇气。尽管晓之以理,动之以利,但多数农民还是不敢轻易出手。一些人抱着试试看的心理种了少许。从育苗、移栽到田间管理,每一个人都严格按照技术规程,高标准生产。到秋一算账，一亩地增收 300 多元，农民心里乐开了花。效益最具有吸引力。曾经跃跃欲试的，摇身成了种植大户；曾经不屑一顾的，也积极改变态度。大同镇农民李财去年种了 10 亩万寿菊，纯挣 5000 多元。今年他一下种了 20 多亩，忙时雇人摘花，全部送到厂家，收入近万元。祝三乡农民田志云看到别人种植万寿菊来钱快，也念起"种花"经，当年种植了 20 亩，由于品种新，管理到位，秋后竟然收入 2 万多元，让人刮目相看。

　　常常也会出现另一种情况，农民对某项创新经过一二次试验就予以放弃而拒绝采用。在有的情况下这种决策可能是正确的，因为这项创新并不真正对某一特定的地区或农户适用。例如，南美洲有一次在山区推广马铃薯技术，有的村很快被有多数农民采用了，另一个村试过 11 次就没人种了，原因是两个村的位置是在山坡两侧，接受阳光和温度的情况不同，一项成功的技术在不同条件下可能被采用或被拒绝。有的情况下，农民决定不采用创新可能是不正确的，其原因可能是由于他并未掌握这项技术，也可能是由于社会观念的障碍。

　　这个采用的过程可以是几个小时或几年。当采用较快时，此过程的几个阶段通常不明显。

　　目前，创新采用过程五个阶段的划分，为多数学者所支持，也是较为普遍的划分形式。把创新采用过程划分为五个分阶段，表示一种顺序，农民可依据不同的情况跳过其中的某一个或某几个阶段，有的还可以直接进入采用阶段。

　　需要指出的是，采用过程在实践中并不总是遵循这个程序。上述五个阶段的划分隐含着农民的创新决策总是很周全、系统而且合理的。然而在实践中，农民可能通过权衡变革的结果以理性的方式行事，也可能以非逻辑的方式做出反应，而且"决策后的冲突"时常发生。这样，农民可能认为已经决定采用的创新不再适合他而中止采用，也可能在后来采用原来拒绝过的创新。

三、创新采用者的差异

　　上述农业创新采用的五个阶段，是指农民个人对某项创新的采用过程而言，但对于不同的农民来说，农业创新并不是所有的人都以相同的速度采用，不同的农民对同一项创新，开始采用的时间是有先有后的，有的从获得创新信息起就决定采用，有的则要经过若干年以后才肯采用，这是普遍存在的现象。

　　美国学者罗杰斯研究了农民采用玉米杂交种这项创新过程中，开始采用的时间与采用者人数之间的关系，发现两者的关系曲线呈正态分布曲线（图 4-1），他同时采用数理统计方法算出了不同时间的采用者人数的比例的百分数，并根据采用时间早晚，把不同时间的采用者划分为 5 种类型。

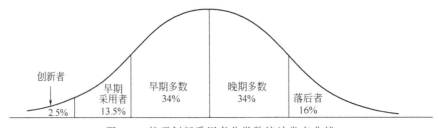

图 4-1　某项创新采用者分类数统计常态曲线

　　（1）创新者　又称先驱者，指首先采用某项创新的少数农民，他们冒着可能遭受损失的风险，走在发展生产的前列。

　　（2）早期采用者　指那些紧跟创新者之后不久就采用新技术的农民。

　　（3）早期多数　指那些注视着创新者和早期采用者的相当多数的农民，他们没有经过太多的时间，也采用了这项创新。

　　（4）晚期多数　指那些遇事过于小心谨慎，看到邻近农民的多数已经采用了创新，他们才一起加入创新采用的行列。

　　（5）落后者　指直到最后才采用创新的少数农民。

五种类型的采用者各自的基本特征是：创新者可谓是"世界主义"者，见多识广，敢于冒险；早期采用者受人尊敬，较有名望，他人乐意向其咨询事情；早期多数深思熟虑，审慎决策，是晚期多数的重要联系对象；晚期多数资源不足，对创新抱怀疑态度，一般是出于压力才采用创新；落后者资源短缺，行为受传统思想的束缚。

上述五种类型虽然是人为地划分的，但却告诉我们不同采用者由于创新度的不同，采用创新的时间有早有晚，而且在不同采用阶段所花的时间有长有短。

各类采用者的结构比率，美国学者罗杰斯在农民采用玉米杂交种的一项研究中指出：创新者占 2.5%，早期采用者占 13.5%，早期多数占 34%，晚期多数占 34%，落后者占 16%。

图 4-1 只说明创新采用者人数结构的一般规律，为一种典型的理论数字，并非每项创新都严格按照上述比例对采用者分类。由于不同创新的内容，农民对其要求的迫切性及经营条件、技术条件、社会条件、经济条件等不同，对采用者的心理状态都会有不同的影响。因此，应用这一分类统计方法，必须结合具体的实际，不能为固定模式所束缚，进行生搬硬套。

四、创新采用率及其决定因素

1. 创新采用率

采用率是指一项创新被某一社会系统众多成员所采用的相对速度。它通常可以用某一特定时期内采用某项创新的个体数量来度量，是借以研究创新传播速度与传播范围的基本概念。创新采用过程是有阶段性的，但农民对某项创新的采用过程，并不一定包含前述的五个阶段，各类采用者对同一项创新采用的过程和时间也不完全相同。现举两例说明。

日本对某地农民采用番茄杂交种的分类调查，结果如图 4-2 所示。

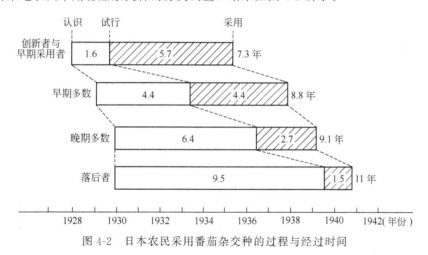

图 4-2 日本农民采用番茄杂交种的过程与经过时间

从图 4-2 可以看出：

① 创新者从认识到试行只经过 1.6 年，但从试行到采用却经过 5.7 年，整个采用过程共经过 7.3 年；

② 早期多数从认识到试行，从试行到采用都是经过 4.4 年，整个采用过程共计 8.8 年；

③ 晚期多数从认识到试行经过 6.4 年，但从试行到采用仅用 2.7 年，采用过程共计 9.1 年；

④ 落后者从认识到试行经过 9.5 年，这个阶段比创新者长 5 倍，由于当地多数人已经采用有效，仅经过 1.5 年的试行期，整个采用过程共计经过 11 年，比创新者采用过程晚 3 年多的时间。

由此可以看到：不同采用者在采用番茄杂交种过程中各阶段所用时间及整个采用过程所用时间存在着明显差异，并呈现有规律的变化。这些规律变化如下。

① 由认识阶段到试行阶段所用时间：创新者和早期采用者＜早期多数＜晚期多数＜落后者。

② 由试行阶段到采用阶段所用时间：创新者和早期采用者＞早期多数＞晚期多数＞落后者。
③ 由认识阶段到采用阶段所需时间：创新者和早期采用者＜早期多数＜晚期多数＜落后者。
美国对某乡村农民采用玉米杂交种的开始年度和播种面积增加情况的调查见表4-1。

表 4-1 美国某地农民采用玉米杂交种开始年度和播种面积

开始年度	农民采用数/个	播种面积比例/%							
		1934年	1935年	1936年	1937年	1938年	1939年	1940年	1941年
1934年	16	20	29	42	67	95	100	100	100
1935年	21		18	44	75	100	100	100	100
1936年	36			20	41	62.5	100	100	100
1937年	61				19	55	100	100	100
1938年	46					25	79	100	100
1939年	36						30	91.5	100
1940年	14							69.5	100
1941年	3								54

从表4-1可以看出：
① 1934年只有16个农民创新者在自己20%的土地上种植杂交玉米，直到1939年才全部采用杂交种，共用了5年时间；
② 1935年有21个农民在自己18%的土地上试种杂交玉米，到1938年全部土地上种了玉米杂交种，从试种到全部采用只花了3年时间；
③ 1936年有36个农民在自己20%的土地上试种杂交玉米，也是从试种到全部采用只花了3年时间；
④ 1937年有61个农民在自己19%的土地上试种杂交玉米，从试种到全部采用只花了2年时间；
⑤ 1938~1939年分别有46个和36个农民在自己25%和30%的土地上试种杂交玉米，只用2年时间就全部采用；
⑥ 1940年有14个农民在自己69.5%的土地上试种了玉米杂交种，只用1年时间就全部采用。

上述数字说明一些规律性，创新者和早期多数从试种到全部采用，一般要花3年以上的时间，而晚期多数虽然试种时间比较晚，但从试种到采用仅用2年左右的时间。其原因是多方面的：
① 杂交种出现是个新事物，一开始多数人不太了解，即使知道还想看看收成和效益如何。但随着时间推移，参加试种的农民都取得好结果，这种成果给后来人一种吸引力和推动力，大家放心大胆很快就普及应用开了。
② 杂交种的引进开始碰到不少困难，每年要制种，每年都需要购买新种子，这与农民传统习惯不同。
③ 农民主观上愿意种杂交种，但有许多客观条件不具备，如水肥、农药及资金等服务供应跟不上，大面积应用有困难，以后由于支农服务机构不断完善，为大面积推广创造了条件，所以很快得到普及。

由此可以看到：开始试用时间越早，则试用时间越长，而且开始试用面积甚小，仅18%~20%，以后逐年增加；开始试用时间越晚，则试用期越短，而且开始试用面积比例也较大，为54%~69.5%，经1~2年采用杂交种。这一规律与日本某地农民采用番茄杂交种基本相同。

在农业推广过程中要注意培养科技示范户（先驱者和早期采用者），他们的影响力是巨大的，可以带动早期多数和后期多数，一般不要过多考虑落后者，因为在他们开始采用时，这项创新可能要被淘汰。实例：丹玉13的最初推广和90年代掖单号玉米品种代替丹玉13都遇到了同样的问题。

2. 影响创新采用率的因素

研究表明，影响采用率的最主要因素是潜在采用者对创新特性的认识，除此之外还有创新决策的类型、沟通渠道的选择、社会系统的性质以及行为变革者的努力程度等，如图4-3所示。

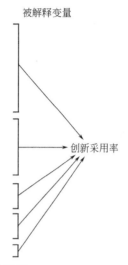

解释变量
Ⅰ.潜在采用者对创新特性的理解
　　1. 相对优越性
　　2. 一致性
　　3. 复杂性
　　4. 可试验性
　　5. 可观察性
Ⅱ.创新决策的类型
　　1. 个人选择
　　2. 集体决定
　　3. 权威决定
Ⅲ.沟通渠道的选择
　　例如：大众媒介、人际沟通
Ⅳ.社会系统的性质
　　例如：规范、互相联系程度
Ⅴ.行为变革者的努力程度

被解释变量

创新采用率

图4-3　影响创新采用率的五类因素

（1）创新的特性影响　　在分析影响创新采用率的主要因素——创新的特性时，所强调的是潜在采用者对创新特性的认识，或者说是潜在采用者所感知到的创新特性，而非技术专家或行为变革者所理解的创新特性。研究表明，创新的以下五个特性是影响采用率的主要因素。

① 相对优越性：是人们认为某项创新比被其所取代的原有创新优越的程度。相对优越程度常可用经济获利性表示，但也可用社会方面或其他方面的指标来说明。至于某项创新哪个方面的相对优势最重要，不仅取决于潜在采用者的特征，而且还取决于创新本身的性质。

② 一致性：是指人们认为某项创新同现行的价值观念、以往的经验以及潜在采用者的需要相适应的程度。某项创新的适应程度越高，意味着它对潜在采用者的不确定性越小。

③ 复杂性：是指人们认为某项创新理解和使用起来相对困难的程度，有些创新的实施需要复杂的知识和技术，有些则不然，根据复杂程度可以对创新进行归类。

④ 可试验性：是指某项创新可以小规模地被试验的程度。采用者倾向于接受已经进行了小规模试验的创新，因为直接的大规模采用有很大的不确定性，因而有很大的风险。可试验性与可分性是密切相关的。

⑤ 可观察性：是指某项创新的成果对其他人而言显而易见的程度。在扩散研究中大多数创新都是技术创新。技术通常包括硬件和软件两个方面。一般而言，技术创新的软件成果不那么容易被观察，所以某项创新的软件成分越大，其可观察性就越差，采用率就越慢。

（2）创新决策的类型影响　　创新的采用与扩散要受到社会系统创新决策特征的影响。一般而言，创新的采用决策可以分为三种类型。

① 个人选择型创新决策：是由个体自己做出采用或者拒绝采用某项创新的选择，不受系统中其他成员决策的支配。即使如此，个体的决策还会受到个体所在社会系统的规范以及个体的人际网络的影响。早期的扩散研究主要是强调对个人选择型创新决策的调查与分析。

② 集体决定型创新决策：是由社会系统成员一致同意做出采用或者拒绝采用某项创新的选择。一旦做出决定，系统里所有成员或单位必须遵守。个体选择的自由度取决于集体创新决策的性质。

③ 权威决定型的创新决策：是由社会系统中有一定权力、地位或者专门技术知识的少数个

体做出采用或者拒绝采用某项创新的选择。系统中多数个体成员对决策的制定不产生影响或者只产生很小的影响，他们只是实施决策。

一般而言，在正式的组织中，集体决定型和权威决定型创新决策比个人选择型创新决策较为常见，而在农民及消费者行为方面，不少创新决策是由个人选择的。权威决定型创新决策常常可带来较快的采用率，当然其快慢的程度也取决于权威人士自身的创新精神。在决策速度方面，一般是权威决定型创新决策较快，个人选择型创新决策次之，集体决定型决策最慢。虽然权威决定型创新决策速度较快，但在决策的实施过程中常常会遇到不少问题。在实践中除了应用上述三类创新决策之外，还可能有第四种类型，那就是将两种或三种创新决策按一定的顺序进行组合，形成不同形式的伴随型创新决策，这种创新决策是在前种创新决策之后做出采用或者拒绝采用的选择。

（3）沟通渠道的选择影响　沟通渠道是人们相互传播信息的途径或方式，经常使用的沟通渠道有大众媒体渠道和人际沟通渠道。

① 大众媒体渠道：是指利用大众媒体传递信息的各种途径与方式。大众媒体通常有广播、电视、报纸等，它可以使某种信息传递到众多的接受者手中，因而在创新采用的初期更为有效，使潜在的采用者迅速而有效地了解到创新的存在。

② 人际沟通渠道：是指在两个或多个个体之间面对面的信息交流方式。这种沟通方式在说服人们改变态度，形成某种新的观念从而做出采用决策时更加有效。

研究表明，大多数潜在采用者并非根据专家对某项创新结果的科学研究结论来评价创新，而是根据已经采用创新的邻居或与自己条件类似的人的意见进行主观的评价。这种现象说明，在创新传播过程中要解决的一个重要问题就是在潜在采用者和已经采用创新的邻居之间加强人际沟通，从而促进潜在采用者产生模仿行为。

一般而言，在同质个体之间进行的沟通比在异质个体之间进行的沟通更加有效。然而创新传播中经常会面临趋异性问题，即参与沟通的各方在信仰、教育水平、社会地位等方面表现出异质性。传播本身的性质要求在沟通参与者之间至少存在一定程度的趋异性。理想的状态是，沟通参与者在某项创新有关的知识与经验方面是异质的，而在其他方面如教育水平、社会地位等则是同质的。然而，传播实践表明，沟通参与者通常在各个方面都表现出较大程度的趋异性，因为个体拥有某项创新有关的知识与经验常常同其社会地位和教育水平密切相关。这种现象说明，为了使创新的传播更加有效，需要在人际沟通网络中寻求最佳的趋异度或趋同度。趋异度是指沟通参与者在信仰、教育水平、社会地位等方面特征不同的程度，而趋同度则是沟通参与者在这些方面的特征相似的程度。

（4）社会系统的性质影响　社会系统是指在一起从事问题解决以实现某种共同目标的一组相互关联的成员或单位。这种成员或单位可以是个人、非正式团体、组织以及某种子系统。社会系统的性质对创新的传播有着重要的影响。前面我们已经单独分析了创新决策的类型，除此之外，还可从以下几个主要方面认识社会系统的性质。

① 社会结构。某一社会系统里各个成员或单位的行为方式不同时，就会形成种结构。这种结构使得某一社会系统的人类行为具有一定的规则和稳定性。社会结构反映了系统里各个成员之间形成的某种固定的社会关系，这种关系可以促进或阻碍创新在此系统中的扩散。

② 系统规范。规范是在某一社会系统成员中所建立起来的行为准则，这种规范可以存在于人们生活的许多方面，例如文化规范、宗教规范等。系统规范常常是变革的重要障碍之一。

③ 意见领袖关系。社会系统的结构和规范常常可以通过意见领袖们的行为表现出来。意见领袖是社会系统中对其他成员言行产生影响的成员。意见领袖关系是某一个体能够以一定的方式对他人的态度和行为产生非正规影响的程度，这种关系在沟通网络中起着重要的作用。

④ 沟通网络。沟通网络由互相联系的个体组成，这些个体是通过特定的信息流被联系起来的。社会系统中各组成单位或成员通过人际网络互相联系的程度简称为互相联系程度。

⑤ 创新的结果。创新的结果是指由于采用或拒绝采用某项创新后个体或者社会系统可能产

生的变化。这里有理想结果与不理想结果、直接结果与间接结果、预计结果与非预计结果之分。

（5）行为变革者的努力程度影响　行为变革者是朝着被变革机构认定为理想的方向来影响客户创新决策的人。

① 行为变革者的作用。行为变革者的作用主要有7个：

a. 调查和发现目标对象的变革需要；
b. 建立信息交流网络关系；
c. 分析目标对象的问题；
d. 启发目标对象的变革意向；
e. 实施变革意向；
f. 巩固变革行为，避免中止；
g. 与目标对象之间达成一种互动关系。

② 行为变革者获得成功的关键。在促进目标对象采用创新的过程中，行为变革者能否以及能够在多大程度上获得成功，主要取决于以下几个方面：

a. 行为变革者寻求接触目标对象时努力的程度；
b. 是否做到坚持目标对象导向而不是变革机构导向；
c. 扩散的项目同目标对象的需要之间一致性的程度；
d. 行为变革者与目标对象的感情移入程度；
e. 与目标对象的趋同性；
f. 在目标对象心目中的可信度；
g. 工作中发挥意见领袖作用的程度；
h. 目标对象评价创新能力增加的程度。

需要指出的是，在许多有计划的创新传播工作中，经常需要利用协助行为变革者开展工作的助理人员。这些助理人员不是专职的行为变革者，而是在基层从事日常沟通工作的社会系统成员，他们与目标对象有许多社会趋同性。

对上述创新采用率的一些因素的分析，农业推广人员应采取的对策是必须了解农民采用创新过程中的心理活动及行为变化规律，使推广创新的技术难度适合农民的知识水平和接受能力，推广的方法、方式符合农民的认识规律和心理要求，这样才能提高农民的创新采用率。

第二节　创新扩散曲线与扩散过程

一、创新扩散曲线及其表示方法

在农业推广中第一个实践一项创新的人被视为创新者。创新者的思想和方法，或通常人们所说的技术被个人或一些人所效仿和接受，称作创新的采纳。如果某项创新被社会上较多的成员采纳，这个过程称作创新的扩散。创新的传播是指某项创新在一定的时间内，通过一定的渠道，在某一社会系统的成员之间被传播的过程。这种传播可以是由少数人向多数人传播，也可以是一个单位向另一个单位或社区的传播。研究农业创新的扩散规律，对提高农业推广工作的效率具有重要的意义。

1. 农业创新扩散方式

在不同农业发展历史阶段，由于生产力水平、社会经济条件的不同，特别是农业传播手段的不同，农业创新的扩散表现为多种方式，一般可归纳为以下四种（与沟通渠道类似，可参见图3-1～图3-4）。

（1）传习式（世袭式）　主要采取口授身教、家传户习的方式，由父传子、子传孙，子子孙孙代代连续不断地传下去，逐步发展到一个家族、几个山寨、一群村落。这种方式在生产力水平低下、科学文化极其落后的原始农业生产阶段最为普遍。传播中技术上几乎没有多大变化或有稍微小的变化。

(2) 接力式（单线式） 一些技术秘方，以师父带徒弟的方式往下传，如同接力赛一样。这种方式在技术保密或封锁条件下，其转移与扩散有严格的选择性，一般在传统农业阶段常用。传播中只能引起技术上的弱变。

(3) 波浪式（辐射式） 由科技成果中心将创新成果呈波浪式向四周辐射、扩散，犹如石投池塘激起的波浪，层层向周围扩散，故称为"辐射式"。人们平常所说的"以点带面"、"点燃一盏灯，照亮一大片"指的就是这种扩散方式，这是当代农业推广普遍采用的方式。其特点是，辐射力与距科技成果中心的距离成反比，即距中心越近的地方，越容易也越早地获得创新，"近水楼台先得月"；而距成果中心越远的地方，则越不容易得到或很晚才得到创新成果，"远水不解近渴"，长此以往，就出现边远地区技术落后的现象。这种扩散方式促进技术的变化和发展，称之为"渐变"。

(4) 跳跃式（飞跃式） 在市场经济条件下，竞争激烈，信息灵通，交通便利，扩散手段先进，在此种条件下，创新的转移与扩散常常呈跳跃式发展。即科技成果中心一旦有了新的科技成果，则不一定总是按常规顺序向周围层层地扩散，而是打破了时间上的顺序和地域上的界限，直接在任何时间内引进到任何一个地方。如高寒山区可以直接从日本引进地膜覆盖栽培技术，边远地区的杂交水稻或良种畜禽可以和科技成果中心附近的地区同步推广。这种扩散方式随着农业现代化的进展越来越广泛地被采用。扩散中可引起技术上的突破，促进技术上的飞跃变化。

2. 创新扩散曲线的形成

(1) 扩散曲线 一项具体的农业创新从采用到衰老的整个生命周期中其传播趋势可用"扩散曲线"来表示。它是一条以时间为横坐标轴，以创新的采用数量的累计数（或累计百分数）为纵坐标轴，用不同时期创新采用累计数的具体数据绘制而成的曲线，其形状呈明显的"S"形曲线，见图4-4。扩散曲线没有一个标准坡度，也没有一个标准的采用限度，有些创新扩散较快，有些较慢，有的最终扩散到周围几乎所有农民，有的仅1/2、2/3或3/4。

(2) "S"形扩散曲线的形成 "S"形扩散曲线的形成是由于一项农业创新引进开始推广时，因多数人对它不熟悉，很少有人愿意承担使用的风险，所以一开始扩散总是比较慢，但当通过试验示范，看到试用效果，感到比较满意后，采用的人数就自然逐渐增加，使扩散速度加快，传播曲线的斜率增大，当采用者达到一定数量以后，由于新的创新成果的出现，旧的创新成果被新的创新成果逐渐取代，扩散曲线的斜率逐渐变小，曲线也就变得平缓，直到维持在一定水平不再增加。这样就形成了"S"形曲线。S形扩散曲线表示，在时间的任意点上，已采用农业创新的成员占全体成员的百分比。

如果把创新扩散规模看成是采用者的非累计数量或百分率，而不是一个累计数量，那么，通常可以画出一条钟形或波浪形的反映采用者分布频率的扩散曲线，如图4-5所示。钟形扩散曲线表示在一定时间内，采用农业创新的成员的百分比。可见，扩散曲线描述了某项创新扩散的基本趋势和规律。借助扩散曲线可以分析某项创新的扩散速度与扩散范围。前者是指一项创新逐步扩散给采用者的时间快慢，后者是指一定时期采用者的数量比率。

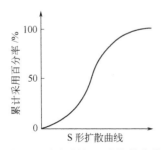

图 4-4　农业创新 S 形扩散曲线

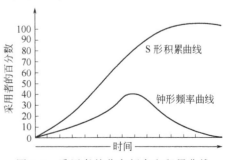

图 4-5　采用者的分布频率和积累曲线

S形扩散曲线所表示的实质内容是指单位时间内创新的扩散速率(指创新逐步扩散给采用者的时间快慢),反映出创新扩散速度前期慢、中期快、后期又慢的特点。

农业创新S形扩散曲线可用数学模型来表示。杨建昌曾对江苏省三个不同经济地区(苏南发达地区、苏中较发达的地区、苏北欠发达地区)6个县(市)的893个农户进行抽样调查,了解了杂交水稻、浅免耕技术及模式化栽培三种农业创新在当地自开始引进至技术被以上农户利用的情况。其研究表明:不同创新项目的起始扩散(传播)势(R^0)以浅免耕技术为最大,杂交水稻次之,模式化栽培技术最小。扩散势(R^0)的大小反映了一项创新被农民掌握的难易程度和开始推广(扩散)的速度的大小。在该研究中,浅免耕技术复杂程度较小,而且能节省工本,农民容易掌握,接受利用较快,因此它进入扩散发展期的时间和达到最大扩散速率的时间均较早,分别为1.7年和2.7年,仅用了6年的时间就被99%的农户采用;而模式化栽培技术是一项综合性很强的技术,它涉及品种特性、作物生长发育动态及肥水运筹等多种知识。因此,农民不易很快掌握,起始扩散势较小,进入扩散发展期和达到最大扩散速率的时间较长,分别为5.5年和6.4年,用了将近10年时间才被99%的农户所采用;杂交水稻则介于上述两者之间,见图4-6及图4-7。

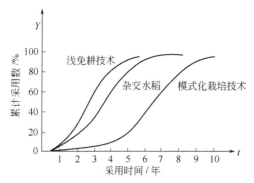

图4-6 不同类型农业革新的传播曲线(一)
(引自杨建昌,农业革新传播过程的数学分析)

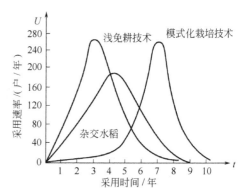

图4-7 不同类型农业革新的传播速率(二)
(引自杨建昌,农业革新传播过程的数学分析)

(3)S形扩散理论(或叫推广模式) 在农业推广学中,S形扩散曲线所揭示的创新扩散周期内的阶段性、创新时效性及新旧创新的交替性等规律称为S形扩散理论或叫推广模式。

3. 常见的几种扩散曲线

上述S形扩散曲线为一个普遍的规律,对任何一项创新的扩散都是基本适用的。但由于各种因素的影响,使各项具体的创新的扩散速度和范围呈现很大变化,即扩散的形状表现各异。在我国农业推广实践工作中,常见以下四种类型。

(1)短效型[图4-8(a)] 创新扩散前期发展较正常,上升较快,但达到顶峰后很快就急剧下降,即成熟期维持很短时间就衰落下来。形成原因可能是无形磨损所致,即创新本身不过硬,被新的创新过早取代。

(2)低效型[图4-8(b)] 创新扩散速度始终很慢,还没有达到一定高峰,维持时间虽较长,但始终没有在大面积推广应用,所以效益很低。形成原因可能是由于该创新技术难度较大或需要过高投资等。

(3)早衰型[图4-8(c)] 创新扩散在早期、中期都较正常,衰退期过早出现,这种情况不同于第一种类型。形成原因主要是有形磨损所致,例如,一个很好的作物品种,由于不注意提纯复壮工作,致使其使用期限相对缩短。

(4)稳定型[图4-8(d)] 稳定型是一种比较理想的类型,说明试验示范及时,发展迅速,大面积应用时间长,交替点的选择也较适当,为一种效益最好的类型,故又称理想型或标准型。

4. 不同扩散曲线的分析

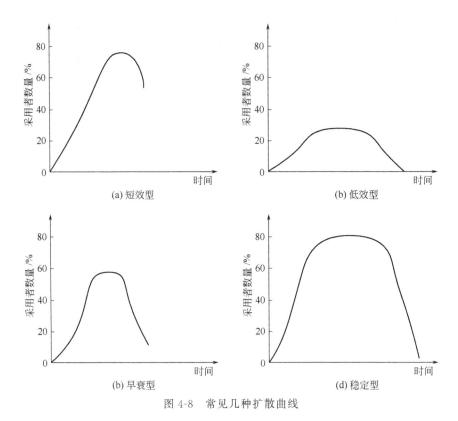

图 4-8　常见几种扩散曲线

(1) 不同创新有不同扩散曲线　不同项目有不同的扩散曲线，原因是每个项目的推广都受项目本身经营因素和技术因素的影响，所以出现不同的扩散速率和范围，见图 4-9、表 4-2。

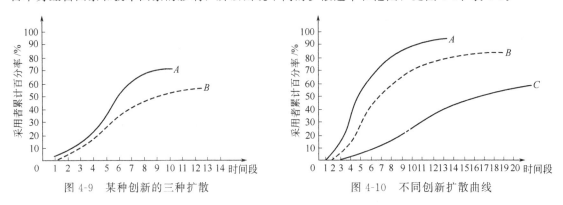

图 4-9　某种创新的三种扩散　　　　　　图 4-10　不同创新扩散曲线

从图 4-9 可以看出：A、B 的两条曲线，表示两个不同的扩散率，均呈 S 形，但扩散曲线 A 的扩散比率比扩散曲线 B 大一点。

从表 4-2 中可以看到：

① A 项目在第 1~2 时间段扩散较慢，以后很快从第 2 时间段的 3% 上升到第 6 段的 19%，第 7 时间段开始下降，而降到第 9 时间段时达到 1%；

② B 项目在第 1~2 时间段扩散很慢 (2%)，到第 4 时间段很快提高到 10%，在第 5~6 时间段一直保持很高的采用率，第 7 时间段开始下降，而到第 12 时间段又下降到 1%。

(2) 同一创新有不同扩散曲线　同一创新在不同地区推广过程中可出现不同的扩散曲线。如图 4-10 所示，这是某一项创新在三个不同地区扩散过程中出现的三条扩散曲线。图 4-11 中三条曲线有两个不同的方面：① 曲线的倾斜度不同，A 曲线倾斜度较大，B、C 曲线倾斜度较相似，

表 4-2　不同创新扩散曲线的分析资料

创新 A			创新 B		
时间段	采用创新的农民百分率/%	采用创新的农民累计百分率/%	时间段	采用创新的农民百分率/%	采用创新的农民累计百分率/%
1	3	3	1	2	2
2	3	6	2	2	4
3	6	12	3	3	7
4	8	20	4	10	17
5	16	36	5	9	26
6	19	55	6	9	35
7	9	64	7	5	40
8	3	67	8	4	44
9	1	68	9	5	49
10	1	69	10	3	52
11			11	2	54
12			12	1	55

且较小；②每条曲线停止上升的时刻不同。

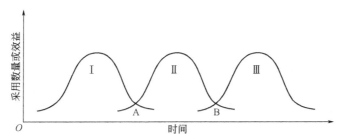

图 4-11　农业创新更新交替模式（A、B表示新旧创新交替点）

A曲线上升很快，表示创新扩散速度很快，到第12时期末有90%的农民采用了，随后停止上升。

B曲线上升较慢，表示创新扩散速度较慢，到第17时期末有80%的农民采用了，随后停止上升。

C曲线上升更慢，表示扩散速度更慢，到第20时期末有55%的农民采用，随后停止上升。

同一创新在三个不同地区推广中由于采用比率和最终的扩散范围程度上的差异出现三种可能的扩散曲线，其原因如下。

① 同一创新在不同地区受当地自然条件的影响。不同地区的土壤条件、水利条件、温度、光照、降雨量等都是创新的扩散制约因素，如一个丰产品种，若没有相应水肥条件是推不开的。同一创新在山区、平原、旱地都有不同的扩散曲线。

② 同一创新在不同地区受当地经营条件的影响。在经营条件很好的地区，由于交通方便、土地平坦、支农服务机构健全，很快推开了，而在山区交通不便地区，产品销售运输费用大，投资有困难，就较难推广。

③ 创新受所需购入的各项投资是否有效的影响。农民要求创新的各项投资（如种子、肥料、农药、设备等）有效表现在以下四方面。

a. 投资在技术上有效，如适合当地生产条件和农民的作物类型，不会遭受病虫危害等。

b. 投资在质量上可靠，如引进的种子、肥料、农药和畜禽良种的质量靠得住，同事先告诉农民的一样。

c. 投资在经济效益上合算。如对投资大、费时费工的引进项目，一定要考虑产品销售的可能性和价格是否合算，不具备这些条件、只增产不增收是无法推广的。

d. 投资在生产急需时能准时供应，如种子、肥料、农药的供应不能误农时，否则投资失去作用。

④ 创新受当地农民文化因素（包括社会价值观）的影响。如养猪生产，虽然能获利，但对于穆斯林文化来说却不适宜。

⑤ 同一创新扩散速度受到其他因素的影响

a. 创新能有多大的盈利。经营规模很小的农民，对创新不发生兴趣，即使创新技术很好，但由于自己经营规模太小，采用创新也不可能增加多少收入，他就不想采用创新。

b. 创新效果的显著程度。如一种除草剂应用后效果显著，则除草剂应用很快推广。相反，在推广使用化肥时，农民因舍不得花钱，只施应该施用量的 20%，结果不像农民在成果示范中看到的那样明显的效果，农民就不会使用它。

c. 贷款是否有效的利用，影响创新的扩散速度。如农民不能及时得到贷款购买所需的生产资料，结果失去了农时，使创新不能继续采用。

d. 新技术与过去习惯的技术是否协调，影响创新扩散速度。如一个老稻区要引进杂交玉米则不容易推开，因为玉米要年年花钱买种子，农民不习惯这种做法，水稻无需年年制种，种子也易在亲戚朋友中搞到。

二、创新扩散的阶段性与周期性

1. 创新扩散的阶段性

农业创新的扩散过程是指在一个农业社会系统内或社区内（如一个村、一个乡）人与人之间采用行为的传播，即由个别少数人采用，发展到多数人的广泛采用，这一过程称为农业创新的扩散过程。农业创新的扩散过程也是农民群体对某项创新的心理、态度、行为变化的过程，因此，可以根据农民群体对创新的态度和采用人数的发展过程将其划分为四个阶段。

（1）突破阶段　人们采用创新总是有一定目的的。当人们在生产中或生活中遇到了某种问题，需要寻求解决问题的方案，而创新就是解决这种问题的方法或方法论。但是创新者要采用创新就要冒经济方面和社会方面的双重风险，因为这种创新在当地尚未试行过，因而存在许多不确定性风险，万一失败的经济风险和社会方面的阻力，如传统意识的舆论压力、旁观者的冷嘲热讽等，因此，创新者一般是在社会和经济上有保障的人，这些人与一般的农民相比较，文化科技素质较高，生产经营条件较好，信息灵通，富于创新，敢于冒风险，勇于改革，又有强烈发展生产、改善生活、增加经济收入的要求，例如专业户、科技示范户、回乡知识青年。

创新者不会盲目从事，而是力图把风险限制在最小程度上，因此非常小心地试验创新项目，付出比他人多几倍乃至几十倍的劳动来大量地、有时甚至是重复地进行各种试验、评价、决策等一系列开创性的工作，这也是为什么创新者比后来的采用者通常需要一个较长的试验阶段的原因所在。从某种意义上讲，创新者为他们充当了示范者的角色。创新先驱者付出大量心血，背负舆论压力，克服重重阻力，来进行各种试验、评价工作。他们一旦试验成功，以令人信服的成果证明创新可以在当地应用而且效果明显时，就实现了"突破"，突破阶段是创新扩散的必不可少的第一步。

（2）紧要阶段（关键阶段）　持各种态度的农民都在等待农业创新采用的成果。当看到首先采用农业创新的农民取得成功时，少部分模仿者就紧跟着采用，这些人是创新的早期采用者。经过他们的试验证实，采用确实能产生良好的效益，就会带动大批人，扩散就会以较快的速度进行，因此，紧要阶段是农业创新能否得以扩散的关键阶段。这一阶段之所以称为关键阶段，是因为这一阶段最终决定创新能否起飞，能否得以迅速扩散的关键时期。有关资料表明：一旦有 10%～20% 的潜在采用者采用了创新，那么即使没有推广服务或发展措施的进一步支持，扩散过程也会持续进行。

紧要阶段是创新能否进一步扩散的关键阶段。这时人们都在等待创新的试用结果，如果确实能产生良好的效益，则这项创新就会得到更多的人认可，引起人们更高的重视，扩散就会以较快的速度进行。

$$\text{创新先驱者} \xrightarrow[\text{扩散}]{\text{创新成果}} \text{早期采用者}$$

早期采用者也有较强的改革意识，也非常乐意接受新技术，只不过不愿意"冒险"，但对先驱者的行动颇感兴趣，经常观察、寻找机会了解创新试验的进展情况，一旦信服，他们会很快决策，紧随先驱者而积极采用创新。

（3）跟随阶段（自己主动推动过程）　当创新成果明显时，除了创新先驱者和早期采用者继续采用外，特别是有影响的人采用创新，给扩散带来了活力，农村中多数农民即被称为"早期多数者"这些人刚开始可能不理解创新，一旦发现创新的成功，他们会以极大的热情主动采用，所以又叫自我推动阶段。这时人们开始认识到当时所认为的新东西将来会成为习以为常的规范，过去人们认为创新者的那种不正常的行为现在成了发展的有效途径。这种认识使得其他更多的人加入了创新采纳队伍，这时创新扩散过程已获得了自我持续发展的动力，这样农业创新就在较大范围内扩散开了。

但是如果没有对前提和后果的全面评价，更多的创新采纳确实存在着危险。农民若没有检验这种创新是否在他们的特定条件下真能带来利益，则错误的引导会使创新采纳的风险性增加，结果使经济差异增大。如果经济上较弱的农民进行错误的投资，便不能在当地竞争的系统中站稳脚跟。

（4）随大流阶段（衰退阶段、浪峰减退阶段）　当创新的扩散已形成一股势不可挡的潮流时，个人几乎不需要什么驱动力，而被生活所在的群体推动，被动地"随波逐流"，使得创新在整个社会系统中广泛普及采用，农村中那些被称为"晚期多数者"及"落后者"的就是所谓的随大流者。当最后这些随大流的人被卷入农业创新的大浪中时，某项农业创新的扩散过程也就在某一社会系统里结束。

以上的阶段是根据学者们的研究结果人为划分的，但实际上每项具体的创新扩散过程除基本遵循上述扩散规律外，还有自己本身的扩散特点；另外，不同扩散阶段与不同采用者之间的关系也不是固定不变的，应具体问题具体分析。农业推广人员应研究掌握创新扩散过程的规律，在不同阶段采用不同扩散手段和对不同类型的采用者运用不同的沟通方法，最大限度地提高农业创新的扩散速度和扩散范围，提高推广工作成效。

2. 创新扩散的周期性

农业科学技术总体的发展在时间序列上是无限的，而每项具体的农业创新成果在农业生产中推广应用的时间是有限的，这种总体上的无限和个体上的有限的统一，使农业创新的扩散呈现明显的周期性。而某项具体创新成果的扩散过程就是一个周期。

每项农业创新的扩散过程一般是有规律性的。随着农业创新的出现和扩散，采用创新的农民由少到多，逐渐普及，当采用某项创新人数达到高峰后，又逐渐衰减，为更新的某项创新所代替而出现一种创新扩散的寿命周期。

（1）阶段性规律　根据扩散曲线中不同时间创新扩散的速度和数量不同，可分为四个不同阶段，即：①投入阶段；②早期采用阶段；③成熟阶段；④衰退阶段。

与上述四个阶段相对应，我国农业推广工作者提出了推广工作的四个时期，即：

① 试验示范期（从创新的引进到试验示范）；

② 发展期（从试验示范结束到推广面积或采用数量逐渐增加到最大时）；

③ 成熟期（创新稳定在普及应用到出现衰退迹象时，此时期是技术成熟、推广效益最高阶段）；

④ 衰退期（随着新的创新成果的出现以及旧创新的老化，旧创新被新的创新逐渐代替，最终在生产中丧失作用）。

阶段性规律启示人们：一项创新在农业推广工作中，基础在试验示范期，速度在发展期，效益在成熟期。

(2) 时效性规律　S形扩散理论表明一项创新的使用寿命是有限的，因为创新进入衰退阶段是必然的，只不过早晚而已，人们无法阻止它的最终衰退，但可以设法延缓其衰退的速度。时效性规律启示我们：一项创新的应用时间不是无限的，具有过期失效和过期作废的特点。因此，农业创新出台后，必须尽早组织试验，果断决策进行示范；加快发展期速度使其尽快从试验示范期进入成熟期，同时要尽可能延长成熟期，延缓衰退，特别要防止过早衰退。

一项创新衰退的原因是多方面的，主要有以下几方面。

① 无形磨损。创新不及时推广使用就会被新的创新项目取而代之而"过期失效"。例如一种农药被另一种新农药取代。

② 有形磨损。某项创新虽然未被新的创新取代，但某项创新本身的优良特性因使用年限的增加逐渐丧失，从而失去使用价值。例如优良品种混杂退化、种性退化或某种优良特性如抗病性的丧失等均属有形磨损。

③ 推广环境造成创新的早衰。主要表现在：一是政策磨损，指国家农业政策、法规法令及农业经济计划的调整，如国家对西瓜种植收取农产品特产税，使西瓜品种、西瓜栽培技术早衰；二是价格磨损，指农业生产资料价格上涨和农产品的价格下降造成农业创新早衰；三是人为磨损（又叫推广磨损），指由于推广方法不当造成科技成果早衰，例如推广方法不当，造成示范推广失败，引起农民逆反心理，导致成果早衰。

防止创新早衰措施主要针对引起早衰的原因，采取相应的办法。为防止创新的无形磨损，推广人员一旦引进创新必须立即组织试验，并进入示范，然后加快发展期速度，尽快进入成熟期。防止有形磨损主要针对物化技术成果（如种子、畜禽良种、农药、化肥等），要十分注意保护产品品质，保持产品优良特性，对新品种要健全繁育体系，提纯复壮。解决推广环境磨损的主要办法是注意政策和价格磨损以及推广人员人为磨损。

(3) 交替性规律　一项具体农业创新寿命是有限的，不可能长盛不衰，而新的研究成果又在不断涌现，这就形成了新旧创新的不断交替现象（图4-11）。例如紧凑型玉米品种代替平展型玉米品种。新旧交替是永无止境的，只有这样，科学技术才能不断发展，不断进步。

交替性规律启示人们：

① 不断地推陈出新，即在一项创新尚未出现衰退迹象时，就应不失时机地积极引进、开发和储备新的项目，保证创新扩散的连续和发展，不要出现"旧已破，新不出"的被动局面。

② 选择好适当的"交替图点"就是说既要使前一项创新能够充分发挥其效益（不早衰），又要使新的创新及时进入大面积应用阶段。交替点过早过晚对总体效益都会产生影响。因此过早过晚发生交替都不好。

三、农业创新扩散的影响因素

影响农业创新扩散的因素很多，主要有经营因素、技术因素、农民素质、政府政策以及农村家庭、社会组织机构等社会因素的影响。这些因素既影响创新扩散的速度，又影响农民采用的累计百分率。

1. 经营条件的影响

经营条件对农业创新的采用与扩散影响很大。经营条件比较好的农民，他们具有一定规模的土地面积，有比较齐全的机器设备，资金较雄厚，劳力较充裕，经营农业有多年经验，科学文化素质较高，同社会各方面联系较为广泛。他们对创新持积极态度，经常注意创新的信息，容易接受新的创新措施。

美国曾对16个州的17个地区10733家农户进行了调查，发现经营规模对创新的采用影响很大。经营规模主要包括土地、劳力及其他经济技术条件。经营规模越大则采用新技术越多，这说明，经营规模与农民采用创新的积极性呈正相关（表4-3）。

表 4-3　经营规模与采用创新的关系/项

经 营 规 模	每百户采用农业创新技术数	每百户采用改善生活创新技术数
小规模经营	185	51
中等规模经营	238	73
大农场经营	293	96

从表 4-3 看出，中等规模经营的农户采用农业新技术比小规模经营农户增加 28.6%，采用改善生活新技术数增加 43.1%；大农场经营比小规模经营的两种新技术采用分别增加 58.3% 和 88.2%。日本的一项调查也反映了同样的趋势，见表 4-4。

表 4-4　经营规模对采用创新数的影响（日本）

经 营 规 模	调 查 个 数	采用创新数量/（件/户）
小于 1 公顷	9	14.9
1～1.5 公顷	13	15.0
1.5 公顷以上	11	23.6

在我国，就种植业来说，以全国 0.94 亿公顷耕地、1.87 亿户农户计算，平均每户 0.56 公顷耕地，每户平均 9.7 块土地。土质不同，土地分散，这种很小规模的生产，从采用创新方面看显然是一种制约因素。随着我国土地流转制度的建立与完善，生产规模必将逐渐扩大，这也必将促进农业创新的采用与扩散。

2. 农业创新本身的技术特点的影响

一般来说，农业创新自身的技术特点对其采用的影响主要取决于三个因素。

第一，技术的复杂程度。技术简便易行就容易推广；技术越复杂，则推广的难度就越大。

第二，技术的可分性大小，可分性大的如作物新品种、化肥、农药等就较易推开；而可分性小的技术装备（农业机械的推广）就要难一些。

第三，技术的适用性。如果新技术容易和现行的农业生产条件相适应，具经济效益又明显时就容易推开；反之则难。具体地讲，有以下几种情况。

（1）立即见效的技术和长远见效的技术　立即见效是指技术实施后能很快见到其效果，在短期内能得到效益。例如，化肥、农药等是比较容易见效的，推广人员只要对施肥技术和安全使用农药进行必要的指导，就不难推广。但有些技术在短期内难以明显看出它的效果和效益，如增施有机肥、种植绿肥等，其效果是通过改良土壤以增加土壤有机质和团粒结构、维持土壤肥力来达到长久稳产高产的，但不像化肥的效果那样来得快。所以，这类技术推广的速度就要相对慢一些。

（2）一看就懂的技术和需要学习理解的技术　有些技术只要听一次讲课或进行一次现场参观就能掌握实施，这样的技术很容易推广；有些则不然，需要有一个学习、消化、理解的过程，并要结合具体情况灵活应用。例如，病虫化学防治技术首先要了解药剂的性能及效果，选择最有效的药剂品种和剂型，了解使用方法和安全措施；其次，还要了解施药效果最好的时间、次数、浓度及用药部位等；除此以外，对病虫害的生态生活习性、流行规律等也应有所了解，才能达到较好的防治效果。

（3）机械单纯技术和需要训练的技术　例如蔬菜温室栽培、西瓜地膜覆盖技术、拖拉机驾驶等，都需要比较多的知识、经验和实践技能，需要经过专门的培训才能掌握。而像机械喷药技术，不需要很多训练就可掌握。

（4）安全技术和带危险性的技术　一般来说，农业技术都比较安全，但有些技术带有一定危险性。例如，有机磷剧毒农药虽然杀虫效果极佳，但使用不当难免发生人畜中毒事故，所以一开始推行时比较困难，农民对此带有恐惧心理。

（5）单项技术和综合技术　例如，合理密植或增施磷肥等单项技术，由于实施不复杂，影响面较窄，农民接受快。而像作物模式化综合栽培技术为一种综合性技术，要考虑多种因素，如播种期，密度，有机肥、氮磷、钾肥的配合，水肥措施等，从种到收各个环节都要注意，比单项技术的实施要复杂得多，所以，推广的速度就快不了。

(6) 个别改进技术和合作改进技术　有些技术涉及范围较小，个人可以学习掌握，一家一户就能单独应用，例如果树嫁接、家畜饲养等。有些技术则要大家合作进行才能搞好，例如病虫防治，只靠一家一户防治不行，需要集体合作行动，因为病菌孢子可以随风扩散，昆虫可以爬行迁徙，只有大家同时防治才会奏效。此外还有土壤改良规划、水利建设和农田改造及产品加工技术都需要集体合作才易推广。

(7) 适用技术与先进技术　适应于农民生产经营条件和农民技术基础，能获得较好经济效益的技术，容易在农民中传播和被农民采用，先进技术应用往往需要较多的资金和设备，对农民的科技文化素质要求也较高，不具备这些条件就难以推广。如浅免耕技术、杂交水稻、模式化栽培技术的推广应用（参见图 4-6、图 4-7）。

3. 农民自身因素的影响

在农村中，农民的知识、技能、要求、性格、年龄及经历等都对接受创新有影响。农民的文化程度、求知欲望、对新知识的学习、对新技术的钻研、是否善于交流等，都影响创新的采用。

(1) 农民的年龄　年龄常常反映农民的文化程度、对新事物的态度和求知欲望、他们的经历以及在家庭中的决策地位。日本报道，100 位不同年龄的农民采用创新的数量，最多的是 31~35 岁年龄组（表 4-5）。处在这一年龄段的农民对创新的态度、他们的经历及在家庭中的决策地位都处于优势。而 50 岁以上的人采用创新的件数随着年龄的增加越来越少，说明他们对创新持保守态度；同时也与他们的科学文化素养及在家庭中的决策地位逐渐下降有关。

表 4-5　农民年龄与采用创新的关系

年　　龄	采用创新数/件	年　　龄	采用创新数/件
30 岁以下	295	46~50 岁	301
31~35 岁	387	51~55 岁	284
36~40 岁	321	56~60 岁	283
41~45 岁	320	60 岁以上	223

在四川省的一项调查表明，不同地区平均来说，一般户主年龄在 31~60 岁的中壮年家庭采用创新数量相对较多，而户主年龄在 30 岁以下和 60 岁以上的家庭则采用创新的数量较少。

(2) 户主文化程度　据四川省的调查发现，户主文化程度越高的家庭，采用创新的数量越多，一般是高中＞初中＞小学＞半文盲和文盲。日本新潟县曾对不同经济文化状况地区的农民进行调查，发现不同地区的农民对采用创新的独立决策能力是不同的（表 4-6）。表明，平原地区经济文化比较发达，农民各种素质较高，独立决策能力比山区农民高出一倍。独立决策能力强，则越容易接收采用创新。

表 4-6　不同文化发达地区农民独立决策能力（日本）

类　　别	调查个数/人	能自己决策/%	不能自己决策/%
山区农民	22	36.4	63.6
半山区农民	15	40.0	60.6
平原地区农民	17	70.6	29.4
合　　计	54	48.1	51.9

(3) 家庭关系的影响

① 家庭的组成。如果是几代同堂的大家庭，则人多意见多，对创新褒贬不一，意见较难统一，给决策带来一定难度。如果是独立分居的小家庭，则自己容易做出决策。

② 户主年龄与性别。家庭中由谁来做经营决策也非常关键，一般来说，中、青年人当家接受创

新较快，而老年人则接受较慢。户主性别，一般来说，男性户主家庭采用创新数量多于女性家庭。

③ 农业经营和家庭经济计划。家庭收入的再分配、家庭发展计划和家务安排计划，都对采用新技术有一定影响。

④ 亲属关系和宗族关系。采用新技术改革的过程中，特别在认识、感兴趣及评价阶段，有些信息来自亲属，决策时需要同亲属商量研究，这些亲属或宗族的观点、态度，有时也影响农民对创新的采用。

4. 政府的政策措施因素

如国家对农业的大政方针，农村的经营体制，土地所有制及使用权，农业生产责任制的形式等。国家的农业开发项目和目标与农民的目标是否一致；政府对推广新技术增产农副产品的补贴和价格政策、生产资料、电力能否优先满足供应。政府的农村建设政策，道路交通设施的建设，邮电通讯网的建设。综合支农服务体系的建设，供销和收购站点的建设；农产品加工和销售新技术推广的鼓励政策、优惠政策；对农业科研、教育和推广机构的经费投资；对科研、教学、推广人员的福利政策等。以上这些政策激励的有无对创新的扩散带来较大的影响。

5. 社会机构及其他社会因素

农村社会是由众多子系统组成的一个复杂系统，各子系统之间的互相关系能否处理得好，各级组织机构是否建立和健全，贯彻技术措施的运营能力，各部门对技术推广的重视程度，都影响新技术的有效推广。如社会机构中的农村供销、信贷、交通运输等部门对技术推广的支持、配合，就显著地影响着创新的扩散。另外，农民之间的互相合作程度，推广人员与各业务部门的关系，与农民群众的关系，也都影响着推广工作的开展。

农村社会的价值观、宗族及宗教等社会因素对技术推广也有影响。例如在采用新技术的认识、感兴趣及评价阶段，有些信息来自亲属，决策时需要同亲属商量研究，这些亲属或宗族关系的观点、态度，也会影响农民对创新的采用。农村中极少数农民由于相信命运和神的主宰，满足于无病无灾有饭吃就行，"宿命论"影响了人们采用科学技术。

四、农业创新扩散的有效性

推广工作的效果，通常是以扩大创新的扩散范围和加快创新的扩散速度作为衡量的标准。但是，推广工作应避免盲目地追求过高的扩散速度和采用比率，应当注意结合实际情况，努力争取扩散的最佳速度和范围。从S形扩散曲线可以看出，创新的扩散速度一般是开始较慢，然后变快，最后又变慢，通常采用者的比率不到100%曲线就会终止。某项具体创新的扩散速度和范围会受到诸多因素的影响，例如创新对当地自然条件和经营条件的适应性、创新采用所需要物质投入的有效性、创新扩散的社会文化环境、创新本身的效果、采用者的状况、推广工作的策略和方法、产品价格波动状况、促进扩散所需的人员与费用的增加等。因此，推广人员应深入分析相关的因素，为采用者提供咨询服务，确定最佳的扩散速度与扩散范围，提高创新扩散的有效性。

1. 正确看待扩散的范围和速度

一般来讲，推广人员喜欢看到每项创新都能够尽快扩散，使那些能获得利益的农民都能利用上它。有时在推广某项创新中，有的推广领导机构也会不加区别地要求各个不同地区都达到相同的扩散速度和范围。这些不顾客观因素可能性的愿望或脱离具体实际的"一刀切"的规定，都是不正确的。正确地看待扩散速度和范围，应该是结合具体情况，进行具体分析，把速度的快与慢、范围的大与小看成是相对的，有时候有的创新项目在甲地可能很快传播开，并且可能达到很高的采用率，在乙地却传播很慢，而且最终的采用率很低。至于不同的创新项目，更不能要求都达到同样快的传播速度和同样高的采用率。

2. 注意避免脱离实际的扩散速度

在创新的扩散中，推广人员既不应满足于慢速度，又必须注意"欲速则不达"，脱离实际的高速度会带来相反的效果。

（1）扩散速度不能超过接受的条件　扩散速度不可能由主观意志确定，超越可能条件而盲目追求速度往往导致推广工作的失败。例如，有些农民试一试新方法就不用了，推广人员就应分析其原因，不能代替农民去做决定。因为每个农民最了解自己的经营条件和经营环境，最关心采用创新是否对他有利。若他不具备条件，还说服他采用，结果造成损失，反而影响扩散速度。

（2）扩散速度受产品价格波动的影响 在商品化生产中，农产品的产量增加往往带来市场价格的下降。例如，引进新的蔬菜品种，当生产数量很少时，价格可能很高，当越来越多的农民在当地生产这种蔬菜时，产品就会增加，价格就会下降，采用这一创新的利益就会减少或消失，采用者也会随之减少。因此，创新扩散速度必须注意产品增加速度要与市场需要协调。

（3）扩散速度要考虑成本增加 一般来说，要加快一个推广项目的扩散速度，往往会增加费用的支出，这就应该考虑有无必要增加这些费用支出。例如，某推广项目的扩散需要增加投资，国家为了鼓励农民采用，对这些农民贷款利率实行优惠补贴，或对农民实行生产资料供应的价格补贴，创新的扩散可能就会快些。否则，扩散速度可能慢些。要不要实行这些补贴，主要看这个项目的推广速度是否值得国家付出这种代价。又如，某推广机构如果认为某项创新的推广速度太慢，采用加速的办法：一是增加推广人员；二是给推广人员增加车辆和出差费；三是强化推广手段，充分利用各种宣传工具与形式进行传播，这些措施都会增加推广费用，这样就得考虑采用这些措施能够加快多少速度，还要考虑推广项目的经济效益和社会效益。

3. 扩大的最佳速度和最佳范围

上面的讨论已经表明，最快的扩散速度，不一定是最佳速度，最高的扩散采用率不一定是最佳范围。有效的推广工作，不是盲目追求创新扩散的最快速度和最高采用率，而是追求切合实际的最佳扩散速度和最佳扩散范围。

扩散的最佳速度难确切地用定量方法来表达，应根据不同的创新内容、不同地区、不同时间而有所不同。但最佳扩散速度与推广工作的有效性以及其他支农服务工作的良好配合有着密切的关系。一个优秀的推广人员，应该很好地结合实际情况，深入调查研究，密切联系农民群众，善于思考和分析问题，在推广工作中有周到的计划和充分的准备，力求做到既有较快的扩散速度，又不盲目追求过快的速度，使创新的扩散能稳步发展。

扩散的最佳范围也是如此，对于不同的创新项目，在不同的地区以及在同一地区的不同时间，都是不同的。最佳范围也不能确切地用百分率来规定，正如前面已经讲过的那样，它受很多因素的影响和限制。一个优秀的推广人员，既要努力帮助更多的农民决策，并从采用创新中得到利益，也要避免代替农民做出决策或迫使农民采用某项创新。

第三节 进步农民策略

一、进步农民策略的概念

什么是进步农民？什么是落后农民？这里的进步和落后是人为的和相对的概念，是推广工作者赋予不同农民群体的称呼。所谓进步农民实际是在推广工作者看来是进步的，是指那些对推广机构所要推广的项目感兴趣，愿意与推广工作者配合，并率先采纳某种新技术的人。这些人一般文化水平相对较高，注意与大众传播媒体的接触，信息比较灵，对新鲜事物敏感性较强，有承担风险的能力。所谓落后农民是指那些对推广机构所要推广的项目不感兴趣或缺乏兴趣，不愿意采纳某种新技术的人。比起那些"进步农民"来，这些人文化水平往往较低，与大众传播媒体接触的机会较少，信息不灵，对新鲜事物敏感性差，没有能力承担风险的人。

事实上，农村中存在着这两类人群，因此可以将其划分为两种不同的目标群体。但是，不是"进步"和"落后"的差别。

所谓进步农民策略是指推广机构或推广工作者利用那些对推荐的新技术感兴趣，并愿意率先采纳这种新技术的所谓进步农民作为先锋农民开展工作，将信息首先传送给他们，与他们一起率先开展试验示范活动，以期将进步农民作为示范样板带动其他农民采纳新技术的工作方式。

在农民中，区别仅表现在某些农民比其他一些农民更富有"冒险"和创业精神。他们首先看清了新方法的价值，并加以采用。由此，他们赚的钱比以前多了，因为新方法使他们生产更多的产品，或者生产同样数量的东西的效率提高了，其他一些农民会看到这些采用新技术的农民所获得的实惠后也会效仿他们，如此，推广工作的成效就扩大了。

二、实行进步农民策略的后果

在实践中，由于推广工作者在理论基础上对目标群体异质性这一客观事实的忽略，使得建立在目标群体同质性假设基础上的进步农民策略得以实施，实施的后果表现在如下方面。

（1）**忽略资源禀赋差异**　由于没有考虑不同农户在资源和获得资源能力方面可能不同，而这些资源可能会对某些农民类群有影响，对某些创新勉强得到或者完全不能得到。

（2）**锦上添花**　为了鼓励那些带头采纳创新行为的进步农民，推广机构往往给他们免费提供诸如良种、化肥等政策优惠，而对于那些晚期采纳创新的农户却要面临着产量上升后的价格下降，并且他们也无法像进步农民那样享受到政策的优惠。

（3）**目标偏离**　由于进步农民策略只注意对进步农民提供信息，因此使得农业推广对千百万规模较小的农户或边际农区农民的忽视，这种忽视使得原来设计的要使广大农民受益的推广目标不能实现。换句话说，实际上与所谓进步农民比起来，所谓"落后农民"需要更多的信息。

（4）**信息失真**　有人做过一个试验发现，就玉米栽培中的株距而言，经第二手信息竟有25％的误差，使得每公顷植株数与经过仔细研究而规定的数字有很大的出入，而且经过的人越多，所得出的结果离原来推荐的数据越远。由于进步农民策略使得信息失真的传播现象表现为农民类群差异间的人为加重。

（5）**两极分化**　较早采纳创新的人可以得到市场和价格上的优势而受益，晚期采纳者或落后农户却恰恰相反，每次创新都使他们蒙受巨大的损失，越来越陷入创新带来的灾难中而缺乏创新的能力。由于对农民群体异质性的忽略，在市场经济条件下，新技术的应用给进步农民带来了较高的产量或产品质量，其产品在市场上有能力抢占市场份额，进步农民可以获得机会利润；而那些由于种种原因后来采纳新技术的人即使生产了同样的产品，也不会真正实现有利可图；对一些贫困农户来说，由于没有能力满足新技术所要求的投入成本，甚至无利可图或亏本。所以，在进步农民策略下新技术的引入可能不仅不能为农民带来增产增收，反而会扩大贫富差别，加剧社会分化。

三、实行进步农民策略的原因

虽然进步农民策略有许多缺陷，可是，如果你有机会去考察世界农业推广活动，你会发现一个比较有趣的现象，即世界上许多国家的推广机构实行的都是进步农民策略。进步农民策略盛行的原因如下。

（1）**进步农民拥有相对较多的土地**　因此，推广系统确立生产目标，可以通过相对少的农民花较少的气力而实现。

（2）**进步农民渴望获得信息**　进步农民在控制环境方面有了成功的经验，因此，他们渴望获得信息。他们对推广服务很感兴趣，不需花费时间去劝说他们。

（3）**进步农民要求得到帮助**　如果他们被忽视了，他们会抱怨，而且有些人有足够的力量去影响当地推广人员的工作。

（4）**进步农民能够承担风险**　进步农民通常有经济实力去实现新的主张，他们承担得起风险。

（5）**进步农民容易相互沟通**　进步农民经常与推广工作者利益相关，在此情况下他们之间很易相互沟通。如果一个地区的农业发展进步到较富裕的农民超过其推广员，则多数推广机构应使推广员迅速提高，以便使他们重新面对这些农民。

（6）**进步农民勇于挑战**　进步农民通常被定为农事样板，他们是推广工作者职业上的挑战者。还有，推广工作者常常从进步农民那里学到他需要告诉别人的东西。

由于这些有力的原因，世界上几乎所有的推广机构实行的都是进步农民的策略。少数推广工作者要照顾多数的农民，又没有强有力的补偿和激励，推广工作者只能有选择地集中精力于一些进步农民。经常建立直接联系的不超过全体农民的10%，有的甚至不到10%。在工业国家里，也有这样的情况，推广员与农民的比例为1：250，而在发展中国家，这个比例就不同了，有的可达1：2500。即使在比例为1：250的情况下，也只有少量的农民受到推广访问，因为越是先进的农民，由于其所处地位不同，需要的信息就越多。

最为普通的、"自动"的推广策略是进步农民策略。这种策略用极少数直接有联系的农民，并认为散播过程会将创新传给其他农民。

四、进步农民策略的问题

如果对进步农民策略出现的原因进行分析，可以发现，试图通过少数人的示范带动大多数人的采纳，从而达到人们行为改变的目标是技术推广的基本目标，是无可非议的。但是进步农民策略并不能实现推广的目标，这是因为存在如下情况。

(1) 存在类群认同现象　社区中不同的目标群体，往往有不同的被大家公认的学习样板或模仿对象。同一个类型中被人们公认的学习样板，才会得到同类人群中的其他个体的承认而产生被模仿效应。

(2) 没有区分认同群体　在农村社区中，本来存在着不同特征的不同群体，而进步农民策略的认识基础却将其视为相同群体去对待，因此就会出现事与愿违的结果。

(3) "进步落后论"有缺陷　将先采纳的农民或愿意率先采纳新技术的农民冠以"进步"的头衔，将后来采纳新技术的农民看作"落后"，不利于推广目标的实现。因为那些没有采纳新技术的农民，很可能并不是由于他们天生的愚昧和落后，而往往是没有能力采纳，或者说是不具备承担风险的能力。

因此，在推广工作中，推广项目实施的过程与目标群体定位往往是并行的，是同时开展的工作。作为推广工作者，应该善于将不同时期做出采纳决策的农民视为具有不同条件农民的一个特征或一个信号，将其作为设计不同推广方案的一个提示，而不是用所谓的"进步"和"落后"相区别。

本 章 小 结

创新的扩散是农业推广的一个核心问题，农业创新扩散的一般规律是农业推广的基本规律。创新有多种存在形式，它可以是新的技术、产品或设备，也可以是新的方法或思想观念。农业创新是应用于农业领域内各方面的新成果、新技术、新知识及新信息的统称。农业创新的采用过程为采用者的一种决策行为或决策过程，农民在采用一项创新过程中，大体上需要经过认识—兴趣—评价—试验—采用五个阶段。

农业创新采用的五个阶段，是指农民个人对某项创新的采用过程而言，但对于不同的农民来说，农业创新并不是所有的人都以相同的速度采用。美国学者罗杰斯把不同时间的采用者划分为5种类型：创新者、早期采用者、早期多数、晚期多数和落后者。五种类型的采用者有各自的基本特征。

农业创新扩散方式一般可归纳为以下四种：传习式、接力式、波浪式和跳跃式。由于受各种因素的影响，使各项具体的创新的扩散速度和范围呈现很大变化，即扩散的形状表现各异，我国农业推广实践工作中，常见以下四种类型：短效型、低效型、早衰型和稳定型。

农业创新的扩散过程也是农民群体对某项创新的心理、态度、行为变化的过程，因此，可以根据农民群体对创新的态度和采用人数的发展过程将其划分为四个阶段：突破阶段、紧要阶段、跟随阶段、随大流阶段。因此，农业创新出台后，必须尽早组织试验，果断决策进行示范；加快发展期速度，使其尽快从试验示范期进入成熟期，同时要尽可能延长成熟期，延缓衰退，特别要防止过早衰退。一项创新衰退的原因是多方面的，主要有：无形磨损、有形磨损、推广环境造成创新的早衰（政策磨损、价格磨损、人为磨损）。

影响农业创新扩散的因素很多，主要有经营因素、技术因素、农民素质、政府政策以及农村家庭、社会组织机构等社会因素的影响。这些因素既影响创新扩散的速度，又影响农民采用的累计百分率。

进步农民策略是指推广机构或推广工作者利用那些对推荐的新技术感兴趣，并愿意率先采纳这种新技术的所谓进步农民作为先锋农民开展工作，将信息首先传送给他们，与他们一起率先开展试验示范活动，以期将进步农民作为示范样板带动其他农民采纳新技术的工作方式。进步农民策略实施的后果表现在忽略资源禀赋差异、锦上添花、目标偏离、信息失实、两极分化。农民策略盛行的原因如下：进步农民拥有相对较多的土地；进步农民在控制环境方面有了成功的经验；进步农民要求帮助；进步农民通常有经济实力去实现新的主张；进步农民经常与推广工作者利益相关，在此情况下他们之间很容易相互沟通；进步农民通常被定为农事样板。

复习思考题

1. 简述创新、创新扩散、推广模式的含义。
2. 简述创新采用过程的阶段性。
3. 不同创新者在采纳创新上有什么差异？
4. 影响创新采用率的因素有哪些？
5. 简述扩散过程的阶段性与周期性。
6. 哪些因素影响着农业创新的扩散？
7. 如何正确看待农业创新扩散的有效性？
8. 进步农民策略有何优缺点？

第五章　农业科技成果转化与推广

[学习目标]
1. 理解农业科技成果的含义、农业科技成果转化与推广的相关概念。
2. 了解农业科技成果的属性与特点，农业科技成果转化的条件与机制、过程与特征。
3. 熟悉我国农业技术推广存在的主要问题和制约因素，探讨提高农业科技成果推广效率的基本途径。
4. 掌握农业科技成果推广的主要方式、农业科技成果推广的评价指标和方法。
5. 提高促进农业科技成果转化与推广的基本技能。

第一节　农业科技成果概述

一、农业科技成果的含义与属性

1. 农业科技成果的含义

农业科技成果是指农业科技人员经研究取得，通过组织鉴定、专家评审，具有一定创新水平，能够推动农业科学技术进步，产生显著效益的农业科技理论、先进技术、科技产品等科技劳动产物的总称。农业部《农业科技成果鉴定办法》（试行）把农业科技成果定义为：是指农业科技人员"在农业各个领域内，通过调查、研究、试验、推广应用，所提出的能够推动农业科学技术进步，具有明显的经济效益、社会效益，并通过鉴定或被市场机制所证明的物质、方法或方案"。农业科技成果是农业科学技术活动的产物，必须按规定采取一定的形式进行鉴定，只有通过鉴定或具备视同鉴定条件，得到科技主管部门批准，并通过成果登记，才能被认为是科技成果。

农业科技成果必须具备三大条件：一是必须通过调查观测、试验研究、推广应用等一系列科技活动而获得；二是必须具有创造性、先进性、实用性；三是必须通过评审鉴定或在刊物上公开发表等方式获得社会的承认。

科技成果是科学与技术的统一体，既含有认识自然的一面，又含有改造自然的一面。科学成果必须具有新的发现和学术价值，技术成果必须具备发明创新和应用价值，这是科技成果的本质内涵。

2. 农业科技成果的属性

（1）新颖性　是指同一领域内不存在相同（两个或两个以上）的成果。即一个新成果必须是在已经通过鉴定、登记或公开发表的成果中没有雷同的成果，否则，就不具备新颖性，不能认定为成果。如果国外已有类似的成果，而国内还没有，虽然新颖性差些，但是在国内也可认定为成果。新颖性也称为创新性，是指成果的创新点，在解决农业实际问题的途径、方法、技术等方面，是否具有创新点和创新点的多少。新颖性（创新性）是科技成果的灵魂。

（2）先进性　是指新取得的理论、技术、效益等成果，在一定区域内居于先进或领先水平，如果达不到现有同类科技成果的先进水平，不能弥补现有科技的不足，不是现有科技的发展或延伸，就不能认定为成果。

（3）完整性　是指作为科技成果，不论是理论、技术或效益性成果，其构成必须是完整的。

无论成果大小，都必须完整，理论成果立论要正确，论据要充分可靠，论证要全面，能反映一定规律，能解释某种现象，揭示某个问题的实质。

（4）成熟性　是指成果在应用过程中的稳定性和可靠程度。农业科技成果必须经过多年度、多方面试验，反复验证，经得起实践检验，具有良好的重演性。

（5）效益性　是指成果被采用后，要有明显的社会、经济和生态效益，特别是经济效益是决定成果转化快慢的关键。为了长远和整体利益，对一些生态效益或远期效益良好的成果往往由政府出面组织转化。

（6）适应性　是指成果在生产上的适应范围，要求成果必须与社会环境（包括经济环境、制度环境和自然环境等）相适应。我国地域辽阔，各地自然条件千差万别，经济生产条件也很不平衡，具有普遍适应性的成果易转化。适应性狭窄的成果，转化成本高，规模效益小，较难转化。

（7）实用性　是指农业技术（应用技术和管理技术）成果，对于农业科技进步和发展农业生产具有推动作用，处于随时可以应用的状态。也指成果在应用推广过程中的难易程度。对那些一看就懂，一学即会，易操作、耐使用的成果，极易完成转化。而对一些虽具备创新、成熟等条件，但难理解，操作环节复杂，实施条件要求很高，甚至现有条件下无法实现的成果，仅可作为贮备技术。

（8）时效性　任何一项农业科技成果的科学性、先进性都是相对的，随着科技的不断发展，新的科技成果必将代替旧的成果。与无形成果相比，物化态有形成果的时效性更为突出。这是因为物化成果的科技含量赋予在一定的载体中，这种载体一旦被新的所取代，它的作用也随之消逝，无法将其中有价值的部分剥离出来。例如一台农机具或一个新品种，一旦被新的机具或品种取代，就不会再发挥作用。

二、农业科技成果的类型与特点

1. 农业科技成果的类型

（1）按成果性质划分

① 基础性研究成果。农业基础研究（又称为农业科学研究），主要是探知农业科学领域中客观自然现象的本质、机理及其生物体与环境进行物质和能量交换的变化规律，解决农业科学的基本理论问题，如通过科学研究发现某种自然规律，揭示某种自然现象的本质，阐明某种应用技术的机理等。基础性研究成果一般是将通过观测、实验等手段所获得新发现的特征、运动规律，进行分析、归纳、抽象概括，并通过实践验证后而形成，是一种发现性成果。这类成果虽不能直接解决生产实际问题，但它创造性地扩大了人类认识自然的视野，具有重大的意义和价值，取得的新理论、揭示的新规律、形成的新知识可用于解释自然和为人类改造自然提供理论依据。人类近代文明史已充分证明，基础研究的每一个重大突破，往往都会对人们认识世界和改造世界能力的提高，对科学技术的创新，新技术产业的形成和经济文化的进步产生巨大的不可估量的推动作用。基础性科技成果是应用性成果和开发性成果的源泉，可指导应用技术研究和发展研究，为应用技术研究提供依据、途径与方法，具有较大的学术意义，无物化载体、不直接产生经济效益，属于非商品性技术成果。

② 应用性研究成果。农业应用性研究又称为农业技术研究，主要是运用基础性成果的原理，对一些能够预见到应用前景的领域进行研究，把基础理论转化为物质技术和方法技术。应用性研究成果是指通过应用技术研究创造出来的，能够用于改造自然的新手段、新方法、新工艺、新产品等。如研制出来的新农药、新肥料、新材料、新机具、新设施、新技术，培育出来的新品种等。技术性成果还包括形成技术的基础性工作，如品种资源的调查、搜集、整理、保存和评价，科技情报（信息）、农业区划等。技术成果一般都能直接应用于农业生产和推动农业科技进步。应用性成果包括新技术和新产品两大类。这类成果既蕴涵有认识自然的成分，又具有改造自然的功能。在科学地利用和保护自然资源，协调农业生物与环境之间关系，优化配置各种自然资源，防止有害生物和不良环境对农业的侵害，提高劳动和土地生产率、改善产品质量等方面，主要依

靠应用性成果。应用性成果一般可以直接应用于农业生产，有载体（新品种、新农药等）、可交换，属于商品性技术成果，具有较大的经济价值，其特点表现为实用性和技术经济效果等。

③ 开发性研究成果。开发性研究就是对应用性研究成果寻求明确、具体的技术开发活动，主要是研究解决应用成果在不同地区、不同气候和生产条件下推广应用中所遇到的技术难题，结合具体情况对应用成果的某些技术指标或性状，通过调试、试验，最后加以改进和提高，或根据多项应用成果核心创新成分、组装配套成综合技术，实现各种资源和生产要素的高度协调和统一，使潜在的生产力变成现实的生产力。发展研究成果一般具有四大特点：a. 能够充分发挥技术的潜力；b. 能够迅速扩大技术的使用范围；c. 能够延长技术的使用寿命；d. 能够降低成果转化推广的费用。通过发展研究可以进一步扩大应用技术研究成果的经济效益。

（2）按成果的形态划分

① 物化类有形科技成果。这类成果是借助或直接采用相关学科的技术工艺或途径，把基础性成果的科学技术转移到一些有直接应用价值的载体上，形成新的物质形态的成果。如农业动物、植物、微生物的新品种，新的农药、调节剂、肥料、农机具、节水或节能设备、疫苗、塑料薄膜等。

② 方法技术类无形科技成果。这类成果是将认识和改造自然，特别是协调生物与自然关系的途径、方法与技巧，以文本（含图纸）、电子文档、光盘（音像）等为载体表现出来。例如，各种农作物的栽培技术，果树的栽培和修剪技术，畜禽和鱼类的高效饲养技术，病虫害综合防治技术，风沙盐碱综合治理技术，维持良好生态的耕作制度，以及生态区划、宏观规划等。

（3）根据管理范围划分　根据农业科技成果的管理部门的隶属关系，结合部门的专业管理范围，农业科技成果可分为种植业成果、林业成果、畜牧业成果、水产业成果、副业成果等。种植业成果又可分为粮食作物成果、经济作物成果、园艺作物成果等。这样分类的优点是便于归口管理，同时利于把握成果推广应用的主渠道。

2. 农业科技成果的特点

（1）研制周期长　农业生产的对象是植物、动物、微生物，具有生长发育的周期性和生产过程的季节性，这就决定了农业科技成果的研制是一个较长的过程，包括选题立项、实施研究、中试验证、评价鉴定、成果登记等多个阶段。特别是由于农业生产过程的季节性，试验研究需要多个生产季节重复验证，必须经历小区试验、中间试验、区域试验和生产试验等步骤，而且程序严格，形成了较长的农业科技成果研制周期。实践也充分证明，从农业科技创新思想的产生到科技成果的取得，再到农业生产实际中的应用，需要几年、十几年甚至更长的时间。国家农业部曾对1010项科技成果进行统计，研制周期平均为8.29年，最长达35年。

（2）淘汰速度快　气候等自然条件对农业生产的影响很大，农业生态环境变化较大，生物变异随时都可能产生，因此农业科技成果的淘汰速度较快，在生产上利用的时间较短。由于生态环境多变，品种优良种性退化，病原菌新的生理小种形成，易遭受病虫害侵袭，一个良种、一种农药，可能很快地被淘汰，要求有新成果、新技术、新品种来代替。

（3）技术效果不稳定　农业生产具有明显的季节性和地域性，不同年份，可能受到偶然的不可控因素的影响，技术效果存在着不稳定性。例如一个新品种，经过3年的区域试验、两年的生产试验通过审定，可以说是经过了反复验证，但是如果遇到了特殊年份，会造成非常严重的减产。技术效果不稳定性，主要是不可控气象因子所致，随着人们改造自然能力的提高，技术稳定性将会大大提高。

（4）应用区域性强　农作物生产的实质是植物在气候、土壤和人为农艺措施的综合影响下，与生态环境进行物质和能量交换的复杂过程，在很大程度上受生态环境条件的制约。我国幅员辽阔，不同地区地理位置的地形、地貌不同，光、热、水、土等自然环境条件差异甚大。在特定生态条件下产生或形成的科技成果，在相同生态区域应用可能行之有效，而在生态环境相差较大的地区应用则不一定成功。农业生产实践证明，农业科技成果应用具有明显的区域性。

（5）自然扩散性强　农业科技成果在产生和生产的过程中容易扩散，不宜控制。农业科技成果属于知识产品，除具有和其他知识产品同样的特性外，还由于农业研究程序、农业生产方式，决定了一般应用研究的农业科技成果，必须经过放大试验，因此在取得成果之前已被其他科技人员、农民或农业企业人员广泛接触，很难保密。

（6）社会公益性突出　农业科技成果只有应用于农业生产，才能实现其本身的价值，才能产生技术经济效益。也就是说，农业科技成果技术经济效益的获得者是农业科技成果的具体应用者，是广大的农业生产劳动者。农业科技成果虽然具有一定的商品属性，但大多数成果很难以商品形式参与市场流通，实行等价交换，或待价而沽，必须以服务农业生产为前提。大多数的农业科技成果都是属于社会服务和公益性质的，农业新成果新技术应该迅速地大面积推广应用，促进农业生产发展，对农民应该是无偿的。特别是技术形态的成果、知识形态的成果、理论形态的成果，更难通过市场流通获得经济收益。因此，农业科技成果的产出部门和研究者较难获得直接经济效益。但农业科技成果一旦被推广应用，就会产生极大的社会效益，就会推动农业生产发展。

第二节　农业科技成果转化

一、农业科技成果转化的概念

科学技术转化成生产力是指科学技术由知识形态转化成物质形态，由潜在形态转化成现实形态，由科技成果转化成生产成果。农业科技成果转化是指把科技成果潜在的知识形态的生产力转化为现实的物质形态的生产力，并通过推广应用，产生经济、生态和社会效益，形成新的生产力的过程。1996年颁布施行的《中华人民共和国促进科技成果转化法》规定："科技成果转化，是指为提高生产力水平而对科学研究与技术开发所产生的具有实用价值的科技成果所进行的后续试验、开发、应用、推广直至形成新产品、新工艺、新材料，发展新产业等的活动。"

农业科技成果转化有广义和狭义之分。广义上的农业科研成果转化，是指科技成果由科研部门向生产领域转移，成果形态不断发生质变，经过推广物化阶段，实现商业化、产业化，形成现实生产力，进而推广应用产生经济效益的过程。包括基础性研究成果转化为应用性研究成果，应用性成果转化为发展性成果，应用性和发展性成果在生产中推广应用形成生产力。狭义上的农业科技成果转化是指成果物化、实现商业化、产业化的过程，是指农业科技成果在科技部门内部、科技部门之间、科技领域到生产领域的运动过程，是广义转化过程的前半段或一部分。广义转化过程的后半段，是指对具有实用价值的应用性、开发性农业科技成果进行推广应用，使其在生产领域发挥作用，形成生产能力并取得规模效益的运作过程，通常被称为农业科技成果推广。任何一种农业科技成果，只要被农民或农业企业认可并用于生产，就实现了该成果向现实生产力的转化。

从科技成果所有权的角度来看，以下5种方式都属于成果转化：一是自行投资实施转化；二是向他人转让科技成果；三是许可他人使用科技成果；四是以科技成果作为合作条件，与他人共同实施转化；五是以科技成果作价投资、折算股份或出资比例。第一种方式不存在所有权的变更，而其余几种方式则涉及所有权的变更（第二、第三种）或所有权的部分变更（第三、第四种）。第三种方式终极所有权不变，但使用权发生了变化；第四种则变成两人共同拥有使用权，所有权的归属由合作协议确定。

从科技成果商品化的角度来看，农业科技成果转化是指将成果作为产品进行销售或将成果作为资本进行产业化。

农业科技成果转化根据需求者的类型可以分为向农业企业转化和向农户转化（农业科技成果推广）。

二、农业科技成果转化的要素与条件

1. 农业科技成果转化的要素

（1）农业科技成果供给方　具有从事科技成果研究开发能力的人员与机构，或成果转化人员与机构。

（2）农业科技成果　包括基础性研究成果、应用性研究成果和发展性研究成果，主要是农业应用技术研究成果。农业应用技术研究，主要是将已有的理论和发现应用于特定的应用技术研究，多数农业科技成果都在这一基础上进一步提出了新的理论或看法，改进了技术或工艺，或者培育出了新品种等。

（3）农业科技成果需求方　农业科技成果的应用者，将科技成果应用于农业生产经营活动中，是科技成果经济价值、社会价值或生态价值的最终实现者、受益者。

（4）农业科技成果转化环境　影响成果转化的制度环境（如政治体制、经济体制、科技体制等）、自然环境（如气候条件、生产条件等）、社会环境（如生产方式、信息传播渠道、文化背景、风俗习惯等）等。

（5）农业科技成果转化手段　进行成果转化的方式、方法，包括所需的器材设备等。

2. 农业科技成果转化的条件

科技成果转化是一项复杂的技术工程和社会工程。农业科技成果能否转化为现实生产力，不仅取决于内部环境和条件等方面的因素（如成果产生系统、成果扩散系统和成果采纳系统），而且也受外部环境和条件等因素（如政策环境、社会经济和自然环境等）的制约。因此，农业科技成果的转化需要相应的社会、经济、技术的支撑系统，其中包括：国家政策法规、社会观念（科技意识、传统观念）、投资环境、产业技术基础（劳动者素质、生产手段、管理水平）、科技成果状况（科技成果的创新能力、技术储备状况等）、专业服务水平（如中介、示范、咨询、教育培训组织等）以及市场需求（如企业对技术需求和对成果的消化吸收能力等）。

（1）成果质量　农业科技成果转化推广，常遇到三种情况：一是"走俏"，这类成果一经问世，便很快引起人们的关注，争相采用，不推自广；二是"迟滞"，经过宣传、培训、示范，很难激发起农民的热情，应用规模小、时间短；三是"积压"，无论怎样宣传甚至行政干预，一直得不到农民的重视，很少被采纳应用。造成上述三种情况的最根本原因是成果本身是否具有过硬的可供转化性能，成果质量过硬是转化的基础条件。衡量成果质量的标准主要有五条，即创新性、成熟性、效益性、适用性和实用性。

（2）成果的有效需求　农业科技成果要满足市场需求，如果偏离市场需求，与生产实际需求脱节，成果的转化与推广就无法实现。农民、农业企业是农业科技成果的需求者和最终使用者，科技成果只有被农民、农业企业认识、接纳并采用，才能转化为现实生产力。农业科技成果必须满足农民、农业企业的有效需求，农民、农业企业不需要的成果，就失去了转化的可能性。农业生产者的经济实力、科技文化素质和农业生产经营规模，决定着生产者的有效需求。由于农业比较效益低，采用科技成果的机会成本高，客观上造成农民消极对待技术革新；农民采纳农业科技成果的条件和能力有限，从而降低了对农业科技成果的有效需求。经济落后的地区，农民对农业科技成果的有效需求相对不足。我国人多地少，户均经营规模小，而且每户耕种的土地田块分散，小规模和分散经营，不仅不利于农作物的田间管理，而且不利于农户采用"规模性技术"，如机械技术、生物技术、化学除草技术、病虫害综合防治技术和中低产田改造技术等现代农业技术。

（3）成果转化系统

① 成果产出系统。由各省、市（区）农科院、大专院校，各地级市（区）农科所或民办研究机构构成。成果产出系统所产出的成果的数量和质量在转化中起着极其重要的作用，是转化的源头，是提供大量可供转化的、高质量的科技成果的保证。要提供大量的能够直接应用于农业生产的科技成果，停留在基础研究阶段和实验室成果阶段，并没有达到应用技术开发阶段和中试、示范推广转化阶段的成果，不可能直接应用于农业生产。另外，要重视科技成果配套技术的研究，没有配套技术和措施的科技成果的效益大多难以实现，可行性较差，很难被生产者认可。

② 科技中介系统。科技中介是指为科技创新主体提供社会化、专业化服务，以支撑和促进

科技创新活动的机构。它面向社会开展技术扩散、技术贸易、成果转化、科技评估、创新资源配置、创新决策和信息咨询等专业化服务，对科研机构与市场之间的知识流动和技术转移发挥着关键性的促进作用，能够有效降低创新成本，化解创新风险，加快科技成果转化，提高整体创新功效。

③ 技术推广系统。它是联系科研和生产系统的纽带和桥梁，是成果转化为现实生产力的关键环节。我国农民现阶段的科技文化素质较低，以户为经营单位，规模小而分散，需要一支数量足够的推广队伍。我国农业推广队伍不论从数量还是质量分析，都与我国农业和农村发展的需求不相适应。

(4) 政策资金保障　农业科技成果转化需要宏观政策的支持和推动，需要有关政策、法律、法规作保障。《农业科技成果转化法》、《农业技术推广法》、《专利法》、《合同法》、成果转化资金扶持政策、成果奖励政策、农业科技投入政策、税收政策等，都对科技成果转化起着宏观控制和调节的重要作用。

三、农业科技成果转化的过程与特征

不同层次的科技成果，转化过程是不同的。应用基础研究成果，一般可以进一步物化为应用技术成果。在一般情况下，从事应用基础研究的科研工作者所取得的成果，可以转让给从事应用技术研究和教学的科技工作者，对从事发展研究的科技人员也有指导作用。应用技术研究成果包括物质技术成果和方法技术成果，一般需要经过发展研究才能更有效地应用于农业生产，也可直接向农业企业或农民转化推广。发展研究成果一般直接应用于农业生产，主要是推广应用于农民，也向农业企业转化推广。

1. 农业科技成果转化的过程

农业科技成果转化过程，见图 5-1。

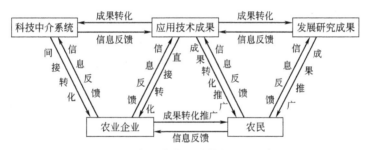

图 5-1　农业科技成果转化过程示意

如图 5-1 所示，农业应用技术研究成果转化分为直接转化和间接转化两种模式。

(1) 直接转化　科技成果直接由农业科技系统的农业科研单位和农业大专院校提供给农业生产系统中的农民或农业企业。这个转化过程没有中间环节，科技成果在农业科技系统中已经完成了试验到熟化的转变，可以直接应用于农业生产。农民和农业企业可以直接与科技成果的研究单位沟通，进行信息反馈。整个转化过程从成果供给方开始，到成果需求方，再返回成果供给方。

(2) 间接转化　农业科研单位与农业大专院校所提供的实验室成果，虽然在理论上已经成熟，但是某些生产指标或技术规程还尚未成熟，与直接应用于生产的要求还存在一定差距，如果直接投入生产过程可能会存在较大风险，还需要经过中试、熟化、组装、配套、示范等过程，使其形成完全成熟的科技成果，再进行产业化转化或推广普及。完成该环节的职能主体主要是科技中介系统。科技中介系统是农业科技成果间接转化的必要条件，如果没有中介系统承担科技成果的后续熟化，科技成果就不能转化为现实生产力。需求方做出采用科技成果的决策后，会在成果使用过程中提出疑问或要求，并将其反馈给中介系统，再由中介系统反馈给成果供给方，形成新的科研立项方向或目标。这样就完成了一次成果转化过程。

无论直接转化还是间接转化，转化过程都是一个循环上升的过程。特别是农业科技成果转化过程不是从成果供给方经过中间环节到成果需求方就中止的单向转移过程,而是从成果供给方经过中间环节到成果需求方,再返回成果供给方开始新的转化的循环过程。其中每一次转化过程结束都是下一次转化过程的开始,整个转化过程中存在着成果流动、信息流动、资金流动、产权流动。每一次转化过程完成后,农业科技成果的价值会在农业产业系统中实现,进而推动农业经济的发展。同时,农业产业系统会对农业科技系统提出科技成果改进或新科技成果产出的要求,新一轮的成果转化又开始。

农业科技成果在转化过程中表现出不同的指标。应用基础研究成果的主要指标:一是在刊物上发表;二是被科研和教学部门采用。应用技术研究成果的主要指标:一是在刊物上发表;二是被推广部门认可并推广应用。发展研究成果的主要指标:一是技术潜力得到发挥;二是使用范围明显扩大;三是使用速度快;四是经济效益显著。

从转化过程来看,农业科技成果转化的关键部分是应用技术成果。应用技术成果直接应用于生产,经过发展研究和推广工作可以大幅度地提高经济效益。应用基础研究和发展研究也不容忽视。忽视应用基础研究影响应用技术研究的发展,忽视发展研究影响应用技术的推广。

2. 农业科技成果转化的特征

根据农业科技成果转化的内涵,农业科研成果转化过程具有如下总体特征。

(1) 综合配套性 农业科技成果转化过程不仅表现为一个连续运行的过程,还是一个各种要素综合作用的过程。要完成一次科研成果转化过程,需要科研成果、劳动、资本、信息、组织、市场需求、制度环境等各种资源的综合配套。在不同的农业科技成果转化过程中,各种资源以及相应的行为主体之间的配套关系,没有一个标准化的模式。但是,任何转化过程都必定取决于科研成果、市场需求、资本投入的新组合。因此,科研成果提供者、新产品和新技术使用者、资本投入者、中介者和实现上述组合的组织者,是转化过程中最为重要的利益主体。

(2) 区域性 农业科技成果转化的区域性是指成果转化对地理区域和社会区域有一定的要求。农业科技成果的特点决定了农业科技成果转化具有明显的区域要求。首先农业科技成果本身要符合和适应区域的自然条件的要求。其次,要符合社会条件的要求,如地方科技政策、市场建设、贮藏运销、技术基础、科技服务等。一项农业科技成果在这个区域转化效果显著,在其他区域并不一定有同样的效果。

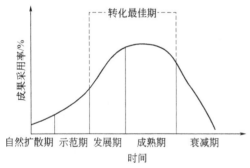

图 5-2 农业科技成果生命周期和
转化最佳期示意图
引自:王福海,农业推广,中国
农业出版社,2002

(3) 周期性 任何一项农业科技成果都有一定的使用周期(也称为市场寿命周期、生命周期、生命期),具有淘汰速度快的特点。农业科技成果的生命周期一般可分为五个时期,即自然扩散期、示范期、发展期、成熟期、衰减期,见图 5-2。

不同的农业科技成果,由于科技水平、竞争能力、推广质量以及成果研制周期、技术更新周期不同,其有效生命期也不同。据研究,农业科技成果的有效生命周期一般是 5~8 年,是很短暂的。由于农业科技需求是一种派生需求,农业科技成果会随着农产品市场寿命周期的变化而变化,如果某一农产品在一个地区进入衰退期,那么与之相关的技术很可能也被淘汰。如果科技成果不能及时转化,错过了市场需求时期,就很难再进入农业生产领域。

农业科技成果生命周期中的发展期和成熟期,是农民心理接受的兴奋期,也是推广转化的最佳时期。要紧紧抓住最佳推广转化期,及时进行推广转化,充分发挥农业科技成果的技术经济效益。

四、农业科技成果转化机制

农业科技成果转化运行机制是指农业科技成果转化系统中，各个转化主体为了使农业科技成果实现从研究领域向生产领域的转化，所形成的技术移动运行方式，以及系统各组成部分相互作用、相互联系、合理制约、相互协调的过程和方式。农业科技成果转化运行机制是保证科技成果转化为生产力的有效途径。我国农业科技成果转化常见的运行机制如下。

1. 科、教、推三结合的运行机制

农业科研、教学、推广部门通过共同承担项目的方式，转化科技成果所形成的科、教、推三结合运行机制。在计划经济时代此机制是我国农业科技成果转化的重要方式，三者既有分工，又有合作，对我国农业经济的快速发展起到了巨大的推动作用，并创造了辉煌的成就。今后相当长一段时间仍然是我国农业科技成果转化的一种运行机制。随着投入机制，转化系统自身积累与发展机制的形成，加上市场和计划共同调控的作用，科、教、推三结合运行机制将会得到更为科学的整合，并继续发挥农业科技成果转化的主体作用。

2. 技、政、物三结合的运行机制

（1）科技攻关联合体　是在一些涉及对国民经济产生重大影响的重点项目执行过程中常采用的形式。通常是成立两个项目小组，一个是项目协调领导组，一个是项目技术执行组。领导小组由行政主管领导牵头，有关部门领导参加，负责项目执行过程中协调及领导工作。技术执行组由有关专家组成，负责各专题的技术攻关。两个小组各尽所长、优势互补，密切配合、协调行动，层层分解任务，科学合理分配科研经费及科技力量，并采用奖罚机制，严格考核、科学管理。有利于实现人才、技术和资金的高度集中，有利于调动领导、科技人员、推广人员和农民的积极性，能够取得良好的经济和社会效益。

（2）集团承包服务体　由地方行政领导牵头，三农（农业科研、农业教学、农技推广）和农资供销部门以及金融保险等部门参加，组成农业技术承包服务集团，开展农业科技成果的转化与推广。这种运行机制，由于行政领导的参与，能够把物质投入的基础作用、技术人员的桥梁作用、行政领导的保证作用有机地结合起来，真正实现政、技、物相结合，有利于科技措施的落实，也便于政府对农业生产的领导，促进了农业推广和农业的发展。

3. 农业科技园区的运行机制

农业科技园区，是在学习借鉴工业高新技术开发区的基础上，在"九五"期间出现的新生事物。所谓农业科技园区，就是在经济相对较发达的城郊和农村，划出一定区域，由政府、企业、农户、外商等社会各方投资兴建，以农业科研、教育和推广单位作为技术依托，集农业、水利、农机、工程设施等高新技术于一体，引进国内外先进、适用的高新技术，对农业新产品和新技术集中投入、集中开发，形成农业高新技术的开发基地、中试基地、生产基地，以调整农业生产结构、增加农民收入的一种农业开发方式。农业科技示范园区有利于农业高新技术的集成、组合开发利用；有利于农业科技成果产业化，提高农业科技成果的转化效率，推动农业技术进步。

农业科技园区产业特色鲜明，科技含量高，示范带动作用良好，按市场机制运作，与市场经济体制有着良好的适应性，呈现出旺盛的生命力。农业科技园区主要在苗木工程、生物疫苗、生物农药工程、温室栽培工程等方面，从事以农业高新技术为核心的现代生物技术的开发与应用。农业科技园区研究、开发、生产的范围大致有以下方面：引进、收集名贵花卉、名贵药材、优良林果苗木，进行改良、驯化、选择后，投入批量生产，向社会有偿提供种苗。引进或自己研究建立智能化、标准化大棚设施，从事无土栽培生产，向社会提供应时、无污染的名、优、特、稀、蔬菜和果品，或为设施栽培提供预备苗等。利用组织培养技术，对大蒜、甘薯等作物进行脱毒快繁和转基因植物新品种的研究开发，向社会提供脱毒和转基因种苗。农业科技园区不但具有研究开发层面上的转化功能，而且具有非常显著的示范带动作用，应用者不但可购到新的物化技术，还可以学到使用技术，推动科技成果转化的效果良好。

4. 企业、基地、农户三结合的运行机制

农业现代化程度愈高，农业产品的商品率也越高。随着市场经济和农业产业化发展，农业企业得到了较快的发展，企业、基地、农户三结合的运行机制逐步形成。企业、基地加农户的运行机制，是一种市场经济体制下农业科技成果转化的良好运行机制。

这种运行机制有以下特点：①以经济利益为纽带，价值规律作用显著；风险共负，利益分享，调动和加强了企业和农户两方的积极性和责任心；②通过定单农业的形式，实现了小单元分散经营与大规模生产的有机结合，解决了产供销分离的问题；实现了农业生产专业化，提高了规模效益和农产品商品率；③延伸了农业生产的产业链条，增加了农产品附加值，有利于增加农民收入；④企业承担产前预测、产中的技术服务和产后的包销，掌握着运作的主动权；⑤受市场特别是外贸形势影响，这种结合很不稳定；⑥企业投资开发或引进技术成果，效率较高。

2001年国家农业部等九部委联合印发《农业产业化国家重点龙头企业认定和运行监测管理暂行办法》，开始了农业产业化国家重点龙头企业认定。此后，各省、自治区、直辖市也陆续开展了农业产业化省级重点龙头企业认定。随着农业产业化经营的深入发展，全国各级各种类形的农业产业化龙头企业已发展到数万家。这些龙头企业，以科技为动力，外联大市场，内联基地与农户，走"龙头＋基地＋农户"、"龙头＋农户"的发展路子。通过"公司加基地，基地带农户"运行机制的不断完善，有力地促进了农业科技成果的转化，加快了高产、优质、高效农业的发展。

5. 农民合作组织加农户的运行机制

农民合作组织主要是指农民合作经济组织，即"建立在家庭承包经营基础上，依照加入自愿、退出自由、民主管理、盈余返还的原则组建的按章程进行共同生产经营活动的经济组织"，其类型主要有：农村专业合作社、社区合作社、专业技术协会、各类经济联合体、合作社的联合体等。农民合作组织在职能上主要是为了切实提高农民在经济上的收益以及在民主政治的发言权，从而保障农民的合法权益，促进农村社会发展。

多年来我国农村经济发展的大量实践证明，农民专业合作组织对于解决农民小生产与大市场的矛盾，提高农民参与市场竞争的能力，保障农民生产经营的利益，调整农村产业结构，推进农业产业化进程，全面繁荣农村经济都有着重要的积极作用。农民合作组织是当今世界最为成功的合作组织类型，也是当代世界合作运动的主体，是实现农村现代化的一个不可缺少的力量，是推动农村经济发展和社会进步、实现农村现代化的有效组织形式。

《中华人民共和国农民专业合作社法》，自2007年7月1日起施行，使我国农民专业合作社进入依法发展的新阶段，将有力地促进农民专业合作经济组织快速发展。依法促进农民专业合作社的建设和发展，有利于推进农业产业化经营，提高农民的组织化程度；有利于加快农业科技成果转化，进一步提升农民科技文化素质，培养新型农民，构建农村和谐社会，建设社会主义新农村。

6. 技术转让的运行机制

农业技术转让是指农业技术（成果），通过一定方式，从持有者向需求者的转移。农业科技成果的转让方式主要有有偿转让、无偿转让和计划转让等，农业科技成果可通过技术市场、技术承包、技术培训、技术咨询等途径实现转让。农业科技成果可分为物化成果和非物化成果两大类，物化的科技成果，如新品种、新机械等，可直接以商品的形式进行市场交易；非物化的科技成果，如新技术、新方法等，可通过技术承包、技术咨询、技术转让等方式实现商品化。服务性、公益性的农业科技成果，如农业区划、品种资源、病虫测报、气象预报等，一般是无偿提供，也可以商品的形式进行交易转让。获得专利权的技术成果，专利权人可以采取多种方式许可他人使用。技术转让要签订国家科技部制定的技术转让合同。

随着市场经济体制的确立和农业科技体制改革的深入，国家计划管理所占份额逐步缩小，农业技术成果的转移、扩散将逐步由政府无偿提供向市场交易方式转变，农业技术市场将成为技术转移的重要渠道。实践证明，技术信息网络是促进农业技术转化为现实生产力的"助推器"与"立交桥"。农业技术市场作为国内外农业先进技术的信息源与集散地，必将成为我国农业科技成果转化的主渠道，具有广阔的发展前景。科学技术行政部门是技术市场的主管部门，各级科学技术行政部门设有技术市场管理办公室。20 世纪 90 年代各省、市相继颁布了《技术市场条例》，建设了一批大型的技术市场。近几年技术市场网站发展较快。

7. 技术入股的运行机制

技术入股是指技术持有人（或者技术出资人）以技术成果作为无形资产作价出资（以资本投入）公司的行为。技术成果入股后，技术出资方取得股东地位，相应的技术成果财产权转归公司享有。《中华人民共和国促进科技成果转化法》和原国家科委和国家工商行政管理局《关于以高新技术成果出资入股若干问题的规定》的发布，为技术入股提供了法律政策保障，有利于激发技术出资人的入股积极性，有效调动技术出资人积极实现成果的转化。但是，技术成果的出资入股不同于货币、实物的出资，因为技术成果不是一个客观存在的实物，要发现其绝对真实价值相当困难，而且对其过高过低的评价均会损害出资方的利益，引起各种纠纷。技术入股是就农业高技术向企业转移而言，农业高新技术需要经过科技行政主管部门认定。

1999 年 4 月国务院办公厅批转的《关于促进科技成果转化的若干规定》规定，以高新技术成果向有限公司或非公司制企业出资入股的，高新技术成果的作价金额可达到公司或企业注册资本的 35％，另有约定的除外。

第三节　农业科技成果推广

农业科技成果推广就是将成果传播出去，并使农业生产者掌握、采用这些知识、信息和技术的动态过程。农业科技成果转化和推广这两个过程是一致的和同时发生的，但延续过程长短不同。成果推广是成果转化的量不断扩大的累加过程，在推广延续过程中随着所需要的人、财、物等能量的逐步加大，其转化速度逐步扩大，成果转化速度往往加快，对生产的作用也愈大，或者说延续推广是提高转化度的必经之路。

《中华人民共和国农业技术推广法》把农业技术推广定义为："是指通过试验、示范、培训、指导以及咨询服务等，把农业技术普及应用于农业生产产前、产中、产后全过程的活动。"农业科技推广是应用农业科学及行为科学原理，采取教育、咨询、开发、服务等形式，采用试验、示范、培训、技术指导等方法，将农业生产过程中各方面的新技术、新技能、新知识等农业科技传递给农民，使之自愿改变行为，从而改变其生活条件。

农业新技术研制成功后不可能立即广泛投入生产，往往要进行成果的二次开发或进行技术的组装配套，以适应当地生产条件和农民的接受能力。而这一过程即为农业技术开发。因此，技术开发是农业推广的一个必经阶段。农业技术开发的主要内容是：对拟推广的新产品、新技术进行中间试验；在一定生产条件下进行扩大技术的消化、吸收和创新；新技术的转移、开发利用；科学地、系统地总结群众（专业户、示范户）经验；单项技术成果的组装配套、综合运用等。

一、农业科技成果推广方式

农业推广方式是指农业推广组织与农民结合的关系形态。根据联合国粮农组织的分类，世界上现行的农业推广方式有八种，即一般推广方式、产品专业化推广方式、培训和访问推广方式、群众性推广方式、项目推广方式、农业系统开发推广方式、费用分摊推广方式以及教育机构推广方式。我国现行的农业科技成果推广方式主要有以下几种。

1. 项目推广

项目推广是政府有计划、有组织地以项目的形式推广农业科技成果，是我国目前农业推广的重要形式。农业科技成果包括国家和各省、市（县）每年审定通过的一批农业科技新成果，农业生产中产生但尚未推广应用的增产新技术，以及从国内外引进、经过试验示范证明经济效益显著的农业新技术。

各级农业科研行政部门和农业推广部门，每年都要从中编列一批重点推广项目，有计划有组织地大面积推广应用。例如：国家农业部和财政部共同组织实施的综合性农业科技推广"丰收计划"；国家科技部设立的"农业科技成果转化资金项目"；国家科技部设立的"国家科技成果重点项目推广计划"；国家科技部设立的应用科技振兴农村经济发展的"星火计划"；国家教育部提出的"燎原计划"。还有黄淮海农业综合开发、农业科技园区建设、现代农业示范、菜篮子工程、科技扶贫等项目，各省、市、区不同层次还有相应的推广项目，这些项目均已成为农业新技术推广的重要途径。

农业推广项目的实施，是一项复杂的系统工程，一般需要组织和动员教学、科研、推广等方面的科技人员和本级行政领导参加，组成技术指导和行政领导两套领导班子。技术指导小组负责拟定推广方案及技术措施；行政领导小组主要协调解决项目实施过程中的各种问题，做好农用物资供应及科技人员的后勤服务工作。

2. 技术承包

技术承包是各级农技推广、科研、教学单位，利用自身的技术专长和科研优势，充分发挥科技人员的能动性，通过与生产单位或农民在自愿、互惠、互利的基础上签订技术承包合同，运用经济手段和合同形式保证技术应用质量的一种推广方式，是联系经济效益计算报酬的有偿服务方式。其核心是科技人员对技术应用的成败负有经济责任。运用经济手段、合同形式，把科技人员与生产单位或农民的责、权、利紧密结合，是一种经济责任制推广技术的创新方式，有利于激发和调动农业推广主体和受体双方的积极性，增强科技人员的责任心，从而把各项技术推广落到实处，是加快农业科技成果推广的有效途径。技术承包的内容主要是一些专业性强、难度大、农民不易掌握的新技术，或新引进的技术和成果。

1984年农牧渔业部曾颁发了《农业技术承包责任制试行条例》，鼓励农业推广机构或农业推广人员采用多种形式对农业生产项目进行技术承包。技术承包主要有联产提成技术承包、定产定酬技术承包、联效联质技术承包、专项技术劳务承包、集团技术承包等五种类型。开展技术承包要签订技术承包合同，合同应详细规定双方的权利与义务、产量或质量技术指标、收费标准、赔偿额度、核定办法、违约责任等。合同一经签订，便具有法律效力，必须严格执行。

3. 技物结合

技术与物资结合是一种行之有效的推广方式，是"农业技术推广机构兴办企业型的经营实体"的产物。随着市场经济的发展，技物结合方式的内涵发生了变化。农业技术推广机构兴办企业型的经营实体已成为历史，这类经营实体在全国范围内保留下来的很少，"立足推广搞经营，搞好经营促推广"已经过时。保留下来的或科研单位兴办的经济实体，也完全按企业机制运作，推广服务的功能逐步弱化甚至消失。

但技物结合方式仍是一种很重要的农业科技成果推广方式，正在发挥着巨大的作用。只是它的内涵已由原先的"以推广农业技术为核心，提供配套物资及相关信息服务"变为"以推广农业生产资料为中心，提供配套技术和信息服务"；推广主体也由农业推广技术人员变为农业生产资料经营企业（公司）和个体工商户。经营主旨也由以服务为主变成了以盈利为主。要想发挥技物结合的优势，需要农业行政及有关部门加强农资经营市场管理，规范农资经营技术宣传，使先进的技术随着农业生产资料传入千家万户。

4. 企业带动

兴办农业产业化龙头企业，依靠企业带动加速农业科技成果转化与推广。农业产业化是以市场为导向，以经济效益为中心，以主导产业、产品为重点，优化组合各种生产要素，实行区域化布局、专业化生产、规模化建设、系列化加工、社会化服务、企业化管理，形成种养加、产供销、贸工农、农工商、农科教一体化经营体系，使农业走上良性发展轨道的现代化农业经营方式。龙头企业带动是其基本类型。

农业产业化的基本思路是确定主导产业，实行区域布局，依靠龙头企业带动，发展规模经营，实行市场牵引龙头、龙头带动基地、基地连农户的产业化经营。龙头企业内联千家万户，外联国内国际两个市场，从而引导、带动、辐射农民采用农业先进技术和新的农业科技成果，进行产业结构调整，促进农业发展、农民增收。农业产业化的基本特征是面向国内外大市场，立足本地优势，依靠科技的进步，形成规模经营；实行专业化分工，贸工农、产供销密切配合，充分发挥"龙头"企业开拓市场、引导生产、深化加工、配套服务功能的作用，实现规模效益。龙头企业带动的主要形式为公司＋基地（农户）＋市场。

5. 农业开发

农业开发主要是指运用农业科技新成果、新技术对农业生产的某一个领域进行专项农业技术开发和对某一个地区进行综合农业技术开发，迅速提高该领域的科技含量和该地区的农业科技水平和农业生产能力，从而形成新产业、新产能、新基地。农业科技是农业开发的主要手段，是农业开发的核心。

农业开发主要是按照"两高一优"农业发展的要求，满足广大农民对农业高新技术的需要。农业开发的主体主要是当地政府、农技推广部门、农业科研和教育部门、农业企业、农民经济合作组织、农村专业协会都可以进行农业开发。多采用农贸结合，建立基地，综合服务，推广技术的开发模式。农业开发可有效地促进名、特、优、新、稀农产品的生产。

各地进行的农业开发主要有：①创汇农业开发；②有机农业开发；③生态农业开发；④庭院农业开发；⑤城郊农业开发；⑥区域综合开发；⑦名、特、优、稀农产品开发；⑧农业系列化产业开发等。

国家设立专门机构，投入专项资金进行的农业综合开发取得了显著成效。农业综合开发作为我国财政支农的重要举措，旨在改善农业生产基本条件，优化农业和农村经济结构，提高农业综合生产能力和综合效益，促进农业发展、农民增收，为建设社会主义新农村服务。已经连续实施多年，对促进农业技术水平和生产水平的提高起到了巨大作用。

6. 技术与信息服务

通过电视＋电话＋电脑的方式进行技术与信息服务。随着信息技术、网络技术、电讯技术和农村经济的高速发展，现代媒体传播成为重要的农业技术推广方式。利用电视节目传播农业科学技术已经比较普遍，从中央到地方各级电视台基本都设有农业频道或栏目，很受农民和农业技术人员的欢迎。广播电台也设有农业科技节目。利用电话进行技术咨询，是一种效率高、速度快、传播远的沟通方式，可以直接请教有关专家，大多数县市农业技术推广部门开设了农业服务热线，农民遇到疑难问题，可以及时得到解答。互联网在传播农业科技信息方面，更显得威力无比。越来越多的农业专家系统的建立，其系统性、灵活性、高效性更是培训高科技农民的首选方式。

2005年农业部发布"三电合一"农业信息服务试点项目实施框架方案，在全国选择部分地级和县级农业部门开展"三电合一"农业信息服务试点项目建设，通过推广电话、电视、电脑"三电合一"的信息服务模式，面向"三农"开展信息服务，努力打通信息服务的"最后一公里"，将农业信息传播到千家万户，使得农户不出家门就可了解到他们所需要的农业信息。近年来农技部门利用电视，开办农业专题栏目，普及科学知识。利用电脑，建立信息服务网络，传送科技知识。利用电话，开通农业服务热线。三"电"一体，互为补充、协调联动，向农户开展全方位综合服务，解决农民的技术、信息难题，从而形成现代化高科技的技术与信息方式。

7. 协会加农户

农民专业技术协会、研究会是农民自发组织起来的，以农民为主体，以农民技术人员为骨干，聘请专业科技人员作顾问，主动寻求积极采用新技术、新品种，谋求高收益的民间社团组织。农民专业技术协会、研究会能够不断引进、开发新技术，并且快速而有效地传播给广大农户。在农业科技成果推广活动中，既发挥着引进试验、组装配套、推广应用的作用，又发挥着良好的示范带动作用。农民专业技术协会、研究会的蓬勃发展，对于促进农业科技成果转化推广，推动农业现代化建设，具有极其重要的作用。中共中央、国务院《关于当前农业和农村经济发展的若干政策措施》中明确指出："农村各类民办的专业技术协会（研究会）是农业社会化服务的一支新生力量。各级政府要加强指导和扶持，使其在服务过程中，逐步形成技术经济实体，走自我发展、自我服务的道路。"农民专业技术协会、研究会上靠科研、教学、推广部门，下连千家万户，具有较强的吸收、消化、应用和推广新技术、新成果的能力，已经成为我国农业推广的有效组织形式，成为我国农业推广战线上的一支重要力量。

我国农民专业技术协会、研究会主要有以下三种类型：①技术服务型。召集本会会员研讨农业生产中急需解决的技术问题，发挥本会主要技术骨干的作用，帮助会员和其他人解决技术难题，为会员和其他人提供技术服务。②技术开发型。这类协会主要是、科研单位的科技人员，参加或组织大型农业开发项目，加入到当地有关人员成立的技术协会或研究会中，进行研究和开发。这种由农业科技人员参加，作为技术开发的技术后盾，紧密结合当地生产实际的开发形式，一般有利于技术创新，能够有效地提高农业科技成果转化推广的效率，并能获得良好的经济效益和社会效益。③经、科、教一体化。这类协会既有物资供应和农产品购销等经济部门的力量参加，又有农机推广、农业科研、农业教育方面的力量参加，既管生产技术和人才培训，又管物资供应和产品销售，为会员和农民提供系列化服务。有的实行资金、技术、劳力写作，生产资料由协会或研究会统一安排。经、科、教结合的越紧密，农业推广的成效就越大。

8. 农业科技入户

2004 年农业部发布《关于推进农业科技入户工作的意见》，启动农业科技入户示范工程。农业科技入户工作的任务目标是：组织各级各类科技单位和人员深入生产第一线，示范推广优良品种和配套技术，对农民进行农业科技培训，实现科技人员直接到户，良种良法直接到田，技术要领直接到人；培育和造就一大批思想观念新、生产技能好、既懂经营又善管理、辐射能力强的农业科技示范户，发挥科技示范户的带动作用，拓宽科技下乡的渠道；构建政府组织推动，市场机制牵动，科研、教学、推广机构带动，农业企业和技术服务组织拉动，专家、技术人员、示范户和农户互动的新型农业科技网络，为优势农产品区域布局规划、农业"七大体系"建设、"优粮工程"实施等重大农业建设项目提供科技支撑与保障。

农业科技入户示范工程启动以来，取得了良好的效果，有力地推动了农业科技成果的推广。江苏省创造性地实施农业科技入户工程，实现了农业技术推广方式的重大创新。农业科技入户工程的实施，要把握好三个关键点：一是选聘技术指导员，确定谁去服务；二是遴选科技示范户，确定为谁服务；三是明确服务要求，确定如何服务。采取合同管理，县农业行政主管部门与技术指导单位、技术指导单位与技术指导员、技术指导员与科技示范户之间分别签订技术服务合同，明确各方的责任、权利、义务。加强检查与考核，对表现突出的技术指导员和带动作用明显的科技示范户给予奖励，对绩效不明显的予以淘汰。

二、我国农业科技成果推广存在的主要问题

1. 农业科技成果有效需求不足

农户采用新技术的积极性下降。农户采用新技术的目的在于获得产出和收益最大化，如果采用新技术不能给自身带来明显的经济收入，那么就缺乏采用新技术的动力。我国农户的农业生产收入占总收入的比例在下降，1990 年为 74%，2000 年为 60%，近几年下降更快。农民的工资性收入在快速增加，大部分地区农业已不再是农户收入的主要来源。再加上农业生产的比较效益逐步下降，农民难以从采用新技术中获益，因而导致农民采用新技术的积极性下降。

农户综合素质偏低，限制了对农业科技成果的有效需求。随着市场经济的发展和人口流动管制的松动，农村大批优秀人才转入非农产业，加剧了农村农业劳动力整体水平的下降趋势。土地经营规模小，采用技术成本高，也限制对农业科技成果的有效需求。土地经营规模小、农户利用技术的成本高，农业技术所得收益并不显著，况且还要支付应用新科技的投入并承担一定的风险，因而缺乏技术采用的动力，导致农业技术推广难以普及。

采用新技术的风险加大。农户采用新技术不仅受到自身条件的约束，而且还会遇到越来越多不确定的外在风险。这些不确定性风险主要是自然风险、价格风险等。一些假冒伪劣技术充斥市

场,使农民蒙受了巨大损失,加大了农户技术采用的风险。农民不愿意过多地承担风险,增加农业投资积极性下降,对于农业科技成果的有效需求降低。

2. 政府农业推广机构工作效率不高

政府农业技术推广机构是我国农业技术推广的主力军,目前存在的问题较多,因此工作效率不高。存在的问题主要如下。

(1) 农业技术推广机构不健全 我国农业技术推广机构不稳定,多种原因造成推广人员数量急剧减少,农技推广人员大多集中在县级农业推广机构,乡镇农业技术人员十分缺乏。我国以家庭经营为主体商品化生产的形势决定了农业技术推广工作的关键在乡、村二级,当前的机构设置出现明显的错位。

(2) 农业技术推广人员科技素质低 因为农业技术成果的推广是农业科学技术知识的综合应用,要求推广人员既要有广博的专业知识又要有丰富的实践经验,而且大多数推广人员的知识仅限于产中环节,接受培训的机会少、知识更新慢,知识断层与知识老化问题严重,难以满足农民技术多元化的需求。

(3) 农业技术推广经费不足 农业技术推广经费由政府投入,目前我国县、乡两级农技推广费用短缺现象非常严重,农业技术推广人员工资没有保证,绝大部分地区没有农业技术推广经费,工作很难正常开展,是制约农技推广事业发展的重要因素。

3. 推广方式需要创新完善

在计划经济体制下发展起来的农业推广体系,主要按行政模式运行,推广目标主要体现政府行为,不能适应市场经济发展要求。在市场经济体制下,农户作为农业生产的主体,技术采用以获取最大收益为目的,不但需要先进的生产技术,而且需要市场行情等农业综合信息。因此,农业推广已不是简单的技术传递,而是要进行全方位、综合性、现代化、智能化的社会服务,但是目前的服务水平低,不能适应生产发展的需要。农机推广服务手段需要改善,服务方式需要转变,服务能力需要提高。

为了追求收入的最大化,农户生产经营什么要比选择运用什么技术更为重要,农户更多地要求推广人员能依据市场变化帮助他们进行经营决策,"决策+技术"已成为农业推广的主要方式。长期以来形成的行政干预型农技推广方式,不利于农户作为市场主体的自主选择决策,农户只能被动地接受推广技术,应用科技成果的主动性、积极性得不到充分的发挥,造成农技推广效率低下。传统的农技推广主要是技术输送,推广人员与农户之间缺乏有效的信息沟通,推广工作缺乏互动,信息反馈没有得到应有的重视;以推广"技术"为中心,忽略对农户的推广教育,不利于全面提高农民科技素质。必须转变推广方式,使之与市场经济相适应。

农业技术推广机构的基础设施差,推广手段落后,信息服务能力低,很难建立或运用适应市场经济体制的有效推广方式。

4. 农业推广政策与制度存在缺陷

政府农技推广机构属于事业单位,人员工资应当由政府财政全额供给。但是由于缺乏全国统一的明确的政策定性,一些地方随意定为差额供给单位或自收自支单位。由于人员管理政策不够严密,导致农技推广机构非专业人员比例过大。《农业技术推广法》已经颁布实施多年,其中的一些条款已不适应当前农村发展的新形势,亟待修改完善。

三、提高农业科技成果推广效率的基本途径

1. 完善多元化的技术扩散机制

(1) 推广主体多元化 就是把各种推广组织有机结合起来,发挥各自优势,公平合理竞争,同时又能互相合作,形成网络。全国已形成较为完善的农业科技的推广网络,以政府各级推广机构为主体,政府与民间推广组织相结合,各类学校、科研机构、企业、民间组织在农业推广工作中发挥的作用越来越大。要对农业科技推广网络进一步优化,重点解决农业科研、教学、推广脱节的问题,加强多元化推广组织之间有效的合作,充分发挥学校、科研机构、企业、民间组织的

作用，形成有效的技术扩散机制。

(2) 促进三农（农业科研、教育、科研）结合　农业科研、农业教育、农业推广是发展农业的三大支柱，是农业科技的三支主要力量，三者之间既有各自的功能和优势，又互相依存、互相补充、互相促进、不可分割，也不可替代。把"三农"各自的优势有机结合起来，这样有利于发挥"三农"的整体功能和综合效益，有利于推进农业科技进步，加快我国农业由传统农业向现代化农业转化、由自给农业向商品农业转化的进程。建立"三农"互相交流信息，密切沟通联系的制度。这是"三农"结合的重要手段，"三农"之间要互相尊重、相互了解、民主协调，为"三农"结合创造良好的环境条件。

(3) 充分发挥民间推广组织的作用　近年来，农村中已经出现了许多民间科技推广服务组织，形成了技术协作、综合服务、经济实体和科研开发四种功能形态。在市场经济条件下，民间科技推广服务组织为农民提供市场信息、先进技术、生产资料、农副产品销售等服务，具有一定的优越性，它由农民自己组织管理，交易和管理成本低，扎根于农民之中，了解农民之需求，为农民所欢迎。国家行政农业推广组织应当积极推进与民间推广组织的合作，各级党组织和政府部门也应积极鼓励、支持、扶植农村各种民间推广服务组织的健康发展，制定相应的法规和政策，促进这些组织形式由低级向高级发展。

2. 促进农户积极采用农业新技术

农民素质低、经济力量薄弱、风险躲避的意识较强，对于农业新技术、新成果的有效需求明显不足。应加大政府投入，开发农村的人力资源，提高农民的整体素质，缩小工农业产品的剪刀差，提高农业的比较效益，增加农民的经济收入，使农民有实力采用新技术，有能力运用新技术，从根本上扭转农业科技成果有效需求不足的局面。

应把提高农民采用农业新技术的能力作为重点，切实加强农民教育和培训工作。进一步搞好农村新型农民培训工作，进一步加强农民职业教育，通过短期培训、科技讲座、自学、函授、"绿色证书"培训等方式，迅速提高成年农民科学文化素质和农业技能水平，从根本上解决农民采用新成果、新技术的能力。

进一步完善农民运用科技新成果的激励和扶助政策。如使用新的科技成果的风险保护政策，使用新的科技成果配套的资金、物资扶持政策，以及使用新的科技成果增产奖励政策等。现在国家及各级政府实行的粮食直补、良种推广补贴、新型农机具推广补贴、农资补贴、土地流转、农业保险、能繁母猪补贴（保险）、扶贫小额贷款等激励和扶助政策，都极大地调动了农民采用新成果、新技术的积极性和运用新成果、新技术的自觉性。

农业科研机构要根据农民的需求，大力开发省工、节本的轻简型农业新技术，重点开发那些投资省、收益快的小型农业新技术，以适应目前农户经营规模较小的特点。建立并完善与市场经济相适应的农业科技成果评审制度，改善农业科研导向，提高农业科研的针对性、实用性、有效性，保证农业科技新成果、新技术的有效供给，从而激发农民对新成果、新技术的有效需求。

3. 加强农业推广网络建设

政府农业技术推广机构是农业技术推广的主体，要用创新的管理观念、创新的管理原则和创新的管理方法加强农业技术推广机构功能性建设，加强农业推广政策和制度建设，完善农业技术推广体系，创新农业推广方式，增强政府农业技术推广机构的活力，努力改变我国农业技术推广效率不高的落后局面。

要进一步完善监督机制、学习机制、激励机制、保障机制，调动推广人员的积极性和责任感。创造一个尊重知识、尊重人才，不断学习、不断进行知识更新的氛围，引入竞争上岗、资格认证、定期培训等制度，造就出一支高素质、能协作、善合作的农业推广队伍。各级人民政府应当采取措施，保障和改善从事农业技术推广工作的专业科技人员的工作条件和生活条件，改善他们的待遇，保持农业技术推广机构和专业科技人员的稳定。

4. 加强信息服务体系的建设

当前农民所急需的，首先是信息，其次才是技术。农业推广部门必须适应市场的需要，直接、及时地掌握农民的需求，帮助农民搜集、整理、分析、加工选择和应用信息，既要帮助他们解决种什么、养什么的问题，又要帮助他们解决如何种、如何养的问题，还要帮助他们解决到什么地方卖，怎么卖好价钱的问题，最终实现农业增效、农民增收、农村发展。

农业推广部门必须适应农业国际化的需要，加强农业推广的信息基础设施及网络建设，对农民展开广泛的咨询服务，服务内容要从产中技术拓展为农业、农村、农民需求的全过程。具体咨询内容至少应包括：市场信息、生产预测、灾害诊断、资源开发利用、技术引进、结构产业调整及优化、农业人才培训等。

建立农技热线服务中心，开通农技服务电话热线，是技术咨询服务的一种好方法。通过热线电话，技术人员及时解答农民和基层技术人员提出的有关问题，遇到电话中不能解决的难题，组织有关方面的专家到现场"会诊"，对一些较重大的技术问题，市服务中心协调有关的技术人员进行现场指导。农技热线服务中心成为科技与推广、推广与农民、企业与推广、企业与农民的桥梁。农业推广的路径缩短，工作效率提高。

利用因特网进行农技推广和信息服务。农业推广、农业科研、农业教育、农业气象（兴农网）、农业信息、技术市场等网站建设门类齐全，已形成巨大的农业网络系统。如何利用网上资源搞好农业技术推广，是县乡农业推广机构的一个新课题。县级推广部门应建立农业技术推广网，通过网络，建立推广人员与农业专家和农民的连接。建设计算机网络咨询系统，实现推广人员与农业专家和农民的互动，从加快农业新技术、新成果、新信息的传播。

建立专家音像咨询服务系统。经过多年的发展，农村广播电视和电话网络资源有了很好的基础，许多省、市（地）、县（市、区）实施了"农业科技电波入户"工程，发挥了广播电视和电话网络覆盖面广、传播速度快的优势，大大提高了农业推广效率，深受农民欢迎。农业推广部门应与农业科研、农业教育部门合作，充分利用广播电视和电话网络资源，建立专家音像咨询系统，制作高质量、农民易接受、群众喜闻乐见的推广节目，以强化农业推广信息的传播频率，增加信息数量，提高信息质量，为农民提供更快、更好的信息服务。

5. 加强政府的财政支持与宏观管理

对于社会公益性的农业推广服务，必须有稳定的经费保障。近年来，《农业技术推广法》中关于政府对农技推广投入的规定，在许多地方没有能够得到落实。确保政府投入的稳定性、连续性和递增性，是法律的规定，是农业技术推广事业发展的需要，必须落到实处，否则难以保障农业技术推广工作的正常开展。

国家应当制定相应的政策与法律，对各类农业推广组织的活动进行调控，建立公平合理的竞争机制，发挥多元化农业推广主体的整体功能。

第四节 农业科技成果转化与推广的评价

农业科技成果转化与推广的评价主要包括两个方面：一是农业科技成果转化程度和效率的评价；二是农业科技成果推广应用效益的评价。

一、农业科技成果转化程度与效率的评价

农业科技成果转化的评价主要是对农业科技成果转化的程度和效率进行评价，衡量和评价农业科技成果转化的程度和效率的指标主要有：转化率、推广度、推广率和推广指数等。

1. 转化率

农业科技成果转化率，是指已转化成果项数占成果总项数的百分比。计算公式为：

$$成果转化率(R) = \frac{实际成果转化数 \times 正常转化周期}{科技成果数 \times 实际转化周期}$$

一般实际转化周期≥正常转化周期，若实际转化周期<正常转化周期，表明成果不够成熟。

例如，某单位"十五"期间共获得农业科技成果 120 项，实际转化 60 项，假设正常转化成果周期平均为 5 年，实际转化周期为 6 年，该单位"十五"期间成果转化率＝[(60×5)÷(120×6)]×100%＝41.67%。

研究农业科技成果转化率及其相关指标的目的，就是要求在转化农业科技成果的过程中，尽可能地提高转化效率，使成果发挥更大的经济和社会效益。

2. 推广度

推广度是评价单项技术（科技成果）推广程度的一项指标，以已推广规模占应推广规模的百分比表示。计算公式为：

$$推广度 = \frac{已推广规模}{应推广规模} \times 100\%$$

推广规模：指推广应用的范围、数量大小。其单位因对象而异：面积为平方米、亩、公顷等，机械仪器数量为台、件、套等，畜禽数量为头、只、羽等，苗木数量为株、棵等。

已推广规模：以推广实际统计数为准。

应推广规模：成果应用时应该达到、可能达到的最大局限规模。是一个估计数，它是根据某项成果的特点、水平、内容、作用、适用范围，与同类成果的竞争力及其与同类成果的平衡关系所确定的。

推广度在 0~100% 之间变化。一般情况下，一项成果在有效推广期内的年推广应用情况（年推广度）变化呈抛物线状态，即推广度由低到高，达到顶点后又下降，最后降至为零，表明停止推广。根据某一年实际推广规模算出的推广度，为该年度的推广度，即年推广度；有效推广期内各年推广度的平均值称为成果的平均推广度，也即一般所说的某一个成果的推广度。

成果群体中各成果推广度的平均值为成果群体的推广度。

3. 推广率

也称为覆盖率，是评价多项农业科技成果推广程度的指标，是指已推广的科技成果数占科技成果总数的百分比。计算公式为：

$$推广率 = \frac{已推广的科技成果项数}{总的科技成果项数} \times 100\%$$

转化率不一定等于推广率，如前所述，农业科技成果向农户转化为农技推广，追求的是成果普及和大范围、大规模的扩散，推广的社会效益大于经济效益、间接效益大于直接效益；而农业科技成果向农业企业转化的重点在于成果的应用及其使用价值的实现，转化的经济效益和直接效益更显著。

4. 推广指数

成果推广度和推广率都只能从某个角度反映成果的推广状况，不能全面反映某单位、某地区、某系统（部门）在某一时期内的成果推广的全面状况。推广指数同时反映成果的推广度和推广率，可以全面地反映成果推广状况。计算公式为：

$$推广指数 = \sqrt{推广度 \times 推广率} \times 100\%$$

5. 平均推广速度

平均推广速度是评价推广效率的指标，指成果的推广度与使用年限的比值。计算公式为：

$$平均推广速度 = \frac{成果推广度}{成果使用年限}$$

6. 农业科技进步贡献率

科技进步是一个不断创造新知识、发明新技术并推广应用于生产实践，进而不断提高经济效益和生态效益的动态发展过程。农业科技进步有狭义与广义之分，狭义的农业科技进步是指农业科学的科技进步，即硬技术的进步；广义的农业科技进步除了包括狭义的农业科技进步的全部内容外，还包括农业管理水平、决策水平与智力水平等软技术的进步。一个时期的农业科技进步率的计算公式为：

农业科技进步率＝农业总产值增长率－物质费用产出弹性×物质费用增长率－
劳动力产出弹性×劳动力增长率－耕地产出弹性×耕地增长率

在计算全国农业科技进步贡献率时，公式中的物质费用、劳动力和耕地的产出弹性，被分别确定为 0.55、0.20 和 0.25。

为了从总体上衡量农业科技成果的应用效果，评价农业科技进步水平，通常需要测算科技进步对农业经济增长的贡献份额，即农业科技进步贡献率。广义的农业科技进步贡献率的计算公式为：

$$农业科技进步贡献率 = \frac{农业科技进步率}{农业总产值增长率}$$

伴随着农业科技的发展，现代农业不断产生新的飞跃，农业科技进步对农业经济增长的贡献份额越来越大。根据农业部统计，到"十五"时期末，我国农业科技进步贡献率已经达到 48% 左右。农业部确定，力争经过 15 年的努力，到 2020 年，使农业科技进步贡献率达到 63%，农业科技整体实力进入世界前列。

二、农业科技成果推广应用效益的评价

1. 经济效益

农业科技成果转化后，一般可产生显著的经济效益。通过三种途径实现：一是节本增效，即单位面积或规模产出值相同，但产投比高于被替代的技术（以下简称对照）；二是节本、增产、增效，也就是既减少成本，又提高产量，效益显著高于对照；三是增本增效，即投入稍大于对照技术，产品产量却大幅度提高，效益随之增加。每项新技术成果的经济效益，必须高于准备取代的对照技术，这是衡量成果质量的第一标准。

（1）经济效益的评价指标　农业科技成果经济效益的评价指标主要有：

① 新增总产量

新增总产量＝单位面积增产量×有效推广面积

单位面积增产量＝新技术成果单位产量－对照单位面积产量

② 新增纯收益

新增纯收益＝新增总产值－科研费－推广费－新增生产费

新增总产值＝单位面积×有效使用面积

③ 科技投资收益率

科技投资收益率＝新增纯收益/(科研费＋推广费＋新增生产费)

当新增生产费是 0 或负数时，节约的生产费计入新增纯收益，则上式变为：

科技投资收益率＝(新增纯收益＋节约的生产费)/(科研费＋推广费)

（2）经济效益评价的基础数据和取值方法　农业科技成果经济效益评价中涉及的基础数据必须科学合理且准确无误。在计算过程中涉及的基础数据主要如下。

① 对照。对新技术成果进行经济效益评价，必须选择当前农业生产中最有代表性的同类当家技术为对照。其功能性质、各项费用、主副产品质量、产值的取值范围和项目、对比条件、计算单位和方法、价格、时间因素与推广的新技术要有可比性。

② 有效使用年限和经济效益计算年限。使用年限是农业新技术发挥作用的时间，经济效益计算年限是指推广农业新技术经济效益最佳和较高时期，各类推广技术经济效益计算年限不同。按其作用年限分为如下几类。

a. 短期的：在一年内能够发挥作用的农作物新品种，农业种植、畜禽养殖等技术的经济效益计算年限，应该从开始推广使用（不包括示范时间）起，经过稳定推广使用，到进入淘汰期为止。进入淘汰期的标志是，当年使用面积下降到最高年的 80%。

b. 长期的。多年生栽培植物（如果树等）可按生命周期计算。若生命周期过长，可按有经

济收入年限的 1/2 计算，一般为 20～25 年。

c. 使用年限无法确切计算的。如土壤改良、水土保持、特殊优异的种植资源和方法技术类等，使用年限长久且无确切年限，目前可按 30 年计算。

③ 有效使用面积。是指在经济效益计算年限内确实发挥了经济效益的累计推广面积。计算公式为：

$$\text{有效使用面积} = \text{推广面积} - \text{因灾害等原因失败或减产面积}$$

若不能确切统计因灾害等原因失败或减产的面积时，可用下式计算：

$$\text{有效使用面积} = \text{推广面积} \times \text{保收系数}$$

$$\text{保收系数} = \frac{\text{常年播种面积} - \text{常年因灾害失败或减产面积}}{\text{常年播种面积}}$$

根据有关部门研究，在一个省的范围内，保收系数可取 0.9，但不同自然经济区，保收系数取值应有所不同。如在旱涝保收地区取值可以偏大些，在灾害频繁地区，取值可以偏小些。

④ 单位面积增产量。是指推广的新技术与对照比较，单位面积的新增产量。数据的取值要通过多点试验和大面积多点调查取得。

a. 当推广地区大面积增产的主导因子是本项技术，且多点大面积调查增产量小于或等于大面积应用本项技术的实际增产量时：

$$\text{单位面积增产量} = \text{多点调查单位面积增产量}$$

b. 当多点大面积调查增产量大于大面积应用本项技术的实际增产量时：

$$\text{单位面积增产量} = \text{区试单位面积增产量} \times \text{缩值系数}$$

$$\text{缩值系数} = \frac{\text{大面积多点调查单位面积增产量}}{\text{区试单位面积增产量}}$$

一般情况下，缩值系数变幅范围在 0.4～0.9 之间，平均为 0.6～0.7。

⑤ 单位面积增产值。指推广应用单项技术与对照比较，单位面积上主产物和副产物增加的产值。一般只计算主产物单位面积增产值。

$$\text{单位面积增产值} = \text{主产物单位面积增产值} + \text{副产物单位面积增产值}$$

$$\text{主产物单位面积增产值} = \text{主产物单位面积增产量} \times \text{单价}$$

计算单位面积增产值时，应注意本季和前季作物产值的变化；注意产品品质的变化，应按优质优价计算，各种价格以国家公布的为准。

科研部门投入某项新科技成果的研究费用，推广部门难以掌握。据四川省农业科学院研究，发展中国家科研费与推广费的比例一般为 3∶7，可以按此比例推算。推广费用可根据实际投入计算。

⑥ 新增生产费。指农户应用新技术比应用旧技术（对照）所增加的投入总额。新增生产费通常包括人工、种子、肥料、农药、农机、水电等项费用的增加。人工费用主要包括整地施肥、病虫防治、灌溉排水、播种收获等耕作管理用工费用。农户应用新技术的投入总额比应用旧技术（对照）减少，为节约生产费。

$$\text{新增生产费总额} = \text{单位面积新增生产费} \times \text{使用面积}$$

$$\text{节约生产费总额} = \text{单位面积节约生产费} \times \text{使用面积}$$

节约生产费应计入新增纯收益。单位面积新增或节约生产费用，一般通过区试或多点调查获得。

2. 生态效益

生态效益是指人们在生产中依据生态平衡规律，使自然界的生物系统对人类的生产、生活条件和环境条件产生的有益影响和有利效果，它关系到人类生存发展的根本利益和长远利益。生态效益的基础是生态平衡和生态系统的良性、高效循环。农业科技成果转化与推广强调生态效益，就是要使农业生态系统各组成部分在物质与能量输出输入的数量上、结构功能上，经常处于相互适应、相互协调的平衡状态，使农业自然资源得到合理的开发、利用和保护，促进农业和农村经济持续、稳定发展。

生态效益和经济效益综合形成生态经济效益。在人类改造自然的过程中，要求在获取最佳经济效益的同时，也最大限度地保持生态平衡和充分发挥生态效益，即取得最大的生态经济效益。以前农业生产只追求经济效益，不重视生态效益，致使农业生态系统失去平衡，部分资源遭受破坏，已经影响到农业的可持续发展。

改善生态条件是农业科技成果的基本效能之一。农业科技成果转化，都应考虑维护生态系统的整体性，生物的多样性，改善生态环境，提高生态效益，提高可持续发展的能力。农业科技成果转化的结果，应该有助于人类更加科学有效地处理好当前利益与长远利益、局部利益与全局利益、宏观利益与微观利益、经济效益和生态效益之间的关系；科学开发利用无限资源，节约利用有限资源，使农业永远处在一个良性循环的可持续发展的生态环境中。这既是农业科技成果转化的最高目标，也是农业科技成果转化必须遵循的原则。

有机氯农药对全球的病虫害防治和粮食增产做出了巨大贡献，经济效益十分显著，生态效益却是负值，有机氯农药残留对生态环境造成严重污染。生物农药代替化学合成的农药，虽然对病虫的防治效果还不如化学农药，经济效益相对较差，但给人类却带来了良好的生态效益。

生态效益主要是指对环境的保护与改善作用，主要包括：绿色植物覆盖率、提高水土保持力（减少水土流失）、防治土壤退化（减少土壤沙化、盐渍化）、改善生态环境（减少土壤、水体污染）、减少固体废弃物和有害物质、提高土壤肥力（改善土壤质量）、提高土地利用率（提高复种指数）、提高农业水资源利用率（减少农业用水量）、提高农田光能利用率、提高能量产投比、增强农业的抗灾能力等。

3. 社会效益

社会效益是指农业科技成果转化与推广对社会需求，尤其是对农业、农村、农民需求的满足程度及其产生的政治和社会影响。也就是说，在获得经济效益、生态效益的基础上，为社会发展（社会安定、粮食安全、人口素质提高等）所作的贡献，对社会发展影响的程度。

农业科技成果转化的社会效益，是建立在经济和生态效益基础之上的更高形式的综合性效益。广大农业推广工作者，在从事科技成果推广转化过程中，采用试验、示范、咨询、培训、授课、音像宣传、科普著作等形式，将新的知识、新的技术或信息，源源不断地传播输送给广大农民，使他们的科技文化素质不断提高，从事农业经营的决策能力、操作管理技能也随之得到提高，而农民又是农业生产力中最为活跃的主体，这就形成了从生产力转化到新生力形成的自然循环。

从广义的角度讲，农业科技成果转化，增加了粮、棉、油、菜及畜、禽、鱼、贝的产量，改善了品质，为人们的衣食安全和身体健康提供了保障。使人们不再为衣、食而耗费太多的时间，可将越来越多的人从繁重的体力劳动中解脱出来，从事知识密集型创造性劳动。提高农业生产率、降低农业从业人员与社会各业人员的比例，是一个国家由农业向工业化过渡的基础，也是促进社会迅速发展的必由之路，这点不但可从发达国家与欠发达国家的对比中得到证实，从我国由传统农业向现代农业的发展进程中也可得到证实。

农业科研成果的应用与推广所产生的社会效益，集中体现在促进农村社会协调发展和促进农民发展两个方面。促进农村社会协调发展主要包括：促进农业科技进步、促进农村经济增长方式的转变、促进农业种植结构和农村产业结构的合理调整、促进相关产业的发展、改善农业生产条件、增加总供给以满足人们的生活需求、提供就业机会、促进社会稳定等。促进农民发展主要包括：创造扶贫效果、促进农村劳动力转移、增加农民收入、提高农民科技文化素质、改善农民生活质量、提高农民生活水平等。

本章小结

科技成果是科学与技术的统一体,科学成果必须具有新的发现和学术价值,技术成果必须具备发明创新和应用价值。新颖性(创新性)是科技成果的灵魂,农业应用技术成果的创新性主要表现为在解决农业实际问题的途径、方法、技术等方面的创新。了解农业科技成果的属性和特点,对于农业科技成果的转化与推广具有重要意义。

农业科技成果具有研制周期长、淘汰速度快、技术效果不稳定、应用区域性强、自然扩散性强、社会公益性突出等特点,应根据这些特点和农业科技成果转化的要素与条件,因地制宜确定农业科技成果转化与推广的策略。

农业科技成果转化是指科技成果物化,实现商品化、产业化的过程,是指农业科技成果在科技部门内部、科技部门之间、科技领域到生产领域的运动过程。农业科技成果推广是指对具有实用价值的农业科技成果进行推广应用,取得经济效益、社会效益和生态效益的运作过程。农业科技成果的有效生命周期是短暂的,必须及时进行转化与推广。

农业科技成果转化的方式主要有五种:一是自行投资实施转化;二是向他人转让科技成果;三是许可他人使用科技成果;四是以科技成果作为合作条件,与他人共同实施转化;五是以科技成果作价投资、折算股份或出资比例。

我国农业科技成果转化机制主要有:科、教、推三结合,技、政、物三结合,农业科技园区开发,企业、基地、农户三结合,农民合作组织加农户,技术转让、技术入股等。创新农业科技成果转化的运行机制,优化农业科技成果转化的环境,完善农业科技成果转化的条件,是提高农业科技成果转化效率的基本途径。

农业科技成果推广的方式主要有:项目推广、技术承包、技物结合、企业带动、农业开发、技术与信息服务、协会加农户、农业科技入户等,创新和灵活运用农业科技成果推广的方式,是提高农业推广效率的有效途径。我国农业科技成果推广存在的主要问题主要有:农业科技成果有效需求不足、政府农业推广机构工作效率不高、推广方式需要创新完善、农业推广政策与制度存在缺陷等;提高农业科技成果推广效率的基本途径是:完善多元化的技术扩散机制、促进农户积极采用农业新技术、加强农业推广网络建设、加强信息服务体系的建设、加强政府的财政支持与宏观管理。

评价农业科技成果转化与推广,不仅要考察衡量农业科技成果转化与推广的速度、程度和效率,而且要考察衡量农业科技成果转化与推广的实际效益;不仅要考察衡量农业科技成果转化与推广的经济效益,而且要考察衡量农业科技成果转化与推广的生态效益和社会效益。经济效益、生态效益和社会效益是评价农业科技成果转化与推广的主导指标。

复习思考题

1. 何谓农业科技成果?它有什么属性?
2. 农业科技成果的种类和特点有哪些?
3. 农业科技成果转化的要素和条件是什么?
4. 简述农业科技成果转化的过程和特征。
5. 农业科技成果推广方式有哪些?
6. 简述提高农业科技成果推广率的基本途径。
7. 农业科技成果推广经济效益评价的指标有哪些?
8. 简述经济效益评价的基础数据和取值方法。

实训 签订农业技术承包合同

一、目的要求

通过本项实训,了解技术承包合同的类型和内容,掌握签订技术承包合同的方法,明确签订技术承包合同应注意的事项，为以后开展技术承包工作打下良好的基础。

二、技术合同的类型及适用范围

中华人民共和国科学技术部印制的技术合同样本，共有4类8种：技术服务合同、技术咨询合同、技术开发（合作）合同、技术开发（委托）合同、技术转让（技术秘密）合同、技术转让（专利权）合同、技术转让（专利申请权）合同、技术转让（专利实施许可）合同。

有的科技管理部门根据科技部技术服务合同，制订了农村技术承包合同书。

各类技术合同有各自的适用范围。

（1）技术开发（委托）合同文本　适用于一方当事人委托另一方当事人进行新技术、新产品、新工艺、新材料或者新品种及其系统的研究开发所订立的技术开发合同。

（2）技术开发（合作）合同文本　适用于当事人各方就共同进行新技术、新产品、新工艺、新材料或者新品种及其系统的研究开发所订立的技术开发合同。

（3）技术转让（专利权）合同文本　适用于一方当事人（让与方、原专利权人）将其发明创造的专利权转让受让方，受让方支付约定价款而订立的合同。

（4）技术转让（专利实施许可）合同文本　适用于让与方（专利权人或者其授权的人）许可受让方在约定的范围内实施专利，受让方支付约定使用费而订立的合同。

（5）技术转让（专利申请权）合同文本　适用于一方当事人（让与方）将其就特定的发明创造申请专利的权利转让给受让方，受让方支付约定价款而订立的合同。

（6）技术转让（技术秘密）合同文本　适用于让与人将其拥有的技术秘密提供给受让方，明确相互之间技术秘密使用权和转让权，受让方支付约定使用费而订立的合同。

（7）农村技术承包合同书（技术服务合同文本）　适用于一方当事人（受托方）以技术知识为另一方（委托方）解决特定技术问题所订立的合同。

（8）技术咨询合同文本　适用于一方当事人（受托方）为另一方（委托方）就特定技术项目提供可行性论证、技术预测、专题技术调查、分析评价报告所订立的合同。

三、方法与步骤

由教师确定技术承包合同的标题，也可以由学生讨论确定合同标题，然后每两个学生为一组，分别代表签订合同的甲方和乙方，协商确定合同内容中各个条款的具体指标，做到具体化、定量化、科学化，减少合同的漏洞，增强合同实施的可行性。最后双方签字，一式两份交指导教师评阅。

四、技术承包合同的内容结构

技术承包合同一般应包括如下四方面的内容。

（1）标题　即技术承包的具体项目。标题应简明确切。

（2）签订合同的各方　主要包括承包方和被承包方，有的技术承包合同还有监督方。名称要具体、准确，要填写全称，要填写具有法律意义的名称。

（3）合同正文　主要包括技术承包的目的、内容、范围、规模及形式，技术经济指标，甲乙双方职责、承包期、验收办法、奖惩办法、违约责任等。各部分内容都应具体、明确。

（4）结尾　主要包括合同正文中未能说明的其他有关事宜、合同份数、签订日期、签字盖章等。

五、技术承包合同的具体内容与条款

（1）甲乙双方　一般被承包方（农民或农村基层单位）为甲方，承包方（技术部门或技术人员)为乙方。有时候还可以设丙方,负责合同的执行监督,一般为当地政府机关或领导干部。

(2) 承包目的与内容　即通过承包要解决的主要问题,承包的具体项目以及所要达到的目标等。

(3) 承包指标　主要包括承包的面积、产量、质量、消耗等指标。一般农作物的产量指标以前三年平均数为基数,来确定增产比例。质量、消耗指标应以生产合格产品和常年消耗情况为准。承包指标是承包合同的中心内容,必须遵循互惠互利、兼顾双方利益的原则,经过双方反复讨论、协商,最后以达到双方满意为准。

(4) 奖罚标准　即协商确定达到什么指标受奖、奖励的比例和数额,在什么样的情况下受罚、处罚的具体办法与数额。要坚持农民得大头、承包方得小头的原则,是增产增收的绝大部分归农民所得。联产提成承包收取服务费的比例,一般控制在增产部分的 5%～15%;因技术指导失误造成减产的,一般扣发技术人员承包期间工资的 5% 左右作为赔偿,或者双方预先协商确定。技术指导正确,但未能完成指标的,一般不奖不罚。

(5) 承包期　一般是一季或一年,也可以是两年或更多。一般以农民学会和掌握技术为原则。

(6) 双方职责及违约责任　承包方应负责技术指导、技术培训、技术咨询等,也可以有偿提供良种、农药、化肥和农膜等。被承包方负责田间作业,落实技术措施,准备所需生产资料等。违约责任也必须明文规定。双方的责任及其违约责任必须全面完整、详细具体、清楚明白。

(7) 合同份数和保存者　写明合同份数,分别由谁保存,合同有效期限及合同附件等。

(8) 其他　合同不得随意涂改。合同必须进行修改或补充时,须经双方协商同意,并在修改处加盖双方印章。

(9) 签字盖章　由双方负责人或代表在合同书上签字,并加盖单位或个人的印章,注明签字盖章日期。有监督执行单位或个人时,也要签字盖章。涉及经济数额较大时,应到公证处进行公证。

六、签订合同应注意的事项

(1) 要了解对方的基本情况　正式签订合同前,双方要充分交流,互相了解对方的情况。技术承包方要详细了解当地农业生产现状和需要解决的问题,科学合理地确定承包指标和技术措施。

(2) 尽可能与农户直接签订　如果是与乡镇、村委直接签订技术承包合同,必须使涉及的农户清楚地知道承包合同的内容、指标、技术措施及违约责任。

(3) 附带技术方案　为了便于技术人员和农民执行合同,技术承包合同应附有详细的技术方案或操作技术规程。

(4) 承包合同要及早签订　签订技术承包合同的时间应在承包作物播种之前,以便及时做好承包项目的各项准备工作。同时也便于衡量承包效果。

(5) 严格执行合同法　技术承包合同要严格按照《中华人民共和国合同法》的有关规定执行,否则将不受法律保护。

第六章 农业推广的基本方法与技能

[学习目标]
1. 了解农业推广方法的基本类型与特点。
2. 掌握演讲与写作等农业推广的基本技能。
3. 熟悉农业推广工作的基本原则和程序。
4. 学会在农业推广实践中灵活运用各种推广方法。

第一节 农业推广的基本方法

农业推广方法是农业推广部门、推广组织和推广人员，为达到推广目标所采取的不同形式的组织措施、教育和服务手段。农业推广常用的基本方法有大众传播法、集体指导法和个别指导法。

一、大众传播法

大众传播法是通过大众传播媒体将农业科技成果、技术和经验、信息经过选择、加工和整理传播给广大农民群众的推广方法。大众传播媒体分为印刷品媒体如报纸、书刊和活页资料等，视听媒体如广播、幻灯、电视、录像、电影、多媒体等，静态物像媒体如广告、标语、科技展览陈列等类型，并各有自己的特点。

1. 大众传播法的特点

（1）传播的信息权威性高　发表同一信息中央电视台、地方电视台、政府会议、科技展览、专家讲座等比个人传播具有权威性。

（2）传播的信息数量大、速度快、效率高　在短时间内广播、电视、电话通过卫星，可将信息传遍全国乃至全世界，并可多次传播。视听媒体以声像动画传播人们容易接受且接受的效率高。印刷品可短时间内发放到接受者手中。印刷品媒体以文字形式与农民沟通，可以不受时间限制，供农民随时阅读和学习；可以根据推广项目的要求，提前散发，能较及时、大量、经常地传播各种农业信息。科技展览是将某一地区成功的技术或优良品种的实物或图片，以生动的形象、鲜明的色调，讲解，示范表演定期地、公开地展出，有利于推广人员和农民的接触和交流，因而效果非常显著。

（3）信息传播成本低　由于覆盖面广受众多，单位人力、物力的投入可获得广泛的推广面积和众多的接受者，按人均分摊费用该渠道提供的信息是最廉价的。

（4）信息传递方式多是单向性的　除科技展览外，印刷品、电视、电影的信息传播是由一方传到另一方，很难实现发出信息者与接收信息者面对面地双向沟通。

2. 大众传播法的应用

在农业推广活动中，根据大众传播媒体的各自特点和农民采用新技术的不同阶段，选用不同的宣传方法。在初始阶段要反复传播利用广播、电视等传播适合农民需要的科学技术信息，以引起农民的注意和重视。当农民已经掌握了某种新的技术信息时，就提供陈列品使他们看到新技术的效果，并与老技术进行对比，从而加深认识，激起采用新技术的兴趣。此时向他们提供报纸、书刊等，使他们掌握技术细节，并组织现场参观，以确保试用的成功。大众传播法适用于以下几种情况：

① 发布天气预报、病虫害预报、警报等，并提出应采取的具体措施；

② 传播具有普遍指导意义的技术信息和具有重大效益的信息；

③ 介绍农业技术方面的新观点、新成果、某成功的经验，强调或重申重要的信息和建议，以提高广大接收信息者的兴趣和认识；

④ 扩大推广活动的影响并针对多数农民共同关心的问题提供咨询。

二、群体指导法

群体指导法即在同一类型、同一地区、相同的生产和经营方式的条件下，推广人员把情况相同或相似的一些农民组织起来，采取小组会议、示范、培训、参观考察等方法，集中地对农民进行指导和传递信息的方法。因为同一地区的农民，往往有许多共同特点，可以推广相同的项目。同时通过短期的集中培训、示范、群体讨论、交流经验等形式，加速新知识、新技术的传播，节省时间和人力，效果明显。

1. 群体指导法的特点

（1）指导范围相对较大，有利于提高推广效率和经济效益　推广者作为信息的传播者，把信息传递给少数接收者。这些接收者又可以对信息进行广泛发散传播，因此可以节约推广者的直接工作时间，从而提高了推广效率。

（2）有利于展开讨论或辩论，提高接受速度，达成一致意见　推广人员与农民可以进行讨论，农民与农民之间也可以进行讨论或辩论。通过讨论可以澄清对事实的模糊认识和片面理解，特别是当意见有分歧时，通过互相交流、讨论、明辨是非，最后达到理解、掌握技术的目的。

（3）以双向交流，能及时得到反馈信息　推广人员和农民可以面对面地沟通，引导培训对象从事各种活动，推广人员的建议、示范、操作可以立即得到农民的反馈意见，以便推广人员采用相应的方式，使农民真正掌握所推广的技术。

（4）每个人的特殊要求难以满足　由于在短时间内只是对每个成员共同关心的问题或感兴趣的事情进行指导或讨论，对某些人的一些特殊要求则无法予以全部满足。

2. 群体指导法的应用

群体指导形式很多，常用的方法有群体教学、小组讨论、成果示范、方法示范、现场参观等。

（1）**群体教学**　在同一时间、场所面向较多农民进行教学。群体教学种类很多，有短训班、专题讲座、科技报告会、工作布置会、经验交流会等。群体教学一般邀请专家、示范户分别对乡村干部、农技员、先进农民讲授经验和做法。群体教学要求教学内容符合农民要求、注重理论联系实际，使听讲者能够明确推广目标。例如 20 世纪 90 年代中期国家为推广保护地栽培技术在山东寿光连续举办多期保护地建造、蔬菜种植、果树种植、花卉种植及病虫害防治技术培训班，听课人员覆盖全国各地，同时寿光委派技术员到全国各地去讲课并实地进行技术指导，经过几年的努力，保护地栽培技术得到普及。

（2）**小组讨论**　小组讨论是最常用的一种方式，农业推广人员根据群众情况提出其关心的问题，并请有经验、有见解的农民参加讨论。在讨论中推广人员针对大家共同所关心的问题，交流信息、经验和观点，并引导农民朝设计的方向讨论，力争取得良好的效果，使大家的认识得到提高。

小组讨论需要经过设计、组织、引起讨论等阶段。其中选定一位具备有关讨论问题的基本知识的主持人。同时，讨论在轻松、愉快的环境下进行，将会取得预期的效果。

小组讨论的优点：参加者可以互相学习、交流经验；在会上可以听到各种不同的见解，从而提高自己的辨别能力，培养为形成小组决议所需的责任感和合作精神以及对不同意见的容忍态度。通过小组讨论，不断引导参加者改变他们原有的态度和做法。

小组讨论不足之处是花费时间较多，分组规模较小；讨论会不适用于传授具体技能；讨论还要求参加者对即将讨论的问题有一定的了解和认识。

（3）成果示范　成果示范是推广工作中常用的行之有效的手段和方法，是指通过实际操作，向农民展示某一新成果在农业生产中实际应用所获得的结果。例如，蔬菜优良品种引进，经试验成功后，将该品种有计划地在一定面积上种植，让周边的农民经常观察，以引起农民的兴趣而效仿，并为大面积推广做准备。

（4）方法示范　是指将某一新技能的实际操作过程向农民进行传授，农民通过一面看、一面听，在短时间内获得一种生产技能。例如，番茄整枝、果树修剪、菊花整形、棉花打顶、仔猪去势等。方法示范是农民通过看、听、做、讨论相结合，在短期时间内掌握新技能，一般分为准备、示范、回答问题等步骤。

（5）现场参观　组织农民到科技展厅、先进的地点或单位进行现场考察参观访问，是通过实例进行推广的重要方法。地点可以是农业试验站、农场、农户、农业合作组织或其他农业企业。通过参观访问，农民亲自看到和听到一些新的技术信息和成功经验，不仅增加了知识，而且会产生更大的兴趣。

现场参观，应由推广人员或乡（镇）村负责人共同负责，制订出有目的与要求的活动日程安排计划。在参观过程中，首先由推广人员指出参观处的重点方面，并边听介绍边看。每次参观结束时，组织讨论，评价总结，帮助他们从看到的事实中得到启发，为今后参观提供经验。

三、个别指导法

个别指导法是推广人员和个别农民的传播与教学的关系，能做到因材施教。农民因受教育程度、年龄层次、经济和环境条件的不同，对创新的接受和渠道反映也各异。个别指导法可以做到有的放矢，针对不同对象，准备不同内容，满足个人需要，个别指导法采取循循诱导，有利于对条件较差的农民开发智力、改善条件和改变行为。

个别指导法的特点是针对性强、能直接解决问题、便于双向沟通但信息发送量有限。个别指导法的应用方法有农户访问、咨询（办公室咨询、信函咨询、电话和电视咨询、科技集市咨询等）、计算机与网络技术信息服务等形式。

（1）农户访问　这是推广人员与农民之间面对面地直接沟通，农民访问在推广计划的设计、执行期间，都有很重要的使用价值，通过农户访问，推广人员可以最大限度地了解农民的需要，帮助农民解决问题。

农户访问一般是：在农民与技术人员关系密切时邀请技术人员；农民试用新方法时，如农民接受推广人员建议，引进保护设施，推广人员的访问会促进农民实施；推广人员为了获得某地区的某种有价值的经验、获得农业问题的直接原始资料及农业推广工作的成果时，选择示范户及各种义务领导人员时进行农户访问，能取得较好的效果。但推广人员所花的时间长和经费较多；接触的对象限于少数人；有时访问的时间不一定适合农民的方便与需要。

农户访问要有目的、有计划及有准备。首先选择好访问对象，访问对象要重点选择农村的科技户、示范户、专业户以及具有代表性的一般农户；准备访问内容的相关资料，如果农民提出的问题解释不了，要实事求是地向农民讲明；访问时推广人员要虚心，同时对存在的问题要有兴趣和信心并帮助解决；做好访问记录，尽可能多记、记全、访问后要及时整理；访问要有结果，及时将信息反馈给被访问农户；建立经常访问关系，特别在关键时期要不失时机地对农户进行访问，不断向农民提供信息，发现情况，及时帮助解决问题。

农户访问大体分为准备、进行、解决问题及考评四方面工作。

① 准备：在访问之前，推广人员要明确访问目的，对被访问者情况要有充分了解，如性格、在当地的作用、对新事物的态度，他处于哪一个阶段、对该事物有什么经验；经济情况如何、农民的社会观念、家庭情况等。

② 进行：推广人员与被访问的农民进行面对面的交谈。推广人员要态度和蔼、虚心诚恳、耐心地听取农民的意见和要求，全过程要维持双向沟通；避免触及个人的秘密和短处，并在轻松

愉快和谐的气氛中进行。

③ 解决问题：农户访问的主要目的是要使访问有结果、帮助农民排除困难、提出改进措施和办法、传授农业知识等。

这里要特别注意的是：访问人员千万不可擅自主张、代替农民做任何决定。

④ 考评：为确保农户访问得到好的效果，因此，每次访问之后要做考评工作。对被访问的农民进行考评时，按下列几方面进行。a. 未行动的考评，指被访问农民尚未按照推广计划开展活动。推广人员应根据访问过程中农户表现做出打算，同意他不开展活动或劝说并希望他能尽快开展活动。b. 行动的考评，指被访问农民按照推广计划已开展了活动，推广人员对这种农户应考虑其开展活动的效果，是否得到了益处，如果没有，应提出补救的办法。如果有好的效果，考虑该农户能否作为典型材料充当示范或扮演义务领导者角色。c. 继续学习的考评，指被访问农户在执行推广计划中，由于对该项成果或技术的有关知识与技术要点尚未完全理解和掌握，因此遇到一定的难度。推广人员应根据农民的具体接受情况确定是否供给他学习的机会，或要继续访问提供资料。

（2）咨询　办公室咨询是指推广人员在办公室（或定点的推广教育场所）接受农民的访问（咨询），解答农民提出的问题或向农民提供技术信息、技术资料。这反映了农民的主动性，农民希望得到帮助和解决某一个问题，期望推广人员给一个满意答复。推广人员要积极热情接见，主动询问他关心的问题，尽量使来访农民满意而归。既提高了推广效果又节约了推广人员的时间、资金，并密切了他们之间的关系，但来访的农民数量有限，不利于新技术迅速推广；农民来访不定期、不定时、不定提出什么问题，给推广人员带来一定的难度。

信函咨询是个别指导法的一种非常重要的形式，是以发送信函形式传播信息。它不受时间、地点的限制，也没有地方方言的障碍。不仅为推广人员的工作节省了大量的宝贵时间，而且，农民还能获得较多、较详细、有保存价值的技术信息资料。

电话和电视咨询是利用电话、电视进行技术咨询，是一种效率高、速度快、传播远的沟通方式，目前应用普遍。

科技集市咨询是利用农村集市交易场所设立咨询点进行定期或不定期技术咨询的一种方法，由于人流量大同时又发放技术资料、播放录像带、摆放实物展示等，既扩大技术信息的传播又深受农民欢迎。目前正在推广应用。

（3）计算机与网络技术信息服务　计算机对农业环境、农业生态和农作物生长发育情况的观察资料进行分析处理，获得农业生产所需要的信息，并向生产者提前发出预报、警报或报告，为农业技术措施的选择提供依据。如病虫害预测、灾害天气预报、土壤肥力及矿质营养监测、作物生长发育进程监测、调控作物生存环境等。例如，智能温室中的智能监控系统就是由计算机完成的。软件的开发利用可将农业科学研究成果和实用技术信息贮存于软件中，用户根据需要，输入关键词即可调出有关信息，用以指导农业生产。这样的系统大大提高了数据的共享和查询效率。

计算机专家系统更是被农作物的配方施肥、栽培管理、作物病虫害预报和防治、配合饲料等技术服务所应用，在农业生产中发挥出巨大的作用。

随着计算机信息网络技术的蓬勃发展，国内外的农业生产、加工、流通、市场与价格的各方面信息能及时地进行查询，并可以在网上进行交易，成为农技推广的一条非常重要的渠道。由于速度快、信息量大深受人们喜爱。例如各政府推广机构、涉农企业大部分都有自己的网站，有一些先进的农民也建起了自己的网页。同时农产品市场信息网络也成为政府引导农民调整产业结构的重要手段。

四、推广方法的选择与应用

农业推广是实现农业科技成果转化为现实生产力的核心环节，在坚持技术服务、信息服务、经营服务的同时灵活应用各种推广方法，以更好更快地提高农民对新技术的认识程度、接受程度、应用效率，使新技术、新成果在生产中发挥巨大作用。为达到这一目的，应根据当地农民的具体情况及要推广的项目选择具体的推广方法，并将各种方法有效的结合。

由推广内容确定推广方法。例如某一个地方准备引进外地品种，要连续进行两年以上试验示范、生产示范、现场参观、配套技术培训等一系列过程。对此引进当地科研机构研制的品种直接进行现场参观、技术培训即可。

由推广人员的现状来定，推广人员少应多采用现代传播速度快的推广方法。如果推广人员多可以采用个别指导等方法。

用农民乐于接受的方法进行，如示范、现场参观、财富故事影片等。

第二节 农业推广的基本技能

一、推广演讲

演讲，是演讲者在特定情况中，借助于有声语言和姿势语言等艺术手段，面对广大听众发表意见，从而达到感召听众的一种现实的社会实践活动。农业推广演讲是一种有效的推广手段。

1. 撰写演讲稿

（1）确定主题　主题选择讲究既通俗又新奇，同时具备现实性、针对性。做到听众喜欢、乐于接受，听后有收获感、满足感。

（2）选择材料　演讲使用的材料必须有事实根据，能有力地揭示事物本质，能说明问题、产生使人信服的效果，还应具备新颖性、并带有大量新信息且与现场听众的实际情况密切。

（3）文章结构　常见的结构方式有议论和叙述两类。议论式演讲稿结构有排列法、总分法、深入法、对比法。记叙式演讲稿结构有时间法、空间法、因果法、问题法等。

（4）语言修辞　注意词语的逻辑性，在选择词语上要恰当、准确、巧妙；注意词语的技巧性，不同场所、不同对象，选用恰当的词语，会收到良好的效果。如有位推广专家讲果树的打药部位时，用了"转圈打尖，下翻上扣，内外打透，防治病虫，保证丰收"的顺口溜，群众易记易做，很受欢迎。在讲果树剪枝时，群众不理解究竟剪到什么程度才算好，这位专家说："大枝亮堂堂，小枝闹嚷嚷，有形不死，无形不乱，这就是最好的效果。"这段话词语调配巧妙、生动逼真，表现了推广人员的语言技巧水平。

（5）演讲的开头与结尾

① 演讲的开头。演讲是一个吸引人、鼓舞人、说服人的活动。如果开头就失去吸引力，肯定要影响感染力、说服力，从而影响到整场演讲效果。一个好的开头对整个演讲的成功至关重要。一般来说，常见的演讲开头有以下几种类型：第一类情感沟通，产生共鸣。简短的几句话，可以拨动听众的心弦，使其感到演讲者可信、可敬、可亲、可爱，为以下内容的传递铺平道路。第二类是提出问题，吸引听众，让听众的思想由演讲者调动。

② 演讲的结尾要求。结尾比开头更精彩，才能使演讲在听众情绪的高潮中结束。要有一个好的结尾，可以从以下四个方面努力。a. 提示主题，加深认识。这要用简要的语言，将主题概括与升华，有不可动摇之意。b. 收拢全篇，统一完整，使结论自圆其说，令人坚信不移。c. 鼓起精神，促进行动。d. 使人深思，耐人寻味，让听众在实践中去探索、证实。另外结束语不可过长，收尾干净利落。

2. 演讲

为了演讲发挥得好，收到好的效果，应掌握以下几点技巧。

（1）轻松上场　尽快进入角色。

（2）把握听众心理　尽可能满足不同听讲人的要求。

（3）语言流畅　声音大小应有变化，变化是随着内容的起伏、情感的起落而变化的。赋予语句抑扬顿挫的特点，而且也体现出一定的思想感情。强调、鼓动、呼吁等情节宜加大音量；分析原因、交代措施等情节音量可以低一些。速度的快与慢,声调的抑与扬、顿与挫等都要有变化。

(4) 掌握表情神态　做到严而有神。

二、推广写作

农业推广写作是农业推广工作的基本要求,常用论文、报告、应用宣传等三种文体进行写作。

1. 农业推广论文写作

农业推广论文是用书面形式表述在农业推广领域里进行的研究、开发及推广的学术性文体。推广论文具有学术性、创造性、科学性和可读性等四个特点。农业推广论文的写作格式有两种:三段式结构、多项式结构。

(1) 三段式结构　学术性、理论性比较强的科技论文和软科学方面的文章,一般多采用这种写法,它包括绪论、本论、结论三个部分。绪论提出为什么要研究这个课题,说明研究的目的和意义,研究范围和方法,研究的场所、条件、写作单位以及花费的时间等。本论是进行充分的、全面的、有说服力的论述所研究的问题。一般应详细阐述研究的手段、方法和取得的成果,或提出有创见的论证和结论。对科技管理方法、原则问题的探讨,还要将论据性的文献资料和现实状况的调研材料加以介绍,可以制表、绘图和利用照片加以说明。结论一般概括总结本论部分的内容,回答绪论部分提出的问题,得出基本结论。

(2) 多项式结构　介绍科技研究成果、技术业务性较强的论文,一般多采用这种格式。包括:标题、作者及其工作单位、摘要、关键词、前言、正文、结论、致谢、参考文献等部分。

① 标题。标题高度概括论文内容,集中体现论文精髓。标题的拟写要确切、精练、鲜明,能够清楚地、恰如其分地反映出研究的范围和深度,并能准确地概括论文的内容。题目字数一般不超过 20 个字。对于内容复杂、短了难以概括主要内容的标题,可用加副标题的办法来引申主题,补充说明。

② 署名。在标题下应署出作者的姓名及工作单位。农业推广论文的署名,不仅是作者辛勤劳动的体现和应得的荣誉,而且也是文责自负的要求,同时也便于读者同作者联系。署名的人数一般不超过 6 人,超出者以脚注形式列出。第一作者通常是执笔者或实验主持人。其他作者,按照对论文或实验研究贡献大小以及完成工作的多少依次排列,做到实事求是,不争不让。

③ 摘要。摘要是对文献内容准确扼要且不加注释或评论的简单陈述。通俗地讲,摘要是科技论文内容有关要点的概述。摘要的内容主要包括研究目的、对象、特征、方法、主要成果与结论。其中,最主要的是成果和结论。摘要字数为原文字数的 $3\% \sim 5\%$,一般要求 $150 \sim 300$ 字。摘要必须精确、准确、严密地概括和表达论文的内容,要字字进行推敲,要表达清楚,结构严谨,语言连贯,逻辑性强,创新内容要突出、客观,不加任何评论。

④ 关键词。关键词是反映文章内容的几个关键性的名词和术语。一般论文以 $3 \sim 5$ 个关键词为宜。英文摘要后要有英文关键词,且与中文关键词一一对应。

⑤ 引言。引言是向读者介绍论文的主旨、目的和总纲,引导读者领会论文成果的作用、意义等。通过引言很自然地引出正文。一般不超过 $300 \sim 500$ 字。

⑥ 正文。正文是农业推广科技论文的核心内容,一般包括资料和方法、结果与分析、讨论、结论。

a. 材料和方法。材料包括实验材料、仪器、试剂,方法包括设计和方法步骤。实验材料要反映材料的品种、批号、来源、数量、质量等;仪器包括仪器的名称、型号、生产厂家、精密度等;试剂包括名称、批号、生产厂家、纯度、剂量、浓度等。如果是自己设计的方法,应详细说明。如果是采用了前人或他人的方法,只写出方法名称。

b. 结果及分析。逐项对实验结果做定性、定量概述及分析,并进一步引出结论或推论;说明结论或推论的适用范围。关于表述方式，论文往往运用表、图、文字来进行表述，要注意的是图表一定要与文字表述相配合，图表不能代替文字，也不能简单重复。

c. 讨论。讨论是作者根据试验结果发表见解的部分，作者应对所进行的研究和获得的资料进行归纳、概括和分析探讨，并在此基础上阐述事物的内在联系和进行理论上的论证。进行理论上的论证可与过去情况相比阐述事物的发展和深入；对实验中预料以外现象的理论解释提出假定说明；自己的结论与已有成果进行比较分析；实验中的缺点、错误和教训要指出；需要进一步探讨的问题及解决这些问题的关键性方法和措施，今后研究方向的设想都应写清楚。

⑦ 结论。结论是概括、抽象出来的总观点、总论断，是论文的精华。

⑧ 致谢。对于农业推广研究及科技论文写作过程中的指导者、协作单位与个人，应致以谢意，以示对别人劳动的尊重与感谢。

⑨ 参考文献。凡是参考和印证的文献资料，都应列出其题目、作者姓名、出处，包括刊载的书刊名称、卷期、页数以及出版的日期。

2. 农业推广科技报告写作

农业推广科技报告是指推广活动中有关情况，用书面方式向主管单位或负责单位所做的报告，具有告知性、客观性、针对性三方面的特点，农业推广科技报告主要包括项目可行性研究报告、项目开题报告、科技试验报告、调查报告等。

(1) 项目可行性研究报告　项目可行性研究报告没有固定的、统一的形式，其篇幅也长短不一，没有固定的要求。如农业推广项目，可行性研究报告的内容，包括以下几方面：前言、市场需求情况、资源、原材料、资料及公用设施情况、厂址方案和建厂条件、设计方案、环境保护、生产组织、劳动定员和人员培训、项目的实施计划、投资估算和资金筹措、产品成本的估算、评价、附件。

(2) 项目开题报告　项目开题报告又叫项目申请报告，是向上级机关申请科研课题立项、策划科研开展的一种文件，它的表达形式是科研项目申请。科研项目开题报告的内容有：封面；正文包括本项目的目的和意义，研究内容和技术指标，拟采取的研究方法和技术路线，承担本项目的条件、经费来源及概算，项目负责人和主要合作者的业务简历。

(3) 科技试验报告　农业推广中的科技试验报告，是把科技实验目的、原理、设计、过程、结果及其分析写成合乎一定规模要求的文字总结材料。它是实验结果的完整反映和记录，是向社会发表的一种文献。科技试验报告按其目的可分为检验型和创新型两种。如创新型实验报告的格式为：标题、署名、摘要、正文、致谢、参考文献。正文包括实验设计的基本情况、实验结果分析、讨论、结论。

(4) 调查报告　这是根据调查研究的结果写出的反映客观事物的书面报告。调查报告常采用三种形式：基本情况调查报告、典型经验调查报告和理论研究调查报告（又称查明问题调查报告）。其调查报告的内容有：标题、前言、正文、结尾、附录等部分。

3. 农业推广应用文体与宣传文体写作

农业推广应用文体的写作包括农业推广工作计划总结、技术开发方案、科技合同（协议）、广告和科技简报等方面的写作。农业推广宣传文体写作包括农业科技新闻的写作和农业科普作品的写作。如农业科普作品的写作。农业科普就是把人类已经掌握的农业科学技术知识和技能以及先进的科学思想和科学方法，通过各种方式和途径，广泛地传播到社会的各个有关方面，为广大农民群众所了解和掌握。农业科普作品写作首先选题准确然后收集资料，最好是自己亲手观察、记载或试验研究的材料，特别是在原有的新成果、新知识、新技术、新技能、新工艺等的基础上得到的适合当地条件的相关资料更新颖更有创造性。也可以从调查采访获取，可以从农业科技文献中获取，可以改编农业学术性文章，也可把某农业科普作品改变为另一种体裁的科普作品，还可以把外国优秀的科普作品翻译成中文。材料收集后进行细心构思、精心谋划最后成文。农业科普作品的读者差异大，根据读者的特点和要求来安排作品结构是获取创作成功的重要方法。

第三节 农业推广工作的原则和程序

一、农业推广工作的基本原则

1. 因地制宜原则

因地制宜原则是指农业创新的引进、推广项目的选择、推广方法的使用等都必须从本地的实际情况出发，考虑当地风俗、习惯和文化传统，使推广活动符合当地的实际情况。例如，由于棉铃虫的连年大发生，造成棉区不能再生产棉花，此时在棉区推广的抗虫棉深受农民的欢迎。

2. 试验示范原则

由于不同区域气候条件、地理位置、地形地貌和经济条件的差异，一项新的农业创新，只有在适宜的地方推广才能获得成功。试验示范可以给当地农民一个学习、观察的机会，让当地农民逐渐认识新事物，以后在大面积发展就比较容易成功。这是农业创新走出实验室、实验场，进入生产领域，在更大范围内接受检验和进一步完善配套的需要，也是推广人员熟悉和了解创新、取得经验的需要。

3. 继续教育原则

这是指农业推广工作必须着眼于开发农民的继续教育，提高他们的思想认识水平、掌握科技文化和学习科技知识的能力。通过与农民交流，增进农民的知识、改变农民的观念、提高农民的操作技能，提高其总体素质，进而达到增产增收、改善生活、促进农村社会经济发展的目的。如推广无公害农产品生产技术，首先要让农民了解有害农产品的危害及产生的原因，再重点推广生产技术，让农民看到经济效益，效果会更好。推广工作者应该是向农民传播新的知识、技术和信息，而不是代替农民决策，迫使农民去做。

4. 合作推广原则

农业推广工作是一项庞大的社会工程，必须动员全社会的力量参与推广，实行大联合、大合作，才能实现。

① 推广人员和农民之间的合作有利于互相尊重，互相爱护，互相学习。推广人员通过和农民交流、共同参加一些劳动，从而了解他们的生产、生活、习俗、习惯、心理特点和需要解决的问题；学习他们的语言、生产经验和各种长处；听取他们的意见、想法，帮助他们排忧解难，有助于推广工作的进行。

② 农业教育、农业科研与农业推广三方面的合作。有利于培训农民、解决农业生产中的主要技术障碍。农业教育、科研单位的科技成果，能及时转给农业推广部门，尽快向农民推广；农业推广部门在推广中发现的新问题，能及时反馈给研制成果的单位，使技术不断改进、不断创新。

③ 农业推广部门与社会各有关部门的合作。农业推广工作，涉及的部门很多。农业推广离不开农业生产资料的供应，财政、银行等部门的支持；同时也和农产品的加工贮运、交通管理等部门的支持分不开。如寿光设施栽培、市场开发、农业博览、观光旅游的成功就是最好的例证。

④ 推广部门和农业企业的合作。农业企业目前发展得较快，涉及农业生产、加工贮存、运输、市场开发等多个环节，大型企业都有自己的研发、技术服务等一系列人员。同时他们也和农民有密切的联系，农业推广与他们合作就会加快推广的进程。

⑤ 推广部门和农民组织的合作。目前农村的各种协会将很多的有远见的农民组织起来，共同讨论研究农业的一些问题。农业推广部门与他们合作可以加快和农民的交流，促进推广工作的进展。

5. 服务配套原则

服务配套是农业推广工作的客观要求，因为技术和信息只有与一定的生产要素相结合，才能发挥其应有的作用。农业推广人员在从事推广工作的同时，应积极地开展与推广有关的技术、物资、资金、贷款、市场开发等综合服务，才能使推广工作顺利进行，取得好的效果。

6. 综合效益原则

坚持综合效益原则是指农业推广工作必须同时兼顾经济效益、社会效益、生态效益，并使它们协调发展，达到整体效益最佳，实现可持续发展。

经济效益是指生产和再生产过程中劳动占用和劳动消耗量相同所得到的劳动成果的比较。在农业推广活动中，获得一定的农产品价值，所占用和消耗的社会劳动量越大，经济效益就越低。从单位效益、推广应用的范围、推广应用的速度来评价农业推广的经济效益。一般要有较高的经济效益才能推广。

农业推广工作要有利于提高社会劳动生产力，能不断满足国民经济发展、人民物质生活和精神生活的需要，不断地改善社会生活环境，提高广大农民的科学文化素质。

兼顾生态效益，就是农业推广工作的开展既要有利于保护生态环境，维护生物与环境间的动态平衡，又要考虑当年的效益，而且要考虑长远效益，克服短期行为，为农业可持续发展创造条件。

二、农业推广工作程序

农业推广工作程序概括起来可分为：项目选择、试验、示范、培训、服务、推广、评价等7个步骤。

1. 项目选择

项目选择是一个收集信息、制订计划、选定项目的过程，也是推广的前提。收集的信息主要来源于：引进技术；科研、教学单位的科研成果；农民群众的生产经验；农业推广部门的技术改进。通过收集信息，推广人员在分析了当地自然条件、经济条件、生产条件、生产状况、技术习惯、农民的需要及农业技术的障碍因素等基础上，结合项目选择的原则，进行项目预测和筛选，初定推广项目，随后制订试验、示范、推广等计划。

2. 试验

试验是对新成果、新技术进行推广价值的评估。如新产品的引进和推广就需要先进行试验。试验一般分为小区试验和生产试验两个阶段。小区试验先在科研部门进行，生产试验在科研与县农业推广站（中心）的基地（点）上同时进行，也可在科技示范户和技术人员承包的试验田中进行。

在推广过程中，进行小区试验的目的是探讨该项技术、新成果在本地的适应性和推广价值。对引进的优良品种多数还要在小区试验基础上进一步扩大试验的规模，即生产试验。生产试验的目的主要是进一步验证新技术的可靠性。通过试验，掌握农艺过程和操作技术，获得第一手资料，直接为生产服务。

3. 示范

示范是推广的最初阶段，属推广的范畴。示范的目的既是进一步验证技术的适应性和可靠性的过程，又是树立样板对农民进行宣传教育、引导农民自觉采用新技术的过程。

目前我国多采用科技示范户和建立示范田的方式进行示范。示范适应了农民现实的心理，因此，示范的成功与否对项目推广的成效有直接的影响。

4. 培训

这是一个指导、传播技术的过程。新技术一经进入示范阶段，就要对农民进行培训。通过培训使农民逐渐了解、掌握新技术。培训的方法有举办培训班；开办科技夜校；召开现场会；巡回指导、田间传授和实际操作；建立技术信息市场；办黑板报、编印技术要点和明白纸；通过广播、电话、电视、电影等方式宣传介绍新技术。

5. 服务

这是指技术指导、物资、资金的供应、市场开发过程。各项新技术的推广十分需要行政、供销、金融、电力、推广等部门的通力协作，为农民进行产前、产中、产后一条龙的技术、物资、资金、产品运销等方面的服务。

6. 推广

这是指新技术应用范围和面积迅速扩大的过程，是知识形态的潜在生产力向物质形态的现实生产力转化的过程，也是产生经济效益、社会效益和生态效益的过程。需采取广泛宣传、技术培训、技术咨询、技术承包、技术指导等手段，并借助行政力量以及资金、物资支持，方能使一个新技术（项目）在村、乡、县乃至一个省或全国推广开来。

7. 评价

评价是对推广工作进行总结的过程。推广过程中，应对技术应用情况和问题及时进行总结。推广基本结束时，再进行全面、系统的总结和评价。技术经济效果是评价推广成果的主要指标，同时兼顾经济效益、社会效益和生态效益之间的关系，以便对推广成果做出全面和恰如其分的评价。

应该指出的是农业推广程序的7个步骤中，试验、示范、推广是农业推广程序中最基本的程序，一般农业推广应按照"试验、示范、推广"这一基本程序进行，但在实际推广过程中，有很多情况需要灵活掌握，如在同一自然条件下，后推广地区可以到先推广地区参观、学习后直接进行推广；农民自身在多年的实践中结合当地实际情况总结出的行之有效的实用技术，通过召开现场会的方式宣传，号召在同类地区大力推广；科研、教育部门选育的某审定新品种、研究的某新技术在选育地、审定过程的试验地推广就可以直接进入推广阶段，运用到生产中去。

本 章 小 结

大众传播、群体指导、个别指导是农业推广的基本方法。大众传播法的优点是传播的信息权威性高、数量大，信息传播的速度快、效率高、成本低；缺点是信息传递方式多是单向性的，很难实现双向沟通。群体指导法的优点是指导范围相对较大，有利于提高推广效率和经济效益；有利于展开讨论或辩论，提高接受速度，达成一致意见；可以双向交流，能及时得到反馈信息。群体指导法的缺点是难以满足每个人的特殊要求。个别指导法的优点是针对性强、能直接解决问题、便于双向沟通，缺点是信息发送量有限，指导范围相对较小。应根据当地农民的具体情况及推广的项目选择具体的推广方法，并将各种方法有效地结合。

大众传播媒体主要有三大类：一是印刷品媒体（如报纸、书刊和活页资料等），二是视听媒体（如广播、电视、电影、录像、幻灯、多媒体等），三是静态物像媒体（如广告、标语、科技展览陈列等）。群体指导的形式主要有群体教学、小组讨论、成果示范、方法示范、现场参观等。个别指导的形式主要有农户访问（田间技术指导）、咨询服务（办公室咨询、信函咨询、电话和电视咨询、科技集市咨询等）、计算机与网络技术信息服务等。应综合应用各类媒体、各种形式开展农业推广工作。

农业推广演讲是一种有效的推广手段。要做好农业推广演讲，首先要撰写一个好的演讲稿。撰写农业推广演讲稿应注意四个方面：一是选择既通俗又新奇，同时具备现实性、针对性的主题；二是选用有事实根据，能有力地揭示事物本质，令人信服并具备新颖性的材料；三是选择适宜的文章结构方式和方法；四是要注意使用修辞技巧。

农业推广写作是农业推广的基本技能，包括农业推广论文写作、农业推广科技报告写作、农业推广应用文体与宣传文体写作等。农业推广科技报告主要包括项目可行性研究报告、项目开题报告、科技试验报告、调查报告等。农业推广应用文体的写作包括农业推广工作计划总结、技术开发方案、科技合同（协议）、广告和科技简报等方面的写作。农业推广宣传文体写作包括农业科技新闻和农业科普作品的写作。

农业推广工作应坚持因地制宜、试验示范、继续教育、合作推广、服务配套、综合效益等六项基本原则。农业推广工作的一般程序包括项目选择、试验、示范、培训、服务、推广、评价等七个步骤，其中试验、示范、推广是农业推广最基本的程序，一般农业技术推广应按照"试验、示范、推广"这一基本程序进行。

复习思考题

1. 农业推广常用的方法有哪些？

2. 农业推广的原则有几种？
3. 农业推广的程序是什么？
4. 写一篇农业实用新技术演讲稿，并当众演讲。
5. 写一篇科普文章，投稿。
6. 选题、设计推广项目并在同学中演示推广，评价推广效果。

实训　编制农业项目可行性研究报告

一、目的要求

通过本项实训，了解农业项目可行性研究报告写作的方法步骤，掌握农业项目可行性研究报告的写作技巧，学会编写农业项目可行性研究报告。

二、可行性研究报告的类型

复杂的农业项目的可行性研究报告原则上由具有相应资质的农业工程勘察设计、工程咨询单位编写。简单的农业项目的可行性研究报告一般由农业推广人员编写。

可行性研究报告是从实际出发，运用定性定量分析的方法，通过综合分析某项农业推广项目的社会需求、现实条件、社会经济效益等，论证该项目推广的现实性（可行性）。常见的农业项目可行性研究报告有：农业科技推广（开发）项目可行性研究报告、农业综合开发项目可行性研究报告、农业基本建设项目可行性研究报告、农业产业化项目可行性研究报告、农业专项（财政）资金项目可行性研究报告、星火计划重点项目可行性研究报告、申请使用贷款的农业项目可行性研究报告等。

三、可行性研究报告的内容结构

1. 总论

主要内容包括：

① 项目摘要。项目内容的摘要性说明，包括项目名称、建设单位、建设地点、建设年限、建设规模与产品方案、投资估算、运行费用与效益分析等。

② 可行性研究报告的范围与依据。

③ 主要的技术和经济指标（表格式）。

2. 项目背景

主要内容包括：

① 项目的由来（项目建设的理由）。

② 项目建设的重要性与必要性。国内外相关产业及技术发展现状与趋势、项目建设的必要性和意义、建设的有利条件和可行性、产业关联度分析等。

③ 项目拟建区域（项目区）的基本情况。主要包括项目地点的具体位置、气候、水文、地质、地形条件和社会经济状况，交通、通讯、运输及水、电、气的现状和发展趋势，地点比较和选择意见，项目占地范围、总体布局方案，项目资源、原材料、辅助材料、燃料供应情况及公用设施条件等。农业综合开发项目侧重项目位置、气候条件、水资源条件、土地资源条件、耕作制度、生产经营现状与分析、基础设施现状与分析、社会经济现状与分析。

④ 项目承担单位（即项目法人单位）的基本情况。项目承担单位原则上应是具有相应承担能力和条件的企事业单位。包括人员状况，固定资产状况，现有建筑设施与配套仪器设备状况，专业技术水平和管理体制等。

3. 市场（产品或服务）供求分析及预测（量化分析）

主要内容包括：本项目、本行业（或主导产品）发展现状与前景分析、现有生产（业务）能力调查与分析、本地及周边市场现状的调查、市场需求调查与预测、产品（或劳务）的市场竞争能力、市场风险性分析、产品（或劳务）的基本营销策略等。

4. 项目地点选择分析

项目建设地点选址要直观准确，要落实具体地块位置并对与项目建设内容相关的基础状况、建设条件加以描述，不可以项目所在区域代替项目建设地点。具体内容包括项目具体地址位置（要有平面图）、项目占地范围、项目资源、交通、通讯、运输以及水文地质、供水、供电、供热、供气等条件，其他公用设施情况，地点比较选择等。

5. 项目总体方案设计

① 项目建设的指导思想和项目建设目标。建设目标主要包括项目建成后要达到的生产能力目标或业务能力目标，项目建设的工程技术、工艺技术、质量水平、功能结构等目标、总体布局及总体规模。

② 项目建设内容与规模。项目建设内容主要包括土建工程、田间工程、配套仪器设备等。要逐项详细列明各项建设内容及相应规模（分类量化）。土建工程：详细说明土建工程名称、规模及数量、单位、建筑结构及造价。建设内容、规模及建设标准应与项目建设属性与功能相匹配，属于分期建设及有特殊原因的应加以说明。水、暖、电等公用工程和场区工程要有工程量和造价说明。田间工程：建设地点相关工程现状应加以详细描述，在此基础上说明新（续）建工程名称、规模及数量、单位、工程做法、造价估算。配套仪器设备：说明规格型号、数量及单位、价格、来源。对于单台（套）估价高于5万元的仪器设备，应说明购置原因、理由及用途。对于技术含量较高的仪器设备，需说明是否具备使用能力和条件。配套农（牧、渔）机具：说明规格型号、数量及单位、价格、来源及适用范围。大型农（牧、渔）机具，应说明购置原因及理由、用途。

③ 生产（操作、检测）等工艺技术方案。主要包括项目技术来源及技术水平、主要技术工艺流程与技术工艺参数、技术工艺和主要设备选型方案比较等。

④ 工程建设规划和项目实施计划。建设期限和实施的进度安排，根据确定的建设工期和勘察设计、仪器设备采购（或研制）、工程施工、安装、试运行所需时间与进度要求，选择整个工程项目最佳实施计划方案和进度。

6. 项目组织管理与运行

主要包括项目建设期组织管理机构与职能、项目建成后组织管理机构与职能、运行管理模式与运行机制、人员配置等；同时要对运行费用进行分析，估算项目建成后维持项目正常运行的成本费用，并提出解决所需费用的合理方式方法。

7. 环境保护与安全生产

包括项目区环境现状分析、项目运行中对环境的影响、可能产生的主要污染物及治理措施（对项目污染物进行无害化处理）、提出处理方案和工程措施及造价、项目设计采取的环保标准及主要安全生产措施。

8. 项目总投资和财务估算与资金筹措

依据建设内容及有关建设标准或规范，详细分类估算项目固定资产投资并汇总，明确投资筹措方案。主要包括：总投资估算、资金筹措方式与渠道、资本金、投资使用计划、项目运营的成本与收入估算。

9. 效益分析

对项目建成后的经济与社会效益进行测算与分析（量化分析）。特别是对项目建成后的新增固定资产和开发、生产能力，以及经济效益、社会效益（如社会供种量，带动多少农户，多大区域经济发展等）等进行量化分析。

10. 结论与建议

主要内容包括：可行性研究的结论、主要建议、需要深入研究的问题等。对建议方案进行综合分析评价和方案比较，选择最佳建设方案，提出存在的问题、改进建议及结论性意见。

11. 附件

与本项目有关的证明、依据、示意图、表格等均应作为附件。

四、方法与步骤

可选择一项实用的农业建设项目，以班级为单位，分组编制可行性研究报告。每组编写可行性研究报告的一部分，一个同学编写其中的一项内容。可按以下步骤进行：分组讨论选择确定可行性研究报告的题目，讨论如何进行编写，由学生选择编写内容或有班长分配编写任务，分头进行编写，由班长或讨论选出的统稿人进行统稿修改，在全班征求修改意见，根据修改建议进行修改、定稿。最后由指导教师进行评阅，对学生进行评析讲解。

五、作业

每位学生编写可行性研究报告的一部分内容。

第七章 农业推广试验与示范

[学习目标]
1. 了解农业推广试验的基本类型，农业推广试验的基本要求。
2. 学会农业推广试验方案的编制与实施。
3. 掌握农业推广成果示范与方法示范的基本要求、实施步骤。

第一节 农业推广试验

一、推广试验的类型

在农业推广过程中，需要做很多试验。由于试验目的、性质、方法、因素、时间等不同，推广试验有不同的分类方法。

1. 按试验因素多少分类

(1) 单因素试验 在同一试验中只研究一个因素的若干处理的试验叫单因素试验。比如在种植业的玉米品种比较试验中，只有"品种"这一个因素，除了这一个因素外，其他因素如施肥水平、栽培和管理的技术环节、措施等都是相对一致的。单因素试验在设计上较简单，目的明确，实验结果易分析，但不能揭示多个因素之间的相互作用和关系。

(2) 多因素试验 在同一试验中同时研究两个及以上因素的试验叫多因素试验。在试验中，把各因素分为不同水平，各因素不同水平进行组合，这即为试验的处理或处理组合。在试验中，除指定的处理外，其他一切栽培管理措施等条件要求是完全一致的。多因素试验的作用可研究一个因素在加一因素的各个不同水平上的平均效应，还可以探索这两个因素间的交互作用。如进行2个品种与2种施肥时的两因素试验，共有4个处理组合。在这个两因素试验中，除了品种与施肥两个试验因素外，还可以找到2个品种对各种施肥量是否有不同影响，从中我们可选出最优处理组合。动植物生产是都在多因素条件下生产，所以，采用多因素试验，有利于发现主要因素在动植物生产中的相互关系，及对动植物生产的影响。

(3) 综合性试验 从理论上讲是一种多因素试验。但试验所涉及因素的各水平不构成平衡的处理组合，而是将若干因素已知的最佳水平组合在一起做实验处理。即将多个相关内容的技术成果组装集成。目的在于探讨一系列相关因素某些处理组合的综合应用，它不研究个别因素的独立效应和各因素的交互作用。

2. 按试验小区大小分类

(1) 小区试验 按照试验小区面积的大小可将农业推广试验分为小区试验和大区对比试验。小区试验又叫技术适应性试验，多应用于科学研究为目的和农业推广探索性试验。根据试验的不同特点，控制小区面积的变动范围。如在种植试验中，密植作物试验的小区可以小一些，稀植作物试验的小区要求大一些，一般小区面积变动范围在600平方米以内。如联合国粮农组织建议水稻、小麦的品比试验，小区面积的变动范围一般为5~15平方米，玉米品比试验小区为15~25平方米。

(2) 大区对比试验 大区对比试验又叫中间试验或区域试验或生产试验，多是某项农业创新技术大规模推广之前进行的接近生产实际的推广性试验。大区面积较大，一般不小于3000平方米。如农业推广示范性试验、生产适应性试验、综合试验等多采用大区对比试验。

3. 按试验时间分类

（1）一年试验　有的试验时间短，在一年或一个生育期就可完成研究工作，所以只进行一年的试验叫一年试验。

（2）多年试验　有的试验要重复几年才能完成，这样的试验叫多年试验。如有些作物育种的试验等必须进行几年。同时多年试验可在不同年份、不同自然状况下进行，反应年际间不同条件下作物的表现，使人们对试验结果能更全面的认识，有利于作物的推广与应用。

4. 按试验布置的地点范围分类

（1）一点试验　一点试验指一个试验只在一个地点进行。一点试验只能反映出当地条件下的生产情况。

（2）多点试验　多点试验指相同的试验同时在几点进行。多点试验可提早肯定试验结果的适应范围，有利于加速新品种、新技术的推广和应用。所以一般新品种在推广之前，必须经过多点区域性试验鉴定，以肯定该品种对不同地区、不同气候条件的适应性，及其在所有试验区表现的高产稳产性能。

二、基本要求

1. 试验目的性要强

农业推广试验就是要解决农业生产中需要的问题，因此，在试验前，要全面了解各方面情况，对试验的预期结果及在生产中的作用要心中有数。试验目的明确，才能确定和采用合理的技术路线，抓住试验中要解决的关键技术问题，保证做到试验合理、节省和高效。

2. 试验条件和材料要有代表性

试验条件代表性是指试验的条件应能代表将来准备采用这种结果的自然条件和农业生产条件。同时试验条件代表性也决定了试验结果在当时当地的具体条件下可能利用的程度。例如在田间试验中选用试验地的土壤种类、土壤结构、土壤肥力、地势、地下水、气象条件、耕作制度、管理水平等都应当具有代表性。同时试验条件的代表性，既要考虑当地当时生产实际，也要有前瞻性，用发展的眼光看待和处理试验条件的代表性，不能停滞在目前的条件下，不要使农业推广落后于农业生产。

试验材料代表性是指试验所用的材料一定要能代表所引入的成果。如所用作物品种、肥料、农药等，对照材料的纯度、净度、有效成分等都要有代表性。

3. 试验结果要准确可靠

试验结果准确可靠包括试验结果的准确度和精确度。准确度就是指试验对象某一性状的测定值与其真实值之间的接近程度。两者越接近，表示试验的结果越准确。但在实际试验中，真值往往是未知数，因为测定仪器或测定方法都会带来一定的系统误差，所以试验的准确度是难以确定的。提高试验准确度，减少系统误差，使试验结果接近真实值的途径是改进试验方法，采用先进的测定仪器。精确度是指试验中同一性状的测定值在各重复中彼此接近的程度，即试验误差的大小。

4. 试验结果要能够重复

这里所指的重复，主要是指某一农业创新试验结果在推广应用中的重演性。农业推广试验是在开放系统中进行的，受气候等复杂环境条件的影响，影响因素较多，因而试验的重演性较差。为了保证试验结果的重复获得，首先，对每一个试验，必须有一个严密细致的操作规程，要求每一个试验人员要严格执行；其次，要了解和掌握试验动植物生长发育过程的情况及其对应的各项环境条件变化，详实观测，认真记载观测数据，保管好试验档案，经过分析研究，明确相互作用和影响的关系；第三，应采用多点重复试验，了解同一试验在不同地区的表现，使试验成果在当地推广后与其试验结果相一致。

三、试验设计与误差控制

1. 试验设计的基本原则

(1) 重复原则　重复是指试验中将同一试验处理设置在两个或两个以上的试验单位上。同一试验处理所设置的试验单位数称为重复数。

重复的作用主要有：一是估计试验误差。如果同一处理只设置在一个试验单位上，那么只能得到一个观测值，则无从看出变异，因而也无法估计试验误差的大小。二是降低试验误差，提高试验的精确性。试验误差大小与重复次数的平方根成反比，重复次数多，则误差小。做一个试验，重复次数应该多少，要根据试验条件、试验要求、供试材料和试验设计等来定。试验要求精确度高，重复次数应多些。现在农业试验中，一般重复次数在3次左右。

(2) 随机原则　随机排列是指试验的每一个处理都有同等机会设置在一个重复中的任何一个试验小区上。随机化的目的是为了获得对总体参数的无偏估计。随机排列的实现可以通过抽签法、利用随机数字表法。

(3) 局部控制原则　当试验单位之间差异较大时，即存在某种系统干扰因素时，可以将全部试验单位按干扰因素的不同水平分成若干个小组，在小组内部使非实验处理因素尽可能一致，实现试验条件的局部一致性，这就是局部控制。局部控制通常通过设置区组来实现，相应的试验设计方法以随机区组设计为代表。局部控制的作用使干扰因素造成的误差从试验误差中分离出来，从而降低试验误差。

以上三条原则，重复可降低试验误差和估计试验误差，随机是为了正确无偏估计试验误差，局部控制则有利于降低试验误差。它们共同的目的是为了准确地评价处理效应。

2. 确定试验因素及水平时应注意的事项

(1) 试验的处理数不宜过多　确定试验方案时，应根据对试验提出问题的多少决定用什么样的方案。凡可以用简单方案的试验就不要采用复杂的设计；必须采用复杂方案时，在力求达到试验目的的前提下做到不要过分复杂，减少对试验的实施和统计分析带来的麻烦和困难。例如，做一项拟在寻找5个玉米新品种与5个氮肥施用量和5种播种密度最佳配比组合的开发性试验，即3因素、5水平、3次重复的试验，若采用全因子组合实施进行，共有125个处理、375个小区，所需要的人力、财力、物力及试验观测是难以支持和操作的。

(2) 试验水平间的差异应适当　试验方案中的处理水平应力求简明、水平间的差异要适当，一般要遵循居中性、可比性和等距性3个原则。居中性就是水平上下限之间应包括某研究因素的最佳点，因而水平的确定要适中。要达到这一要求，需了解原引新技术的推荐参数，又要根据已有的实践进行分析判断。通常做法是在原有基础上向上下适当伸延。等距性即对某些因素的可连续性水平（如密度、施肥量、灌水量等）差异之间的距离要相等，更便于分析处理。可比性是指对某些无法用连续性度量进行统一衡量的试验因素，例如作物新品种试验，虽是单因素试验，但处理（即水平）间是不连续的。各个品系在生育期之间，分蘖成穗能力或枝权扩展能力之间，株型大小之间都存在很大的差异。因而需灵活使用唯一差异原则，将相同或相似的一类分为一组，分别进行试验，以增加真实特点的可比性。

3. 误差控制

对于试验数据的统计处理与分析方法，有专门课程的学习，这里主要讨论在农业推广试验中，导致试验误差产生的原因和控制、降低试验误差的途径。

(1) 试验误差及种类　在农业推广试验中，由于受许多非处理因素的干扰和影响，使试验观测所得到的所有数据和现象，既包含处理的真实效应，又包含不能完全一致的许多其他因素的偶然影响。这种使观察值偏离试验处理真值的偶然影响称为试验误差，它影响试验的准确度和精确度。为了对试验资料进行显著性测验，必须计算试验误差，按照误差的来源将其分为系统误差、偶然误差和过失误差。

① 系统误差。系统误差是指有规律性、方向性的误差，即在相同条件下，多次测量同一目标量时，误差的绝对值和符号保持稳定；在条件改变时，则按某一确定的规律而变化的误差。系统误差统计意义表示实测值与真值在恒定方向上的偏离状况，反映了测量结果的准确度。系统误差主要来源于测量工具的不准确（如钢尺长度偏大或偏小）、试验条件、环境因子或试验材料有

规律的变异及其试验操作上的习惯性偏向等。

② 偶然误差。偶然误差亦称随机误差，指由于偶然原因或难以控制的因素引起的，没有规律性和方向性的误差。偶然误差就是在相同条件下多次测量同一目标量时，误差的绝对值和符号的变化时大时小、时正时负，没有确定的规律。它是不可预见的误差。这种误差的统计意义表示在相同条件下，重复测量结果之间的彼此接近程度。它反映了测量结果的精确度。随机误差的导致因素主要有局部环境的差异、试验材料个体间的差异、试验操作与管理技术上的不一致，以及气象因子等试验条件的波动性等。

③ 过失误差。过失误差一般是指在试验过程中由于操作错误引起的误差，也叫差错。如看错、读错、记错、量错、称错等，以及试验设计、排列错误造成的误差。

（2）试验误差的来源

① 试验材料本身的差异因素。试验材料本身的差异是指试验中各处理的供试动、植物材料在其遗传和生长发育情况上或多或少存在着差异。如试验用的材料基因型不纯或播种的种子饱、秕有差别，试验用的秧苗大小、壮弱不一致等。

② 农业生产操作和管理技术不一致性因素。如种植业试验过程中，对各处理的土地耕翻、播种深度、密度、中耕除草、灌溉、施肥等操作和管理方面在质量上不能完全一致，以及对某一性状进行观察和测定时，各处理的观察测定时间、标准、人员和所用工具、仪器等不能完全一致引起的差异。

③ 试验外界条件的差异因素。如在作物种植试验中，由于试验地的土壤差异及肥力不均匀所引起的差异。这是试验误差中最有影响、也是最难以控制的。其他如病虫害侵袭、人畜践踏、气候灾害、人为因素等，它们具有随机性，各处理遭受的影响不完全相同，是难以控制的。

（3）控制试验误差的途径

① 设重复。试验中同一处理在实际实施中出现的次数称为重复。如每一处理种植3个小区称为3次重复。从理论上讲，重复次数越多，试验结果的精确度越高。但由于实际运用时受试验材料、试验场地、人力、财力的限制，并不是重复越多越好，而应根据试验所要求的精确度、试验地土壤差异大小、试验材料的数量、试验地面积、小区大小等具体情况来定。一个正规的试验，一般要求设3~5次重复。

② 设对照。在试验中设对照（CK），其目的是作为处理比较的标准，有利于在对试验处理进行观察比较时，作为衡量处理或品种优劣的标准。在田间试验中，还可利用对照以估计和矫正试验田的土壤差异。在比较试验中，对照一般是当地当前最广泛应用的种、养技术措施或品种。

③ 小区随机排列。随机排列是指一个重复中某一个处理究竟要安排在哪个小区，应采取随机的方式，使每个处理都有均等的机会被分配在任何一个小区上。试验的随机排列与重复相结合，试验就会提供无偏的误差估计值，克服系统误差和偶然性因素对试验精确度的影响。一般可采用抽签法或利用随机数字表。

④ 局部控制非处理因素。局部控制就是分范围分地段地控制非处理因素，使其对各处理的影响趋向于最大程度的一致。局部控制总的要求是在同一重复内，无论是土壤条件还是其他任何可能引起试验误差的因素，均力求通过人为控制而趋于一致。把难以控制的不一致因素放在重复间。当试验的处理数较少，正好等于重复次数时，一般采用拉丁方设计。拉丁方设计的优点是行与列均可成为一个区组（重复），局部控制的效果最佳。

⑤ 坚持唯一差异原则，操作和管理技术标准化。唯一差异原则是指试验的各处理间只允许存在比较因素之间的差异，其他非处理因素应尽可能保持一致。要做到非处理因素的一致：一是试验中必须严格要求动植物等试验材料的基因型同质一致，以减少试验材料的误差；二是要做到试验设计的平行性。

四、方案设计

农业推广试验方案是根据试验目的与要求所拟定的进行比较的一组试验处理的总称。试验方案的编制是全部试验工作的基础和前提,如果考虑不周、设计不当,就会影响试验的顺利进行,导致试验结果不正确和难以分析总结。试验方案必须认真讨论和推敲,慎重制订,使其能够比较完整地表现试验中需要认识和解决的问题;所涉及的问题要言简意赅,保证无歧义;可操作性要好,保证试验能够按方案有条不紊地进行。以种植业推广试验为例,介绍试验方案的编制。

1. 试验名称

农业推广试验题目的选择和确定,要面向当地的农业生产实际,解决当前高产、高效、优质生产中急需的技术问题。试验名称要力求新颖准确、简洁明了。

2. 试验的目的及其意义

主要阐述进行该项试验的必要性,包括试验科研成果的来源、关键创新技术的特点以及预期的试验效果。要求层次清楚,简单明了,使人一看就能清楚试验涉及的是哪个领域的什么问题,要达到什么目的,对当地的农业生产具有哪些方面的促进作用,对农业科技进步有怎样的推动作用。

3. 试验材料与试验地概况

试验所采用的动植物等材料的品种、来源及主要特征;所用设施、肥料、饲料、覆盖材料、药品等试验材料的名称、规格型号、主要技术参数和制造厂家等;扼要说明试验区的主要自然资源特征,试验地的土壤、地势及前茬作物状况。

4. 试验设计方案

试验设计包括采用的试验设计方法、确定的试验因素和水平、重复次数、试验小区大小、排列等。科学地选择试验因素和适宜的水平,不但可以抓住事物的关键,提高试验的质量和效益,而且可以节省人力、物力和财力,收到事半功倍之效果。在农业推广试验中常用的试验设计有对比法设计、间比法设计、随机区组设计、拉丁方设计、裂区设计等。

5. 实施的主要方法与管理措施

根据试验设计的要求,写清楚从试验地、种子及其他试验材料的准备、处理到整个作物生长发育过程中的灌水、施肥、定苗、化学控制与病虫害防治的措施,并说明与一般大田生产的区别与不同。

6. 田间观察记载分析测定项目及方法

试验选用的材料、仪器设备、采用观测方法等,分类要清楚,内容要具体,可操作性强。必须注意的是,在选用试验材料和确定观测方法时,一定要充分考虑试验的具体要求,以便试验数据的观测、统计和分析。

7. 试验数据资料的统计分析方法和要求

试验方案中应预先确定好适合于本试验数据统计与分析的方法。在现今的推广试验中,应采用先进的生物统计分析方法。除一些显而易见的比较结果外,应该积极创造条件,运用计算机手段和相应的科学分析软件,这样才能掌握样本与总体的关系,提供误差分析,以鉴定出处理效应,增加试验结果的可信度和说服力。

第二节 成果示范

一、概念与作用

1. 成果示范的概念

农业推广的成果示范一般是指运用"以点带面"的辐射原理,在一些特定的农业生产经营场所,如各类农业科技示范园区、示范基地、示范户农民及其他农业生产者承包经营的土地、种植场、养殖场等,把试验已取得成功的新技术,严格按照其技术规程要求实施,使其优越性充分展现出来,作为示范样板,供其周围相关的生产经营者观摩学习,以引起接受和采纳兴趣、激情和信心,促使其效仿,加速农业创新扩散的一种推广形式和过程,是目前农业技术推广常用的方法之一。

2. 成果示范的作用

（1）充分体现农业创新成果的优越性，激发农民接受和采纳新技术的欲望　与农业推广的试验比较，成果示范时一般选择效益显著的项目，在适应和实用性等方面已经过了验证性试验，对原技术成果进行了改进和再创新，技术规程已经基本形成，加之科学且严格的操作，如果不出现意外的自然灾害等，新技术成果在产量、质量及市场竞争等方面的优越性将按预期结果显现出来，且示范点一般选在具代表性的生态、生产和经济社会区域中，效仿者通过直观认识和对比，容易产生心理冲动，进入感兴趣阶段，从而激发采纳的欲望和迫切性。

（2）提供新技术实施的实际过程，增强农民采用新技术的信心　现阶段我国大部分农业生产者的受教育程度和科技素质偏低，特别是广大的中、西部欠发达地区的农民，主动接受和采用农业创新的自觉性较差，"耳听为虚，眼见为实"的传统思维根深蒂固，对于来自大众媒体和其他渠道的新技术信息难以捕捉、理解和消化。成果示范避免了单纯采用行政命令和说教推广方式的弊端，不但真实、成功地展示了新技术成果，而且是生产单位及农民直接参与，亲手操作完成，亲自体验了过程和最终结果的优越性，其他农民通过参观、走访、交流等沟通途径，同参与示范的农民之间进行能力、条件的比较分析和判断，增强了成功的把握性，信心更容易建立起来，从而可有效地说服持有疑虑态度、犹豫不决的人们仿效先进农民采纳新技术。

（3）培养技术普及人才，完善技术规程　农业推广示范的根本目的在于"授人以渔"，农业推广试验以科技人员为主，而成果示范由生产单位和农民直接参与，与科技人员共同实施，而这些参与示范者一般是素质较好、在普通农民中威望较高的带头人，一旦他们掌握了创新技术的关键，就等于培养了一批义务推广员，起到火车头的作用。另外，成果示范与大规模推广应用的生产实际更为接近，科技人员和参与实施的示范户一起，随时解决规模生产中出现的各种技术问题，不断改进完善技术规范，从而为大规模推广应用培养了技术人才，提供了更可靠的技术支持和保证。

二、基本要求

1. 必须经过适应性试验，技术成熟可靠

成果示范要使创新技术的优越性尽善尽美地体现出来，如无不可抗拒的自然灾害等特殊原因，要求其示范样板只能成功、不能失败。所以，必须选用那些已经通过当地或同类型生态区适应性试验获得成功，形成了比较完善的技术规范，且综合效益明显的新技术成果，不能盲目示范存在诸多不确定因素、没有充分把握，或尚属试探性开发阶段的不成熟技术。

2. 预测市场需求，保证农民增收

示范样板是做给农民看的，目的是让农民学习和效仿的。推广什么样的技术，建设什么样的样板，首先服从农民增产增收的需求。推广者要从农民社会生产的需求和市场前景等方面进行科学的调查研究，对其示范成果的综合效益、实用性等方面进行科学的判断，选择那些高产、优质、高效益的技术进行示范，建设高质量的样板，才会受到农民真正的欢迎，获得建设一点、带动一片、致富一方的效果。

3. 既要考虑当前利益，又要坚持可持续发展

在过去的成果示范中，为了增加示范样板的感染力，一般都选择一些转化周期短、经济效益好的所谓"短、平、快"项目，力求使成果示范能够显示立竿见影、近水解渴的效果。但在现代农业推广活动中，仅以此作为成果示范的依据是不完全、甚至有时是不科学的。有些技术成果虽然可给部分农民带来良好的眼前效益，但也可能对当地整体和长远利益产生不利影响，严重地浪费和破坏珍贵的自然资源。因此，示范的目标不但要符合农民当前高产高效的愿望，还要与社会生产的高效和可持续发展的总目标相一致。

4. 精干的技术人员指导，优秀的科技示范户参与

农业科技成果示范的内容多种多样，难易程度也各不相同，特别是现代设施农业栽培新技

术、高效养殖新技术、资源高效综合利用生态技术的示范，综合性和集成性强，需要高素质技术推广服务人员和示范户共同配合和努力，方可创建出高质量的示范样板。因此，在实施示范样板建设时，需要具有掌握新技术原理、操作技能熟练、沟通能力强的推广人员经常到示范点进行及时地全面指导和关键技术环节的示范培训，以保证示范技术成果规程的正确贯彻和实施，并能及时解决实际生产过程中出现的新问题，补充和完善原技术规程；为了使成果示范形成一定的规模，增加对周围农民的感染力，每一个样板示范点，要有若干个优秀的示范户或其他形式的生产实体参与。

  5. 示范点要交通便利，布局要考虑辐射范围

  为了给更多的效仿者提供观摩和学习的方便，扩大示范样板的影响效果及辐射范围，示范点一般都应设在交通比较便利，农业基础设施比较完善的地方。示范点的多少及布局地点应考虑示范样板的影响规模及辐射能力。在农民居住比较集中、道路比较畅通的地方，可以每个乡镇设一处示范点。乡镇之间距离较近，资源特征一致，群众交流比较多的地方，且示范项目规模较大，影响辐射半径较大的项目，在几个乡镇的中心点设一处示范样板即可。对于一些偏远山区，因为道路交通比较困难，群众间交流较少，且示范的技术多为适宜小规模经营的项目，可按农民居住分布的实际情况，酌情减小示范规模，多设示范点。对于现代化集成技术和设施农业技术的示范，现多采用集中示范的形式，即把多项不同的示范项目集中起来，在不同形式的科技示范园内和示范基地建成示范样板，可以充分发挥科技人员和先进设施相对集中的优势，调动政府专业推广组织、民营企业、个体科技人员和企业家的作用，将生产和经营的示范有机地结合起来，使参观者既学到提高产品产量和质量的农事操作技术，又学到产品保鲜、贮藏、加工技术以及市场营销的现代高效经营方法和技术。

三、步骤

  1. 确定示范内容，制订示范计划

  科学周密的计划是一项科技成果示范能够成功的前提。在示范实施之前要对其过程中所能预料到的诸多问题进行认真讨论研究，制订出全面细致且可行的实施计划。计划内容主要包括：示范的项目内容，实施的起止时间，示范地点（具体到村、户），示范样板的建设规模，技术辐射的半径范围，预期的技术效益指标，项目所需生产资料，观摩学习人员的范围，观摩时期及组织形式，重点示范宣传的内容，技术人员和合作示范单位的职责和权利，观察项目及方法等。计划一旦制订，要组织各层次的责任人结合项目实施合同进行认真讨论和贯彻落实，以保证整个示范样板的建设、展示按计划进行。

  2. 选择示范地点，确定示范户

  示范项目的组织者应按照农业科技示范成果的基本要求进行实地考查，与当地基层政府、村社领导人、农民科技合作组织和农民科技示范户进行沟通，充分征求基层意见，争取各方面的支持，按照示范样板的辐射能力和组织管理的方便程度确定示范点的布局，选择那些优秀的示范户参与样板田（点、场）的建设。组织他们认真座谈，明确其示范项目的内容、意义及要求等。

  3. 加强指导与服务，及时解决关键技术问题

  示范点和示范户落实之后，推广人员应与示范户团结协作，严格按照工作计划和技术规范的要求，认真传授和落实各个环节的农艺操作技术。应通过巡回或其他方式，直接将各个生产环节所需的技术及相关知识及时地传授给每一个示范户或技术带头人，关键环节的技术操作应亲自参加和示范。除技术问题外，推广单位和推广人员还应经常与当地政府、物资供销、水电管理、信用银行等部门沟通协调，帮助示范户解决生产资料的供给等方面遇到的问题和困难。

  4. 保留旧技术对照，树立示范区标志

  为了使广大效仿者能直观感觉新技术成果的优越性，在建设示范样板的同时，必须保留一个一定规模的旧技术对照区，作为参观的对比参照物，以评价示范成果的技术效益。成果示范虽不需像探索性研究试验那样需设同等规模的对照，对照区规模可根据需要确定其大小，但对于生育

期特征、投入、产出等指标的调查记载要与示范田相平行，不可缺少。为了吸引参观者的注意力，一般可在示范点附近的道路旁建一个醒目的示范标志牌。牌上注有示范题目、内容、规模、技术指标、技术负责人（或技术依托单位）、示范单位（或示范户姓名）等。

5. 做好观察记载，收集保留有价值的资料

成果示范是农业推广教学的重要方法之一。为了准确地给学习参观者提供有说服力和教育意义的资料和数据，对示范的农作物品种名称、肥料种类和施肥量、灌水时间和定额、用工情况、田间布置结构、各生育期的调控指标、经济产量、产值效益等都应按计划要求及时、准确、客观地进行观测和记载，并经简单地整理，妥善保存，供参观学习者咨询和将来总结时使用。除传统的观测记载外，现代影像媒体可给参观者带来更多的方便。它可使示范的过程较直观、系统地重现出来，有效弥补参观学习中时间和空间的限制，提高示范样板的影响效果。推广单位和推广人员，要积极创造条件，可将示范关键阶段的管理操作过程和长势特征、典型案例等完整拍摄下来，经过简单编辑，供参观者观看。

6. 把握最好时机，组织观摩和交流

组织参观对农业科技创新的扩散来讲，是新技术效果最终的展示阶段，也是创新技术能否在广大采用者中引起强烈反响和被更多的人接受以及在所希望的地区迅速传播、采用的关键阶段。我国的农业科技成果示范观摩的组织主要有以下两种形式。

第一种形式由政府组织，干部、科技人员和农民共同参加的综合性观摩。每到创新成果效果明显、对照反差强烈的季节，一般都会由政府出面，主管领导负责，有关部门的领导、技术专家、科技推广人员、基层干部代表、民间科技组织代表、农民代表等多方人员参加大规模的观摩、学习和交流。这种观摩产生的影响大、范围广，对示范样板建设的评价及经验总结比较全面，将来的推广可得到政府强有力的支持和协调。第二种形式由推广单位和推广人员自行组织，邀请相关人员参加专项技术观摩。对于一些专业性较强、示范规模较小、采用者范围不是太大，或者一些阶段性的示范，可由推广单位组织相关人员参观交流。视示范项目的不同，观摩可酌情安排在最关键的时期。

四、总结

一项成果示范进行到一定阶段后或结束，应按一定的规范和要求及时写出总结。这一方面是向上级汇报，申请检查验收；另一方面是总结经验，找出差距和不足，提出新的想法和体会，为以后的同类工作奠定基础。同时也要向创新技术成果的研制单位反馈信息。

1. 示范项目的来源及意义

简要介绍示范成果研制单位、示范项目的下达或委托单位、承担主持单位及人员、参与示范的示范户等的基本情况。简要介绍项目示范的主要针对性、要解决的主要问题、达到的技术经济目标及对当地农业产业结构调整、促进区域经济发展等方面的意义。

2. 完成任务的基本情况和成效

对照原合同规定的示范样板建设的各项技术经济指标，从经济效益、社会效益、生态效益3个方面客观总结完成合同任务的实际情况，包括示范样板建设覆盖的县（区）、乡（镇）、行政村、示范户数目，每个示范点的示范规模，示范区达到的产量水平、产值、增产幅度、新增总产量、新增总产值、获得的经济效益、干部农民培训提高情况、示范户及辐射农民收入的提高幅度等。这些方面应尽量用定量和规范计算方法表示，不要随意地形容和夸大。

3. 示范的组织与实施措施经验

主要总结以下方面的主要做法、成效和典型经验：建立健全组织领导，政府、科研、学校、推广部门及有关人员与示范户之间的协调与合作，组织协作攻关，搞好技术承包，围绕项目开展、坚持试验示范，如何抓好技术培训，培养示范户，开展技术服务，组织现场考察，交流经验，以点带面，扩大成果示范影响等。

4. 技术改进与创新方面的成绩

主要总结原创新成果的技术在建设示范样板的实施过程中，结合本地的自然资源、社会经济、农民素质等生产力实际水平做了哪些再创新、改进和发展，包括技术开发路线与技术本身的改进、深化和提高的技术措施以及所获成效。

5. 项目实施的不足和建议

一是对所示范推广的创新技术本身，对其主要技术参数同国内外同类技术进行比较，从样板建设及产生的综合效益的实际情况出发，结合项目技术的科学性和可行性、当地农业的现状和产业发展的方向、农民的意愿等方面的因素进行综合分析评价，提出推广应用的前景和建议，包括技术的可行性与应用地区、范围的适应性以及应注意的问题等。二是在总结成功经验的基础上，认真反思在项目实施中出现的问题和不足，包括技术措施、组织实施方面的各种问题，提出改进和弥补的措施和想法。

第三节 方法示范

一、概念与作用

1. 方法示范的概念

农业推广的方法示范，就是指推广人员对那些仅通过语言、文字和图像等信息资料难以准确表达，或者采用者理解起来比较困难的操作性技能或技巧，通过演示讲解、实际操作体验、讨论交流等多种方式相结合传授给农民，并现场指导他们亲自演练，直至掌握其技能要领及基本技术原理的推广教学方法。

2. 方法示范的作用

方法示范是一种较好的传统的农业推广教学方法。采用者可以通过视、听、触等多种感觉和实际的操作体验进行学习，在较短的时间内学习和掌握到在书本资料上描述比较复杂的技术和技能。科学试验和测试表明，若人们只靠听的方式来学习，只能记住内容的20%；只通过看的方式来学习，他可记住所学内容的35%；而如果二者有机地结合起来学习，则可记住内容的65%。表明听、看、做相结合时，学习的效果最佳。所以，方法示范是一种被普遍采用且效果显著的推广教学方法。

当然，传统的方法示范具有一定的局限性。因为它只适于在小范围、小规模和短时间中进行，局限性大，技术传播的效率低下。为了提高新技术和新技能的推广扩散的速率，需要长时间、多场次的演示。随着科学技术的发展和农民科技素质的提高，方法示范可借助现代声像传媒技术来克服以上缺点，提高新技术传播的效率和准确性。

二、基本要求

方法示范的效果主要取决于示范者本身的主导因素，所以要求推广人员要做好准备，不但要对示范的技术原理和操作过程充分熟悉，而且要研究采用者学习农业创新的心理特点，运用恰当的讲解和表演，才能调动采用者的积极性，收到预期的效果。

1. 短时准确

根据农业创新的时效性及实用性特点，方法示范的内容和题材必须是当地农民在生产中最需要解决的问题，且适合当众表演，短时间内能够学会。同时参加方法示范的人数不宜太多，以保证示范中使每个人都能看得见、听得清，有亲手操作演练的机会。

2. 演示以操作为主，讲解为辅

示范者要事先做好充分准备和演练，根据参加学习人员科技素质和接受能力的具体情况，力求在示范过程中将每个操作展示清楚，对一些关键性的技术操作，可安排适当重复，表达力求准确通俗。

3. 让农民亲手操作，及时纠正和指导

方法示范的根本目的，是为了让参加学习的农民掌握一项新技术，然后传播给更多的农民。因此，要求参加学习的每一个学员都要亲自练习操作，对较难的技术还应该让他们反复操作，及时纠正，直到全部掌握，达到技术要求为止。

三、步骤

1. 根据示范对象的不同需求，确定示范教学内容

方法示范是为了让一部分农民在示范现场学会和掌握一项或若干项具体的技术，回去后带动周围农民效仿，及时地应用于农业生产，解决当前生产环节中的技术问题，具有实用性和实效性。所以，在组织一场方法示范教学前，要经过比较周密地调查研究，以了解确定群众在采用农业创新的过程中出现的具体技术障碍；对于普遍存在的技术障碍问题，按照农业创新扩散传、帮、带的原理，通过集体示范指导的方式解决；对个别的问题可以通过农户访问或其他形式解决。在需求科技示范的农民群体中，根据他们文化和科技素质能力、接受义务传播技术的积极性、沟通能力、地点分布等特征，科学地选择一定数量的农民骨干作为参加示范教学的学员，以提高方法示范教学的效率，提高技术传播的速度，达到点亮一盏灯，照亮一大片的效果。

2. 根据技术内容和对象特点，制订示范教学计划

为了达到示范教学预期的目的，保证示范教学整个过程有条不紊地进行，应有一个比较周密的计划。无论是富有经验的推广人员还是初上推广教学课堂的年青推广者，每次进行方法示范教学，都要根据示范的目的内容和示范对象的实际情况写出实施计划，做到因地制宜、因人制宜。示范计划的内容一般包括：示范技术内容，要达到的目的，示范所需材料和直观动植物教具，示范时间和场地，参加学习人员的基本情况，关键操作环节操作要领，解说词，拟讨论的问题。

3. 根据现场示范的要求，充分准备教具材料

因推广内容的不同，每一次示范教学的准备工作侧重点不同，但就大多数方法示范而言，准备的基本内容，一是实物教具。如果树嫁接示范，必须在适宜嫁接的季节内，有足够的砧木、接穗，以及环剪、辟刀、塑料等工具用品。二是示范作业的场地。常言道："农事要在田里做，就必须在田里学，也必须在田里教。"方法示范教学活动中，大多数需要足够的实际操作的真实场地，选择的场地要便于示范教学老师演示，学员观看清楚，实际操作练习时充分展开，最好能产生实际效果。

4. 根据学员的基础素质特征，合理安排方法示范环节

方法示范教学的步骤，可根据示范内容的技术环节、示范对象的基础素质特征灵活而定，不拘于固定形式和过程。对新的示范对象，一般按以下步骤进行。

（1）介绍示范内容　示范者首先要简要介绍自己的姓名、所从事的专业、取得的主要成绩等。然后说明示范题目及选择该题目的目的，强调对当地经济发展的重要性，要使示范对象对该项新技术产生兴趣，感到所要示范的内容对他很重要且很实际，而且能够学会和掌握，以促使学员的注意力集中。

（2）示范演示关键技术　示范者要选择一个较好的操作位置，要使每位观众能看清楚示范动作。在示范的过程中，操作要慢，每个环节要一步一步地交代清楚，要做到讲解和操作同时进行，密切配合，对较难的动作要进行必要的重复。讲解要照顾农民的文化和科技水平，做到技术含意表达准确，措辞通俗易懂。

（3）操作练习和指导　演示结束后，在示范者的直接帮助下，每个示范对象要亲自操作，对不清楚、不理解的问题和不会做、不正确的动作，要耐心讲解，重新示范，认真纠正，反复练习，互相学习和帮助，直到理解并正确地去做，至达到技术要求为止。同时启发鼓励学员提出问题，对提出的问题进行认真回答。

（4）小结与讨论　在学员演练结束后，用简短的语言，扼要总结本次示范教学是否达到预期的目的，肯定和鼓励在示范教学活动中学员的一些好的做法和经验，重复强调本次示范技术的关键环节，根据在学员操作中出现的问题和反映，提醒容易做错的地方，以给学员留下深刻的印

象，并适当布置学员回去后应担负的传帮带任务。

四、总结

为了使示范教学的影响效果不断提高，每次方法示范结束后，都应写出总结。方法示范的总结可以写得比较简单，写出示范的内容、进行的时间地点、示范的组织形式、学员学习的效果等，重要的是要认真总结该次示范的成功之处和缺点，同时将示范教学的体会，特别是在同类示范教学活动中需注意的重点问题及需要改进的方面进行较为细致的总结，作为自己以后和其他推广人员的借鉴资料，同时，将研究成果上升为理论，也为农业推广示范教学的理论原理和实践不断补充新的内容。

本章小结

农业推广试验与示范是农业科技成果向现实生产力转化过程的基本程序，是科研成果从试验室、试验田走向社会的必经之路，同时也是最大限度地减少农民投资风险最有效的办法。通过农业推广示范，用事实教育农民，吸引农民应用新的农业技术，也是农业推广教育的主要方式之一。

农业推广试验是农业技术推广的基本程序之一。农业推广试验的基本要求有四项：一是试验目的性要强；二是试验条件和材料要有代表性；三是试验结果要准确可靠；四是试验结果要能够重复。试验设计应遵循三项基本原则，即重复原则、随机原则和局部控制原则。试验方案的编制是全部试验工作的基础和前提，如果考虑不周，设计不当，都会影响试验的顺利进行，导致试验结果不正确和难以分析总结。试验方案要言简意赅，清楚明白，可操作性强，保证试验能够按方案有条不紊地进行。

成果示范的作用主要包括三个方面：一是充分体现农业创新成果的优越性，激发农民接受和采纳新技术的欲望；二是提供新技术实施的实际过程，增强农民采用新技术的信心；三是培养技术普及人才，完善技术规程。

成果示范的基本要求有五项：一是必须经过适应性试验，技术成熟可靠；二是预测市场需求，保证农民增收；三是既要考虑当前利益，又要坚持可持续发展；四是精干的技术人员指导，优秀的科技示范户参与；五是示范点要交通便利，布局要考虑辐射范围。

成果示范的基本步骤是：①确定示范内容，制订示范计划；②选择示范地点，确定示范户；③加强指导与服务，及时解决关键技术问题；④保留旧技术对照，树立示范区标志；⑤做好观察记载，收集保留有价值的资料；⑥把握最好时机，组织观摩和交流。

方法示范是一种传统的农业推广教学方法。采用者可以通过视、听、触等多种感觉和实际的操作体验进行学习，能在较短的时间内学会比较复杂的技术和技能。方法示范的基本要求是：①短时准确；②演示以操作为主，讲解为辅；③让农民亲手操作，及时纠正和指导。

方法示范的基本步骤是：①根据示范对象的不同需求，确定示范教学内容；②根据技术内容和对象特点，制订示范教学计划；③根据现场示范的要求，充分准备教具材料；④根据学员的基础素质特征，合理安排方法示范环节。

复习思考题

一、名词解释题
1. 成果示范
2. 方法示范
3. 多因素试验
4. 单因素试验

二、简答题
1. 为什么农业科技成果在大规模推广前必须进行试验？
2. 简述农业推广试验的基本要求。
3. 农业科技创新成果示范的实施步骤？
4. 新时期在新农村有哪些有效方法示范？

实训　农业推广成果示范

一、目的要求

通过本项实训，了解成果示范的方法步骤，掌握进行农业推广成果示范的技能，学会撰写农业推广成果示范总结报告。

二、方法与步骤

1. 选择示范项目

加快农业科技进步、促进农村经济发展、增加农民收入是项目选择的主要依据，要围绕当地农业和农村经济结构调整、促进农民增收选择项目。优先选择符合当地农业布局和结构调整要求、适应区域经济发展特点、已经培育成熟、潜在经济效益大、具有较大的示范推广价值的优良品种或先进技术作为示范项目。

2. 制订示范计划

根据选定的示范项目（优良品种或先进技术），制订出切实可行的示范实施计划。计划内容应包括：示范项目的内容，实施的起止时间，示范地点（具体到村、户），示范样板的建设规模，技术辐射的范围，预期的技术经济效益，项目所需生产资料，观摩人员的范围，观摩时间及组织形式，示范宣传的内容，技术人员和合作示范单位的职责和权利，项目观测的程序与方法等。

3. 选择示范地点

与当地乡镇、村委领导，或农民科技示范户进行联系，争取各方面的支持，按照示范样板的辐射能力和组织管理的方便程度确定示范点的布局，选择优秀的示范户参与示范区（点）的建设。与示范区（点）有关人员广泛交流，使他们明确示范项目的内容、意义及要求等。

4. 及时解决关键技术问题

示范点和示范户落实之后，推广人员应与示范户协作，严格按照工作计划和技术规范的要求，认真传授和落实各个环节的农艺操作技术。关键环节的技术操作应亲自参加和示范。

5. 保留旧技术作对照

为了能直观感觉新技术成果的优越性，在建设示范样板的同时，必须保留一个一定规模的旧技术（或老品种）对照区，作为参观的对比参照物，以评价示范成果的技术效益。对照区规模可根据需要确定。为了吸引参观者的注意力，可在示范点附近的道路旁建一个醒目的示范标志牌。牌上注有示范题目、内容、规模、技术指标、技术负责人（或技术依托单位）、示范单位（或示范户姓名）等。

6. 做好观察记载

为了给参观者提供有价值的数据资料，对示范的农作物品种、肥料种类和施肥量、灌水时间和定额、用工情况、各生育期的调控指标、经济产量、产值效益等都应及时、准确、客观地进行记录和观测记载。还可以运用拍照、录像等手段，把示范关键阶段的管理操作过程和长势特征、典型案例等完整记录下来，经过简单编辑，供参观者观看。

对于生育期特征、投入、产出等关键性指标，对照区（田）要与示范区（田）同时进行调查记载，不可缺少。

7. 及时组织观摩和交流

在对照反差强烈的季节，组织有关人员参加观摩、学习和交流。

三、作业

写出示范总结报告。内容应包括示范项目的来源及意义、完成任务的基本情况和成效、示范的组织与实施措施经验、技术改进与创新方面的成绩、项目实施的不足和建议等。

第八章　农业推广教育与培训

[学习目标]
1. 理解农业推广教育对象的学习特点，掌握推广教育的教学原则。
2. 掌握农业推广教育的实施方法和教学方法。
3. 了解农民的学习心理，掌握农民技术培训方法。
4. 掌握农业推广人员培训的必要性和方法。

第一节　农业推广教育

农业推广教育是以农民为对象，以推广工作、农村开发和农民的实际需要为教材，以提高农民素质，繁荣农村经济，改善农民生活为目的。因此，了解农业推广教育的特点和规律，掌握推广培训技能，对于做好农业推广工作是至关重要的。

一、农业推广教育的特点

1. 普及性

面向农业生产，面向农村的社会教育工作。其对象是成年农民、农村基层干部、农村妇女和农村青少年。文化程度参差不齐，工作面广、量大。

2. 实用性

农业推广教育的主要对象是成年农民，他们是农业科技成果的直接接受者和应用者。他们学习的目的不是为了储备知识，而是为了解决生产生活中遇到的实际问题，完全是为了应用。因此，农业推广教育必须适应农村经济结构变化和农业生产、农民生活的实际需要，理论联系实际，做到学以致用。

3. 实践性

农业推广教育是一项实践性很强的工作。它是根据农业生产的实际需要，按照试验、示范、技术培训和技术指导、服务这一程序实施的。在这一过程中，不仅要向农民传授新知识、新技能和新技术，帮助农民解除采用新技术的疑虑（知识的改变—态度的改变—个人行为的改变—群体行为的改变），转变他们的态度和行为，而且还要同他们一起进行实验，向他们提供产前、产中、产后等服务。由于这种教育方式具体、生动、活泼、实用，农民易于接受。

4. 时效性

时效性包含两层含义：①现代科技日新月异，新技术更新周期短，一项新成果如不及时推广应用，就会降低推广价值；②农民对科学技术的需要往往是"近水解渴"，要求立竿见影。

因而，农业推广人员应该不失时机地帮助农民获得急需的技术，必须善于利用各种有效的教学方法，把先进的科技成果尽快地传递给农民，以提高科技成果的扩散与转化效率。

二、农业推广教育的教学原则

1. 理论联系实际的原则

即教学内容的实际、实用、实效原则。

农民学习和掌握科技知识的最终目的是为了解决农业生产、生活中遇到的实际问题。因此，农业推广教育要针对农业生产实际中存在的现实问题，进行广泛的调查研究，了解农民目前的迫切需要，掌握他们需要哪些方面的新技术、新知识、新信息，有针对性地确定农业推广教育的内容。同时把推广教育内容与农业生产、农民生活紧密结合起来，使推广内容更具实用性和时效性。

2. 直观原则

农业推广教育的对象是农民，他们最现实，不但要亲眼看到、亲手摸到，而且还渴望了解成果取得的过程。这就要求在农业推广教育过程中要为农民提供具体的知识和充分的感知，把经验、知识与具体实践结合起来，运用如下三个直观。

① 实物直观（如：观察实物标本、现场参观、实习操作等）。
② 模像直观（如：模型、图片、幻灯片、电影、电视录像等）。
③ 语言直观（如：表演、比喻、模仿、拟人等对客观事物具体、生动、形象地描述）。即把"看"、"讲"、"做"有机结合起来，使抽象的理论具体化、直观化，这样，对农民才具有强劲的吸引力和说服力，才能获得良好的教育效果。

3. 启发性原则

农业推广过程中，推广人员要善于启发农民，调动农民的自觉性、主动性和创造性；要让农民多发表意见，提出自己的见解。培养农民对所学的内容正确与否的判断能力，并通过对话、交流看法等方式创造一个和谐、融洽的气氛，要与农民互教互学。

4. 因人施教原则

根据农民的年龄层次，个性差异和文化程度等不同的特点，有的放矢地进行教育。
① 对热情不高，较保守求稳的农民——要耐心示范，用事实说话。
② 对文化程度低，经济条件差的农民——要在力所能及的情况下，解决他们的困难，坚定他们学习的信心。
③ 对实践经验丰富，有一定文化程度，经营能力较强的农民——要引导他们对农业科技理论知识的学习，促进知识更新，提高文化素质。

三、农业推广教育活动的实施

1. 推广教育活动计划的制订

在深入农村进行广泛调查研究的基础上，应充分做好推广教育活动计划的制作及各种准备工作。计划内容主要应包括培训内容、目的、对象、形式、手段、时间、地点等大致7个方面：

① 培训内容、培训教师、培训目的；
② 培训对象，包括参加人员的数量、知识基础，文化层次等；
③ 培训地点，应考虑大多数学员方便到达；
④ 培训时间；
⑤ 培训形式；
⑥ 培训手段；
⑦ 培训场所、设备、经费等的准备与保证。

2. 推广教育活动计划的实施

主要应做好如下5个方面工作：
① 活动场所、设备，经费的准备；
② 联系、安排推广教师；
③ 示范、实习场所的安排；
④ 课程或实习内容的安排，发布各种通知；
⑤ 教育培训过程的各项组织工作。

四、农业推广教学方法

推广教学的方法多种多样，而且各有其灵活性。当推广教学目的、内容确定以后，配合使用多种教学方法可以使所要推广的信息或技术得到最大程度的传播。在推广教学中采用的教学方式、方法越多,推广信息、技术传播得就越快、越广。如果几种教学手段能很好地结合,不仅可使推广人员与农民的个人接触达到较好的效果,而且在许多场合,推广人员即使不在场,也可以增加推广接触的次数。

同时重叠应用两种教学方法,可以扩充教学过程的内涵,活跃教学气氛,增加学习者教学内容的理解和记忆,提高教学效果。推广教学中选用的方法,应该注意重叠使用。例如在示范教学时进行小组讨论,可以更有效地达到成果示范或技术示范的教学目的。此外,农民认识、理解、接受的信息和技术,主要是靠直观感受,而不是靠推理分析。实践中,应尽可能地选用成果示范、技术示范、现场指导、挂图、幻灯、电影、录像、电视等教学手段,以提高推广教学的效果。

1. 集体教学法

集体教学法是在同一时间、场所面向较多农民进行的教学。集体教学的方法很多,包括短期培训班、专题培训班、专题讲座、科技报告会、工作布置会、经验交流会、专题讨论会、改革研讨会、农民学习组、村民会等多种形式。

集体教学法最好是对乡村干部、农民技术员、科技户、示范户、农村妇女等分别组织,内容要适合农民需要,时间不能长。

可利用幻灯、投影、录像等直观教学手段,以提高效果。

2. 示范教学法

示范教学法是指对生产过程的某一技术的教育和培训。如:介绍一种果树嫁接或水稻育秧等技术时,就召集有关的群众,一边讲解技术,一边进行操作示范,并尽可能地使培训对象亲自动手,边学、边用、边体会,使整个过程既是一种教育培训活动,又是群众主动参与的过程。

注意事项:

① 一般要有助手,做好相应的必需品的准备,保证操作示范顺利进行;

② 要确定好示范的场地、时间并发出通知,保证培训对象到场;

③ 参加的人不能太多,力求每个人都能看到、听到和有机会亲自做;

④ 成套的技术,要选择在应用某项技术之前的适宜时候,分若干环节进行;

⑤ 对技术方法的每一步骤,还要把其重要性和操作要点讲清楚。

3. 鼓励教学法

鼓励教学法是通过教学竞赛、评比奖励、农业展览等方式,鼓励农民学习和应用科研新成果、新技术,熟练掌握专业技能,促进先进技术和经验的传播。

特点:可以形成宣传教育的声势,利于农民开阔眼界,了解信息和交流经验,激励农民的竞争心理。

4. 现场参观教学法

组织农民到先进单位进行现场参观,是通过实例进行推广的重要方法。参观的单位可以是农业试验站、农场、农户、农业合作组织或其他农业单位。

优点:通过参观访问,农民亲自看到和听到一些新的技术信息或新的成功经验,不仅增加了知识,而且还会产生更大兴趣。

注意:参观人数不宜太多,以利行动方便和进行参观、听讲和讨论。

第二节 农民技术培训

一、农民技术培训教师应具备的能力

主要包括 5 个方面。

1. 农村社会调查研究能力

掌握农村社会调查研究方法（如访问调查、问卷调查等），了解当地自然资源、经济发展、生产现状、社会习俗、农民需求等，以便有的放矢地开展农民培训活动。并能分析当地存在的主要问题，预测当地农业与农村经济的发展趋势。

2. 制订当地农业教育项目规划的能力

包括提出农民教育培训的主要目标、年度计划、长期规划、制订实施方案、评价体系，以确保农民培训活动有序进行，健康发展。

3. 使用各种辅助教学设备的能力

包括实验场地、示范基地的建立，各种教学设备的使用与管理（幻灯、多媒体等），标本、图表、模型、教具的制作等能力。

4. 组织和安排推广教学的能力

包括制订培训大纲、教学计划，组织理论教学、田间实习、示范指导、组织参观访问等。

5. 撰写各种教学资料及各种报告的能力

包括各种培训教材、与推广教育有关的各种报告、计划、规划、示范教学小结、培训总结、申请报告、预算报告等。

二、农民学习的心理

1. 农民学习的特点

与在校学生不同，农民在学习新知识、新技术过程中，有其自身的特点，主要有以下5个方面。

（1）学习目的明确　农民学习科技知识（参加技术培训）总是同生产需要，家庭致富，改善生活，提高社会、经济地位等联系起来，学以致用，满足自身需要（增加经济收入、脱贫致富、求得个人发展、对子女的培养教育等，这是其学习的基本动机）。通常每次参加学习，都带有"具体的目的、目标"、"需要解决哪些问题"等，目的非常明确。

（2）有较强的认识能力和理解能力　农民有丰富的生产、生活经验，实践能力很强，一旦掌握了新知识、新技术，便可以举一反三、触类旁通。这一点比在校学生具有优越性。他们参加学习、培训能联系实际思考问题（种植、养殖等），因此认识、理解能力比较强（尽管理论上暂时不懂；有的农民不识谱，但会拉二胡、吹笛子、唢呐）。

案例：辽宁一位农民成功搞"嫁接"——"秧坠西红柿，根生白土豆"

在辽宁省兴城市大寨乡大寨村农民杨红军的大棚内，记者看到，1米多高的西红柿秧上坠满了沉甸甸的西红柿，扒开根部，露出与上面红色西红柿相辉映的白土豆。杨红军的土豆嫁接西红柿技术在辽宁省属于首创。31岁的杨红军经过两年努力，初获成功。今年，他嫁接了100株，成活74株并结果。嫁接的西红柿个大，平均株产西红柿2公斤❶，土豆0.75公斤，据测算，每亩效益可达1.8万元。

当然也有理解错误的时候：杂交种→杂着种（掺在一起），生长不整齐→减产。本来想提高优势，掺种（混种）→结果优势杂没了（误区）。当然混种增产的例子也有，但需要合理配置。

（3）精力分散，记忆力较差　农民与学校学生不同，学生是"在座"，可以"两耳不闻窗外事"，但应该是"两耳兼闻国家事，且莫死读呆子书"，生活是"三点一线（宿舍—食堂—教室）"、"一人吃饱，全家不饿"。而农民不同，需要"眼观六路，耳听八方"。农民要安排生产、负担家务，参加社会活动——"吃、喝、拉、撒、睡"、"衣、食、住、行"；还要考虑：精打细算、医疗保险、人情礼往、子女就业等。因此，农民作为成人学习与学生学习不一样，农民是"学得快，忘得快"。

农业推广人员应掌握农民这一学习特点——"学得快，忘得快"，通过学用结合，具体指导、重复学习等多种方法，帮助他们增强记忆，提高学习效果。

---

❶ 1公斤＝1千克，全书余同。

(4) 负担重，学习时间少　农民负担重、精力分散，尤其农村妇女、老农学习时间很难挤。另外，有的地区，居住分散、劳动时间自行安排，给集中学习带来困难。因此，推广人员应尽量选择农闲时机组织安排学习，如晚上（夜校）、雨天、农闲等。

(5) 农民注重相互学习　农民认知层次相近，经常接触（谋面），有共同语言，可以随时随地相互学习。

推广实践表明，有些农业创新技术的推广传播，不一定都是从推广人员那里亲自获得的，更多的是从邻近农民那里学到的（种田能手、土专家、××大王，如西瓜大王、蘑菇大王）。所以在推广教学过程中，培养科技示范户、农民技术骨干，就显得十分重要。

2. 农民学习的影响因素

包括自身因素、环境因素（家庭、社会）两大方面，就自身因素讲，主要包括3个方面。

(1) 年龄因素　有关研究表明，随着年龄增长，判断、理解能力增强，但记忆力、计算能力、综合能力先达到高峰，之后便下降。年轻人：幼稚、缺乏经验，因此易上当受骗。有人说：如果每个人都从80岁活到1岁，都能成为"伟人"。成人学习能力变化的一般规律表明，年龄不同，学习能力不同（青年、老年不同）。老农学习起来很困难、吃力，主要表现在：体力、视力、听力、记忆力等（力不从心）。

(2) 文化程度　一般而言，农民受教育程度越高，学习能力越强（呈正相关），文盲、半文盲则认识、理解能力较差，学习困难更大些（培训学习时，记录不行，不识字，尽划圈，上一次课，一看笔记，尽是"○"）。

(3) 心理状况（包括动机、兴趣、态度、情绪等）　兴趣是人对某种事物的一种特殊认识倾向。这种认识带有相对稳定的趋向、意向，能维持较长时间。兴趣往往是某件事激发所引起的。如：某农民的棉花遭受某种虫害，或西瓜得了某种病害，那么他在学习相关的栽培技术时，就会对这种虫害或病害原因及防治方法产生兴趣，专心学习，直至学会为止。农业推广教育应该研究，如何能激发农民的学习兴趣，以促进农民学科学、用科学。

案例：某地农村一名中学生成为"扑鼠专家"。自从他家遭遇鼠害，他便下决心：老鼠不除，誓不为人。他夜以继日地观察老鼠的"饮食起居"，何时起床，何时晨练，何时就餐，何时熄灯……晚上也不睡觉，蹲坑，三班倒。最后，终于成为捕鼠专家。

3. 农民学习的心理期望

农民参加学习、培训，都有一定的动机、目的、目标，可以归结为心理期望。主要包括如下4个方面。

(1) 作为生产经营者，期望获得好收益　增产增收，渴望致富，解决生产中的问题，是农民参加学习、培训的主要动机。因此推广教育的目标与农民的增收目标应该一致。

(2) 作为务实主义者，期望解决实际问题　农民生产、生活中遇到的实际困难、问题，希望能通过学习、培训，从推广人员那里得到解决。因此，推广人员所提出的建议、措施，应该务实，具有可行性，才能真正解决农民的实际问题。

(3) 作为生产劳动者，期望得到他人帮助，做出决策分析　农民种什么、养什么、选择什么生产取向，希望推广人员能帮助他们做出决策，平等商议，提出合理化建议，而不是指手画脚、空发议论。

(4) 期望主动关心和鼓励他们学习新知识、新技术　一些老年农民，一方面缺乏学习信心，另一方面，心理还存有"屈就"情绪，不甘为学生，自卑等。推广人员应了解这类农民群体的特征，有针对性地关心、鼓励他们学习新知识、新技术。

三、农民技术培训方法

对于一些技术含量较高的项目一般是先培训科技示范户。

1. 对科技示范户的技术培训

(1) 科技示范户的选择　一般选择一些当地的技术骨干，他们有一定的文化基础，影响力强,思想活跃,接受新事物快,有主动参与的要求,有明确的学习目的,是农村中的先进力量。

(2) 培训的内容　主要讲授示范项目技术要点,培训操作技能;鼓励其为当地农民服务;传授其如何影响农民、传播技术、消除保守思想的方法。

(3) 培训方法

① 组织现场培训。利用现场直观环境,言传身教,使科技示范户容易理解、接受,该法也是在示范项目进行之前,组织科技示范户到试验田,边观察、边讲解、边实地操作,并鼓励科技示范户摹仿,反复进行,直到其掌握为止。

② 田间指导。在执行示范项目的进行过程中,农业推广人员每周用1~2天进行田间的巡回指导,以解决现实存在的问题。并根据反馈信息,发现有普遍存在的问题,就要重新组织进行短期的再培训,甚至有必要组织进行现场的再培训。

③ 个别接触。贯穿于示范项目进行的全过程,为了使示范户不至于失去示范的兴趣,农业推广人员要经常到农民家拜访或邀请农民来做客,进行双向沟通,以便传递信息,讲授知识,培养感情,加强协作。

2. 对普通农民的短期技术培训方法

对普通农民的培训形式更需要灵活多便,并针对不同区域和不同类型的农民采用与之相适应的培训方法。主要的培训方法如下。

(1) 技校培训　就是各乡镇建立农业技术学校。农民通过到农业技校来学习,增长知识,提高素质。科、教、推三方面联合组成巡回讲师团进行宣传培训。这种形式要深入到农村基层,根据农民参与、从众的心理,调动起广泛的积极性。有一定权威性,容易赢得农民的相信。

(2) 成果示范和方法示范　在一些交通要道周围、公路两旁或集市所经路旁布置好示范点,做一醒目的标记,使人只要从此经过就能参加讨论,或通过组织大家到示范户的示范田参观,通过示范户的讲解、操作,加以传授,再加上推广人员的补充,从而达到培训的目的。

(3) 服务咨询　在一些繁华地带(集市、贸易中心)设置咨询网点,接受农民咨询。

(4) 现场会　通过组织大家到那些采用效果明显的地块,参观、讨论、介绍经验,进行表扬鼓励,激励大家接受新技术。

第三节　农业推广人员培训

农业推广人员的培训,是指农业推广人员职前和在职的学习、培养和训练提高的过程,也是推广人员继续教育和提高工作能力的过程。

一、农业推广人员培训的意义

21世纪的农业已走出传统的计划经济模式,进入市场,迎接市场竞争的挑战。农业推广也受到了市场供求关系的影响,形成了必须选择市场的格局,农业推广方法也由过去那种"蜘蛛推广法"变为"蜜蜂推广法",即像蜜蜂那样主动出击,到处寻觅顾客,才能收到预期的效果。这对农业推广人员提出了新的要求。而以农户为单位的农业生产者在市场经济激烈竞争的洗礼下,已改变了那种只管种地、不管市场,只求稳定、不思发展,只管产量、不管质量,重农轻商的小农经济意识,他们迫切希望在生产、加工、销售、农产品市场信息等方面得到全面系统的咨询服务,这就使农业推广的内容由原来单一的技术推广改变为综合农业生产服务;推广的方式由行政命令式的单项农业生产技能服务转为经济结合式的现代完整系统的农业推广服务方式;推广的方法由简单的培训示范,发展为集大众推广法、集体指导法、个别指导法为一体的综合农业推广方法。也就是说需要农业推广人员为农民的生产提供产前、产中、产后的综合服务。这就要求农业推广人员的素质必须发生根本性的转变和提高,才能适应现代农业飞速发展的需要。

科学技术是第一生产力,人是其中关键的、最活跃的因素。农业技术推广是促进农业技术进步和农村经济发展的重要措施。充分发挥农业技术推广人员的作用,关键是提高农业技术推广人员的素质。因此,加强对农业技术推广人员的在职教育,提高素质,对农业技术推广队伍的建设和农村经济的发展均有重要的意义。

二、农业推广人员培训的内容与方法

1. 职前培训

职前培训是指对准备专门从事推广工作的人员进行就业前的职业教育。职前培训是由于推广人员就职前往往专攻某一专业,难以适应岗位的多种需求,所以,上岗前必须进行针对性培训,目的是使刚从事推广工作的人员掌握一定的技术与技能,从而使其具有承担推广工作的能力。

这项工作一般由国家的中、高等农业教育学校来完成。教育部门根据推广部门的要求和推广人员应该具备的各种素质,拟定教学大纲和教学计划,通过学习和实习,使他们在就业前就具备推广人员的基本知识和素质。

一般是通过开设(农业推广学)课程来解决。另外,辅以社会调查、科学研究、生产实习等环节,效果更佳。

(1) 培训的主要内容

① 农业各个领域的专业技术知识,如农业、林业、畜牧、兽医、农机、蔬菜、渔业等,这些知识主要是通过专业课程的学习来解决。

② 培养在农村基层为农业生产、农业推广工作贡献自己精力的思想,了解推广工作的目的、推广组织及推广人员的职责。

③ 培养推广人员的推广教学方法和技能,掌握各种试验方法、推广方法的优缺点。

④ 培养拟定推广计划的知识与技能、组织实施的知识和技能、总结宣传的知识与技能。

⑤ 培养示范、说明和分析问题的能力,掌握各种视听传播工具的功能和使用方法。

⑥ 了解和熟悉当地人民的文化和乡村社会组织,找出这些文化与社会组织成立并存在的理由。

⑦ 熟悉消息的来源与获得的方法。

(2) 职前培训的类别　一般将推广人员按工作性质分为3~4种类别,即:管理领导类;技术和专家类;推广人员或官员类和基层推广工作人员。其中基层推广工作人员是人数最多的一类。在许多国家,基层推广工作人员又是推广工作第一线的领导。

对于各类推广人员所要求的职前培训,各个国家的要求有所不同。这在一定程度上取决于各个国家农业教育部门的种类和相对职能。

管理和领导人员,除了应接受专业技术教育之外,还应具有在人才选择、咨询、人员管理、工作评价、培训计划、发展和管理以及监督指导方面的才能。

专项技术推广人员,要求具有农业科学或某一专业领域(例如昆虫学、农业病理学、农学、园艺学等)的大学学位。可能的情况下,应该接受所从事专业的研究生教育。此外,大多数人都还应该具有基本的种植和养殖技能,以使他们能圆满地在农户中完成示教工作任务,还需具有一些基本的培训技能。

2. 在职培训

在职培训是指推广组织为了保持和提高推广人员从事本职工作的能力所组织的学习活动。每个推广人员,从就职开始,到职业生涯结束为止,都有义务接受培训,也有权利要求参加培训,以提高自己的专业水平,有效地完成推广任务。推广机构应在组织结构上为职工参加培训提供尽可能多的机会。

(1) 在职培训的必要性

① 一个农业推广人员所具有的知识是有限的,即使是比较高级的推广人员,在知识日新月异的今天也会深深感到知识的匮乏,需要不断地给补充新知识。

② 通过在职培训,一方面可以重新温习过去学过的知识,结合工作实践进一步加深理解和掌握。

③ 知识是日新月异的，推广人员需要不断地更新知识和技能，以适应当前和当地农业和农村发展的需要，解决自己通过自学所不能解决的问题。

(2) 在职培训的类别

① 系统培训，为期三个月到一年不等，系统地讲授推广原理和技术（技能与方法）。

② 专题培训，针对一些专门的课题，进行专题培训。

③ 更新知识的培训，技术总是在不断的更新，对推广人员进行最新知识和技术的培训，以适应新的形势。

(3) 在职培训的主要内容

① 更新和进行基础专业教育、现代推广理论和技术的教育。

② 掌握新技术、新信息、更新应用技术。

③ 根据推广工作需要的专业教育。

④ 掌握农业发展形势的主要特征，讨论有关任务和工作方法。

⑤ 掌握新的视听、宣传工具，补充新的教学手段。

(4) 在职培训的主要方法　世界银行对发展中国家的农业推广人员的在职培训方法，有很好的借鉴意义，其方法主要如下。

① 每月讲习班。每月讲习班的地点是推广专家在职培训的主要集中地，也是推广和科研人员定期接触的地方。一般是举办为期两天的讲习班，目的是定期提高推广专家的专用技能，以适应农民对实际技术的需要。

② 两周培训班。两周培训班的主要任务是继续提高村推广员和乡推广员的专业技能，这种培训班两周培训一次。

③ 生产推荐项目培训。它是对农民进行农业技术措施的专门推广教育培训。这些措施的生产技术和经济效益要适合农民的生产条件。

本 章 小 结

农业推广教育是以农村社会为范围，以全体农民为对象，以农村为开发教材，以发展生产、繁荣农村经济、促进农民增收为目标而进行的农村社会知识、观念、技术、技能、信息等的传授活动。农业推广教育的根本目的是通过推广教育，转变农民观念，提高农民素质，提高技术技能及管理决策能力，改变农民行为。促进"三农"实现农村现代化、农业产业化、农民知识化。

农业推广教育的特点：①普及性；②实用性；③实践性；④时效性；⑤综合性。

农业推广教育的原则：①实际、实用、实效原则；②直观性原则；③启发性原则；④因人施教原则；⑤理论与实践相结合原则；⑥教学形式多样化原则。

农业推广教育活动的实施主要包括 4 个方面：①推广教育活动计划的制订；②推广教育活动计划的实施；③推广教育和培训的评价及反馈；④推广教学方法的选择。另外，在推广教学和农民培训中，综合运用各种教学、传媒手段，可以充分调动学员的各种感官，视、听、做相结合，增加直观感受、理解与记忆，可以收到事半功倍的效果。

推广教学的方法：①集体教学法；②示范教学法；③鼓励教学法；④现场参观教学法。农民技术培训老师应具备：农村社会调查研究能力、制订当地农业教育项目规划的能力、使用各种辅助教学设备的能力、组织和安排推广教学的能力、撰写各种教学资料及各种报告的能力。

农民学习心理：农民学习与在校学生不同，农民在学习新知识，新技术的过程中，有其自身的特点，主要有以下 5 个方面。①学习目的的明确；②有较强的认识能力和理解能力；③精力分散，记忆力较差；④负担重，学习时间少；⑤农民注重相互学习。

农民学习的影响因素包括自身因素、环境因素（家庭、社会）两大方面，就自身因素讲，主要包括 3 个方面：①年龄因素；②文化程度；③心理状况（包括兴趣、动机、态度、情绪等）。

农民参加学习、培训，都有一定的动机、目的、目标，可以归结为心理期望。主要包括如下 4 个方面：①作为生产经营者，期望获得好收益；②作为务实主义者，期望解决实际问题；③作为生产劳动者，期望得到他人帮助做出决策分析；④期望主动关心和鼓励他们，学习新知识、新技术。

农民技术培训方法：(1) 对科技示范户的技术培训方法。①组织现场培训；②田间指导；③个别接触。(2) 对普通农民的短期技术培训方法。①技校培训；②成果示范和方法示范；③服务咨询；④现场会。农业推广人员，充分认识农业推广人员培训的重要意义，职前和在职培训的内容与方法。

复习思考题

1. 农业推广教育有何特点？
2. 农业推广教育的教学原则是什么？
3. 对科技示范户的培训与普通农民的培训有何不同？
4. 为什么要加强农业推广人员的在职培训？

实训　农业推广培训演讲

一、目的要求

本项实训的内容包括农业推广培训和农业推广演讲两方面。通过实训，了解农业推广培训的方法步骤，掌握进行农业推广培训技能和农业推广演讲的技巧，学会撰写农业推广培训计划和农业推广演讲稿。

二、方法与步骤

以一个乡镇、村组为培训对象，学生以班组为单位，举办一期农业技术培训班，培训一项或多项种植或养殖技术，培训时间1～2天。每个学生准备40分钟左右的演讲稿，进行演讲式的技术培训。

1. 选择实验实训地点

可在学校实验实训基地、社会服务基点、科技成果转化基地、科技示范基地进行本项实验实训，或结合科技下乡活动开展本项实验实训。

2. 确定培训对象

如果在学校各类基地开展本项实验实训，需要校方联系地方组织人员参加培训时，可以共同协商确定培训对象。年龄在60岁以下，具有文化基础，有旺盛的农业技术和信息需求的农民都可以参加。重点是村组干部、复员退伍军人、生产专业户、科技示范户、农民技术员等骨干农民。如果是结合科技下乡、农村集市（会）演讲培训，培训对象则是随机的。

3. 确定培训内容

根据培训对象确定培训内容。可选取一项实用技术进行培训。如农作物、蔬菜、果树高产高效优质栽培、无公害栽培、标准化栽培、综合高产开发等，也可以进行食用菌高产栽培技术、优势畜禽及特种动物高效养殖技术等培训。

4. 做好培训准备

（1）编写培训计划　主要包括培训目标、培训对象、培训规模、培训内容、时间安排、培训演讲任务分配以及如何组织落实技术培训等。

（2）编写培训演讲稿　确定哪些学生参与培训演讲，确定具体的培训演讲题目。可以根据实验实训要求安排学生分组分别准备演讲材料，通过模拟演讲选出参加实际培训演讲的学生。

5. 组织开展培训

一般由实验实训指导教师联系培训地点和单位。也可以实验实训指导教师与学生共同联系安排培训地点和单位。

三、作业

每位学生编写一份培训计划或培训演讲稿。

第九章 农业推广计划与项目管理

[学习目标]
1. 理解农业推广计划与农业推广项目的含义。
2. 了解农业推广项目的类型及来源。
3. 熟悉农业推广计划的编制与实施过程。
4. 掌握农业推广项目管理的基本原理与办法。

第一节 农业推广计划与项目概述

一、农业推广计划与农业推广项目的含义

计划是工作和行动以前预先拟定的具体内容和步骤,也就是为了实现某种目标所制订的蓝图。每一项成功的社会活动,都有其目标和方案。同样,农业推广机构也需要把所要做的农业推广工作先筹划一番,通过对现状的仔细调查和分析,制订出包括目标、方法、设备、人员、经费和考核等内容的操作方案,然后按一定的顺序和时间加以完成。因此,农业推广计划是以农业推广的现在来推断农业推广未来的科学预见和安排,它既是拟定计划的过程又是执行计划的过程。

项目是指事物分成的门类。从不同的角度、不同的领域、不同的事情范围、不同的要求来划分有不同含义。具体项目是指按计划为达成某些特定目标而进行的一系列活动,这些活动相互之间是有联系的,并且彼此间协调配合。

农业推广项目主要是指国家、各级政府、部门或有关团体、组织机构或科技人员,为使农业科技成果和先进的实用技术尽快应用于农业生产,促进农业的发展,加快农业现代化进程,并体现农业生产的经济效益、社会效益和生态效益而组织的某项具体活动。如优质专用良种育繁项目、标准粮田建设项目、病虫害防控项目等。

农业推广计划与农业推广项目二者既有区别又有联系。农业推广计划是由若干个项目组成的一个整体,项目则是整体中的个体。也就是说,推广计划具有宏观性,推广项目具有微观性,推广计划是由若干推广项目组成的。项目实施程度体现计划完成的程度。有时某个推广项目就是一个推广计划,尤其是基层的农业推广计划其实就是农业推广项目的计划。

二、农业推广项目的类型及来源

1. 农业推广项目的类型

一般按照农业推广项目的不同特点进行分类,依类别采取不同的管理方法组织实施。农业推广项目的种类较多,也没有统一的分类方法和标准,一般按下列几种方法分类。

(1) 按管理属性分类　农业推广项目按照行政管理权属可以分为国家级、省部级、部门推广计划等。国家级农业推广项目计划包括国家级科技成果推广计划、种子工程、植物保护工程、沃土工程等重大推广项目。

(2) 按行业不同分类　可以分为种植业项目、养殖业项目、工副业项目、引导消费项目、家政指导项目。也可分为农、林、牧、副、渔业推广项目。

(3) 按专业不同分类　可以分为土肥、种子、植保、栽培、饲养、防疫、放养、捕捞等推广项目。

(4) 按科学性质分类　可以分为试验、示范、推广、开发等项目。
(5) 按时间长短分类　可以分为长期、中期和短期推广项目。
(6) 按项目来源分类　可以分为承担上级项目、委托项目、合作项目、自立项目等。

2. 农业推广项目的来源

无论开展何种农业推广项目，均需要相应的成果和技术作支撑。如何获得相应的成果和技术，在哪儿找、找什么样的成果和技术就成为制约项目计划与实施的瓶颈和关键。一般而言，可以考虑以下几个方面。

(1) 科研成果　即通过国家和省（市）科技厅（局）、农业主管部门及有关部门审定公布的农业科研成果。这些成果一般来自科研、教学单位的应用技术科研成果，具有区域、国内或国际先进水平。经过科学家长期对某些领域的科学实验或试验研究，取得经过实践检验和证实的，并通过某种方式的鉴定，而且具有较好的经济效益、社会效益和生态效益的某项成果，如果适宜于当地并可操作，就可以作为项目计划的首选主体技术和成果加以推广应用。从实施规模和效果来看，这种来源占主导地位。

(2) 农民群众的先进经验　将农民群众多年实践得到的经验加以利用并作为推广项目实施。因为农民的先进经验，已经被实践所证实，在一定的区域具有很强的适应性和采纳群体，也没有任何风险，非常容易推广。

(3) 技术改进成果　这是科研单位或农业推广部门在原有技术的基础上进行的一些提高和改进，在某些方面或所有方面有所突破，并经过实践的检验或通过一定方式鉴定的成果。

(4) 引进技术　通过技术贸易、技术交流等形式从国内外引进先进的技术。可以采取技术购买、合作开发、项目合作等形式将技术引入，并进行示范推广，以发挥后发性优势。

(5) 各级推广计划立项指南中的成果与技术　如国家科技成果推广计划指南中有如下重点领域：信息技术领域；节水技术领域；能源技术领域；环保技术领域；农业现代技术领域。农业推广项目计划则要重点考虑与农业有关的项目，主要从节水技术领域、农业现代技术领域筛选项目。

第二节　农业推广计划的编制与实施

一、农业推广项目的选择

1. 选择依据

(1) 社会发展的需要　农业推广计划是国民经济和社会发展计划的一部分，其最终目的是发展生产、壮大经济，促进社会的发展。社会发展促进社会进步，促进传统社会向现代社会转变。社会发展是全面发展，它包括经济发展、社会结构、人口、生活、社会秩序、环境保护、社会参与等若干方面的协调发展。因此，在农业推广活动中必须有计划、分步骤、分行业开展各种各样的推广工作，即以不同的推广项目有计划、有目的地对新成果进行传播和应用，实现提高农业生产水平、增加城乡农副产品、提供安全食品和工业发展原料以及提高农民素质的社会发展目标。由于不同的历史发展时期和不同的发展区域，其社会发展所需要解决的关键问题和目标有所不同，使得推广项目计划又具有时效性和区域性。因此，在农业推广项目的选择上，既要考虑当前、又要兼顾长远，满足社会发展的总体需要和维持社会的持续发展。

(2) 市场的需要　在项目推广过程中，有时会发现其生产的农产品并非市场所急需，或供过于求、或附加值太低，不利于项目的继续实施。这就需要充分考察国内外市场的需求状况，确定目标市场，并对目标市场进行细分，以实施不同的推广项目。所以，推广项目的选择要充分发挥市场效益，达到增产增收或其他推广目标。

(3) 农民的需要　农民是推广项目计划的接受者和执行者，是直接的受益者。在制订任何农业推广项目计划前，均需要考察农村、访问农民，了解农民的需要层次、当前和长远的需要，在结合国家发展需要的同时，尽量满足农民的需要而开展相应的推广项目，使农民得到真正的实惠。不同地区的农民所处的经济条件、生活条件、环境条件和知识结构有一定的差异，分别有不同的需要，所以选择农业推广项目时应充分考虑农民最迫切需要的技术，满足大多数农民的要求。

（4）专家的意见　在制订农业推广项目计划时，除了要考虑社会发展的长远需要、市场需要和农民的需要之外，还应该对项目计划组织专家进行充分的论证，考察项目的可行性和适应度以及进行风险预测和回避，因为不同领域的专家具有不同的专长，在某方面具有其独特的见解，经过专家论证的项目才会使最终实施的项目具有重大意义。因此，制订农业推广项目计划，一定要考虑专家的意见。

2．选择原则

（1）项目的先进性　首先选择最新的科技成果和最新技术；其次是项目有最佳的投入产出比，即选择那些对生产有重大影响，能对改变地区面貌起决定性作用，投资少、见效快、效益高的项目，不仅要有显著的经济效益，还要有显著的社会效益和生态效益；再次是适应性广，能够较快地在大面积生产上推广应用。

（2）项目的成熟性　项目的成熟性是指项目的可靠性和相对稳定性，这是保证项目推广取得成功的基本条件。所选项目在满足其技术要求的条件下，必须是真正有效的，并保持长期的稳定性，以免给生产造成损失或造成人、财、物的浪费。

（3）项目的适应性　新成果和新技术要适应当地的自然条件和生产条件，若不适应，绝不可引进。否则，会给生产造成损失。因为每项科技成果都是在特定的地理条件和自然条件下形成的，具有区域适应性。

（4）项目符合市场的需求　推广项目的最终目的都是为了直接或间接地获得产品，产品的数量和质量直接影响着推广项目的效益。因此，推广项目的选择必须兼顾产品的市场需求，使项目产品产得出、销得去，且价格合理，否则，项目将难以推广。

（5）项目符合农民的接受能力和需要　项目的技术要求要同农民的认识程度和文化素质相一致，这样便于农民接受和采用。农民接受技术能力越强，取得的效益越高，推广也就越快。因此，在选择项目时必须考虑农民的接受能力，选择那些农民经过培训能掌握的技术。同时项目要符合农民的需要，尊重农民的意愿，保障农民采用创新的自主权。

二、农业推广计划的编制

1．编制的基本原则

（1）合作拟定的原则　在编制农业推广项目计划时，为了有效地将政府的目标、推广组织的目标和农民的目标与利益充分结合起来，在考虑项目计划的编制人员时，不能只由推广部门来拟订计划报告，还应该吸收相关的政府管理干部、相关领域的专家以及农民代表参加，实行"干部、专家、农民"相结合的拟订方式。达到吸收各方面意见、使项目计划更具操作性和可行性的目的。

（2）"四效"统一的原则　编制农业推广计划，首先要考虑的是项目实施的综合效益，即技术效益、经济效益、生态效益和社会效益等四个方面。使拟订的项目计划既能增产、增收，又能充分发挥技术本身的产量潜力，还能有助于改善生态环境，维护生态平衡和提高农业生产能力。如实施绿色农产品生产基地建设和优质农产品产业化生产等项目，就能达到"四效"统一的目的。

（3）因地制宜的原则　农业推广计划的实施有其实施的区域范围，大到跨省，中到跨县市，小到一个乡镇、村、组。在拟订项目计划时一定要结合技术本身的生物学特性，充分考虑农业生态、可支配或获得的资源、农民特征（如性别、年龄、文化水平）等方面，对不同地区有不同要求。因此，要根据不同的技术、不同的区域开展不同的项目。

（4）有利于提高农民素质的原则　农业推广的性质是教育性，目的之一是使农民从各种推广活动中增知识长见识，达到提高自我决策能力的目的。在拟订农业推广计划时，要规划对农民的培训计划，缩小农民知识水平与项目要求之间的差距，有让农民参与项目计划实施的具体方法，使项目本身成为一个"参与式项目计划"。确保让农民认识项目本身的意义、目的和技术要点，达到提高农民素质的目的。

(5) 可操作性原则　拟订农业推广计划，要充分考察项目的难易度以及农民的接受程度、支农服务的可能性和推广机构自身的行动能力四个方面。使项目能够有条件实施，推广机构有相应的技术人才和组织保障，农民有能力并能实施自愿行为，方可保证项目计划变得可以操作并顺利实施。

(6) 弹性和可调性原则　拟订计划时，一方面要目标明确、措施得力，另一方面要充分将行政、经济和技术等方面结合起来，规定一定幅度和范围的指标。既要为将来项目的实施奠定一个规范性的蓝本，又要根据实际情况调整项目实施的技术路线和方法，达到项目实施的科学性和高效性。这就要求项目计划具有一定的弹性和可调性。

2. 农业推广计划的制定程序

推广计划的拟定程序，就是指拟定推广计划的步骤，任何推广计划制订都是要按严格的步骤，经过多次反复，报经国家主管行政机构批准下达。现将一般程序叙述如下。

(1) 确定农业推广计划的目标体系　制订农业推广计划，首先要掌握最新农业科技成果，搜集农村要解决的问题，分清问题的性质、涉及的范围、影响的深度和广度，按照主、次进行筛选。对计划项目中各个子目标体系进行现状的和历史的调查分析，全面积累数据，充分把握资料。由有关专家参加，进行科学预测。在此基础上，确定计划目标。

(2) 开展调查研究　对已确定的计划目标，凡是具有全局性的重大问题，可作为推广计划的重点，凡是局部的问题，列入一般推广计划项目。然后采取定性和定量结合的方式，调查问题的真实性、普遍性和迫切性。

(3) 拟定农业推广计划方案　对草拟的各种计划方案，要采取多方案的比较，在借鉴国内外经验和历史与现实的经验的基础上，抓住典型，研究各种方案的技术、经济的合理性，需要与可能及实施的后果等，这样可以从根本上克服过去决策上普遍存在的弊端。因为过去往往仅送一种方案给上级主管部门审批，无法进行方案的比较，往往造成推广工作中有不同程度的失误。

(4) 论证并检验多种方案　对推广计划草案中提出的主要任务、目标、指标体系、具体措施和步骤，认真进行任务、需求、资源、能力等因素之间的测算，看其是否协调平衡；并且选点开展多方案试验，经过实践检验，观察研究各种方案的利弊，研究各种方案与经济、社会多种复杂因素相互作用是否协调，能否产生良好的反馈作用，能否解决提出的问题，然后对原方案进行修订、优化原方案。经过几次反复，最后综合平衡，使推广计划稳定可靠。

(5) 确定农业推广计划　以论证、试验多方案中所提供的情况和资料为依据，对初定方案进行系统评审，按照有关规定、手续批准后，即可作为正式农业推广计划，形成文件下达。在审批过程中，如有反馈信息，需对计划草案进行必要的修正和调整。

3. 农业推广计划的编制

(1) 成立项目计划委员会　在制订农业推广计划前，首先确定计划的编制人员，建立相应的组织机构，由相关领域的干部、专家和农民代表组成计划委员会，负责组织项目调研、项目初期论证和编制项目计划报告，确保计划有组织、有落实。

(2) 确定初选项目　在项目计划委员会指导下，对农业发展状况、农业产业、资源、市场、政策、农民行为特点等现状进行调研并做出恰当的预测，确定推广目标区域和目标群体，提高计划与项目的有效性。同时写出项目可行性论证报告，进行项目初选和可行性论证。可行性研究报告一般包括下列几个部分。

① 推广该项目的依据、目的和意义、国内外现状、水平、发展趋势、立项的特色和创新及项目的内容简介。

② 技术可行性分析。包括主要技术路线和需要解决的技术关键，技术的先进性、合理性和

实用性，最终目标和主要的技术经济指标，实施项目所具备的条件，即项目的工作基础、项目的主要实施基地或技术依托单位的基本情况、协作条件，项目实现产业化的途径。

③ 市场预测。包括推广前景和市场前景预测，国内外需求情况及市场容量分析、产品价格与竞争力分析，产业化前景分析。

④ 预测项目完成后的经济效益、社会效益和生态效益。一般从新增总产值、新增纯收益、节能节材情况、节约利用资源情况、改善环境的作用、促进社会发展的作用等方面论述。

⑤ 推广项目的技术方案及推广范围、规模和年限（项目计划进度安排）。

⑥ 预计的推广经费及用款计划。

⑦ 经费偿还计划。

项目的可行性研究报告一般需经专家论证评估。

(3) 编制申报书　推广项目申报书编写内容大致包括：

① 项目名称。推广项目的目的和意义，国内外发展水平和现状，项目内容简介。

② 项目说明。即推广项目的主要技术来源及获奖情况。

③ 项目推广计划指标。包括项目推广的对象、地点、面积和示范的范围；分年度推广面积和范围；项目实施后预期达到的技术指标、经济效益和社会效益以及生态效益指标。

④ 推广方法和步骤。即活动计划和预计完成的时间、面积、范围，推广的难易程度及承担能力强弱，完成该项目推广计划要求的总时间和完成阶段性目标要求的时间。

⑤ 执行项目所需条件。包括执行项目所需要的人力、物力和财力等条件。资金方面不包括技术人员的工资，只包括推广活动费、试验示范用品、必要仪器设备的购置费及培训费等。按照推广规模认真测算每一项目所需费用及每一笔经费的来源。推广物资是指在项目实施中，农民必须增加的那一部分生产资料投入，包括种子、苗木、农药、化肥、农机具等。根据推广规模估算新增物资品种的数量，并写明货源情况。

⑥ 预期结果和计划评价。对执行项目的价值和经济可行性进行评价。

⑦ 主持单位和协作单位。主持单位只能是一个，是项目推广计划的主要完成者，负责项目推广计划实施方案的编写和实施过程的监督评估，以及人力、物力、财力全面的管理。协作单位可以是两个以上，居次要地位，主要是协助主持单位完成项目推广计划。

⑧ 项目执行人、参加人以及专家评审意见等。

(4) 项目的审批立项　项目的可行性研究报告上交后，经过专家论证评估，转入评审、决策和确定项目，然后项目双方签订合同书，最后项目执行单位还要制订更为详尽的实施计划。

① 项目的评估、论证。农业推广项目的评估、论证，是审批立项中的关键环节。它从科学、技术、经济、社会等方面对拟选项目进行系统、全面地科学论证和综合评估，论证项目的选择是否符合原则，项目要推广的技术或成果是否先进，立题的必要性，技术路线的先进性、合理性，实施的可能性，项目实施后的社会效益、经济效益和生态效益是否显著，项目的经费概算是否合理等，为确定项目提供决策依据，为以后项目的实施和完成奠定基础。

农业推广项目的论证一般是以会议的形式进行。由项目主持部门聘请有关科研、教育、推广以及行政等方面的专家、教授和技术人员组成项目论证小组。论证小组一般由7～15人组成。要求参加人员必须具备中级以上技术职称（职务），组长应由具有高级技术职称并有较高学术、技术水平的人员担任。

② 项目的确定。农业推广项目经评估、论证后，就转入评审、决策、确定项目的阶段。项目的决策人或决策机关在项目论证的基础上，进一步核实本地区、外地区、国内外的信息资料，市场和农村调查情况，根据国家政策同时征询专家意见，吸取群众的合理化建议，从系统的整体观念出发，对项目进行综合分析研究，最后做出决策，确定项目。

③ 签订项目合同。农业推广项目确定后，项目双方还应签订合同书，至此才正式立项。农业推广项目合同的主要内容一般包括立项理由（项目推广的目的、意义、国内外水平对比和发展趋势），项目主要内容及技术经济指标，经济效益、社会效益和生态效益分析，预期达到的目标，

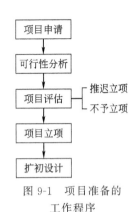

图 9-1 项目准备的
工作程序

采用的技术推广方法和技术路线,分年度的计划进度(包括推广地点、规模),经费的筹集、去向及偿还计划,配套物资明细表,参加单位和项目组负责人。

④ 扩初设计。农业推广项目批准后,项目的准备工作还没有结束,项目执行单位还必须根据已批准的可行性研究报告、评估报告、项目合同,制订更为详尽的实施计划。

农业推广项目和其他项目一样,其扩初设计应包括如下几点:①项目的总体设计,包括指导思想、推广规模、主要措施、具体推广目标、所需材料及推广人员的具体安排等;②建立项目的实施机构,包括行政领导小组、技术指导小组,必要时还应成立项目协作组织等;③推广项目的年度计划及每年预期的结果;④推广费用的支配方案;⑤可能发生的问题及对策;⑥组织领导,主要有领导班子、协调机构和技术指导小组等。项目的扩初设计经项目主持单位的项目组成员及同行专家设计讨论成熟后进入项目实施阶段。

农业推广计划各项准备工作的关系如图 9-1 所示。

三、农业推广计划的实施

1. 建立项目实施机构

为保证项目的顺利实施,要建立项目实施组织机构,这是确保项目计划完成的组织保证。首先是成立项目行政领导小组。项目行政领导小组主要负责项目实施的监督和组织保障,以期实现行政、技术、物资的有效结合,使项目顺利开展。若项目是跨地区实施,还要建立项目协作小组,保证各地均按项目计划完成相应的合同任务,最终实现项目计划的总体目标。其次是成立项目实施技术小组,确定相关技术人员。尽管在申报项目时已经列出相关实施人员,但立项后的实施还要进一步明确。确定项目负责人和项目主研人员,并明确相关人员的职责和义务,合理分工,确保项目技术的落实。

2. 制订实施方案

项目下达后,项目实施机构要根据合同任务目标,对项目的内容、组织保障等方面进一步细化,编制项目总体实施方案和分年度实施方案。总体实施方案要将项目合同实施期限内需要完成的任务进行分解,其内容主要包括:

① 总目标和年度目标;

② 总体技术方案,包括实施的区域、规模、农户、主要技术措施、试验研究方案等;

③ 总体组织和保障措施,以政府或项目小组文件的形式落实;

④ 技术人员和实施区域的分工以及经费的预算和分配方案等。

项目计划实施方案应具有如下基本特点。

① 弹性和可调性。即制订的方案应是指导性的,其配套技术方法和保障措施等可以根据实际情况加以调整,但均要保证总体目标的实现。

② 创造性。充分发挥想像力和抽象思维能力,形成统筹网络,满足项目发展的需要。

③ 分析性。要探索研究项目中内部和外部的各种因素,确定各种不确定因素和分析不确定的原因。

④ 响应性。能及时确定存在的问题,提供修正计划的多种可操作性方案。

实施方案一旦确定,要严格按照实施方案执行,一般不得轻易更改。年度实施方案是在总体方案的基础上,分年度制订各实施阶段的技术和组织保障方案,此方案在年度间可以有所不同,要保证当年工作的重点和总目标的完成。总之,制订的实施方案要能使技术人员、管理干部看得明白,简单易行便于操作。

3. 指导与服务

在项目的实施过程中,各级技术管理人员和行政管理人员,要分级管理、监督检察、服务配套。一是要指导。要深入宣传和培训农民、技术人员,使他们进一步明确项目的目的与意义,充分掌握各项技术措施,使各项技术措施落实到位。二是要服务。要保证各种农用物资、资金的供给以及相关农产品的产后销售等问题,开展社会化系列服务。

4. 检查督促

项目实施过程中要加强管理和监督。实行项目主持人负责制,充分发挥主持人的主观能动性,项目计划下达单位和项目领导小组要定期对项目进展情况、经费使用情况等方面进行检查和监督,及时发现和解决项目实施中存在的问题,保证项目顺利完成各项目标任务。一般实行年度和中期评估制度,对项目完成情况差或根本未完成计划任务的单位和个人,要通过整改、项目停止或司法途径等方式进行处理,保证项目资金应用的合法化和项目的顺利完成。

5. 总结与评价

任何项目计划完成后,均要开展总结与评价工作。总结分为年度总结、阶段性总结和结项总结,但均要写出总结报告、技术总结报告和某些单项技术实施总结报告。写总结报告的目的一是对项目完成情况做全面总结,向项目下达单位做一个交代;二是为今后类似项目实施提供可以借鉴的经验和教训。不同项目的总结报告内容有所不同,但写作的基本要求是一致的。对于工作总结报告,一是要写清楚项目的来源和依据;二是要列出项目计划的合同任务目标;三是要写出项目计划所采取的主要技术措施以及重大技术改进或突破;四是要详细写出项目计划完成情况、成绩和效益(经济、社会和生态效益);五是要写出项目完成所取得的主要经验和教训;最后是意见和建议。

第三节 农业推广项目的管理

农业推广项目是按照农业推广的总体计划,对某一专项任务以课题的形式落实下来,必须进行有计划、有组织、有步骤、有检查地实施和管理。农业推广项目是使农业推广计划得以落实的保证,做好农业推广项目的管理,不仅已成为农业推广工作的重要组成部分,而且也是加速农业推广、促进生产发展所采取的必不可少的有效途径。

农业推广项目的管理内容相当多,广义地讲,前一节所述的推广计划也属于项目管理的范畴。

一、农业推广项目的管理方法

农业推广项目管理的方法很多,下面列举常见的五种管理方法,有些项目以一二种管理方法为主,但很多项目全面结合了五种管理方法。在实践中要灵活利用这些方法,确保项目高质量地完成。

1. 分级管理

各级农业推广部门根据各自的情况制订各自的推广计划并安排相应的推广项目,这些项目一般按下达的级别进行管理。跨省的项目或者有特殊意义的项目由国家有关部委管理。省、市(地)、县级农业推广部门分别管理跨市(地)、跨县、跨乡的项目。上级推广部门只对下级制订的推广项目备案,不做具体管理;下级承担上级下达的项目要管理本级机构所辖范围的项目推广工作。承担上级的项目,执行中的修正方案要报上级管理部门批准;项目完成后,档案材料正本上交上级推广部门,本级只留副本。

2. 分类管理

按照农业推广项目的不同种类、不同专业、不同特点和不同内容进行分类管理。如农业部要管理农业、牧业和渔业推广项目,林业局管理林业推广项目。如按专业不同则要相应管理种子工程、植保工程、土壤肥料工程、农作物综合技术推广、饲养工程等项目计划。

3. 封闭管理

农业推广项目的管理是一个全过程的管理，从目标的制订、项目申报、项目认定和下达部署、项目计划执行、项目修订完善直至项目完成和目标的实现状况均要进行管理，形成一个完整封闭的管理回路，称为封闭式管理。由此避免了由于管理上的疏漏，造成项目不能顺利完成的不利现象。

4. 合同管理

农业推广项目计划实施前，项目下达单位与项目承担单位和项目主持人要签订项目执行合同，在此合同的基础上，项目主持单位和主持人还要进一步与项目协作单位和承担的主研人签订二级、三级合同，在各级合同中明确了各自的职责、任务目标及违约责任等内容，项目实施按合同进行管理。

5. 综合管理

依据不同推广项目的特点、管理权属、区域特点及我国现行行政管理和科技管理体制的现状，农业推广项目的管理正向综合方向发展。即在推广项目的管理过程中，采取参与式管理的模式，促进干部、专家和农民相结合，集行政、技术、物资管理于一体，多种管理方法相结合，进行多因子的综合管理。

二、农业推广项目计划动态调整与评估

由于项目管理是一个创造性的过程，项目早期的不确定性很大，所以项目必须逐步展开和不断修正。这需要及时对计划的执行情况做出反馈和控制，并不间断地进行信息交流。

1. 项目计划动态调整的策略和原则

（1）要做到尽量保持原有控制原则的完整性　尽管项目的目标和计划在一定范围可以变动，但要充分发挥各个实施内容的功能，以达到总体控制功能的实现。

（2）确保项目产出物的变化与项目任务与计划更新的一致性　不同的项目任务与计划所达到的结果和目标是不一样的，当项目的产出物提出变动要求后，必须调整项目任务与计划，保持两者的同步调整与变更。

（3）协调各个方面的变动　项目计划的变动是影响到项目投入的变化及产出物质量的变化等多方面的连锁反应。因此，必须协调各个方面的变动。

（4）妥善解决异议或争议　项目在实施的过程中，如出现异议或争议，在异议或争议未解决之前，"推广计划"可暂停该项目的推广工作。待异议或争议解决后，根据论证的结论，做出撤销或继续执行的决定。

（5）项目实施单位一般不得变更　确需调整时，由地方科技管理部门审查后，报相应项目下达单位核准。对执行不力的单位，项目下达单位将会同有关方面进行调整、撤换，直至中止其执行。

2. 项目计划动态调整的方法

项目计划动态调整来自于对项目进行的动态监测结果，是由项目参与人、项目管理人员或项目资助单位对项目活动的进展情况进行定期的、连续不断的检查后，得到相关信息反馈和进展评估报告后所做出的项目计划动态调整的方法。

（1）召开关键会议　总结上一阶段的工作，分析问题，提出解决问题的措施及建议，并介绍下一阶段的主要任务和目标。也是协调各个子项目、不同项目实施单位之间人员及工作任务的重要手段。如召开例会、介绍进展或非定期的特别会议。

（2）进行信息沟通　加强联系，沟通各方面的信息，建立项目实施的信息沟通网络非常关键，它可以及时了解项目进展状况，处理和解决存在的问题以及调整计划等。信息沟通途径很多，如信函、电话、谈话、传真、图纸、电子邮件等。

（3）实施绩效度量　利用有关原理对项目进行分析和预测，通过对进度差异参数、进度指数的比较、分析，将最终结果反映到进度执行报告中，作为项目决策的依据。通过不断的绩效度量，不断地调整项目实施计划，最终使项目顺利而高质量地完成。

3. 农业推广项目的评估

项目评估是项目计划完成过程的组成部分，存在于项目计划执行过程中以及项目结束。按评估时间分为过程评估、阶段评估、最终评估和事后效果（跟踪）评估等四种类型。一般而言，目标、方法和结果是评估的主要内容。

（1）评估的目的与意义　项目评估对于项目管理和实施的有效性具有重要意义：

① 可以发现问题、反馈信息，以便及时修正项目活动计划；
② 可以确定目标实现程度和项目的价值；
③ 检验所用推广方法与手段的有效性，保证方法的正确性；
④ 了解经费的使用情况，促进推广人员树立良好的职业作风，增强使命感和成就感；
⑤ 总结经验和教训，为以后提供依据；
⑥ 扩大推广活动的影响。

（2）评估的步骤

① 确定评价领域与内容。农业推广项目的实施，要求评价的内容很多，涉及到目标团体、推广组织、项目实施、项目区的一般环境等各个领域。应根据具体的评价目标、不同阶段、不同对象等方面确定不同的评价领域与内容。

② 确定评价的标准与指标。对于不同的评价领域与内容，则要选择不同的指标和标准。要尽可能地列出所涉及的指标，并对指标进行量化和标准化处理，达到能准确地评价项目的目的。

③ 确定评价人员。项目评价人员的组成，一定要精心挑选。其人员选择的基本原则：一是要保证评价的各个方面均有相关人员参加，一般应该成立由推广人员、项目咨询工作者、目标群体代表和评价专家组成的评价小组，对项目进行评估。二是人员组成尽量考虑人才资源的实际情况，能充分发挥各个方面人才的优势。

④ 制订评价计划方案。评价人员在开展评价工作前，一定要拟定评价计划。在此计划中，要将评价的目的、内容、时间、地点、评价参与人、资料收集方法、分析方法、评价方法及经费预算等方面详细列出，写成书面材料，形成文件。

⑤ 收集资料、取得证据。要按照资料收集的调查设计方案，有目的、有方向、有重点地收集资料。可以通过典型调查法、重点调查法、抽样调查法、访问法、直接观察法、问卷调查法等方法收集资料，保证资料收集的合理性、全面性。

⑥ 整理分析资料、实施评价工作。对收集来的资料，进行审核、整理、归纳、分类、加工等，从中理出思路，形成系统综合化的汇总资料。然后对汇总资料按评价指标和标准分类填写预先设计的评价图表，并根据预先设计的评价方法，开展评价工作，形成评价结论。评价的方法很多，可以采取定性评价法、比较分析法、关键指标法、综合评分法以及函数分析法等。具体采用什么方法要根据评价目的而定，一般采用较多的是关键指标综合评分法。

⑦ 撰写评价报告。将项目的评价结果编制成评价报告，报送项目主管部门和各级地方行政部门、项目资助机构以及其他社会团体，不仅对项目的实施结果进行验收、鉴定做准备，而且能发挥评价工作对推广实践的指导作用，也是各级管理者提出增加、修订、维持或者停止项目实施的依据，还可以争取社会各界广泛的理解与支持。

三、农业推广项目的验收、鉴定与报奖

1. 项目验收与鉴定的含义

项目完成过程中或完成后，项目计划下达单位聘请同行专家，按照规定的形式和程序，对项目计划合同任务的完成情况进行审查并做出相应结论的过程，称之为验收。验收分阶段性验收和项目完成验收，阶段性验收是对项目中较为明确和独立的实施内容或阶段性计划工作完成情况进行评估，并做出结论的工作，其作为项目完成验收的依据；而项目完成验收是指对项目计划总体任务目标完成情况做出结论的评估工作。验收的主要内容包括：是否达到预定的推广应用的目标和技术合同要求的各项技术、经济指标；技术资料是否齐全，并符合规定；资金使用情况；经

济、社会效益分析以及存在的问题及改进意见。

而项目完成后,有关科技行政管理机关聘请同行专家,按照规定的形式和程序,对项目完成的质量和水平进行审查、评价并做出相应结论的事中和事后评价过程,称之为鉴定。鉴定是对成果的科学性、先进性、实用性进行全面的评价,具有正规性、严肃性和法定性的特征。鉴定的主要内容包括:是否完成合同或计划任务书要求的指标;技术资料是否齐全完整,并符合规定;技术成果的创造性、先进性和成熟程度;应用技术成果的应用价值及推广的条件和前景以及存在的问题及改进意见。验收不能代替鉴定,但有些项目的验收和鉴定可一次完成。

2. 项目验收与鉴定的条件

① 项目已实施完成并达到了项目合同书中的最终目标、主要研究内容和技术指标。

② 项目推广应用效果显著,达到了与各项目实施单位签订的技术合同中规定的技术、经济指标;年度计划已达到可行性研究报告及技术合同中规定的各项技术、经济指标。

③ 验收和鉴定资料齐备。主要资料有:a.《项目合同书》;b. 与项目实施单位签订的技术合同;c. 总体实施方案和年度实施方案;d. 项目工作和技术总结报告;e. 应用证明;f. 效益分析报告;g. 行业主管部门要求具备的其他技术文件。

④ 申请验收和鉴定的项目单位根据任务来源或隶属关系,向其主管机关提出验收和鉴定申请,并填写《推广计划项目验收申请表》。申请鉴定的项目单位向省级或以上部门提出鉴定申请,并填写《推广计划项目鉴定申请表》。

3. 验收与鉴定的组织和形式

(1) 验收的组织和形式　验收由组织验收单位或主持验收单位聘请有关同行专家、金融、计划管理部门和技术依托单位或项目实施单位的代表等成立项目验收委员会。验收委员会委员在验收工作中对被验收的项目进行全面认真的综合评价,并对所提出的验收评价意见负责。验收结论必须经验收委员会委员三分之二以上多数通过。个别重大项目可视具体情况,由地方科技主管部门确定专项验收办法,报国家科技部同意后执行。通过验收的,由组织验收单位颁发《推广计划项目验收证书》。根据项目的性质和实施内容的不同,其验收方式可以是现场验收、会议验收、检测与审定验收,也可能是三种方式的结合,根据实际情况而定。

① 现场验收。现场验收是项目验收委员会组织专家考查项目实施现场,对项目承担单位的推广工作做出评价的过程。现场验收的项目或课题往往是推广结果应用性较强,其项目的实施涉及到技术的大面积、大规模应用的实际效果问题,需要对产量、数量、规模、技术参数等指标进行实地测定,从而客观、准确、公正地评定项目实施的效果和完成状况。现场验收是阶段性验收常用的方式。

② 会议验收。是验收专家组通过会议的方式,在认真听取项目组代表对项目实施情况所做的汇报基础上,通过查看与项目相关的文件、工作和技术总结报告、论文等资料,进一步通过质疑与答辩程序,最后在专家组充分酝酿的基础上形成验收意见。会议验收是项目完成验收常用的方式。

③ 检测、审定验收。有些推广项目涉及相关指标的符合度问题,仅凭现场(田间观测)验收和会议验收根本不能准确判断其完成项目与否,还必须委托某些法定的检测机构和人员对相关指标进行仪器测定,得出准确的结论,并对相关指标进行审定(审查)后,方可对项目进行验收。如绿色蔬菜生产项目就必须按照相关绿色农产品的标准进行检测,脱毒马铃薯生产项目就必须按不同种薯级别检测其病毒含量指标,某些新农药、新化肥的试验示范推广项目就必须检测其相关元素的差异以及有无公害问题等。

(2) 鉴定的组织和形式　国家科技部和各省级科技厅是科技成果鉴定的具体组织单位。组织鉴定单位同意组织鉴定后,可以直接主持该科技成果的鉴定,也可以根据科技成果的具体情况和工作的需要,委托有关单位对该项成果主持鉴定。受委托主持鉴定的单位称为主持鉴定单位,具体主持该项成果的鉴定,其单位必须是市(地)级以上的单位。组织鉴定单位或主持鉴定单位聘请有关同行专家成立项目鉴定委员会。

科技成果完成者在申请鉴定过程中,应当据实提供必要的技术资料,包括真实的试验记录、国内外技术发展的背景材料，以及引用他人成果或者结论的参考文献等。

鉴定委员会委员在鉴定工作中应当对被鉴定的项目进行全面认真的综合评价，并对所提出的鉴定结论负责。鉴定结论必须经鉴定委员会委员三分之二以上多数通过。通过鉴定的，由组织鉴定单位颁发《科学技术成果鉴定证书》。农业推广项目的成果鉴定主要可采取检测鉴定、会议鉴定和函审鉴定三种方式。

① 检测鉴定。检测鉴定是指由专业技术检测机构通过检验、测试性能指标等方式，对科技成果进行评价。

② 会议鉴定。会议鉴定指由同行专家采用会议形式对科技成果做出评价。必须进行现场考察、测试和答辩才能做出评价的成果，可以采用会议形式鉴定。

③ 函审鉴定。函审鉴定指同行专家通过书面审查有关技术资料，对科技成果做出评价。不需要进行现场考察、测试和答辩即可做出评价的科技成果，应尽量采取函审形式鉴定。

4. 成果登记与报奖

（1）成果登记　为了发挥农业推广技术成果的潜力和效益，国家科技部和省级成果管理机构都实行了科技成果登记制度。该制度要求成果完成单位及时将通过专家鉴定或验收的重大成果及时公布，促进成果转化；二是取得成果优先权，利于今后成果的产权归属和成果报奖。科技成果鉴定的文件、材料，分别由组织鉴定单位和申请鉴定单位按照科技档案管理部门的规定归档。进行成果登记一般需要以下条件：

① 验收和成果鉴定程序合法，并通过成果鉴定。其鉴定意见和结论得到组织鉴定（验收）单位和主持单位的同意并通过专家组人员的签字认可；

② 成果鉴定结论表明成果达到相应的水平，并具有良好的应用前景和能够带来巨大的经济效益；

③ 成果的技术资料齐全。包括研究工作总结报告、技术总结报告、查新报告、主要完成单位及人员、内容简介、效益证明、成果鉴定证书等。

（2）成果报奖　农业推广项目通过验收鉴定之后，就可以向有关部门上报请奖。根据有关规定，目前我国农业推广成果主要是申报科学技术进步奖。其中设有国家级、省级和市（地）级科学技术进步奖。一般而言，申报奖励应具备下列材料：

① 申报书；

② 主要完成人情况表；

③ 项目工作总结、技术总结；

④ 项目验收鉴定证书；

⑤ 有关证明材料。

（3）报奖程序与要求　根据有关规定，科技成果奖励实行归口管理办法。几个单位共同完成的推广成果，由项目主持单位会同参加单位协商一致后按上述规定上报请奖。若其中部分推广成果是一个单位单独完成的，并在生产上可单独应用，经协作项目主持单位同意也可以单独向归口部门报奖，但不得参与总项目重复报奖。协作推广项目的报奖必须有技术推广合同书，并明确推广内容、时间、参加人数、参加单位、主持或牵头单位、项目主持人以及其他有关事项。

本 章 小 结

农业推广计划是由若干个农业推广项目组成的，有时某个推广项目就是一个推广计划，尤其是基层的农业推广计划就是农业推广项目的计划。农业推广项目一般来自于已完成的科研成果、技术改进成果、引进的技术、群众的先进经验等。根据项目推广地区的自然经济条件、社会发展概况、农民的需要程度、市场需求状况并结合专家的意见来选择适合的推广项目，对推广工作的顺利开展是十分必要的。

在编制农业推广项目计划时，要遵循计划编制的基本原则，按照编制计划的程序，重点做好项目的可行性研究，经过上级有关部门组织的评估论证，通过后方可下达实施。项目实施过程中，要按照实施方案做好指导服务工作，并开展检查和督促，及时发现和解决存在的问题，纠正项目执行中的偏差，保证顺利完成各项目推广任务。项目计划阶段性完成和项目计划完成后要开展总结与评价工作，要写出年度和结项工作总结报告以及技术总结报告和某些单项技术实施总结报告。

加强农业推广项目计划的管理,是完成项目推广工作的重要保证。尤其是在项目执行过程中对于发现的问题要及时解决,对项目计划要适时地进行动态调整,以保障项目的顺利实施。在项目完成后,计划下达单位要组织验收与鉴定,符合成果条件的要进行成果登记,还可把成果按规定程序申报请奖,这是国家对在实施"推广计划"中做出突出贡献的单位和个人的表彰和奖励。

复习思考题

1. 简述农业推广项目的选择依据和选择原则。
2. 简述农业推广计划的编制原则。
3. 简述农业推广计划的制订程序。
4. 简述农业推广项目计划的实施程序。
5. 如何开展农业推广项目的验收和鉴定?

实训一 制订农业推广项目计划

一、目的要求

通过广泛的农村社会调查,分析农业、农村经济发展、产业结构调整现状,了解农民生产、生活需要,根据农业、农村经济发展总体规划,选择一项适用的农业推广项目,制订出农业推广项目计划。

二、方法与步骤

以一个县市、乡镇为对象,学生个体为单位,通过调查选择项目,制订出农业科技推广项目计划。

1. 农村社会调查

(1) 通过调查了解基本情况 包括调查对象的自然条件、经济条件、生产条件、农民生产、生活现状,农业技术应用情况等。

(2) 通过调查了解"三农"需要 了解农民生产、生活需要,农村经济发展需要,农村社会发展需要。

2. 选择推广项目

在广泛的农村社会调查的基础上,按照农业推广项目选择的原则,对拟推广项目(农业科技成果)的技术先进性、适应性、可行性等方面进行综合评价后,确定要推广的农业科技项目(农业科技成果)。

3. 编制农业推广项目计划

(1) 确定推广的规模与范围 根据推广项目的适用范围和推广技术力量,确定推广规模与范围。

(2) 确定推广目标 根据当地生产发展、科技发展状况,提出符合客观实际和促进发展的农业科技项目推广目标。包括经济效益指标、社会效益指标、生态效益指标和推广教育效果指标等。

三、作业

编制一份农业推广项目计划(实施期限为1~3年)。

实训二 农业推广项目总结

一、目的要求

通过本项实训,了解农业推广项目实施的过程、农业推广项目总结的要求与方法;熟悉怎样进行项目资料的整理；掌握农业推广项目技术总结报告的写作。

二、方法与步骤

农业推广项目完成预定目标后，应由项目负责人主持对项目实施结果、所取得的技术经济效益、科技推广经验及存在问题等进行全面的总结。

1. 项目资料的汇总整理

将项目实施过程中获得的各种资料按照项目内涵进行系统整理和汇总，对实验或调查取得的数据资料进行数理统计分析，得出结论。

2. 项目技术经济效益分析

对项目的各项技术经济指标完成情况进行核实，定性指标按内涵标准进行定性分析，定量指标按规定方法进行检测或统计分析，分析结果作为推广工作评价和总结验收的依据。

3. 编写项目技术总结报告

（1）项目技术总结报告的内容　项目技术总结报告的总体要求是观点明确、概念清楚、内容充实、重点突出、科学性强。项目技术总结内容一般包括以下几个方面。

① 立项的依据和意义。主要阐述推广项目确立的根据和由来，即总结立项的依据是否充分和可靠，立题是否正确，针对性是否强，项目的实施是否对农业生产和农村经济的发展具有推动作用和重大意义等，以便进一步检验项目的准确性和必要性。

② 项目取得的成绩。主要是指推广面积、产量水平、增产幅度是否达到了项目实施方案规定的指标，有何重大突破，取得了哪些经济效益、社会效益、生态效益等。

③ 项目的主要技术。主要是指项目实施过程中采取的技术路线和技术原理是否科学和可行，有何创新、改革和发展。包括技术开发路线的确立，技术的改进、深化和提高，技术的推广应用领域的扩大等。

④ 项目实施采取的工作方法。包括项目实施的组织领导机构，试验示范、技术培训、协作攻关、现场考察、经验交流、技术服务、技术承包等实施方法。

⑤ 项目的分析和建议。运用重要技术参数同国内外同类技术进行比较。进行综合分析，说明立项的重要技术参数的先进程度、项目技术的特点和特征；根据项目实施的情况、项目技术的科学性和可行性、国家经济发展战略、农业生产现状与将来发展趋势、农民的意愿与需求等因素进行综合分析，提出对项目的改进意见以及今后确立推广项目的建议。

（2）项目技术总结报告的格式　项目技术总结报告一般包括题目、导语、正文、结尾四部分。

① 题目。点明技术总结的主题。题目要全面反映总结报告的内容。

② 导语。是总结的开头，叙述项目的来源、立项依据及其意义。也可以把立项依据及其意义列为标题加以叙述。这部分内容要语言简练、概括性强。

③ 正文。是总结的主体，主要包括项目的推广情况和成果，项目实施（推广应用）的主要方法和手段，项目的主要技术和创新点，项目的评价及发展前景等。可根据内容结构列出一些小标题分别叙述。

④ 结尾。提出项目继续推广的建议和应注意的问题。文字叙述尽可能简练。

三、作业

根据教师提供的农业推广项目实施的背景资料，进行整理分析，写出一篇完整的农业推广项目技术总结报告。

第十章　农业推广体系建设

[学习目标]
1. 理解农业推广组织的概念，了解我国农业推广组织的发展过程和国外农业推广组织的特点。
2. 掌握农业推广组织的管理方法、原则。
3. 掌握农业推广组织和人员的管理方法。
4. 了解从事农业推广对推广人员的素质要求。

农业推广组织的组织形式，机构设置、运行机制以及它的管理方式、人员素质对农业推广工作都有很大影响，因此，世界各国对此都比较重视，建立起了与自己国家国情相适应的组织体系。

第一节　农业推广组织

一、农业推广组织的概念与职能

1. 农业推广组织的概念

农业推广组织是构成农业推广体系的一种职能机构，是具有共同劳动目标的多个成员组成的相对稳定的社会系统。

农业推广组织主要围绕服务三农（农业、农村和农民）的中心目标，参与政府的计划、决策、农民培训及试验、示范的执行等任务。没有健全的农业推广组织，就没有完善的成果转化通道，科技成果就很难进入生产领域从而转化为生产力。当今世界各国都十分重视农业推广的组织建设。而在组织建设上，又非常注意组织结构。农业推广组织结构是否合理直接影响推广任务的贯彻和落实。

现代科技劳动组织，不是一成不变的，无论从时间上还是在空间上，都表现为一种不断变化着的动态平衡。因此，农业推广组织在结构与职能上也随着农业生产方式的调整和变化而变化。

在世界范围内有中央政府、省、市和县政府支持的推广组织；农业科研机构的推广组织；大学推广组织；农民及企业推广组织。我国的农业推广组织主要有中央政府、省、市和县政府支持的推广组织。中国的农业部是中国农业推广组织最高管理机构，负责全国的农业推广工作，相应地在省、市（地）、区、乡也都建有农业推广组织，负责本辖区的农业推广工作。随着社会主义市场经济体制的建立，企业、农民和技术人员合办的协会组织相继产生，并发挥越来越大的作用。

农业推广体系是农业推广机构设置、服务方式和人员管理制度的总称。各个国家政治、经济体制不同，相应的农业推广体系也各异。美国实行教学、科研、推广三位一体由农学院统一领导与管理，多数国家在农业部设置农业推广机构，自上而下进行管理。中国的农业推广体系是在政府统一领导下，分别由各级政府的农业行政管理部门管理。随着社会主义市场经济体制的建立，体系开始向多元化方向发展。

2. 农业推广组织的职能

农业推广组织是一种职能机构，它具有以下职能。

（1）确定推广目标　为各级推广人员和推广对象确定推广工作的目标，这是农业推广组织的一个重要职能。

（2）利于信息交换　发展推广组织的横向与纵向联系，是推广组织的又一职能。农业推广工作面临的环境是复杂的，一个问题与多个方面相关，一种信息可能适用多种选择，本系统解决不了的问题，其他领域也许并不难解决。生产有时会影响生活问题，经济问题很可能影响政治、社会等问题。因此，建立有利于信息交换的系统是推广组织极为重要的职能。

（3）保持推广工作的连续性　推广组织要根据本地区推广工作长期性的特点，在安排推广任务时，在使用推广方法上，在推广人员、推广设备、推广财政支援方面，都突出地保证推广工作的连续性。

（4）保持推广工作的权变性　农业推广工作面向复杂多变的环境，有些机遇的错过，将导致推广工作陷入困境。为适应各种新问题的挑战，要求组织形式和组织成员经常保持高度的主动性，发现并利用机会灵活地处理各种复杂局面，建立、培养和发展同各界的联系，以利于发挥推广组织所特有的权变性。

（5）具有控制的职能　推广组织需要经常检查与目标工作程序有关的实际成就，这就要求组织必须具有对组织成员、工作条件和工作内容的调控能力。对组织成员的选择上，应以权变理论为基础，要求各组织推广人员应具备的条件，如生产技术、经营管理、劝农技巧、行政管理及相关学识的范围，以及规定推广人员的有效基础训练的内容，胜任人员的补充条件，培养课程设置的要求等都是从组织对成员、工作条件和工作内容的要求得出的内容。

（6）激励　推广组织必须具备促进组织内部成员积极工作的动力。推广组织的责任就是创造一种能够激发工作人员主动工作的环境。如：明确的推广目标，成功的工作方案，个人提升、晋级、获奖的机会及进一步培训的机会，工作中有利于合作的方式，这些都可能成为推广组织的特殊职能。

（7）评估　组织对推广机构的组成，对成员工作成绩的大小，对推广措施的实施，对计划制定的完成程序都需要进行考核即评估。

二、农业推广组织类型

根据国内外农业推广组织的特点，可以将农业推广组织划分为若干类型。高启杰将目前影响最大的农业推广组织划分为 5 种类型，即行政型农业推广组织、教育型农业推广组织、项目型农业推广组织、企业型农业推广组织和自助型农业推广组织。

1. 行政型农业推广组织

行政型农业推广组织就是以政府为主设置的农业推广机构。在许多国家特别是发展中国家，推广服务机构都是国家行政机构的组成部分，因而农业推广计划制订工作侧重于自上而下的方式，目标群体难以参与。由于农业推广内容大都来自公共研究成果，因此，农业推广的工作方式偏于技术创新的单向传递，农业推广人员兼有行政和教育工作角色，角色冲突较为明显，执行以综合效益为主的推广目标。

例如：我国的农业推广组织，尤其是前些年，推广人员在推广新技术时，往往带有行政干预的色彩，甚至强制实行，这样，农民不易接受。而且，有时不免带有盲目性，甚至误导，让农民产生逆反心理。

行政型推广组织的公共责任范围较广，涉及全民的福利，组织的活动成果主要由农村社会与经济效益来度量。例如，印度国家推广工作组织体系就属于此类型。

由于各个国家与地区的社会经济和农业发展水平不同，所以，虽然同样是政府设置的行政型农业推广组织，其组织结构和工作活动内容也会有一定的差异。

2. 教育型农业推广组织

教育型农业推广组织以农业大学（科研院所）设置的农业推广机构为主，其服务对象主要是农民，也可扩延至城镇居民，工作方式是教育性的。

建立这类农业推广机构的基本考虑是政府承担对农村居民进行成人教育工作的公共责任，同时，政府所设立的大学应具有将专业研究成果与信息传播给社会大众以便其学习和使用的功能。这类推广组织的行动计划是以成人教育形式表现的，其技术特征以知识性技术为主，且大部分推广内容是来自学校内的农业研究成果。

教育型农业推广组织通常是农业教育机构的一部分或附属单位，因而农业教育、科研和推广等功能整合在同一机构，农业推广人员就是农业教育人员，而其工作角色就是进行教育性活动。组织规模是由大学行政所能影响的范围而决定的。

例如1890年美国大学成立了推广教育协会。1892年芝加哥、威斯康星（美国州名）大学开始组织大学推广项目。

3. 项目型农业推广组织

鉴于很多政府推广机构效率不高，人们反复尝试创建项目推广组织。

项目型农业推广组织的工作对象主要是推广项目地区的目标团体，也可涉及其他相关团体。其工作目标视项目的性质而定，主要是社会及经济性的成果。其技术特征以知识性为主，亦具操作性，而组织规模属于中等偏小。如我国实施的黄淮海平原农业综合开发项目。

项目型农业推广组织的公共职责范围是改善项目区目标团体的经济与社会条件，其成果评估也偏重社会经济效益。在项目执行过程及实施结束之后，都要进行较严格的监测与评估。

4. 企业型农业推广组织

企业型农业推广组织是以企业设置的农业推广机构为主，大都以公司形态出现，其工作目标是为了增加企业的经济利益，服务对象是其产品的消费者，主要侧重于特定专业化农场或农民。其特点：推广内容是由企业决定的，常限于单项经济商品生产技术；农业推广中大都采用配套技术推广方式；为农民提供各类生产资料或资金，使农民能够较快地改进其生产经营条件，从而显著地提高生产效益；组织的工作活动主要以产品营销方式表现，其技术特征以实物性技术为主，也兼含一些操作性技术。

应强调指出的是，此类组织是以企业自身效益为主，有时农民利益受制于企业效益。"企业＋农户"就是典型的此类代表。另外种子公司或一些农资公司也属此类推广组织。

5. 自助型农业推广组织

自助型农业推广组织是一类以会员合作方式形成的组织机构，具有明显的自愿性和专业性的农民组织。它的推广内容是依据组织业务发展和组织成员的生产与生活需要而决定，其推广对象是参与合作团体的成员及其家庭人员，这类推广组织的工作目标是提高合作团体的经济收入和生活福利，因此，其技术特征以操作性技术为主，同时进行一些经营管理和市场信息的传递。

这类组织的农业推广工作资源是自我支持和管理的。部分农业合作组织可能接受政府或其他社会经济组织的经费补助，但维持农业推广工作活动的主要资源条件仍然依赖合作组织。其日常活动要遵照国家有关法律法规的约束和调整。

目前，这类推广组织在世界各地正在蓬勃兴起，如各地成立的苹果协会、葡萄协会、蔬菜协会、养殖协会等。

三、我国的农业推广组织体制

1. 我国农业推广组织的建设和发展

在我国，随着农村经济体制和农业政策的变化，农业推广的组织形式和管理体制也发生了相应变化。在计划经济体制下，农业推广组织为国家行政机构的一部分。在社会主义市场经济体制确立之后，出现了不少民办的非政府组织形式的推广组织。建国以来，我国农业推广组织的发展经历了一个曲折的过程，到目前为止，大致可以分为四个阶段。

（1）农业推广组织建立阶段（1949～1957年）　建国初期，首要问题是解决农民的温饱问题。1952年农业部在全国农业工作会议上，制订了《农业技术推广方案》，要求各级政府设专业机构和配备干部负责农业技术推广工作。建立以农场为中心，互助组为基础，劳模、技术员为骨干的技术推广网络。根据这一精神，各省纷纷建立省、地、县农业技术指导站。由于土地改革的胜利完成和互助运行的开展，调动了全国亿万农民发展生产的积极性，他们迫切要求改进农业技术，提高作物产量。

在新的形势下，农业部制订了《农业技术推广站工作条例》（草案），要求县以下建立农业技术推广站，并对农业技术推广站的性质、任务、组织领导、工作方法、工作制度、经费、设备等事项，都做了规定。全国各地按照农业部要求，建立农业技术推广站。到1955年底，全国共建立农技推广站4549个，配备干部33740人。

(2) 农业推广组织发展阶段（1958～1965年） 1956年，党中央向全国人民发出了"向科学进军"的口号，全国农业生产以水土治理、改造生产基本条件为主，修水库、造水渠、打机井、修梯田等。为提高劳动生产率起到了极大的推动作用。全国除边远山区外，每个区都有了农技推广站，县农业局设立农技推广站、植物保护站、畜牧兽医站等，农业推广组织已初具规模。

但是，1957年的"反右运动"、1958年的"大跃进"和1959年的"反右倾"期间，党内出现了不按科学规律办事的"左"的思想，瞎指挥、浮夸风、急于求成等，使农业生产及农业推广工作遭到干扰和破坏，不少农业推广人员遭到打击、迫害。到1961年，这种"左"的错误很快受到抵制和纠正，广大农业推广人员积极推广新技术，为国家度过三年生活困难做出了贡献。

(3) 农业推广组织曲折阶段（1966～1976年） 1966年开始的持续10年的"文化大革命"，使农业推广工作受到了严重的干扰，使广大农业推广人员未能充分发挥应有的作用。但是，当时在"以粮为纲"的战略思想指导下，农业生产总的投入有了增加，如拖拉机、化肥、农药等工业的发展，促进了农业发展。同时，首先在湖南搞起了县、社、村、队"四级农科网"，后来这种农业推广组织形式很快遍及全国。村、小队有了一批不脱产的农民技术推广员，如兽医员、农业技术员、果树技术管理员等。当时开始大面积推广杂交作物品种，使我国平均单产有了新的提高，但总的农业推广的指导思路还是以粮为纲，农业推广形式、内容单一，加之组织管理上的"大锅饭"，农业推广工作处在传统的、行政命令的状态下。

(4) 农业推广组织全面发展阶段（20世纪80年代后） "文化大革命"结束以后，党中央、国务院做出了"经济建设必须依靠科学技术，科学技术工作必须面向经济建设"的决定。在这一正确战略思想指引下，包括农业推广工作在内的科技工作得到了极大地推动和发展。

2000年底统计我国有种植业技术推广机构5.1万个，农技推广人员38.4万余人。国家设有全国农业技术推广服务中心，省级为省农技推广中心或分设的农技推广、植保、土肥、种子等总站，地（市）级设农技推广中心或分立的农技推广、植保、土肥、种子等站，县级主要设农技推广中心，乡镇一级设农技站。全国约有20%的村设有农技服务组织，共有193万农民技术员，660多万个科技示范户。全国共有畜牧兽医机构5.6万多个，48.3万名畜牧兽医推广人员。水产技术推广机构17638个，水产技术推广人员43467人。农业机械化技术推广机构4.1万个，技术推广人员272462人。农业经营管理机构46170个，职工168871人。林业技术推广站3.7万个，推广人员15万多人。水利技术推广机构4.8万多个，推广人员87万多人。农民专业技术协会15万多个，囊括500多万农户，约占全国农户总数的2%。

2. 我国现行的农业推广组织体系

20世纪90年代以来，尤其是我国确立了市场经济体制之后，农业推广组织的发展呈现出多元化的趋势。国家、省、地区、县、乡的农业推广组织继续起着主导作用，同时农业科学研究机构、高等农业院校和农业生产资料生产厂家也都建立起了农业推广组织和队伍，加之农村的合作经济组织、个体组织等参与了农业推广活动，从而使得我国农业推广组织形成了由一元化向多元化的发展。目前，我国农业推广组织体系一般可分为两大类：一类为政府推广组织体系，主要是专业性农业技术推广体系；另一类是非政府推广组织体系，主要是群众性农业技术推广体系。

(1) 专业性农业技术推广体系 包括种植业、畜牧业、农机和农垦等方面的技术推广体系或技术推广机构。

① 种植业农业技术推广体系

a. 中央级农业技术推广机构。农业部下设综合的农业技术推广机构——全国农业技术推广服务中心,负责全国性技术项目的推广与管理。重大农业技术推广项目的组织协调和管理由农业部科技司推广处负责。

b. 省(区、直辖市)级农业技术推广机构。省级推广机构受省政府领导,多隶属于农业厅,业务上受中央级农业技术推广机构的指导,面向全省,直接指导地(市、盟、州)级推广机构的工作。目前,各省级农业技术推广机构的组织规模各异,业务范围宽窄不同,可分为三种类型,即综合型、分散型和协调型。其中以既负责全省推广项目计划、培训和经营服务,又负责基础设施建设和体系队伍管理的综合型推广为省级推广机构发展的方向和主体类型。有些省培训和体系建设由省农业厅科教处主管。

c. 地(市、盟、州)级农业技术推广机构。它上承省级机构,下管县级机构,在组织机构的设置上与省级类似,相当于省级推广机构的派出单位。因此,在职能和任务上也与省级推广机构相近。目前有相当一部分地(市)合并各专业技术推广机构,形成地(市)级的农业技术推广中心或技术推广综合服务站。

d. 县级农业技术推广机构。在近年的农业技术推广体制改革中,农业行政部门大力倡导和支持成立县农业技术推广中心,把栽培、植保、土肥等专业推广机构有机地结合起来,发挥推广部门的整体优势。

e. 乡(镇)级农业技术推广机构。它是以技术推广、技术服务为主的基层技术推广组织,大多采用多种专业结合,开展技术推广、技术指导、培训和经营服务一体化的综合技术服务,是农村社会化服务体系中重要的组成部分。

f. 村级农业技术服务组织。它是农业技术推广体系中最基层的组织,是支撑整个体系的强大基础。它上受乡(镇)农技推广站的技术指导,下联系着广大农民,宣传科技知识,落实技术措施。村级组织的主要成员是不脱产的农民技术员,他们不但带头采用新技术,还向农民传授技艺,做好技术服务工作。

② 畜牧业技术推广体系。中央级在农业部畜牧司设有全国畜牧兽医技术推广总站,畜牧总站设有推广处。在省、地、县三级设有畜牧"三站",即畜牧兽医站、品种改良站(牧区)、草原工作站(牧区),三站经营管理处主抓推广工作。乡级设有各专业相近的畜牧兽医站,目前全国共有各种畜牧"三站"6.8万多个,有40多万名职工。此外,村级还有近50万名村级畜牧站技术推广员,广大农村还有数以百万计的养殖专业户、科技示范户,形成庞大的技术推广体系。

③ 农机技术推广机构。我国农机化事业的特点是科研与推广工作密不可分,许多基层农机研究所也司技术推广之职。中央级有农业机械化技术推广总站,农业部农机化司科技处协调科研推广工作。目前已在许多省(自治区)、地区(市)和县级建立了农机化技术推广站。乡(镇)级有农机管理服务站,不少服务站设有农机技术推广岗,有些村设有农机技术推广员。从全国来看农机化技术推广体系发展不平衡,基层组织不健全。

④ 农垦系统技术推广机构。农垦系统在中央级由农业部农垦司科技处分管技术推广工作,长期以来,在国营农场系统形成较完整的技术推广体系。一般大型国营农场都设有农业技术推广站。

(2) 群众性农业推广体系 在非政府组织的推广活动中,由于推广对象(农民)处于核心位置,非政府组织更了解农民的需要,工作人员有着明确的工作目标和高度的工作热情,其推广方法和运行机制显示出高度的灵活性,因此工作更准确、有效,信息反馈更及时,易于引导推广对象参与各项计划活动,学会自我管理和自我决策。这些优势是政府组织所不具有的。所以,目前世界各国都比较重视非政府组织的建立和完善,这也将是我国农业推广工作的发展方向。

随着经济体制改革的进行,我国农村涌现出一批合作经济组织,农村合作组织的发展为农业推广提供了多样化的组织形式,同时一些商业企业组织和个体组织近年来也参与了农业推广活动,这使得我国农业推广组织实现了由一元化向多元化的过渡。非政府组织的参与给我国农业推广工作带来了许多生机,同时在各地形成了多样化的农业推广组织模式。农村合作组织中农民参与农业推广活动最多、影响最大，且最具规模的是农村专业技术协会。

农村专业技术协会是以农民为主体，按照自愿、自主、互利原则形成的群众性技术经济服务组织，农村专业技术协会是由从事同类生产经营的农户自愿组织起来的，以增加农民收入为目的，在技术、资金、信息、购销、加工、储运等环节实行自我管理、自我服务、自我发展的专业性的合作经济组织。下面主要介绍农村专业技术协会的类型、特性和功能。

① 农村专业技术协会的类型。根据活动内容的不同，农村专业技术协会可划分为技术普及推广型、技术经济服务型和技术经济实体型三种。

a. 技术普及推广型协会大多分布于大田作物和一些经济作物行业。但由于生产资料供应和其产品的销售由政府组织来承担，或政府实行专营（如棉花），一般不需要协会来解决，或不允许协会经营种子供应与产品收购，因此，这类协会经济效益差。但该类协会社会效益好，其维持和发展需要政府的大力支持。

b. 技术经济服务型协会已从产中的技术普及型向产前、产后延伸，但由于经济实力不强，还不能提供全方位的系列化服务。通常可以提供产前生产资料的供应，而产后只限于帮助联系销售渠道。

c. 技术经济实体型协会为会员提供产前、产中、产后的系列化服务，会员在当地（不出村或不出乡）就可得到全方位服务。协会为增强经济实力兴办经济实体，靠实体的收入来提高协会为会员服务的能力。

② 农村专业技术协会的特性。农村专业技术协会的特性可概括为互益性、同类相聚性、民间性和非盈利性。

a. 协会的互益性。表现在技术经济协作的互助性。互益组织是指协会不以服务于社会公共利益为首要目的，而是以协会会员互益为基本宗旨。尽管某些协会担负了一定的社会公益职能，但与其他组织的区别在于，它的根本职能仍是为协会本身成员的利益服务。

b. 协会的同类相聚性。表现为生产经营的专业性。协会的形成一般都是以专业户为基础的。例如：以棉花生产专业户为主要成员形成了棉花技术协会，以蔬菜生产专业户为主要成员形成了蔬菜技术协会等。一般协会在建立时就规定了入会的条件，除了热爱专业生产外，许多协会还规定会员需要有一定的专业技术水平和生产经营规模。这样，农村中一些从事同一专业生产经营的农户相聚在一起，他们有共同的需求、共同的志向，使协会组织具有更多的专业性。

c. 协会的民间性。表现为农民的自愿参与性。尽管目前大部分协会具有半官半民性质，但与正式的官办组织比较起来，无论从组织目标、工作方式、成员联结纽带、内部关系等方面都更多地显示出带有根本区别的民间特性。因此，这类协会组织仍然可以称为民间组织或非政府组织。农民可以不参加任何一个协会，也可以同时加入两个或两个以上的协会。

d. 协会的非营利性。表现为协会的建立是以会员间的互益性为出发点的，尽管协会需要一些积累去创办经济实体，开展经营业务，但对会员的服务宗旨并没有改变。

上述四种特点，只是农村专业技术协会的一般特征。由于各协会建立的方式不同，这四种特性在各协会组织中表现程度不同。正因为农村专业技术协会具有这些特性，所以，能与农户风险共担、利益共享，受到广大农民的欢迎。

③ 农村专业技术协会的功能。农村专业技术协会主要具有以下 4 种功能。

a. 技术研究与推广功能。农村专业技术协会是由农村中的能人牵头成立的组织，具有根据本乡本地的实际情况研究开发新技术的能力。协会本身又承担推广的职能，在推广实践中重新发现新的问题，形成了一个研究—推广—研究—再推广的良性循环。由于许多农民就是协会组织的成员，使得协会的推广过程即为农民采用的过程。因而他们既是科技的推广者，又是受益者，从而增强了农民接受科技的内在动力，大大缩小了科技与生产结合的时空，加快了科技转化为现实生产力的速度，也使协会成为与农民建立联系的有效组织形式。

b. 满足会员社会发展需要的功能。对会员来讲这是协会的基本功能，并在很大程度上决定着协会对会员的吸引力，从而决定着协会的成长。协会通过举办各种形式的培训班帮助农民提高知识技能水平，同时，协会的出现为农民在社区范围之外提供了新的社会交往途径。协会使许多农民走到一起，形成了一定的组织联系，通过进行多种专业活动，为农民创造更多的交往机会，扩大了农民的社会交往圈。另外，参加协会也是农民获得社会承认的一个重要途径。

c. 经济服务功能。协会的经济服务功能体现在两个方面：一方面是对会员的服务；另一方面指的是在建立市场经济中的作用。协会对会员的服务主要是通过加强会员之间经济信息的沟通与协作，给会员带来经济信息和协作利益。协会在建立市场经济中的作用主要有3个方面：一是以专业户为主体，有效利用与发挥农户的生产积极性，利用经营大群体的方式扩大经营规模，有效地解决经营规模过小的问题；二是通过代购代销、联营联销，依托加工业，以销定产，实行贸工农、产供销一体化等经营形式，架起农户通向市场的桥梁；三是随着人们商品意识的增强，协会新的生长点逐步增多，促进了产业结构的调整。

d. 维护会员社会权益的功能。在非政府组织建设中，除了主要发挥各类农村专业技术协会在农业推广方面的作用外，还应不断发挥其他农民专业协会、农民合作基金会、农村股份合作经济组织以及其他非政府组织在农业推广咨询服务中的作用。同时应加强各类非政府组织之间以及他们同政府推广组织之间的协调工作，使它们发挥各自优势并相互合作，形成网络，减少不必要的竞争和有限资源的浪费，实现推广组织建设的多元化整体型目标。

3. 政府各级农业推广组织的主要任务

(1) 中央级农业推广组织的任务

① 执行中央的农业发展方针和政策。

② 参与制订国家农业生产发展和农村开发计划、规划、审定、评议、发布并拨款资助全国农业推广项目。

③ 制定有关农业推广的规章制度。

④ 协助、指导地方建立健全农业推广体系。

⑤ 收集和评价国内外农业科技信息及有关推广的外事项目管理。

⑥ 监督检查地方推广计划的执行情况，总结、研究并协助地方解决推广工作中的问题。

⑦ 与有关部（委）、高等院校及科研机构保持密切联系，协同开展推广工作。

⑧ 组织农业推广领导干部和专家的培训，提供全国性的培训教材。

⑨ 发行农业推广刊物，发布推广信息和评论。

⑩ 组织经验交流，评选、奖励先进推广工作者。

(2) 省、地级农业推广组织的任务

① 协助同级政府执行中央的农业发展方针、政策，制订当地农业生产发展和农村开发计划，制订推广工作计划、规划，并组织实施。

② 根据上级部门制定的农业推广规章制度，结合当地实际情况，征求有关团体及人士的意见，制定适合当地情况的规章制度及实施细则。

③ 调整、设计、建立并健全本省、本地区的农业推广组织机构，使之形成一个有效的推广网络。

④ 收集、整理、传播农业技术情报与信息，搞好宣传工作。

⑤ 制订推广人员培训、进修计划，并组织实施。

⑥ 参加科技成果鉴定，负责组织重大科技成果和先进技术的示范推广，督促、指导、检查辖区内的推广工作，搞好推广工作的总结、评比和奖励。

⑦ 保持与科研、教育、财政等部门的联系，互通信息，协作推广。

⑧ 编制推广机构资金、物资计划，负责申请拨付、接受分配并监督经费使用。

(3) 县级农业推广组织的任务

① 参与制订本县农业生产发展和农村开发计划。

② 制订全县农业推广计划，做好信息收集和信息咨询服务。

③ 制订农业推广试验、示范计划，并组织实施。

④ 开展调查研究，总结先进技术和经验；引进农业科技新成果，并进行评议、筛选和决策。
⑤ 引进农业科技新成果，并进行评议、筛选和决策。
⑥ 选择不同类型地区建立科技示范点，树立高产、优质、高效典型样板，搞好培训基地建设，建立健全各种服务机构，逐步配备办公室、实验室、标本陈列室、技术档案室、图书资料室、培训教室、学员宿舍、交通工具以及与推广有关的仪器设施和场地。
⑦ 帮助乡镇建立健全推广服务组织。
⑧ 协助、指导乡级推广人员工作，为他们争取各方面的支持和保障。
⑨ 开展推广培训。
⑩ 对推广工作组织检查、考核、评审、表彰。

（4）乡（镇）级推广组织的任务

① 制订本乡农业推广计划，并完成上级推广机构下达的推广计划任务，制订实施方案，安排试验、示范地点并实施。
② 与村级农民技术员和科技示范户共同商定、落实推广项目，组织、检查、督促、协助村农民技术员和科技示范户的工作，为他们提供技术指导，及时解决存在的问题。
③ 与科研、教育、供销、信贷等部门保持密切联系，协同推广。
④ 总结当地农民的先进经验，进行一定的技术改进使之完善，并逐步推广。
⑤ 指导农民改变陈规陋习，采用先进技术。
⑥ 不断积累当地气象、土壤、病虫害、田间试验等的档案资料。
⑦ 做好信息咨询服务。
⑧ 培养科技示范户，建立健全试验、示范基地。
⑨ 搞好农民技术培训。
⑩ 协助农民开发当地自然资源，做好产、供、销系列化服务。

此外，还须做好对农村妇女的家政教育；指导农村青年科学致富；经常访问农户，解决个别农民的个别问题；发现和培养地方义务领导，协助建立各种农民科技协会、研究会，做好办公室咨询，方便农民。

四、几个有代表性国家的农业推广组织体系

1. 美国农业推广组织体系

美国实行的是教育、科研、推广"三位一体"的农业推广体制。机构上有三个层次，即联邦农业部的推广组织机构、州农业技术推广机构、县农业技术推广组织机构。

（1）联邦农业部推广局　美国联邦农业部设推广局。其职能是审核各州的农业推广工作计划，指导联邦推广经费的分配，协调全国各方面的力量，提供项目指导，维持与农业部、联邦其他机构、国会和全国性组织的联系，并承担对其活动解释说明的责任。

（2）州推广机构　州农业技术推广机构设在州立大学农学院，是美国合作推广机构最重要的机构。推广处的工作和大学的教学、科研工作同等重要。州推广处由农业试验系统和合作推广系统组成。农业试验系统主要包括大学的农学院和地区性研究与试验中心；合作推广系统包括县的农业技术推广站和农学院的推广教授。州推广机构负责本州内重大的技术推广项目和特殊的技术领域。各州每年都应准备一个工作计划，并需得到联邦推广局长的认可。各州参与推广经费的年度预算和确定联合聘用推广体系工作人员。

（3）县推广站　县推广站通过召集会议、举办各种专题、答复农户的咨询等方式进行农业技术推广工作。推广机构通过区域推广组织实现对县推广站的指导。每个区域负责若干个县。

（4）各级农业技术推广机构组织关系　美国联邦农业部推广局长由农业部长任命，他是农业部高级执行机构成员之一。推广局长通常选自各州推广处长之中。农业部内，推广局长向主管科教事务的部长助理汇报。

州推广处长在农业部长的认可下，由所在学校的校长任命。推广处长对主管副校长负责。州

推广工作计划需得到联邦推广局长认可。州推广处负责任命专业人员和技术专家。有些州还任命技术专家到区域推广机构工作。

县推广站推广人员的技术监督、指导，由州推广处长负责。当地社区通过顾问委员会，对县推广人员的工作类别提出建议。县推广站的办公室和辅助人员由当地政府提供。县推广站和农业部的联系是通过州推广处来完成的。

（5）经费关系　据资料显示，美国推广体系的经费主要来源于联邦、州和县政府的税收。也有来自私人集团、个人捐赠，还有志愿者服务。另外还有农业部的推广教育工作基金。美国农业合作推广体系每年的总经费约10亿美元。1996年，32％来自联邦，47％来自州，18％来自当地政府，3％来自私人集团捐赠。另外，志愿者以实物形式的捐赠总值，估计相当于40亿美元左右。县推广人员的工资由州推广处和当地政府共同负责。辅助人员的工资由当地政府负责。

（6）农业技术推广人员队伍状况和职称制度　美国联邦推广局，拥有174个专职专业人员（职位），州县有16500个专职专业技术人员，其中县推广站占三分之二。还有3300个家政推广专家和290万志愿人员服务在不同类型的项目中。县推广专业技术人员，几乎所有的人都有学士学位，相当多的人具有硕士学位，有些具有博士学位。有些州在聘任推广员之前，要求具有硕士学位。美国农业推广人员的职称制度，和我国现行的专业技术职务制度有相同之处。其特点是职务名称统一，不分专业；职务级别少（仅分三级），而级内分为多等（共十九等）。

2. 日本农业技术推广组织体系

全国范围内，由国家、地方及农民共同建立起比较完善的农业推广（日本称农业普及）组织机构，农业改良普及所是日本农业普及的主体和实施机构。其协力（辅助）机构主要包括农业科研、农业教育、情报等机构。

（1）国家农业技术推广机构　日本农业水产省农蚕园艺局内设立普及教育课和生活改善课，作为国家对农业普及事业的主管机关。他们负责农业改良、农民生活改善和农村青少年教育等方面的计划、机构体系、资金管理、情况调查、信息收集、普及组织的管理、普及活动的指导、普及方法的改进以及普及职员的资格考试和研修等工作。

农林水产省还把47个都、道、府、县按自然区划，分为七个地区，分别设立了地方农政局，作为农林水产省的派出机构。地方农政局内设农业普及课，对各地农业普及事业起指导和监督作用。

（2）地方农业普及机构　都、道、府、县农政部内设普及课，负责普及工作的行政管理工作。各地下设农业试验场、农业者大学校、农业改良普及所，分别负责农业技术开发、农业技术普及教育等工作。

各地根据地域面积、市町村数、农户数、耕地面积及主要劳动者人数，确定设立农业普及所的数量、规模。农业普及所是各地农政部的派出机构，具体负责管理区内的农业普及工作。

（3）经费情况　根据《农业改良助长法》的规定，日本的协同农业普及事业，是由国家和都、道、府、县共同进行的。因此，农业普及事业所需要的经费，也是由国家和地方共同负担的。全国每年用于农业普及事业的经费为750亿日元。其中农林水产省大体负担370亿日元，其余部分由都、道、府、县负担。这些经费主要用于普及职员的工资、普及所和普及职员的日常活动、普及职员的研修、农业者大学校的正常运营以及帮助农村青少年开展活动等。国家这种定额支付补助金形式，较好地调动了地方政府根据实际情况，合理自主地利用普及资金的积极性，也加强了地方政府对普及事业的领导。

（4）农业技术推广的队伍状况及职能　日本农业协同普及事业的具体实施者主要是专门技术员和改良普及员。全国共有普及职员11375人，其中专门技术员667人，改良普及员10708人。

专门技术员的设置，一般视当地的农业经营规模、农作物布局等情况决定。专门技术员的业务工作内容，主要是与科研、教育单位以及政府、团体进行联系，对专门事项进行调查研究；对新成果、新技术的信息进行收集加工，并在此基础上对改良普及员进行培训和指导。

农业普及职员的设置，各地依据实际情况不同而异，国家没有统一要求和规定。改良普及员是农业普及事业的直接的主要的实施者。其主要职责是通过开展多种形式的农民教育和指导工作，普及农业新技术；深入农村调查研究，即时发现农业生产问题，向研究机关反馈信息，并参与对策研究；指导管区内农业团体和组织的自主活动；开展农家生活指导。

3. 英国农业技术推广组织体系

英国在18世纪中期即开始有组织地进行农业技术推广，1946年在英格兰和威尔士成立了全国农业咨询局，1971年又改组为英国农渔食品部农业发展咨询局。在地方则按郡和城镇设置咨询推广机构，从而形成了国家与地方上下一体的农业咨询推广体系。此外，其他组织，包括英国肉品和农畜管理委员会、全国农业中心和各种协会，在农业咨询推广方面都发挥重要作用。

英国在聘用农业咨询推广人员上比较重视资格和学历，因此咨询推广人员所从事的工作因学位种类及专业知识不同而有区别，但在选拔和使用上十分严格。

英国农业咨询推广经费的来源主要有四个渠道。一是政府拨款。国家每年为农业发展咨询局拨款约5000多万英镑，合每个咨询人员一万英镑。二是地方政府从地方税收中拨出一定数量的款额。三是农业发展咨询局分布在全国各地区的科学试验中心、实验站为当地农业机构进行农业咨询、农业科技推广为农场或农户做土壤分析、进行饲料成分测定、植物病虫害诊断等实验服务筹措经费。四是其他组织，如欧盟和私人企业或公司的资助。

4. 荷兰农业技术推广组织体系

国家推广组织分为种植业和养殖业两大系统，垂直领导分为中央和地方两级，行政上由农渔部直接领导，省一级不设专门的农业推广行政管理部门，按自然区划设有12个种植业和17个养殖业地区推广站。农业教育、科研、推广均属农渔部领导，由一位副部长主管和协调这几方面的工作。

推广人员实行招收录用制度，录用后二年考核合格者转为正式推广员。推广人员分为专业技术推广员和普通推广员，对推广员坚持定期考核、岗位培训制度。国家推广体系的经费全部由国家拨发。从1990年开始，农民协会开始增加对推广体系的投入，每年以5%递增，到2000年，国家和农协将各占50%。

5. 丹麦农业技术推广组织体系

丹麦的农业咨询服务范围，遍及种植业、畜牧业、农业建筑、机械化、农场会计和管理、法律、青年工作、农政以及培训与信息等。开始时，由政府创办，不久就转为由两个农民组织——农场主联合会和家庭农场主协会为主，并负担大部分经费，国家给予一定经费补助，还在各方面给予支持，指导他们的工作。

部分经费（占20%）来源也靠有偿服务的收入。咨询人员都要具备一定学历和实际经验，并必须经常参加在职培训，保证其相当的业务水平。每年至少有70%的咨询人员，进入各种不同专业的培训班受训。

6. 国外较成功的农业推广服务体系的共同特点

（1）层次分明，结构完善　这些国家均有自上而下纵向的推广体系，实行垂直管理，每一级有明确的职能和相应的人员结构，并建立健全岗位责任制和工作汇报制。同时，也注意经常性的横向合作和信息交流。

（2）经费来源　以政府拨款为主；随着生产的发展，协会组织承担费用的比例逐渐增大，但没有一个国家靠有偿服务解决推广体系的主要经费。

（3）加强农业推广的立法　以法保推广，以法促推广。

（4）农业教育、科研、推广职责分明，又密切合作　农业教育、科研坚持为推广服务。教师除了教学外，还承担部分的科研与推广任务，根据推广的需要，调整教学内容，并承担推广人员在职培训的主要任务。科研机构以推广部门反馈的信息为依据，确定研究方向，同时和教学人员一起解决一般推广人员不能解决的技术问题。教学和科研单位还为推广机构在农民培训方面提供便利。

（5）重视提高推广人员素质　许多国家对推广人员都要进行职前培训，对在职培训的时限和内容都有明确要求。

五、农业推广组织的管理

对农业推广组织进行有效的管理具有保证推广项目与推广计划的正常运行，促进组织内部和外部的沟通，排除正常运转中的阻塞作用，因而能够为农业推广工作的系统化、规范化与持续发展提供保障。

1. 农业推广组织管理的原则

（1）目标性原则　组织管理首先进行的是制订有关推广组织应努力达到的目标和确定推广对象的决策。对制订目标的要求：①被推广的技术、成果、信息是生产需要、农民急需；②确定的组织目标符合组织的承担能力。目标的制订一定要十分周密，力求深入到不同层次成员的实际工作计划之中。

（2）层次性原则　层次性原则要求一个好的推广组织应该有一个好的能级管理系统，高、中、低不同层次清楚，责、权、利相适应，总目标、任务明确，并要达到专业化、具体化程度，每一步都能尽快转化为行动和结果。

例如，县中心承担了一项推广任务，中心将任务分解给有关的站，站再将任务分解给有关的组和人。这样，层层布置、层层落实，形成层次清晰、各负其责的单元，形成一条完整的指挥链，组织才能正常运转，发挥出应有的功效。

（3）协调性原则　组织在运转过程中处于一种动态变化的状况。因此，管理组织的工作也就是在组织不断变化的情况下，跟踪变化，调节控制，实现系统的整体化目标。这就要求我们的管理工作必须做到如下几点。

① 信息沟通及时。在推广组织当中如果没有双向沟通，要得到充分的信息几乎是不可能的。只有信息管理运行灵敏、畅通，人、财、物沟通，才能提高组织管理的效率。

② 具有应变能力。组织的外部环境变化通常对组织的结构和功能等产生深刻的影响。管理使组织具有较强的应变能力和知识性，适应环境的变化，才能确保组织目标的实现。

③ 监测调控。在管理当中要建立起有效的监控机制，对于推广组织的工作情况，要按照工作计划和目标进行经常性的检查监督，发现问题及时纠正，使组织的构成要素之间相互联系的秩序井然，有条不紊，减少其混乱和内耗，实现组织的有序运转。

（4）整体性原则　衡量组织管理工作好坏的一个重要标志就是组织运转的整体效果如何。管理要力求使推广组织的各个组成部门按照一定层次、秩序、结构有机地衔接，互为补充，相互促进，发挥出比个体效果相加之和要大得多的整体效果。

（5）能动性原则　组织管理是一种社会活动，它离不开组织中每个成员的创造性，离不开个人的主动性和创造性，才能真正实现组织的整体优化目标，取得良好的管理效益和经济效益。

（6）激励管理原则　有健全的人员评估上岗制度，公开化的奖罚制度，不断追求工作、生活环境的改变。

2. 农业推广组织管理的方法

（1）行政方法　依靠已形成的组织和组织内的职权设置状况，利用规定、制度、命令等手段，通过上级权威来达到指挥下属开展工作的做法行使管理。

（2）法规方法　利用已形成或建立的一些有关法规，对违规的部门或人员依法规进行强制性处罚，通过处罚使违法现象减少，通过此方法达到行使对组织进行管理的目的。

（3）经济方法　主要是指运用经济手段，按照经济原则，讲究效益来达到管理目的的一种方法。最简单的就是奖罚法。对服从管理、积极工作的奖，反之则罚。但需要掌握奖得合理、罚得应该，关键是透明度和官兵一致的原则。

（4）激励方法　通过设置工作目标，提供达到目标的各种帮助，以在达到目标给予他们精神和荣誉上的表扬等方法来达到管理农业推广组织的目的。

（5）教育方法　主要是指做思想工作的方法。

第二节 农业推广人员

一、农业推广人员的作用

农业推广人员是指在农业生产过程中以农业推广活动为主要职业的专职人员，他们是职业沟通者，目前全国农业推广有100多万人，他们承担着我国农业现代化过程中的农业推广工作，对我国建设现代化农业将起重要作用。

1. 在科技成果扩散中的纽带作用

科技成果创造者要把先进技术成果扩散到农民，并用生产、加工、销售取得较好的综合效益，往往需要经过农业推广人员这个桥梁或纽带，见图10-1。推广人员是技术成果的接受者、携带者、传播者。没有他们，这种扩散必然受到严重影响，新技术成果很可能成为样品、展品。随着时间的流逝，还会逐渐失去应取得的效益，造成社会财富的巨大浪费。

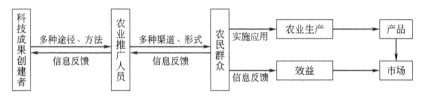

图10-1 科技成果传播示意图

2. 在科技成果向现实生产力转化中的促进作用

众所周知，一项新技术如果让其自发地在农民中扩散，必然速度慢，时间长、范围窄、效益低。为了将潜在生产力迅速转化为现实生产力就必须发挥农业推广人员的促进作用。

由于农业推广人员善于应用农业推广的理论、原理、方法和技巧，把一些适合于当地的先进技术迅速地传播给农民，按照农民采用新技术的认识过程和心理活动规律、行为习惯，启发农民的兴趣，帮助评价、指导试验成功，最后使其自觉地采用，从而推进了科技成果向现实生产力的转化。实践已表明，有的科技成果推广，由于没有与推广人员很好地配合，没有发挥他们的促进作用而长期不能普及；反之，则会在短短的两三年内即得到大面积的推广应用。

3. 在新技术成果推广中的创造作用

我们知道，多数农业科技成果是科研人员在特定的自然、经济和社会条件下，在实验场所较小的范围和较少的规模情况下获得的，它具有较大的增产增收的潜在能力，但在不同地区、不同条件的较大范围内应用时，往往又表现出不稳定性。农业推广人员引进这样的科技成果必须结合本地区条件进行试验和示范工作，并对原科技成果的一些技术措施进行改进、修正、补充和完善，或组装配套，找出适合当地条件的最佳技术措施和管理方案及推广中应注意的问题，然后向农民传播，使科技成果得到普及推广，取得增产增收。在上述科技成果的试验示范过程中，农业推广人员进行试验设计，制订实施方案，对科技成果的环境适应性、生产可行性、经济合理性等进行全面评价，付出了巨大的智慧和艰辛的劳动，表现出其巨大的创造作用。

4. 在提高农民素质中的教育作用

农业推广人员是教育农民、提高农民素质的一支重要力量。农业推广工作可以说是一种教育性工作，推广人员进行农业推广的重要任务就是采用多种形式、多种方法，有计划、有步骤地向农民进行新技术、新知识、新经验的宣传教育，以提高农民的科学文化素质和经营管理能力，改变其态度和行为，推动农业生产的不断发展和农村经济的不断繁荣。农业推广人员对农民进行教育是我国学校教育的延续，是一种普及、通俗、非正规、业余的职业教育活动，它对提高农民素质起到很好的促进作用。

5. 在制订农业方针、政策和农业发展计划中的参谋作用

国家制订各种方针、政策和计划都需要了解农村、农民的实际情况。农业推广人员全年在农

村为农民服务，常与农民接触，比较了解农民，熟悉农业，知道农村情况，农民也愿和他们说实话，因此农业推广人员反映的情况和意见较符合实际，能代表农民的意向。农业推广人员有义务向领导部门和政府反映农业生产情况、现有政策和计划执行情况以及需要解决的问题，并提出措施和意见，为政府制订政策和计划，当好助手和参谋。各级政府在制订农业方针、政策和计划时，要积极吸收有关农业推广人员参加，倾听他们的意见、建议，采纳他们提出的措施、方法。

二、农业推广人员的素质

农业推广人员肩负着传播农业科技知识，提高农民科技文化素质，促进科技成果转化的历史使命。推广人员的素质高低是决定推广工作成败的主要因素。随着农村经济、科技和社会的进步，对农业推广人员的素质相应提出了更高的要求。

农业推广人员的素质是指完成和胜任推广工作所必须具备的思想道德、生理条件、职业道德、科学技术知识以及组织教育能力的综合表现。由于农村商品经济日益发展，农村产业结构的变化和新型农业的开拓，农民要求解决的问题远远超出传统农业的范围，因此，对农业推广人员的素质要求较高。总的来说，包括：①有科学工作者的严肃科学态度，有勇于吃苦、献身农业的精神；②有广博的业务知识，有一定的社会经验；③有较强的业务实践能力，有组织群众工作的经验和良好作风。

1. 农业推广人员的心理品质

（1）人格特质　人格是一个人心理特质的综合统一体，是人体对现实的相对稳定的态度和习惯化的思维方式和行为方式的体现，是人在不同的时间和环境因素影响下的行为模式的心理特性。通俗地说，人格就是一个人在生活中所扮演的所有角色的全部内涵。良好的人格特质是人员素质的基本要求。

（2）智力　智力是一种以脑神经活动为基础的偏重于认识方面的潜在能力，其核心是抽象思维能力。智力反映的是人在获取知识和运用知识解决实际问题时所必备的心理条件或特征，是进行认知活动所必需的心理条件的总和。它涉及一个人的敏感力、沟通能力、认知力、决策与创造力等方面的内容，对工作绩效具有重大影响。

① 敏感力。是指对农业推广工作有关信息的捕捉能力，对这些信息进行联想和逻辑推理的能力，以及对信息做出反映的能力。在农业推广工作中，推广人员需要对农产品有关的信息、技术的推广状况、农户的心理变化等予以关注，以便及时捕捉相关信息，对这些信息进行联想和推理，并做出反映和决策。只有敏感力强的推广人员才能在农业推广过程中争取主动并把握时机。

② 表达与沟通能力。表达能力反映了农业推广人员能否将自己或组织的意图准确无误地传递给推广对象。作为农业推广人员不仅要充分表达自己的观点，传播相关信息，而且还要善于应对各种局面，具有良好的言语理解、组织修饰以及应对能力。而沟通能力则反映的是推广人员能否与推广对象进行良好的双向交流和沟通。因此，作为以传播信息为主的农业推广人员，需要有很强的表达和沟通能力。

③ 社会认知力。社会认知力反映的是人对在社会空间内发生的人际社会现象的认知和把握的能力。农业推广人员从事的农业推广是社会性工作，这就要求推广人员要与时俱进，很好地认识和把握社会人际现象。

④ 决策力。决策力是人们为了实现特定的目标，分析现有信息，拟定各种实施备选方案，并从若干个方案中做出选择的能力。农业推广人员经常会遇到决策的情景。高质量的决策可以使推广人员赢得成功。

⑤ 创造力。创造力是指通过想像提出新设想，创造新事物，发现和解决新问题的能力。农业推广工作是一项创造性的工作，在很多时候，推广人员需要突破原有的局面，开创性地开展工作。

（3）动机　动机是人的行为产生的直接原因，而促使动机产生的原因是由内在的需要和外来的刺激而引起的。一般来说，人的行为是在某种动机的驱使下达到某一目标的过程。与农业推广人员工作绩效密切相关的动机主要有职业动机、成就动机及亲和动机等。

职业动机反应了农业推广人员从事农业推广工作的原因。显然，如果推广人员从事农业推广工作是基于对该工作具有浓厚的兴趣或强烈的社会责任感等原因，工作就会积极主动，富有成效，否则将会被动而绩效不佳。

成就动机是指人们发挥能力、获得成功的内在需求，是一种克服障碍、完成艰巨任务、达到较高目标的需要，是对成功的渴望，它意味着人们希望从事有意义的活动和从中取得圆满的结果。推广人员需要有一种强烈的成就动机才能在推广工作中努力工作，百折不挠。

亲和动机是指人对于建立、维系、发展或恢复与他人或群体的积极情感关系的愿望。其结果是引导人们互相关心、和睦相处，形成良好的人际氛围。推广工作是一种社会性的工作，工作过程就是与人相处的过程，具有良好的亲和动机的推广人员才能具有良好的社会关系，从而提高其推广工作绩效。

（4）情感　情感是指人们在认识世界的过程中所表现出来的比较稳定的、能持续发展的态度和倾向。近年来的研究表明，情绪智力（情商）在许多领域得到普遍重视，成为反映人的素质的一个主要内容。

2. 农业推广人员的职业道德

（1）热爱本职，服务农民　农业推广是深入农村、为农民服务的社会性事业，它要求推广人员具有高尚的精神境界、良好的职业道德修养以及优良的工作作风，热爱本职工作，满腔热情地为我国农业现代化事业贡献自己的力量，全心全意地为发展农村经济服务，为帮助农民脱贫致富服务，争做农民的"智多星"和"贴心人"，决心把全部知识献给农业推广事业。

（2）深入基层，联系群众　离开了农民就没有农业推广工作，推广人员必须牢固树立群众观点，深入基层同群众打成一片，关心他们的生产和生活，帮助他们排忧解难，做农民的知心朋友。同时要虚心向农民学习，认真听取他们的意见和要求，总结和吸取他们的经验，与农民保持平等友好关系。

（3）勇于探索，勤奋求知　创新是农业推广不断发展的重要条件之一。要做到这一点，首先要勤奋学习，不断学习农业科学的新理论、新技术，拓宽知识面，在工作实践中争取有所发现、有所发明、有所创新、有所前进。

（4）尊重科学，实事求是　实事求是是我们党一贯倡导的辨证唯物主义的思想路线和基本作风，也是农业推广人员基本的道德原则和行为规范。因此，在农业推广工作中注意做好两个坚持：①坚持因地制宜，"一切经过试验"的原则；②坚持按科学规律办事的原则，在技术问题上要慎重对待，不可轻易按"长官意志"办事，敢于同传统习惯势力作斗争，敢于坚持科学真理。

（5）谦虚真诚，合作共事　农业推广工作是一种综合性的社会服务系统，不仅依靠推广系统内各层次人员的通力合作，而且要同政府机构、工商部门、金融信贷部门、教学科研部门协调、配合，还要依靠各级农村组织和农村基层干部、农民技术人员、科技示范户共同努力才能完成，因此，要求农业推广人员必须树立合作共事的观点，严于律己，宽以待人，谦虚谨慎，不骄不躁。同志之间要互相尊重、互相学习、互相关心、互相帮助。只有建立良好的人际关系，才能调动各方面的力量，共同搞好农业推广工作。

3. 农业推广人员的业务素质

（1）学科基础知识　目前，我国农业推广人员多为某单一专业出身，所学知识过细过窄，远远不能适应社会主义市场经济发展的需要。所以要求农业推广人员应具有大农业的综合基础知识和实用技术知识，既要掌握种植业知识，还要了解林、牧、副、渔甚至农副产品加工、保鲜、贮存、营销等方面的基本知识和基本技能。不仅熟悉作物栽培技术（畜禽饲养技术），还要掌握病虫防治、土壤农化、农业气象、农业机械、园艺蔬菜、加工贮存、遗传育种等的基本理论和实用技术，才能适应农村和农民不断发展的需要。

（2）管理才能　农业推广的对象是成千上万的农民，而推广最终的目标是效益问题，所以农业推广人员做的工作绝不是单纯的技术指导,还有一个调动农民的积极性和人、财、物的组织管理问题。

因此,农业推广人员必须掌握教育学、社会学、系统论、行为科学和有关管理学的基本知识。要学会做人的工作,诸如人员的组织、指挥、协调,物资的筹措和销售,资金的管理和借贷,科技(项目)成果的评价和申报等管理才能,方可更好地提高生产效益和经济效益。

(3)经营能力　在社会主义市场经济条件下,农业推广人员应有帮助农民群众尽快走上富裕道路的义务,使他们既会科学种田(养殖),又会科学经营。这就要求农业推广人员必须学好经营管理知识和技术,加强市场观念,了解市场信息,学会搜集、分析、评估、筛选经济信息的本领,以便更好地向农民宣传和传授。同时,还要搞好推广本身的产、供、销的综合服务,达到自我调剂和自我发展不断完善的目标。

(4)文字表达能力　文字是信息传递的主要工具之一,写作是推广工作进程和体现的形式,也是成果评价和经验总结的最好手段。农业推广人员必须具备良好的科技写作能力,要学会科技论文、报告、报道、总结等文字的写作本领。

(5)口头表达能力　口头表达能力和文字表达能力同等重要,是农业推广人员的基本功之一。在有些方面和某些场合,口头表达能力的高低,直接影响着推广进程和效果。特别是我国目前大部分农民文化素质低,口头表达能力就显得特别重要。因为,口头表达能力可以增强对农民群众的吸引力,使之更快地接受农业技术并转化为现实生产力。

(6)心理学、教育学等基础知识　农业推广是对农民传播知识、传授技能的一种教学过程。所以说,农业推广人员是教师,就需要具有教育科学知识和行为科学知识,摸清不同农民的心理特点和需要热点,有针对性地结合当地现实条件进行宣传、教育、组织、传授。所以就要求农业推广人员懂得教育学、心理学、行为学、教学法等基本知识,才能更好地选择推广内容和采用有效方法。

4. 农业推广人员的素质结构

农业推广人员的素质结构,是指构成农业推广人才素质诸要素的结合方式。它包括个体的素质结构和群体的素质结构。根据系统原理和互补原理,善于把不同素质的人员搭配结合在一起,使其产生非叠加效应。具体包括专业结构、能级结构、年龄结构、知识结构、能力结构等。

(1)专业结构　农业推广人员的专业结构,系指各类专业人才的合理比例。诸如种植业、畜牧、林业、渔业、农机、产品加工、农业经营、气象、水利、乡镇工业等,各方面的专业人员应有合理比例和各自的基本数量。但是,农区和牧区、沿海和内地、北方和南方、山区和平原等,推广人员群体的专业素质会有很大差异。纵向来看,省、地、县、乡各级农业推广中心的人才群体,也应有不同的要求。愈向上,偏重于宏观综合农业推广工作和宏观管理决策的人员应多一些;愈向下,则实际操作、动手能力强和"通才"型的人员应多一些。总之,农业推广部门的专业结构,应因地而异,以能胜任其服务范围的主产业为主、兼顾其他的原则来合理配备专业人员,达到优化的组合。

(2)能级结构　农业推广人员的能级结构,系指各层次农业推广人员的合理比例,即从事农村职业技术的初级人才、中等专业技术人才、高级专业技术人才三者并存着一个合理的比例。一般说来,高级推广人才要求能掌握本学科的最新发展动态和技术路线,能提出本地区、本行业的推广计划,考虑和设计技术发展战略;中级推广人才,具有独立处理专业范围内的技术本领、能掌握并运用本专业的知识和推广手段;初级人员能够理解高、中级技术人才指导的意图,熟练掌握有关专业技术操作技能,具有脚踏实地地进行推广的实干精神。2007年底,全国基层农技推广机构编制内人员中,具有大专及以上学历的占45.9%(其中67.9%的人员拥有本专业学历),比2005年提高7.2个百分点;有专业技术职称的占59.7%,比2005年减少约2个百分点,其中拥有中级职称的占35.7%,拥有高级职称的占5.4%。

(3)年龄结构　农业推广人员的年龄结构,系指各类年龄区间的人员在人才群体中所占的比例。从工作的连续性来考虑,应有老、中、青相继的群体。按通行的35岁以下为青年,35~50

岁为中年，50岁以上为老年。在不同的推广层次、不同部门、不同专业之间，三者的比例会有所不同，但总的原则是承上启下，老、中、青三结合。因为不同的年龄结构，不仅反映年龄的差别，而且在年龄的背后反映了能力、知识、身体、心理素质诸方面的差异，三者结合可以达到互补效应。我国目前除存在结构不合理外，还有年龄断层问题。有的地方通过留一批（返聘一批老年）、回一批（把已离开农业岗位的人才收回一些）、提一批（破格提拔德才兼备的青年人才）的办法，逐步解决了农业推广人才的青黄不接问题，这点是值得借鉴的。

（4）知识结构　农业推广人员的知识结构，系指农业推广人员个体和群体的知识的合理组合。农业生产过程是自然生产过程与经济生产过程的结合，受到自然规律和经济规律的双重制约，因此一个合格的农业推广个体和群体，不仅要掌握专门技术知识，还必须懂得与此相关的学科知识以及与推广工作有关的经济管理、人文社会科学知识。过去，培养的农科大中专生，突出的缺陷是知识面窄，专而不博，缺乏宏观、整体、系统的知识，很难适应当今现代农业要求。所以要培养一批既懂农业技术、又懂生产经营整体知识结构的个体与群体农业推广人才。

（5）能力结构　农业推广人员的能力结构，系指各种能力的合理组合。人才的个体和群体的能力结构包括观察分析能力、贮存记忆知识能力、思维想象能力、宣传表达能力、自学与获取知识能力、组织管理能力、改革创新能力等。一个好的推广人员个体与群体，必须具备其中多种能力。这是因为，能力是推广人员十分重要的智能因素，"书呆子"式的人才，知识再多，也不适合作推广人员。所以一个人仅仅掌握知识是不够的，还必须学会运用知识，只有不断学习和自觉进行生产实践锻炼，才能使知识与能力相辅相成，运用起来得心应手，能力也会不断增强。

三、农业推广人员的职责

农业推广人员的职责是农业推广人员所履行的义务和行使的权力。我国各级推广部门的行政领导及管理人员的职责有差别，各种技术职称的工作人员的职责也有所不同。

1. 各级农业推广人员的职责

根据我国目前各级农业推广机构的性质和职能，推广人员的职责主要分为以下几种情况。

（1）国家、省、地（市）级农业推广人员的职责　国家及省、地（市）级农业推广机构是农业推广工作的管理机构，农业推广人员的职责如下。

① 主要负责编制全国和本省、本地区的农业推广工作计划、规划，经农业部领导或有关部门审批后列入国家及省、地（市）计划，并组织实施。

② 按财政管理体制编报农业推广的基建、事业等经费和物质计划。

③ 检查、总结、指导所辖区域的农业推广工作。

④ 加强各级农业推广体系和队伍建设，逐步形成推广网络。

⑤ 制定农业推广工作的规章制度，组织交流工作经验，协助、督促当地主管部门解决农业推广工作中存在的问题。

⑥ 组织农业推广干部的业务进修和培训，加强与科研、教学部门的联系，参加有关科技成果的鉴定。

⑦ 负责组织或主持重大科技成果和先进经验的示范推广工作。

（2）县农业推广人员的职责　县农业推广中心是综合性的技术指导管理和服务机构，属县农业局领导，它是农业推广的一个重要层次。县农业推广人员的职责如下。

① 参与制订本县农业生产发展和农村资源开发计划，并负责监督与执行。

② 制订全县农技推广计划，了解掌握农业技术推广情况，做好技术情报工作和开展农业科技信息的咨询服务。

③ 制订为开发本县优势的农业科学试验、示范计划，并组织宣传、安排实施和推广。

④ 调查、总结、推广本县农业上一些有效实用的增产技术经验，引进当地需要的新技术、新信息、新品种，进行试验、示范和推广。

⑤ 参加有关农业新技术成果的引进、评估、论证工作和全县的农业技术决策会议，当好参

谋作用。

⑥ 选择不同类型地区建立示范点，运用综合栽培技术，注意代表性和真实性，树立高产、优质、增效、低耗的样板，搞好培训基地，建立健全服务机构，开展供、产、销、保鲜、加工、综合利用、运输等方面的技术服务。

⑦ 培训农村基层干部、农民技术员和科技示范户，宣传普及农业科学知识，提高农民科学种田和科学管理的水平。

⑧ 制定较完善的、符合现实的有关农民技术员、科技示范户的标准条件、评议考核办法和证件发放等工作，借以促进技术推广网络的顺利进行和加速科学技术的普及。

⑨ 帮助乡镇建立技术服务组织（庄稼医院、种子站、土肥站），进行技术咨询和指导，开展多种形式的技术服务和承包，便于开拓技术市场，使科学技术尽快转化为生产力。

⑩ 与科研单位、农业院校和农业有关部门进行横向联系，开展协作攻关，取长补短，为解决当地农业生产中的实际问题而努力。

(3) 乡农业推广人员的职责　乡（镇）级农技推广站（或乡农技服务公司）的推广人员，主要由国家职工和聘任部分农民技术员所组成，是最基层的专职农业推广人员，其主要职责如下。

① 根据中央、省、地、县（主要是县农业局和推广中心）安排的试验示范协作项目，做好制订本乡的农业推广计划，积极组织试验、示范和推广，开展咨询、解疑、传授和物化技术服务，并做好记载观察和督促检查等工作。

② 密切村级农民技术员和示范户的关系，共同商定和落实推广项目，建立和完善农业技术推广网络，以便顺利开展推广工作。一般采用的方式方法是：定期碰头汇报，组织交流；分工分线，专业对口；提供资料，进行辅导；现场攻关，解决难题；分片到村，实行包干；建立制度，总结评比，奖惩兑现。

③ 总结当地生产经验，抓好阶段技术培训。根据季节和农事安排，定期或不定期抓好村、组、户技术培训工作，不断提高基层干部和农民技术员的科学文化素质和科学种田水平，培训时多讲怎么做，少讲为什么。培训内容则以解决当前生产中的实际问题和传授新技术，如举办业余农民夜校、学习班、操作演示会等。

④ 积累当地气象、自然灾害、土壤、病虫、良种、田间试验档案、年产量动态、产品经营效益等农情资料，建立技术资料档案专柜，并及时加以整理成文字、图表或实物标本，向政府、上级业务部门和农民反映陈述这些资料的消长动态规律，借以提高他们的促控和应变能力，更好地为农业生产服务。

⑤ 抓好技术传授，普及科学知识，善于捕捉农民群众的热点和兴趣，根据不同层次对象的需要，经常举办广播讲座、编写技术资料、办科技黑板报、搞好咨询释疑、组织座谈讨论、开展现场会议等形式，将农业技术送到千家万户，使每项技术都落实到基层，扎根群众。

⑥ 与科研、教育、行政、供销、信贷、后勤、交通、机械等单位或专家、领导，经常保持联系和尊重请教，以便在推广工作中及时得到他们的支持和帮助。

⑦ 搞好农民推广教育，提高农民科技文化水平和科学管理水平，激发改革创新心理，培养农民的决策能力和良好的卫生习惯，改善生产生活条件，繁荣农村经济，建设幸福家庭。

⑧ 热情接待农户来信、来访工作，搞好值班咨询制度和记录整理事宜，及时以文章或报告向外界和服务范围内的领导、农民介绍本乡推广项目情况，借以引起他们的兴趣，争取各方面的同情和支持，为振兴本乡农业推广工作打下良好基础。

(4) 村农业推广人员的职责　村级农业推广人员主要是指村办或联户办的农民技术员。其职责是协助和贯彻乡镇农技推广站所布置的推广项目，具体是进行技术宣传、指导，落实技术操作规程，为农民生产经营提供优质服务；反映农民对推荐生产技术的态度、问题和改变行为的表现。制订定期的农民培训和访问的工作计划安排以及技术采用后的农民跟踪调查，在新技术、新成果的转化过程中起模范带头作用。

(5) 科技示范户的职责　科技示范户由农村中具有一定的科学文化水平和专业实践经验、乐于助人、密切联系群众、劳动力较强和经济能力尚好的农民来承担,也是农业推广项目的执行者和示范者。科技示范户的标准是:①在技术上是先进户;②在生产上是高产户;③在经济上是冒尖户;④在贡献上是典型户。所以,其职责是:在试验示范中起带头作用;在技术推广上起纽带和宣传作用;在科技活动中起桥梁作用;在信息情报上起传递辐射作用;在专业联合中起组织骨干作用。

2. 各类技术职务(职称)农业推广人员的职责

按照我国目前的情况,农业技术职务(职称)分为推广研究员、高级农艺师、农艺师、助理农艺师、农业技术员及农民技术人员。

(1) 推广研究员的职责　推广研究员是农业技术职务中最高的一种,在同行中享有较高威望,能起学术带头人作用,组织开发性研究,开创新的推广服务项目;全面撰写农业工作的有关方针、政策和法规,组织制订全面的推广工作计划;在指导中级人员、培训人才方面成绩显著。

(2) 高级农艺师的职责　负责制订本部门或本地区主管工作范围内的生产发展规划,从理论和实践上进行可行性分析论证,并指导或组织实施;提出生产和科学技术上应该采取的技术措施,解决生产中的重大技术问题;审定科研、推广项目,主持或参与科学技术研究及成果鉴定;撰写具有较高水平的学术、技术报告和工作总结,承担技术培训,指导、培训中级技术人员。

(3) 农艺师的职责　负责制订本专业主管工作范围内的技术工作计划和规划,提出技术推广项目,制订技术措施,主持并参加科学试验及国内外新成果引进试验和新技术推广工作,能解决生产中的一些技术问题,并对实施结果和推广效果进行分析,做出结论,撰写技术报告和工作总结;承担技术培训,指导、组织初级技术人员从事技术工作。

(4) 助理农艺师职责　制订试验、示范和技术推广工作计划,组织并参与实施,对实施结果进行总结分析,指导生产人员掌握技术要点,解决生产中一般的技术问题,撰写调查报告或技术工作小结。

(5) 农业技术员的职责　参与试验、示范和制订技术工作计划,组织并参与实施,对实施结果进行总结分析,指导生产人员掌握技术要点,解决生产中一般的技术问题,撰写调查报告和技术工作小结。

(6) 农民技术人员的职责　农民技术人员是在农村中普及科学知识、推广先进技术和经营管理经验、带动农民共同致富的重要力量。农民技术人员职称是表示专业技术水平和能力的称号,可以优先接受国家、集体单位的聘用和录用,也可以向生产单位或农户进行各种方式的技术推广服务。

四、推广人员的管理

推广人员的管理就是对农业推广人员发现、选配、使用、培养、考核、晋升,以发挥其积极作用,从而出成果、出人才的过程。任何一项管理都是以人为中心的,管好用好农业推广人员是农业推广管理的核心。

1. 推广人员管理的内容

(1) 推广队伍规划与编制　规划与编制是培养与选拔农业推广人员、组织和建设推广队伍的依据,是人员管理的首要环节。农业推广队伍的规划要与农业推广事业发展规划相适应,要协调发展,要有科学的预测,使人员规划满足推广事业发展的需求。

队伍的发展规划,要通过编制来实现。定编的原则:①编制与任务相适应,即根据任务,按一定规模、比例确定人员编制;②依据最佳组织结构,提出各类人员在质和量上的要求;③精干,以最佳比例、最小规模搭配人员,发挥最大效能。目前,我国农业推广单位确定的高、中、初三级推广人员的比例以1:2:3为宜,编制要相对稳定。

2007年全国农业技术推广中心依据县域内农作物种植面积、农户数和行政村数作为基本指标,制订了《种植业基层公益性农技推广人员编制测算参考标准》。我国各地也颁布了具体的人员编制标准。这些人员编制标准主要就是依据当地农户总数和不同类型的作物测算出人员指数,而后再依据人员指数确定配备人员数量。

(2) 推广人员的选配　选拔、调整和配备农业推广人员是人员管理的重要环节。选配中应遵循以下原则：①要爱惜人才，把人才当作推广事业中最宝贵的财富，最大限度地发挥人的才能，并且要适当照顾人的情趣；②选配计划既要考虑当前，又要考虑长远；③专业、职责、能级、年龄结构要合理；④要多渠道、多途径选人。常用的手段包括：应聘者的申请表分析、笔试和绩效模拟测试、面谈、履历调查，以及某些情况下的体格检查等。

(3) 农业推广人员的使用　农业推广人员的使用是管理的核心，只有使用合理才能调动积极性。因此，要任人唯贤，不能搞任人唯亲。在用人的方法上，要做到以下几点：①要了解每个推广人员的品质、才能、长处和短处，尽量扬其长，避其短；②了解每个人的特点，根据其特点，合理地安排工作、职务，做到知人善任；③对推广人员不妒贤嫉能，求全责备。

(4) 农业推广人员的培训　对推广人员的培养提高，应成为农业推广人员管理的重要内容。科技发展迅速，知识日新月异，知识更新周期越来越短，农业推广人员需要接受再教育。推广组织的管理者所开展的人员培训活动可分为下列步骤。

① 制订培训政策。培训政策在于说明培训的目的、作用及其与其他人员管理活动的关系，培训的阶段和方式。政策的制订要基于科学技术不断地发展和员工需要不断地适应新的发展局面以及推广人员自身需要不断地提高等客观实际。

② 拟定各类培训计划。培训计划的拟定有助于培训目标的实现。一般而言，培训计划的拟定和编制包括以下几个步骤：确定培训需要；分析工作任务；选择培训对象；确定培训方式；选择培训教师和教材；确定培训成本、日期和地点；完成培训计划书。从培训方式来看，主要有在职培训和脱产培训两种。在职培训通常是不脱离工作岗位或者短期脱离岗位所进行的培训，其目的是改善推广人员在某一方面的技能、态度和观念。其形式可以是聘请有关专家到当地进行或者是推广人员离岗参加专项培训。脱产培训则主要针对系统地改善推广人员的知识结构或提高其整体素质而进行的培训。

③ 管理和实施培训计划。

(5) 农业推广人员的考核　考核是对农业推广人员政治思想、工作实际水平、能力和贡献所做的客观的、科学的评价。水平考核是指推广人员所达到的文化专业知识水平，包括从事推广工作必需的基础知识、专业知识、社会知识、管理知识、商品知识等；能力考核是指推广人员的实际动手能力、组织宣传和说服教育农民的能力及技术示范操作能力等；实际业绩考核是指对推广成果与工作成绩的考核。合理的考核，可以起到鼓励先进、督促后进的作用。同时，也有利于人才的合理使用。考核要公平、公正、公开。

(6) 职业发展及晋升与福利　着眼于员工的职业发展，将促进管理部门对组织的人类资源采取一种长远的眼光。一个有效的职业发展计划将确保组织拥有必要的人才，并能提高组织吸收和保留高素质人才的能力。因此，制订有效的职业发展计划将有利于推广组织的长足发展。

晋升与福利是鼓励农业推广人员维持工作士气和成果的主要方法。晋升包括职称和职务的升迁。福利主要是指工资及各种福利待遇。提高农业推广人员的福利主要包括奖金、保险、保健、文化娱乐及其他生活条件。

(7) 员工关系与工资条件　员工关系是指在一个农业推广组织内的不同成员间建立的沟通渠道、员工协商和提供各项咨询服务等。只有在组织内建立起一种良好的人际关系，激励员工士气，才能使员工之间形成积极向上、和谐相处的氛围，从而开展好各项工作。

工作条件主要是指要具有相对稳定的推广人员和充足的办公条件。推广人员相对稳定，有利于与推广对象之间建立牢固的信任关系。基本的工作条件主要包括食宿、办公、交通和通讯等设施设备。这些条件是员工开展工作的基础，只有良好的工作条件，才能提高推广工作的效率。

2. 推广人员管理的方法

(1) 经济方法　农业推广人员管理的经济方法是利用诸如工资、福利、奖金、罚款以及经济责任制、经济合同等经济手段，组织、调节和影响管理对象的活动。经济的方法实质是贯彻物质利益原则，从物质利益上处理好国家、集体、个人三者的经济关系，从而有效地调动农业推广人员的积极性。经济方法是管理中行之有效的方法，但不是唯一的方法。要把经济方法和行政方法、思想教育方法、精神鼓励方法结合使用，才能起到它应起的作用。

（2）行政方法　行政方法，就是指依靠行政组织的权威，运用命令、规定、指示、条例等行政手段，以鲜明的权威和服从为前提，直接指挥下属工作。因此，行政方法在某种程度上讲带有强制性。一般来说，行政方法是实现管理功能的一个重要手段。行政方法的强制性是管理所必需的。在农业推广工作中，要实现推广目标，有计划地组织推广活动，有目地落实各项推广措施，强有力的行政方法不仅是必要的，而且也是必需的。农业推广人员的管理活动无论作为社会化的客观要求，还是作为一定组织的工作关系的体现，其本身带有权威的性质。推广组织中的领导必须有权威，工作人员必须服从，没有权威和服从，管理功能是无法实现的。

要想有效地利用行政方法来管理农业推广人员：①应将行政方法建立在客观的基础上，在做出行政命令以前必须做大量调查研究和周密的可行性分析，使所要做出的命令或决定正确、科学、及时，有群众基础，命令、规定符合广大推广人员的利益；②看准的就要果断决策，且一旦确定下来就不再轻易变动，使计划、决策具有相对稳定性；③领导者要平易近人，又要廉洁奉公。这样做出的命令才能收到招之即来、来之能战和立竿见影的效果。如果行政方法应用不当，单纯强调行政命令的作用，不适当地扩大行政方法的应用范围，就会给工作造成不应有的损失，就会滋生主观主义和唯意志主义，给党群关系、干群关系蒙上一层阴影。

（3）思想教育方法　农业推广人员的思想教育就是指通过思想教育、政治教育和职业道德教育的方法，使受教育者的思想、品德及行动表现得到改进和提高，成为农业推广工作目标所要求的合格人员。在农业推广管理中常用的思想教育方法主要有以下几种：正面说服引导法；榜样示范法；情感陶冶法。

（4）精神激励方法　在许多情况下，人们对工作的兴趣，对自己职业重要性的认识，对自己劳动的社会地位的认识以及对集体的热爱等，从根本上说要比工资和其他物质性的刺激对他们的影响大，在广大农业推广工作者中，有相当数量的人在工作生产条件艰苦、待遇明显低于同等行业且不被人重视的情况下，仍几十年如一日地默默奉献，这就是最有说服力的例子。如果他们的工作取得成绩并能获得社会承认，受到大家尊重，他们的工作热情会更大限度地发挥出来，再苦再累也心甘。

在农业推广人员管理中，精神激励方法主要有：设置目标；规定标准；建立方案建议制度；公开授权。

（5）法律方法　要求每个推广人员必须严格遵守国家颁布的法律和地方法规。如全国人大通过的《中华人民共和国农业技术推广法》，以及各省颁发的有关地方性法规都是进行人员管理的法律依据。

在管理中应用法律方法具有极端的严肃性。法律与政策不同，在某种意义上讲，政策是指导性的，有一定的时间性、地域性等特定的背景因素，它体现的是一种意向，回旋余地较大，在具体贯彻时常常可能因人、因事、因条件而异，所以它有较多的灵活性和弹性。法律则是制约性的，它体现为一种规范，明确规定在一定情况下可以做什么，应该做什么或不应该做什么，并以这种规范来作为评价人们行为的标准，有确定的质和量的界限。法律一经制定和颁布，就具有自身的稳定性。推广人员涉及的法律规范主要有：法律、法令、条例、决议、命令、细则、合同、标准、规章制度及一些规范性文件等，农业推广人员应学会自觉地依法办事。就组织内的管理而言，应根据国家的法律、法规制定自己的管理规范，建立必要的规章制度，使每一个人都能做到有章可循，有法可依。

本 章 小 结

农业推广组织划分为5种类型，即行政型农业推广组织、教育型农业推广组织、项目型农业推广组织、企业型农业推广组织和自助型农业推广组织。目前，我国农业推广组织体系一般可分为两大类：一类为政府推广组织体系,主要是专业性农业技术推广体系,包括种植业、畜牧业、农机和农垦等方面的技术推广体系或技术推广机构;另一类是非政府推广组织体系,主要是群众性农业推广体系。农民参与农业推广活动最多、影响最大,且最具规模的是农村专业技术协会。农村专业技术协会可划分为技术普及推广型、技术经济服务型和技术经济实体型三种。

对农业推广组织进行有效的管理具有保证推广项目与推广计划的正常运行,促进组织内部和外部的沟通,排除正常运转中的阻塞作用,因而能够为农业推广工作的系统化、规范化与持续发展提供保障。农业推广组织管理的原则是:目标性原则;层次性原则;协调性原则;整体性原则;能动性原则和激励管理原则。农业推广组织管理的方法主要是行政方法、法规方法、经济方法、激励方法和教育方法。

农业推广人员作用主要有:①在科技成果扩散中的纽带作用;②在科技成果向现实生产力转化中的促进作用;③在新技术成果推广中的创造作用;④在提高农民素质中的教育作用;⑤在制订农业方针、政策和农业发展计划中的参谋作用。

推广人员的素质高低是决定推广工作成败的主要因素。随着农村经济、科技和社会的进步,对农业推广人员的素质相应提出了更高的要求。农业推广人员的总体素质包括:①有科学工作者的严肃科学态度,有勇于吃苦、献身农业的精神;②有广博的业务知识,有一定的社会经验;③有较强的业务实践能力,有组织群众工作的经验和良好作风。农业推广人员的心理品质包括人格特质、智力、动机和情感。农业推广人员的职业道德:①热爱本职,服务农民;②深入基层,联系群众;③勇于探索,勤奋求实;④尊重科学,实事求是;⑤谦虚真诚,合作共事。农业推广人员的业务素质包括学科基础知识、管理才能、经营能力、文字表达能力、口头表达能力、心理学、教育学等基础知识。农业推广人员的素质结构包括专业结构、能级结构、年龄结构、知识结构、能力结构等。

推广人员的管理就是对农业推广人员发现、选配、使用、培养、考核、晋升,以发挥其积极作用,从而出成果、出人才的过程。任何一项管理都是以人为中心的,管好用好农业推广人员是农业推广管理的核心。推广人员管理的内容包括:①推广队伍规划与编制;②推广人员的选配;③农业推广人员的使用;④农业推广人员的培训;⑤农业推广人员的考核;⑥职业发展及晋升与福利;⑦员工关系与工资条件。推广人员管理的方法主要有经济方法、行政方法、思想教育方法、精神激励方法和法律方法。

复习思考题

1. 农业推广组织的概念和功能是什么?
2. 农业推广组织有哪几种类型?
3. 研究国外的农业推广组织体系建设对我国有何借鉴意义?
4. 农业推广组织的管理方法和原则是什么?
5. 农业推广人员在农业推广工作中有何作用?
6. 农业推广人员应具备什么样的基本素质?应如何培养?
7. 农业推广人员管理的内容和方法是什么?

第十一章 农业推广信息服务

[学习目标]
1. 理解农业信息和农业信息化的含义、农业推广信息系统的相关概念。
2. 了解农业信息的种类和内容、农业信息的来源与特性、农业信息化和信息农业。
3. 掌握农业推广信息系统的利用途径、农业推广信息系统的应用技术。
4. 探讨提高农业推广信息服务质量的基本途径。
5. 提高促进农业推广信息服务的理论知识和实践技能。

第一节 农业信息概述

随着信息化时代的到来，信息成为与物质、能源同等重要的资源。信息技术是当今世界发展最快的高新技术，农业信息化已成为农业现代化的重要标志。我国是农业大国，没有农业的信息化，就谈不上整个国民经济和社会的信息化。深化信息技术在农业领域中的应用，加快农业信息化建设步伐，对推进我国农业现代化进程具有重要意义。现代农业推广工作面对农业生产快速发展、科学技术日新月异、市场行情变幻莫测的新形势，必须重视和加强农业信息服务工作。农业推广机构和人员必须及时搜集掌握各种与农业有关的信息，并快速有效地传播给农民。农业技术推广人员必须迅速提高信息技术能力，才能适应信息时代农业推广工作的需要。

一、信息的概念和特征

1. 信息的概念

信息一词在不同的学科有不同的定义。从广义上理解，信息就是对客观世界中各种物质运动的形态和特征的反映，是客观事物之间相互作用和联系的表征，是客观事物经过传递后的再现。简言之，信息是事物运动状态及状态变化方式的反映。世界上事物是不断发展、变化的，信息也就不断地产生和流动。从狭义理解，信息是指具有新知识、新内容的消息、情报，这种消息对接受者来说是预先不知道的。

通常把信息理解为消息、情报、知识、数据、资料等的统称，但这些概念之间以及它们与信息之间有一定的差别。信息是知识的原料，知识是系统化的信息。对信息加工才能获得知识，没有信息，就形不成知识。知识是人类在实践中总结并表述出来的具有抽象和普遍品格的"事物运动状态及状态变化方式"，是一类特殊的信息。任何知识都必然是信息，因为任何知识都必然表述了某类事物的运动状态及其变化方式（规律）；但并非所有的信息都是知识，知识只是信息中具备普遍和抽象品格的那部分，因此是信息的一个子集。情报是指对特定主体具有机密性质的那些事物的运动状态及状态变化的方式，是一类特殊的信息，是"对特定主体具有机密性质"的那一类信息，是信息的一部分。所以，信息包括知识和情报，知识只是信息的一部分，情报一部分是知识一部分是信息。

2. 信息的形态

信息是看不见、摸不着的，只有在通过一定的媒介载体进行传递时才表现出一定的形态。在当代，信息一般表现为五种形态。

（1）数据信息　数据在计算机科学中是指所有输入到计算机中并被计算机程序处理的所有事

实、数字、文字、符号的总称。当文本、声音、图像在计算机内被转换成"0"和"1"（二进制形式）原始单位后，它们便成了数据。人们储存在"数据库"里的信息，自然也不仅仅是一些"数字"。尽管数据先于电子计算机存在，但是，导致信息经济出现的正是计算机处理数据的这种独特能力。

（2）文本信息　文本是指书写的语言（书面语）。文本可以用手写，也可以用机器印刷。打印机、复印机、传真机、计算机、印刷机械等，是用来处理文本信息的主要工具。

（3）声音信息　声音是指人们用耳朵听到的信息。第一类是动物通过发音器官发出的，或动物活动所产生的声音；第二类是音乐；第三类是自然形成的声音。录音机、唱片、扩音器、电话、无线电、计算机等，是用来处理声音信息的主要工具。

（4）图像信息　图像是指人们用眼睛看见的信息。摄像机（DV，摄影机、照相机）、录像机（录影机，VCR）、数字视频录像机（硬盘录像机，DVR）、网络视频录像机（NVR）、打印机、复印机、传真机、扫描仪、转录机、计算机等，是用来处理图像信息的主要工具。

（5）多媒体信息　在计算机科学中，媒体有两种含义：其一是指传播信息的载体，如语言、文字、图像、视频、音频等；其二是指存贮信息的载体，如 ROM、RAM、磁带、磁盘、光盘、硬盘等，目前，主要的载体有 CD-ROM、CD-I、VCD、SVCD、CVD、DVD、EVD、FVD、HD DVD、BD、网页等。多媒体技术中的媒体主要是指前者，就是利用电脑把文字、图形、影像、动画、声音及视频等媒体信息数字化，并将其整合在一定的交互式界面上，使电脑具有交互展示不同媒体形态的能力。它改变了人们获取信息的传统方法，符合人们在信息时代的阅读方式。

3. 信息的特征

（1）普遍性　从本体论意义上说，信息是事物运动的状态和状态变化的方式。世间一切事物，时时刻刻都在变化发展运动之中，因此也就时时刻刻产生着新的运动状态，这些运动状态及其变化的方式就是信息。任何运动着的事物都产生信息，人类、自然、机械等表达事物形态的普遍形式都是信息。信息普遍地存在于自然界，存在于人类社会，存在于人类的思维或者精神领域，信息是无处不在的。

（2）无限性　信息是无限的。信息的无限性是与它的普遍性相联系的。一般说来，信息的普遍性主要是就其空间的分布而言的，而信息的无限性则主要是就其时间的延续而言的。虽然某个具体的信息总是有寿命有时效的，但就信息的整体而言，信息是永远无限地存在的。只要世间万物的运动不停止，信息就会永远不断地产生出来，人类认识、接收和利用信息是永无止境的。信息是一种取之不尽，用之不竭的资源。

信息的无限性也带来一个严重的问题，这就是信息爆炸。人们生活在信息的汪洋大海之中，必须花费很大的力气去分清什么是重要的信息，什么是不重要的信息，什么是有用的信息，什么是无用的信息，从而选择有用和重要的信息，舍去无用和次要的信息。没有这种能力，就不能有效地利用信息。应当持续发展信息处理理论和技术，以便更有效更快捷地从信息的汪洋大海中找出最需要的信息。

（3）有效性　信息是人们进行各种生产和社会活动的依据，人们搜集、加工信息的根本目的是为了提高各种活动的效率，因此，信息是一种资源。信息的有效性决定于信息的真实性及其价值的大小。信息的有效性也被表述为信息的可用性，其效用决定于使用者（特定的目标）及使用的时间。

（4）时效性　一定的信息是反映特定时期的事物变化和特征的，有一些信息的时间性很强，过时的信息，无论多么真实准确也会丧失其有效性。要提高信息的有效性，搜集、加工、传输信息必须及时迅速。信息是事物运动的状态和状态变化的方式，而不是事物本身。随着时间的推移，事物会不断地产生出新的运动状态，事物运动状态的变化方式也会发生变化，就会产生新的信息。应当经常地捕捉有关事物的新的信息，捕捉新信息的时间间隔与这个事物的信息寿命长短有关，而信息寿命的长短又与这个事物变化的速度快慢有关。

（5）转移性　信息不是事物本身，可以脱离某一事物而载荷到别的事物上，从而就可以被转移，被复制，被记录，被再现，被存贮，被传送。转移性是信息加工处理的依据。可以根据需要对信息进行加工处理，对信息的加工处理一般是通过人脑进行的，计算机是信息加工处理的主要工具。

① 可以转换。各种语言、文字、图像、图表等信息形式可以转换成广播、电视、电信的信号，也可以转换成计算机代码。在人际交往中，各种族之间的语言翻译以及人的语言转换为机器语言等都体现了信息的可转换性。

② 可以存储。通过一定的技术手段，可以把信息记录下来，也可以用存储器把信息（声音、文字、图像、图形、数据等）准确地存储起来。当然，最好的信息存储器是人脑，一个成年人的正常记忆能力达到 10^7 比特。被存储的信息可以是信息的原型，也可以是经过加工、处理后的信息。信息存储的特点是可重现性。

③ 可以传递。各种信息都可以通过一定的技术手段从一个地方传递到另一个地方，到达预定的信宿。即信息从信息源出发，经过一定载体的运动与传播，被接收者接收。信息只有通过传递，才能被特定人群利用，才能产生效用。信息的有效性和及时性是以传递性为前提的，可传递性使信息的价值得以实现。

④ 可以压缩扩充。可以按照一定的标准，对所获得大量的信息进行筛选整理、归纳概括的加工，进行去伪存真、去粗取精的处理，使之条理化、系统化。通过加工处理，可以实现信息量的扩充或压缩。

⑤ 可以廉价复制。信息可以被大量地复制，广泛地传播。

（6）共享性　共享性是信息资源的一种天然特性（或称本质特性）。信息可同时被多个接收者所利用，不会因接收者增多而使每个接收者获得的信息减少。使用者越多，其价值也就越大。一盘录像可以转录上万盘，使众多的人共享其中的信息内容。一本书所载荷的信息可以通过印刷变成大量的复本或转换成电子文档供广大读者或网民共同享用。信息可以共享，是一个很重要的性质，也是与传统的资源（物质和能量）的一个主要区别。由于信息可以被共享，它对人类社会的进步就具有无可限量的贡献。信息可以共享的奥秘，就在于信息不是事物本身，它可以脱离开原事物而转换复制。不过信息的共享是以消耗物质资源和能量资源为代价的。

（7）寄载性　也称为实体和载体不可分性。信息的实体是指信息的内容，信息的载体是指反映这些内容的物质形式，如数字、文字、人的大脑等。信息本身不是物质，但是又离不开作为它的载体的物质，信息内容必须借助于一定的数字、文字、报表等形式来表达和传递。信息实体与载体是统一的，它们共同构成了信息整体。

二、农业信息的种类和内容

农业信息是指有关农业方面的各种数据、资料、情报等的统称。农业信息主要是指农业经济信息，它是对农业生产、加工、销售等及其相关经济活动的客观描述，它反映农业经济运行中的变化过程和发展趋势。农业经济伴随市场经济的产生而出现，并与社会经济、社会生活和农业生产经营的兴衰息息相关。在农业系统中，凡是沟通农业科研、教学、推广、管理以及农业生产、供应、销售等活动与农民之间联系的信息流，统称农业信息。

1. 农业信息的种类

（1）农业生产信息　包括生产计划、产业结构、产品结构、生产条件变化、生产投入、作物长势、产量产值、自然灾害等农情信息。

（2）农业市场信息　包括农产品价格、储运加工、收购销售、对外贸易以及生产资料供求、价格、农产品市场体系研究等方面的内容。

（3）农业科技信息　包括农业生产、农副产品加工的新成果、新技术、新工艺以及试验示范效果等信息。

（4）农村政策信息　包括农村经济体制、财税体制、金融体制、农业资源开发利用、农产品购销政策、生产资料供应政策、农业发展扶持政策、新农村建设扶助政策、农业及农业推广法律法规等方面的内容。

(5) 农业资源信息　包括农业自然资源和社会经济资源等信息。自然资源包括土地、水源、能源、气候等；社会经济资源包括人口、劳力、收入、购买力等。

(6) 农业教育信息　包括农村教育及农民培训制度，农业技术培训和农民创业（农村劳动力转移）培训的方法、手段、内容、效果等信息。

(7) 农业推广管理信息　包括农业推广体系建设、农业推广队伍状况、农业推广组织管理、农业推广人员培训、农业推广信息服务、农业推广教育管理等内容。

(8) 农业经济管理信息　包括农业经营动态、农业投资管理、投入产出核算、农村经济研究、农民收入和消费支出状况等方面的信息。

(9) 农业人才信息　农业科研、教育、推广专家的技术专长，农村科技示范户、专业户、农民企业家的基本情况和技术专长，农村人才管理等信息。

(10) 农业自然灾害信息　包括旱涝灾害、风雹雪雨灾害、低温冻害、病虫草害、畜禽疫病、地质灾害等方面的信息，以及农业灾害信息预警系统的建设和减灾防灾信息。

2. 农业信息的主要内容

农业推广要传播各种各样的农业信息服务于农业生产和农村发展，首先要搜集信息，搜集信息的内容主要如下。

(1) 农业科技及生产信息

① 国内外农业科学技术发展动态。

② 从国外引进的各种农林畜牧品种、农业设备和技术。

③ 农业科研机构、农业院校应用技术科研成果。

④ 农民及农业企业的先进经验。

⑤ 邻近地区已推广的行之有效的农业技术。

⑥ 农情动态、作物生产动态、气候变化、自然灾害预测预报。

⑦ 农业推广人员在农业推广过程中取得的成功经验和做法。

⑧ 基层推广人员、农业企业及农民群众对推广项目的反映，对改进推广工作的建议。

⑨ 农民的需求、愿望及反馈的技术革新信息。

⑩ 有关农业科技和生产的其他信息。

(2) 农业经济和市场信息

① 党和国家有关农业的大政方针及法律法规的变化。

② 各种形式的专业户、重点户、联合体发展商品生产的动向、做法和经验。

③ 农、畜、水产品的购销政策、价格政策（如平价、议价、地区差价及季节差价）。

④ 农用生产资料、生活资料的供求状况和集市贸易行情。

⑤ 主要农、畜、水产品生产成本的变化情况，降低成本、提高经济效益的有效措施。

⑥ 农副产品加工、贮藏、运输、销售、转化及综合利用的做法和经验。

⑦ 农业企业和农民对当前农村政策的反映和要求、对发展农村商品经济的建议。

⑧ 农副产品外贸行情的变化，进出口数量及变化态势。

⑨ 消费者消费心理的变化，农产品消费习惯的变化等。

三、农业信息的来源与特性

1. 农业信息的来源

农业信息来源渠道很多，如来自文献资料、报刊杂志、广播电视的信息；来自国家各级政府、上级或同级主管部门、各级业务部门的信息；来自本地市场及国内外市场、咨询机构、预测机构、专利机构的信息；来自各类农业企业、协作组织和农民的信息等。对于农业推广机构来说，最大量的信息来源于各种文献资料、报刊杂志和官方文件。

(1) 农业科技图书和期刊

① 农业科技图书。我国农业科技图书品种多、数量大，可以从中得到历史的、系统的、实用的、全面的知识。如农业科技专著、农业生产技术图书、农业教科书、农业工具书、农业年鉴、农业学术会论文集、各种资料汇编以及各种官方农业文件及其汇编。

② 农业科技期刊。能及时报道最新的农业科学研究成果和农业新技术、新方法及新理论，是农业科技文献的主要类型，具有一定的情报价值。

（2）农业音像制品　主要是音像出版社出版发行的种植、养殖、加工、农业百科等方面的VCD、DVD光盘。

（3）农业信息网站　各级政府农业行政机构、农业推广部门、农业教育系统、农业科研院所、农业企业、农业科技协会或个人创办的农业信息网站，种类繁多，信息量大，更新速度快。农业信息网站已成为重要的农业信息来源。

（4）农业电视频道和栏目　目前全国电视台农村农业农民专业频道有9.5个。其中省级电视台开办的有：吉林电视台的乡村频道、山东电视台的农科频道、河北电视台的农民频道、河南电视台的新农村频道；浙江电视台的公共·新农村频道、重庆电视台公共·农村频道；地市台开办的有山东临沂电视台的农科频道、安徽亳州电视台的农村频道、四川省乐山市电视台公共·新农村频道。中央电视台第7套为农业、军事频道。这些专业电视频道的设立对加强新时期农村电视内容服务和农村文化建设发挥了重要作用。各级电视台都设立有农业栏目，如"乡村四季风"、"黑土地"、"黄土地"等。可以用硬盘录像机或硬盘播放器把电视节目录制下来，必要时反复进行播放。

（5）内部农业科技资料　内部资料多由农业主管部门、科研单位、农业院校及各级农业情报部门编印，含有大量宝贵的情报信息，一般在公开出版的刊物上不易找到，所以应特别重视收集。内部资料主要有以下几种类型。

① 农业科学技术研究成果报告。这些报告是由农业主管部门组织审查鉴定后上报的。因此，比较成熟可靠，具有较大情报价值和推广应用价值。

② 农业科技成果汇编或选编。是由各级农业科技主管部门对本部门、本地区、本系统一年或数年的科研成果经过审定、选择后编印成册。汇编中每一项成果都有简介或有附图，起着提供线索的作用。

③ 农业科技会议资料。包括农业学术团体和协作组织的专业技术会议、年会、例会、技术攻关会、研讨会、协作会及经验交流会等印发的资料，主要是与会者提交的学术论文、调查报告、试验研究报告、情况汇报等。这些资料虽不太成熟完善，但也不可忽视其中所含有的情报信息。会议资料是了解和掌握国内农业科技水平和动态的主要信息来源。

④ 国外农业科技水平动向综述。针对我国农业科技水平和差距，介绍和评论国外某个专业领域的研究或技术发展状况、动向的资料。

⑤ 我国科技人员出国参观考察报告和外籍学者来华讲演的材料等。

（6）其他农业科技资料

① 农业科技标准资料。这是对农业物资技术的质量、规格、计量单位、操作规程、技术规范、检验方法等所制定的技术规定，有一定的法律约束力。如无公害食品、绿色食品、有机食品的产品质量、生产技术规程、产地环境条件等标准。

② 农业技术档案资料。如科研规划、计划、技术方案、任务书、协议书、技术指标、审批文件、图表、实验原始记录等。

③ 农业产品和农用生产资料样品说明书。大多出现在农业成果展览馆、展销会、科技交易会、技术市场上。产品配以说明，具有较强的直观性，其技术可靠，文字简明扼要，为重要的信息来源。例如各种作物新品种、新农药、农用机械说明书等。

④ 专利文献。专利文献包括专利申请书、说明书、文摘、分类、索引和刊物等。

2. 农业信息的特性

农业信息具有一般信息的基本特征，因农业具有特殊性，农业信息还具有一些独有特性。

(1) 时效性　农业信息是一种动态的信息，时间性极强，在农业结构和农业生产上，农业信息的时效性显得尤为突出。根据农业生产的不同环节，农作物在不同时间，对水、肥、防病治虫等均有不同要求，且有严格的时限性。随着时间的推移，农业信息会因过时而失去使用价值，变成无用甚至有害的信息。有时，过时的农业信息会造成严重的经济损失。因此，必须重视农业信息的时效性。

(2) 地域性　农业生产与试验研究离不开特定的地域环境，因而大多数农业信息与地理位置有关。这里地理位置是一个广义的概念，包括了地形、地貌、土壤类型与气候状况、地质水文、社会人文等，而这些都包含在农业信息以内。香蕉、苹果、橡胶、芒果、高粱等均有其各自特殊的地理位置，重视其地域差异才能充分发挥其品种品质的优良特性。把相同的品种分别种植在不同的地方，产品品质上的差异会很大。农业信息这种地域上的差异，决定在农业生产和农业结构调整过程中，需要因地制宜，坚持严格的引种、试验、推广程序，以免造成经济上的损失，切忌照搬照抄外地的经验。

(3) 价值性　农业信息是社会经济发展的重要资源，在市场经济社会里，它具有鲜明的价值性。农业信息产品不具有一般产品的边际收益递减性，农民拥有的信息越多越好，农业经济信息传播的范围越大，其社会效益越好。当然，农业信息的价值性不是等同的，也不是恒定的。农业信息价值的大小与经济体制、行业分类、时间早晚、空间范围、社会经济条件、人的知识水平等有密切关系。

(4) 多样性　农业主体本身具有多元性、多样性，决定了农业信息的多样性。从内容上讲，有技术、生产、工艺、销售等经营方面的信息，有资金、劳力、农用物资等生产要素方面的信息；从传播媒体上讲，有广播、电视、报纸、刊物、网络等大众传媒传播的农业信息，有口头传播的农业信息；从农产品供需上看，有生产者供应量、消费者需求量、市场竞争率、农业行业信誉等信息。

(5) 综合性　任何信息都有关联性，农业信息的关联性表现尤为显著。一条信息往往直接或间接地与多类信息相关联、互相联系、相互作用，因而农业信息通常都是多种信息的综合体。例如，作物的长势信息实际上是土壤、气候、农田管理等信息的综合体现；农产品价格信息实际上是农业市场政策、农业生产状况与区域农村经济水平的反映。

(6) 外溢性　农业和农村的经济信息在使用的过程中并不一定发生产权的转移，存在着外溢性。一个农民如果拥有了某些信息，他不可能独占使用，往往在生产和生活中被无成本地传播和学习，即农业信息不具有产权和使用的完全排他性。

(7) 不可逆性　农业生产和农村生活的经济信息一旦被获得和使用，他们的作用或效用就是不可逆的。这一点是由农业生产的不可逆性决定的。如，农民使用了假种子、假化肥等假冒伪劣产品，造成的损失将无法挽回。

第二节　农业信息化和信息农业

一、农业信息化的基本概念

我国在1997年召开的首届全国信息化工作会议把信息化和国家信息化定义为："信息化是指培育、发展以智能化工具为代表的新的生产力，并使之造福于社会的历史过程。国家信息化就是在国家统一规划和组织下，在农业、工业、科学技术、国防及社会生活各个方面应用现代信息技术，深入开发广泛利用信息资源，加速实现国家现代化进程。"实现信息化就要构筑和完善6个要素（开发利用信息资源，建设国家信息网络，推进信息技术应用，发展信息技术和产业，培育信息化人才，制定和完善信息化政策）的国家信息化体系。

农业信息化是一个内涵深刻、外延广泛的概念。对于农业信息化，我国现在还没有一个标准的定义。尽管人们对农业信息化的理解不尽相同，但其基本涵义都是指信息及知识越来越成为农业生产活动的基本资源和发展动力，信息和技术咨询服务业越来越成为整个农业结构的基础产业之一，以及信息和智力活动对农业增长的贡献越来越大的过程。它不仅包括计算机技术，还包括微电子技术、通信技术、光电技术、遥感技术等多项技术在农业上普遍而系统的应用，其目标都是为了实现农业信息资源的高度共享和有效利用。

农业信息化可被理解为在农业生产、分配、交换、消费四个环节中，通过普遍采用信息技术和电子信息装备，更有效、更合理地开发利用各种农业资源包括自然资源、人才资源和知识、信息资源等，提高农业产业的现代化水平，推动农村经济社会发展的动态演进过程。

农业信息化有广义和狭义两种涵义。狭义的农业信息化主要是指农业信息资源的数字化和信息交流服务的网络化，即以计算机网络为基础，通过计算机网络把农业科研成果、农业生产技术、农产品供求信息、农业和农村发展政策、国内外农业发展形势以及经济政治形势等知识和信息传递给农业生产者、经营者和消费者以指导农业生产经营、农产品流通和消费的过程。广义的农业信息化是指农业全过程的信息化，即以各种信息传播手段实现农业科技、生产、流通和消费信息在农业生产者、经营者和消费者之间有效传递的过程，是用信息技术装备现代农业，依靠信息网络化和数字化支持农业经营管理，监测管理农业资源和环境，支持农业经济和农村社会信息化。二者的主要区别在于信息传递手段的不同，狭义的农业信息化主要以计算机网络的传播为主，而广义的农业信息化则包括计算机、电视、广播、报纸、电话、现场宣传等手段。

可以从以下几个方面来理解农业信息化。①农业信息资源实现数字化，得到较好利用开发。②农业信息设施配备比较齐全。③农业信息系统开发全面深入。④农业信息网络具有较强支撑能力，信息交流服务实现网络化。主要指在农业系统内部和相关部门之间建立起上下左右相互联通、能够承载不同种类与不同层面的农业专业信息，以及为了支持、保证这个网络体系有效运转所需的网络标准、通讯协议、操作规程、传输编码等一系列网络体系技术规章。⑤农业信息主体信息化意识较强。⑥农业信息法制比较健全，维护农业信息各主体在农业信息网络体系中的平等地位，促进农业信息发挥正面效益，抑制负面效应。⑦农业信息服务业比较发达。

二、农业信息化的内容

农业信息化的内涵可以从以下几个方面来加以描述和概括。

1. 农业资源和环境信息化

通过用遥感、航测、地理信息系统、全球定位系统、各种监测农业资源的设施与仪器等，建立农业资源、环境信息网络，正确而及时地掌握农业资源、环境如土地、土壤、气候、地形地貌、农业生物品种等的变化。采用遥感和地面普查结合的方法定期采集土地资源、水资源、农业工程、农业机械等信息，为农业结构调整和区域化布局奠定基础；采集农业气象、环境污染、农业灾害（水灾、火灾、旱灾、病虫害、风灾、雨灾、雪灾、雹灾、低温伤冻灾害）等信息，为农业管理决策提供依据。

2. 农业生产与管理信息化

建立以计算机联网为基础的农业信息网络，对作物品种、种植面积、病虫害等情况进行管理与调控，解决管理效率低、调控不及时等问题，促进管理科学化、合理化和最优化。农作物品种的选择及栽培、病虫害的预测预报与防治，作物生长情况的自动监测、农业收成的预测与准确统计、自动排水灌溉、农田的合理规划等都要利用现代信息技术来控制。

3. 农业生产资料市场信息化

依靠农业生产资料市场的信息化，解决种子、化肥、农药、农业机械、农用薄膜等在供求方面存在的矛盾。

4. 农产品市场信息化

农产品市场信息化是信息化农业发展的基础和突破口，新世纪农产品营销的成效将在很大程度上取决于经营者的信息意识与信息运用的能力。通过农产品市场信息化，及时了解掌握农产品、畜禽产品、水产品、林产品的国内外市场价格与供求状况，以及农、林、牧、渔加工品的种类、生产规模及其市场行情等信息，及时调整农业结构和农村产业结构。

5. 农业科学技术信息化

建立农业科技信息网络，加强农业科研和生产活动诸如农业科研状况、农业科技最新动态、农业科技成果交流、农业科技专利等的信息服务，加快农业新技术成果的交流和扩散，避免形成农业科研与生产活动相互脱节、割裂的局面。

6. 农业教育及培训信息化

企业和农户是信息服务的最终用户和接受主体，必须增强他们获取信息、使用信息和利用信息的意识和能力。因此，必须利用信息技术和网络技术，通过多媒体远程教育系统和多种媒体窗口，加强各级农业管理部门从业人员的信息知识和应用技术培训，开展对农民获取信息和应用信息的教育和培训，从而加快农业知识传播和农业科学技术的普及，加快农民提高科技文化素质的进程。农业远程教育网站、农业信息网站、农业电视、农业无线广播是农业教育及培训信息化的重要手段，农业推广人员和农民都可以通过广播电视与网络获得农业知识，学习有关的农业课程，接受农业教育，不断更新知识。

7. 农业金融税收信息化

以电子货币工程为重点的金卡工程目前已取得长足发展，CI 卡和智能卡已在各行业普遍推出，促进了直接或间接为农业服务的金融行业信息化。此外，包括增值稽核系统、增值税专用发票防伪税控系统和税控收款机系统三个有机互联部分的金税工程，已逐渐使农业税收征管工作步入规范化、自动化、电子化轨道。

8. 农业政策法规信息化

通过加强农业信息化法制法规建设，对农业领域的国家机密、商业秘密、知识产权等依法保护，同时维护农业生产者、开发者、管理者等农业信息化主体在农业信息网络体系中平等竞争等权益，促进农业信息化发挥正面效应，抑制负面效应，使广大农民及时获取农业法规政策信息。

9. 农村社会经济信息化

农村人口的变化，教育、科技的普及程度，农民的收入水平，农村的道路、能源、卫生情况，农村居民的房屋建筑，小集镇的发展等都是农村社会经济信息化的内容。农村社会经济信息化就是使用先进的信息处理与传输技术，实现各级农业信息系统计算机联网，以便各级领导部门更快更准确地掌握农村社会经济的变化，制订正确的政策。

10. 农民生活消费信息化

信息技术的发展日新月异，人们的工作和生活方式正走向知识化和智能化，互联网的普及不仅为知识创新、交流和传播提供了最有效的手段，而且网上提供的各种生活消费服务，极大地改变了人们的生活消费习惯，农民的生活消费观念和手段也日趋现代化和信息化。

11. 农业基础设施装备信息化

包括农田基本建设设施（如农田灌溉工程中，水泵抽水和沟渠灌溉排水的时间、流量全部通过计算机自动控制）、农作物种子工程设施、农产品加工与贮藏设施（农产品的仓储内部因素变化的监测、调节和控制完全使用计算机信息系统运行）、农作物病虫害防治设施、畜禽工厂化饲养设施（畜禽棚舍的饲养环境的测控和动作实行自控或遥控）、日光节能温室设施、无土栽培设施、卫星遥感通讯设施、全球定位系统设施等。

三、农业信息化的意义

现代信息技术对各种经济活动的渗透力极强，它不但能作用于对能源和物质的认识，而且能改变人们对时间、空间和知识的理解，人们可以不受时间和空间的限制获取信息，可以最大限度地实现知识、信息的共享。因此，农业信息化可以降低农业生产的投入、提高农产品的生产数量和质量、减轻自然灾害的影响、加速农产品的流通、引导农产品的生产和消费，推动农业产业结构的调整与升级；有利于政府宏观调控，有利于企业、农户微观经营的科学决策，有利于改善农业教育培训质量，有利于推动农村社会均衡发展，是建设现代农业、标准化农业和精准农业的基础。

1. 农业信息化是提高农业生产效率的有效途径

利用计算机技术进行模拟试验和数据分析，可以降低农业科研成本，缩短农业科研时间，提高农业科研分析能力和准确程度；利用计算机技术进行农业生产过程的设计、农业投入产出结构的优化、农产品市场状况和应用前景的分析，可以提高农业生产的精度，以最少的投入实现最佳的产出；利用计算机技术进行遥感预测，可以增强农业抵御自然灾害的能力，避免灾害损失；利用计算机网络技术，可以简便快捷地把农业生产技术、农业新品种、农业新技术、农业人才、农产品供求和农业农村经济政策等信息传递给农业生产者、经营者和消费者，从而实现农业新技术的迅速普及推广，实现农产品的高效流转。农业信息网络体系，可为农业发展提供强大的技术支撑，促进农业增效和农民增收。

2. 农业信息化优化是农业产业结构的重要手段

农业信息化使大农业内部农、林、牧、渔各业之间，农业、工业、第三产业之间相互渗透，使农业更具开放性。信息技术在农村的普及将会带动农村第三产业的发展，在农村（特别是城乡结合部）将广泛出现与信息技术和信息服务相关的行业，从而带动农村小城镇建设的发展，促进农村劳动力就业结构发生变化，实现农村剩余劳动力的就地转化。农业信息化可以实现农村与城市、国内与国外的互联互通，从而农业发展可以充分利用国内和国外两种资源、国内和国际两个市场，优化资源配置，扩大农产品市场，加快农业产业升级，优化农业产业结构。因此，农业信息化是提高农村劳动力素质，改善农业就业结构，实现农村劳动力转移，优化资源配置，加快小城镇建设的有效措施。

3. 农业信息化促进农村经济与国际接轨

世界经济一体化和全球化要求各国农产品参与国际市场的竞争，因此农业生产必须降低成本，不断提高农产品的产量和质量，提升农产品的国际竞争能力。这就要求农业生产必须决策科学化、投入精准化、操作标准化、加工精细化、储运规范化。要实现这些就必须加快农业信息化进程，需要建立与国际贸易体制相适应的农业信息系统，及时准确地提供对外贸易运行规则、国际农产品市场行情等信息，为政府决策提供依据，引导农产品生产经营者及时采取措施，规避国际市场风险，避免损失。

4. 农业信息化可促进农业可持续发展

我国地域辽阔，农业资源丰富，资源分布差异很大，要想合理利用就必须掌握其分布、性质、变化情况，运用常规技术是无法实现的。实践证明，只有运用包括卫星遥感技术、地理信息技术、全球定位技术、空间分析技术、模拟模型技术、网络技术、人工智能技术等综合的现代信息技术，建立农业资源信息系统，才有可能及时获得精准的环境资源资料，从而为资源的合理开发利用提供可靠的依据。近些年来，我国农业在获得长足发展的同时，也付出了环境恶化、资源过度开发的代价。我国亟待建立和完善农业资源、环境信息系统，这不仅是当前农业发展的需要，也是保护环境和农业资源，实现农业可持续发展的百年大计，这是农业信息化最深刻、最长远的意义。

5. 农业信息化加快农业现代化进程

农业现代化本质上是农业科技的现代化。没有农业的信息化，就没有农业科技的现代化。随着农业信息化的推进，农业科研机构、农业院校的科研成果可以迅速得到推广应用，现代农业信息可以迅速传播到千家万户，由农民转化现实为生产力，从而加快农业现代化进程。

四、信息农业

1. 信息农业的概念

信息农业是随着计算机技术、通讯技术和农业技术的不断发展而形成的，一般认为：信息农业是以农业信息技术、空间信息技术和计算机网络技术为基础，集中与农业生产有关的信息采集、传输、处理和应用为一体的开放型、高效化、高科技的新型农业。从技术角度看，是利用卫星遥感技术和计算机技术，对任何一个特定区域的耕地以及正在生长的农作物进行数据搜集和分析，筛选出针对每个农业小区最佳的农业管理方案，在生产系统可持续发展的前提下，通过最佳的管理实现低投入、高产出，获得最大利润的现代化农业。其核心技术是3S（RS、GIS、GPS）技术。信息农业常常被表述为精细农业、精确农业、精准农业、精致农业、精细农作、数字农业、电脑农业等。

精细农业是指将现代化信息高新技术与作物栽培管理辅助决策支持技术、农学、农业工程装备技术集成应用于农业，获取农田高产、优质、高效的现代化精耕细作农业。精细农业利用遥感技术（RS）、地理信息系统（GIS）、全球定位系统（GPS）等现代化信息技术手段，定量获取田间作物生长影响因素及最终生成的空间差异性信息，运用科技手段调控，实现对田区资源潜力的均衡利用，促进农业高产高效和可持续发展。精细农业的核心是实时获取农田每个小区土壤、农作物的信息，诊断作物的长势和产量在空间上差异的原因，并按每一个小区做出决策，准确地在每一个小区上进行灌溉、施肥、喷药，以达到最大限度地提高水、肥和杀虫剂的利用效率，增加产量，减少环境的污染的目的。

精确农业是指利用全球定位系统（GPS）、地理信息系统（GIS）、连续数据采集传感器（CDS）、遥感（RS）、决策支持系统（DSS）和变率处理设备（VRT）等现代高新技术，获取农田小区作物产量和影响作物生长的环境因素（如土壤结构、地形、植物营养、含水量、病虫草害等）实际存在的空间及时间差异性信息，分析影响小区产量差异的原因，并采取技术上可行、经济上有效的调控措施，区域对待，按需实施定位调控的"处方农业"。精确农业技术在现代农业生产中的应用十分广泛。比如，根据土壤的需要使肥力的状况得到改善，根据病虫害的情况来调节农药喷洒量，不再耕种那些已经板结的土地，自动调节拖拉机的耕种深度等。

数字农业是指使用地理信息系统、全球定位系统、遥感、自动化技术、计算机技术、通讯和网络技术等数字化技术，对农业所涉及的农学、地理学、生态学、土壤学和植物生理学等基础学科有机结合，进行数字化和可视化的表达、设计、控制、管理，在数字水平上对农业生产、管理、经营、流通、服务等领域进行数字化设计、可视化表达和智能化控制，达到合理利用农业资源、降低生产成本、改善生态环境等目的，使农业按照人类的需求目标发展。

信息农业是建立在知识和信息生产、分配及使用基础上的新型农业经济，是知识经济时代各国农业进一步现代化的趋向和标志，其核心是以农业信息学的理论和方法为指导，以农业信息技术应用为手段，以农业信息集成和网络服务为目标，将信息技术渗透到农业生产、市场、消费以及农村社会、经济、技术等各个环节，从而实现大幅度地提高农业生产效率和农业生产力水平，促进农业持续、稳定、高效发展。随着农业信息技术的迅速发展，以及人们环保意识的增强和信息技术成本的下降，我国将迎来信息农业的新时代。

2. 信息农业的信息技术构成

随着空间信息技术和农业信息技术的不断发展，各种有关农业生产的信息采集、信息传输、信息处理和信息应用更为方便、迅速和准确。在信息农业中，信息技术的主要构成包括：

① 信息采集技术。利用全球定位系统和遥感系统以及地面生物、环境信息监测技术，在农业生产过程中实时采集作物生长发育信息、土壤水分、养分和气象等有关信息，并输入计算机系统进行存贮、处理，采用地理信息系统对实时资料进行分析和管理。

② 信息传输更新技术。采用系统接口，在农业生产过程和信息采集过程中，将农作物生育信息、土壤信息和气象等环境信息实时传输至农业信息系统（各种模型、决策系统和管理系统等）和农业地理信息系统，实现农业信息系统资料的实时更新。

③ 信息处理技术。应用有关农业信息处理技术系统，包括作物生长动态模拟模型、决策支持系统、专家系统、基于模型的专家系统，结合3S系统，对实时采集的各种农作物、土壤和大气等有关信息进行处理分析，为农业生产管理和措施调控提供定量决策建议。

④ 信息应用技术。根据对实时作物、环境（土壤和大气）信息处理分析的结果，实时确定农业生产关系控制信息，由计算机控制具体的定位和实施。

第三节 农业推广信息系统

一、农业推广信息系统概述

1. 系统

系统是指相互联系、相互依赖、相互制约、相互作用的事物和过程组成的具有整体功能和综合行为的统一体。它不断同外界环境进行物质、能量和信息交换而维持一种稳定、有序的状态。一个系统根据需要可以按时间、空间、意识等分为若干个相互联系并具有特殊功能的较小的子系统，子系统从属于母系统。信息系统是指从数据的收集、存储、处理到传输使用的整体。

2. 农业信息系统

农业信息系统是指从事农业知识和信息的产生、转化、传递、存储、回收、综合、扩散和应用过程的一系列组织或者人员，以及他们之间的联系和相互作用。农业信息系统是一个开放系统，它的活动要受与农业生产和发展有关的外部因素影响。这些因素包括政策环境、机构活动、经济结构状况等。

3. 农业推广信息系统

农业推广信息系统是指为了实现组织的整体目标，以农业知识、农业自然资源数据、科技成果、市场需求信息为内核，利用人工智能、计算机、数据库、多媒体、模拟模型等技术，对管理信息进行系统的、综合的处理，辅助各级管理决策的计算机硬件、软件、通讯设备、规章制度及有关人员的统一体。

4. 农业推广信息系统的组成

农业推广信息系统主要由信源、信道、信宿和信息管理者四部分组成。信息的产生或信息的发生源，称为信源；信息传递的媒介，称为信道；信息的接收或信息的受体，称为信宿。多个信息过程交织相连就形成了系统的信息网，当信息在信息网中不断地被转换和传递时，就形成了系统的信息流。在农业推广信息的传播媒介中，传统传媒是指广播、电视、电话、传真、报纸、杂志等，而信息系统的传媒主要是指计算机与网络等新的传播媒介。信息管理者负责管理农业推广信息系统的开发与运行。

具体地讲，农业推广信息系统由计算机硬件系统、计算机软件系统、数据及其存储介质、通信系统、信息处理设备、非计算机系统的信息收集、规章制度和工作人员组成。

5. 农业推广信息系统的类别

农业推广信息系统按所处理的具体业务不同，可以分为数据库系统、情报检索系统、业务信息系统、管理信息系统、专家系统和决策支持系统。

① 农业数据库系统。数据库系统是实现有组织地、动态地存储大量有关的数据、方便多用户访问的由计算机软硬件资源组成的系统。利用数据库系统，用户可通过应用程序向数据库发出查询和检索等操作命令，以得到不同的各类信息，满足不同的需要。数据库管理系统是指由一组程序组成，这些程序执行数据库的实际操作，并提供数据库与用户或用户与应用程序之间的接口。

② 农业情报检索系统。情报检索系统是对情报资料进行收集、整理、编辑、存储、检查和传输的系统。它大量用于图书馆、科技资料中心等信息存贮量极大、检索要求快捷的地方。情报检索系统往往以较大型的计算机和远程网络为技术手段，以数据库系统为基础、能够有效地为用户提供科技信息、市场信息、教育信息以及政策法规等方面的服务，同时可提高科研管理及其他行政事务的工作效率。

③ 农业业务信息系统。业务信息系统又称电子数据处理系统，它是针对某些业务处理要求设计开发的，主要进行数据处理，代替业务人员的繁琐、重复劳动，提高信息处理和传输的效率及准确性。经这样的系统处理的信息具有详尽、具体、结构严谨、精确、数据量较大的特点。

④ 农业管理信息系统。管理信息系统是收集和加工系统管理过程中的有关信息，为管理决策过程提供帮助的一种信息处理系统。其主要作用是帮助管理者了解日常的业务，以便既有效又高效地控制、组织、计划，最后达到组织的目标。它是一种人机系统，输入的是数据和信息要求，输出的是信息报告、事务处理和决策支持，反馈的是效率和报告。我国农业管理信息系统已研制出农业经营管理信息系统、乡镇企业管理信息系统、农村能源及环境监测管理信息系统、农作物产量气候的统计模拟模型、作物产量气候分析预报系统 AP-CS、土壤普查和分类制图的计算机处理系统等。

⑤ 农业专家系统。专家系统是一个智能计算机程序系统，其内部含有大量的某个领域专家水平的知识与经验，它能应用人工智能技术和计算机技术，根据专家的知识和解决问题的方法进行推理判断，模拟人类专家在相应领域的决策过程，并在很短的时间内对问题得出高水平的解答。简单地说，专家系统是一个在某领域具有专家水平解题能力的程序系统。农业专家系统就是依据人工智能原理，科学地储存和应用农业科技知识及生产实践经验，能像人类专家那样解决复杂现实问题的计算机程序系统。

农业专家系统来自专家经验，它们代替为数极少的专家群体，走向地头，进入农家，在各地具体地指导农民科学种田，培训农业技术人员，把先进适用的农业技术直接交给广大农民，这是农业推广的一项重大突破。

⑥ 农业决策支持系统。决策支持系统是在半结构化和非结构化决策活动过程中，通过人机对话，向决策者提供信息，协助决策者发现和分析问题，探索决策方案，评价、预测和选择方案，以提高决策有效性的一种以计算机为手段的信息系统。决策支持系统是支持专门问题决策的人力、过程、软件、数据库和设备的一个有组织的集合，主要用来解决决策问题，并侧重于高级管理层。农业决策支持系统是以计算机技术为基础，支持和辅助农业生产者解决各种决策问题的知识信息系统。它是在农业信息管理系统、农业模拟模型和农业专家系统基础上发展起来的，以多模型组合和多方案比较方式进行辅助决策的计算机系统。

在农业推广特定领域，决策支持系统是为农业推广各部门和广大农户服务的，向各级领导和广大农户提供及时、准确的决策信息。其信息来自各业务信息系统的各种综合性、概括性处理结果，以及广大农户的反馈信息和大量与决策有关的外部信息。各有关业务信息系统可以看做是决策支持系统的各个子系统。它主要运用于若干农业经济管理模型，提供农业推广决策支持服务，如农业生产规划问题、产业结构优化问题、运输路程最短问题、最优经济订货批量决策、合理优化的生产调度、农业生产经济分析等。

二、农业推广信息系统的利用途径

现代农业推广不仅要培训农业生产者以提高其专业技能，普及推广最新的科学技术知识，提供咨询服务以帮助他们解决在生产和管理中出现的问题，而且要为农业生产者提供与农业生产有关的经济、市场和现代科学技术方面的信息。因此，农业推广信息系统的应用非常广泛。

1. 农业推广沟通

借助网络信息系统进行沟通，将成为现代农业推广沟通的主要形式。用户可在相关信息系统中了解农业推广信息，通过电子邮件、留言板等与农业推广组织机构进行沟通。其主要特点就是方便、快捷、及时、准确，可以进行多方面、多层次的轻松交流。

2. 农业推广教育

网络和信息系统所包含的丰富的科学知识，是一种生动形象的教材，远程教育网络已成为农业推广教育的主要教学形式。农业推广人员可以通过网络等农业推广信息系统开展农业推广教育活动，可以减少下乡入村办班，有效地减轻推广教育劳动强度，节省时间和财力；可以通过农业推广信息系统举办各类培训班，组织专家和学者讲课，迅速提高农业推广教育的水平。

3. 科技成果推广

与传统的科技成果推广相比，网络和信息系统使科技成果推广更加开放、快速、高效、广泛。农业推广组织通过网络和信息系统进行科技成果信息的传递更加有效，使信息服务分布更加公平、科学、合理，可以克服长期以来由于闭塞导致的信息分配不均，更好地为广大农户营造获得平等的信息机会、市场机会和致富机会的平台。

4. 联合推广攻关

联合推广攻关是现代农业的必然发展趋势，其核心是进行跨地区、乃至全国性的联合技术推广协作，从而实现跨地区的农业推广。网络信息系统创造了农业专家互相学习、交流、沟通的技术平台，为农业生产网络会诊提供了条件。

5. 农业生产咨询与决策

专家在线支持系统保证了"服务对象"和"提供服务方"的方便交流。用户在系统上提出自己的问题，通过专家在线支持系统获得专家对问题的解答和帮助。基于网络的专家系统能根据用户提供的生产事实，给出当前事实条件下的生产决策。诊断型专家系统能帮助用户诊断植物营养、病虫草害等，并给出相应的解决方案，对较严重的病症，系统会自动做出预约安排，以便于人-机专家会诊。

6. 农业信息管理和传播

通过专家系统可帮助农业推广管理者和决策者找出正确的数据和信息，实现信息的有效管理。专家系统代理（agent）是一种按用户指令进行工作的程序，可执行某些服务功能，特别是执行一些特定的、重复性的工作。农业生产者用户可通过农业推广信息系统或搜索引擎，快速获取自己所需要的信息。互联网以其特有的强大的信息传递功能，为人们迅速获取各种信息创造了最优越的条件，主要包括市场信息、科学技术信息、政策法规信息和企业、机构及个人信息。

7. 专业化和地区性信息服务

定期或不定期地发布政策与法规信息、统计数据、市场动态等，如有关谷物、畜牧、水果、花卉等农产品商情信息、市场标价、交易水平和商情趋势，以及最近的天气预报。传播高新技术信息，发表文章，协助农户做好经营管理，提供市场行情分析、宏观经济形势分析服务。

8. 网络经济

使生产者与消费者可通过网络直接联系、消除生产者与消费者之间的中间环节，从而大大降低产品的销售成本。使企业与用户实现良好沟通，随时了解用户的需求，及时调节产品结构，为用户提供全方位和个性化服务；消费者则可更全面地了解产品，有更大的选择余地。

9. 农业企业管理

为企业开发的管理信息系统，通常包括财务管理信息系统、生产管理信息系统、营销管理信息系统、人力资源管理信息系统、其他管理信息系统等。通过企业内部网络，企业各个部门之间可以实现快速可靠的信息交流，从而提高工作效率。

10. 政策、法规、广告宣传

这不仅适合农业推广机构，也适合农业企业。通过网络和信息系统，农业推广机构可以对与农业有关的政策法规进行宣传；企业不仅可以对本企业的产品进行全面详尽地宣传，而且可以对企业本身进行全方位地宣传。这种宣传可以不受时间、空间、信息量和经费的限制，所产生的效应也是其他任何宣传方式所不能比拟的。

三、农业推广信息系统的应用

农业信息网络和农业数据库、农业专家系统和农业决策支持系统、精准农业（精细农业）是应用和研究比较活跃的领域。农业信息网络和农业数据库已经比较成熟，已经发挥了重要的作用。农业专家系统和农业决策支持系统，能够为农民提供个性化较强的技术信息服务，处于发展完善阶段。

1. 农业数据库的应用

数据库系统是农业推广信息系统和信息服务的基础性系统。我国已经建成了大型涉农数据库100多个，约占世界农业信息数据库总数的10%，农业信息数据库建设正朝着联合化和网络化的方向发展。数据库按数据类型可分为文献型库、数值型库、事实型库、知识型库、多媒体型库。

按载体类型可分为光盘数据库、网络数据库。

(1) 农业数据库简介　我国已经建成很多农业信息数据库，仅择要简单介绍。

① 中国农业科技基础数据信息系统（中国农业科学院科技文献信息中心）。包括农业科技基础文献数据库群，农业专业领域科技数据库群，农业科技动态数据库群，农业综合实力信息数据库群，网上农业科技基础信息资源数据系统，农业科技机构、人才与经费数据库群，农业科技在研项目与科技成果数据库群，农业科技政策、法规、标准数据库群，农业科技开发、推广与服务数据库群，农业高新技术与产业化数据库群等10个数据库群、30多个数据库。该系统为国家公益型项目，免费向社会开放。

② 中国农业有害生物信息系统（中国农业科学院植物保护研究所）。包括20个数据库。

③ 中国农业资源信息系统（中国农业资源数据库）。又称中国宏观农业决策数据库（中科院地理科学与资源所）。包括八大农业资源数据库、宏观农业决策经济库、农业资源地图集、中国农业资源分布图集、其他图形数据库等5个数据库群、30多个数据库。

④ 中国自然资源数据库（中国科学院地理科学与资源研究所）。即中国农业资源信息系统中的八大农业资源数据库，包括水资源数据库、土地资源数据库、气候资源数据库、生物资源数据库、农村能源数据库、渔业资源数据库、综合经济数据库、农业经济数据库等。农业经济数据库包括：全国分省份县农业基本情况、乡镇企业情况、农业总产值、畜牧业情况、粮食作物播种面积及产量、经济作物播种面积及产量、农业净产值、农业总产值（不变价格）、主要农作物单产、农业生产条件、主要农产品产量、农产品总产值（不变价格）、农业总产值（现行价）、主要农作物播种面积和产量等。

⑤ 东北黑土农业生态数据库（中国科学院东北地理与农业生态研究所）。包括区域资源数据库、农业基础数据库、研究观测数据库、农业专家系统、空间图形数据库、黑土地科普数据库。

⑥ 科技期刊数据库。目前有影响的有中国知识资源总库——CNKI系列数据库（中国知网）、万方数据资源系统、重庆维普中文科技期刊全文数据库3个大型数据库。中国知网主要有中国学术期刊网络出版总库、中国博士学位论文全文数据库、中国优秀硕士学位论文全文数据库、中国重要会议论文全文数据库、中国重要报纸全文数据库。已有6700万篇文章。

⑦ 科技图书数据库。主要有超星电子图书数据库（超星数字图书馆）、书生之家电子图书数据库（书生之家数字图书馆）、方正电子图书数据库（方正Apabi数字图书馆）、中国数字图书馆。这四个大型中文电子图书数据库各具特色。

(2) 农业数据库的应用现状　如今数据库的开发如火如荼，但数据库的使用现状并不乐观。虽然有多种数据库实现了网络检索的功能，但在网络上使用并不十分方便。原因之一是网络数据库开发成本高，开发单位为了收回数据库的开发费用大都不愿意提供无偿服务，而是有偿使用，或授权相关的图书馆、情报所等在局域网内使用。这样一来，多数上网用户还是要走出家门到各个相关部门去查询资料。只有缴费才能使用的网络数据库，必然限制数据库的推广应用。部分数据库可以免费使用，有些数据库开放一部分资源供免费使用。

2. 农业专家系统的应用

(1) 专家系统的类别　按专家系统所求解问题的性质可将专家系统分为以下几类：①解释专家系统；②预测专家系统；③诊断专家系统；④设计专家系统；⑤规划专家系统；⑥监视专家系统；⑦控制专家系统；⑧调试专家系统；⑨咨询与决策专家系统；⑩教学专家系统。

现在的许多专家系统往往不只有一种功能，例如诊断与调试、监督与控制以及计划设计通常同时出现。

(2) 农业专家系统的类别

① 预测专家系统。预测专家系统是根据观察到的现状及过去得到的信息，预测未来的系统。系统处理的数据随时间变化，而且可能是不准确、不完全的，系统需要有适应时间变化的动态模型，能够从不完全和不准确的信息中得出预报，并达到快速响应的要求。这样的例子有：根据昆虫的类型来预测可能对庄稼的危害等。

② 诊断专家系统。诊断专家系统是根据症状的观察与分析，推断故障（症结）所在，并给出排除故障的方案的系统。它能够了解被诊断对象或客体各组成部分的特性以及它们之间的联系，能够区分一种现象及其所掩盖的另一种现象，能够向用户提出测量的数据，并从不确切信息中尽可能正确的诊断。诊断专家系统占据现存专家系统的很大比例。如植物病因诊断系统、温室黄瓜营养障碍诊断系统等。

③ 规划专家系统。规划专家系统的目标是寻找出某一个能够达到给定目标的动作序列或步骤。通常所要规划的目标可能是动态的，因而需要对未来动作做出预测。由于规划所涉及问题的复杂性，要求规划专家系统能抓住重点，处理好各子目标间的关系和不确定的数据信息，并通过试验性动作得出可行规划。比较典型的规划专家系统有：汽车火车运行调度专家系统以及小麦水稻施肥专家系统等。

④ 监视专家系统。监视专家系统把实际系统的行为和期望的行为进行比较，如果发现异常情况则发出警报。如在原子反应堆中监督仪器读数，以便尽早发现事故。监视专家系统必须有快速反应能力，在造成事故前及时发出警报，且发出的警报必须有很高的准确性，不能有假警报的发生。系统还应能随时间和条件的变化而动态地处理输入信息。如黏虫测报专家系统。

⑤ 咨询与决策专家系统又称智能决策支持系统，是一般决策支持系统（DSS）的智能化产物。它能给各种决策人员或部门提供数据（或信息）、方法和方案选优等不同层次的决策支持。它包括各种领域的智能决策支持系统、各种咨询系统、辅助调度系统等。如节水灌溉管理决策专家系统、作物生产辅助决策专家系统、农业宏观决策专家系统、小麦管理智能决策支持系统等。

（3）农业专家系统简介　派得伟业信息技术有限公司开发的农业专家系统，是"国家863计划"高科技产品，根据农业生产流程的需要，有针对性地研究开发出一系列适合不同地区生产条件的实用经济型农业专家系统，为农技工作者和农民提供方便的、全面的、实用的农业生产技术咨询和决策服务。产品包括蔬菜生产、果树管理、作物栽培、花卉栽培、畜禽饲养、水产养殖、牧草种植以及其他共40多种不同类型的实用经济型农业专家系统。常见的农业专家系统有：中国农村致富网农业专家系统（http://www.chinannn.com/es/splash/sgg.htm）、贵州农业专家系统（http://zjxt.gzxw.gov.cn/）、农作物病虫害防治专家系统（http://pdps.cwebport.com/）、中国绿园网农业专家系统（http://www.last.gov.cn/upload/default.asp）、云南省测土配方施肥专家决策系统（可下载的软件）、宁波市农业专家系统等。

（4）我国农业专家系统应用现状　我国的农业专家系统开发始于20世纪80年代。进入20世纪90年代以后，我国的农业专家系统得到了迅速发展。进入21世纪后，农业专家系统的开发速度日益加快，数量更多，涉及的领域更加全面。目前，专家系统几乎应用到了农业上的各个领域，涉及到作物（包括果树、食用菌）生产管理、品种选育、节水灌溉、病虫害防治、杂草控制、温室管理、水土保持、森林环保、畜禽饲养、食品加工、农业气象、农业机械选择、农业市场管理等方面。有些系统已成为商品进入市场。

我国农业专家系统存在的问题：①性能较差，达不到"专家"的要求。多数专家系统内容单一、实用性不高、综合水平偏低。在对知识的处理方法上也过于简单，使专家系统显得呆板、脆弱。②应用与开发脱节。一些农业专家系统只强调应用，缺乏进行二次开发所需的专家系统开发工具，使用者无法根据当地实际情况创建知识库和模型库。③动态服务能力低，时效性差。我国目前的农业专家系统多数是静态的。④网络化农业专家系统的开发数量不多。实现专家系统的网络化远程服务，是今后专家系统应用的大势所趋。⑤农村计算机应用水平限制了农业专家系统的应用。农村网络设施和计算机硬件设施不完备，以及应用计算机水平的落后，限制了专家系统的应用和推广。

3. 农业决策支持系统的应用

近年来，农业生产管理的决策支持系统的开发与应用也取得了成功。20世纪90年代以来，我国已出现多种农业生产决策支持系统。目前比较成功的农业生产决策系统可分为基于知识规则的决策支持系统（即专家系统）、基于知识模型的决策支持系统、基于生长模型的决策支持系统、基于生长模型和知识模型的决策支持系统等 4 种基本类型，以及基于这 4 种类型与其他关键技术结合的扩展型农业决策支持系统。精确农业就是典型的扩展型的农业决策支持系统，精确农业将 3S 技术与优化决策技术等结合，首先根据农业信息制作种植状态的征候图，再运用 GIS 技术做出农作物诊断结果图，最后利用决策支持系统为农户制定决策方案图，农户依据方案图，运用 GIS 和 GPS 技术加以实施。

4. 农业信息网站的应用

(1) 农业网站资源　据《2005 年中国农业互联网络发展现状调查报告》报道，截止 2005 年 9 月底，我国农业网站总数为 10448 家，其中保持正常运行状态的有 7554 家，约占目前农业网站总数的 72.3%。其中农业企业或公司的网站 5593 个，占 7554 家正常运营农业网站总数的 74%，政府部门类农业网站占 16.9%，科技教育类网站占 5.1%。

① 农业行政部门信息网站。1986 年农业部开始组建农业部信息中心，1994 年建立中国农业信息网，随后各级农业行政部门的网站相继建立，目前，基本上全国县级农业行政部门都建有农业信息网站。

② 农业专业信息网站。2002 年全国农技推广中心开通中国农技推广网，随后各级各类农业专业网站相继开通，如农技推广网、植物保护网、种业信息网、土壤肥料网、农业机械网、畜牧养殖网、水产养殖网等。这类网站省级已普遍建立，许多市、县也已建立。

③ 农业科研系统信息网站。1997 年中国农业科技信息网正式开通，网络中心设在中国农业科学院。随后，省、市农业科技信息网站相继建立，不少县级农业科研单位也建立了网站。

④ 农业教育系统信息网站。1994 年中国教育网（中国教育和科研计算机网）建立，随后涉农院校网站相继建立。目前，大专以上涉农院校一般都建有网站。农业远程教育网站也相继建立。中央农业广播电视学校 1999 年建立了网站。

⑤ 气象系统的兴农网。中国兴农网是依托气象业务网络建立的、覆盖全国、连村入户、直接为农民服务的公益性信息服务网络平台，它于 2001 年 6 月 28 日开始运行，由一个国家级中心网站，34 个省（区、市）、计划单列市网站、270 多个地市节点和 1300 多个县级节点和数万个乡镇信息点组成。

⑥ 农业企业或公司的网站。这类网站数量多、类型多，内容多为商品介绍，信息复杂。

⑦ 农业电子商务网站。专业的农业电子商务网站目前我国还较少，可以分为两大类，一类是公益性质的，一类是企业性质的。

(2) 农业信息网站的应用　应用最多的是信息搜索。农业信息搜索有以下几种方法。

① 直接登陆农业网站进行信息查寻。可以利用中国农业网址导航网站找到你想登录的农业网站。例如中国农业网址大全（http://www.ny3721.com/）、农业行业网址大全（http://www.360hy.com/hy/ny.htm）、中国农业网址导航 dh371（http://www.dh371.cn/）、中国农业网址导航 nong123（http://www.nong123.cn/）、农博网址导航（http://site.aweb.com.cn/）、中国农业网址之家（http://www.fa948.com/ny/）、84 农业网址导航（http://wz.84ny.com/）等。也可以利用农业网站搜索引擎或中文搜索引擎找到你要登录的农业网站，例如：中国农业信息网农业网站搜索引擎（搜农，http://www.sounong.net/）、农搜-中文农业搜索引擎（http://www.sdd.net.cn/）、全球农业搜索引擎（农搜，http://www.agrisou.com/）等。

② 利用中文搜索引擎直接搜索你所需要的信息。常用的中文搜索引擎有百度、谷歌、雅虎、搜狗等。

③ 进入网络型数据库、农业专家系统或决策支持系统进行信息查寻。

(3) 农业电子商务网站的应用　电子商务在农业上的运用促进了农业信息化的发展，提高了农业和农产品的竞争能力，也促进了农业结构的调整。它对解决目前我国农产品的流通与销售有很大促进作用，是未来农产品的交易模式。近年来中国农业领域的电子商务已有了很大的发展，政府农业信息网络已初步建成，有不少网站涉足电子商务，专业的农业电子商务网站迅速发展。

由于中小企业对 B2B（Business To Business）电子商务服务认知的不断提升，我国电子市场的规模迅速扩大。综合 B2B 平台阿里巴巴、慧聪、环球资源电子商务在我国取得了巨大成功。我国农业电子商务网正在崛起，例如中华粮网（河南省 http://www.cngrain.com/）、中国农业电子商务网（陕西省农业厅 http://www.3nong.cc/）、农业电子商务网（湖南省 http://ny178.com/）、江苏农业商务网（http://www.jsagri.cn/）等。阿里巴巴（http://china.alibaba.com/）、聪慧网（http://www.hc360.com/）也提供农业电子商务服务。农博网（http://www.aweb.com.cn/）以"服务农业，E 化农业"的宗旨，为涉农人群提供农业资讯、农产品电子商务、农业论坛以及农业人才服务。

我国农业电子商务蕴藏巨大发展空间。随着农业结构调整和高效生态农业的发展，我国农民对信息服务方式和需求发生了新的变化，特别是种养大户、购销大户、农民专业合作社、农业龙头企业等农业生产经营主体，特别需要通过电子商务手段及时获取市场行情，降低营销成本，提高生产经营效益。据统计，截止到 2007 年底，我国已有 7 万多家农业产业化龙头企业，近 15 万个农村合作及中介组织，近 100 万农村经营大户，200 多万农民经纪人。广大农民作为商品生产者和市场经营主体，既需要政府的公益性信息服务，也迫切需要商业性信息服务，以便更好地解决小生产与大市场对接的矛盾，因此，我国农业电子商务蕴藏巨大发展空间。我国需要大力发展农业电子商务，提供农业商务信息服务。

第四节　农业推广信息服务

农业推广过程，在很大程度上是传播、传递农业推广信息的过程。在市场经济条件下，农户对信息的需求超过对技术成果的需求，信息服务成为农业推广服务的重要内容。农业推广组织和个人，要增强信息意识，提高信息服务能力，不断改善农业推广信息系统运行的环境，充分发挥农业推广信息系统的作用，全方位搞好现代化的农业推广信息服务。

一、农业推广信息服务体系

1. 农业信息服务的含义

农业信息服务，是指以信息技术服务形式向农业推广对象提供和传播信息的各种活动。农业部农业信息中心指出：农业信息服务是指信息服务机构以用户的涉农信息需求为中心，开展的信息搜集、生产、加工、传播等服务工作。随着农业生产、信息技术和网络技术的发展，农业推广信息服务的内容、方式和方法发生了很大的变化。农业用户要求提供专业化、系统化、网络化的农业信息服务。农业信息服务机构应为广大农民提供全方位的信息服务，以信息服务推进农业信息化，以信息化促进农业现代化。

2. 农业信息服务体系的任务

农业信息服务体系是以发展农业信息化为目标，以农业信息服务主体提供各种农业信息服务为核心，按照一定的运行规则和制度所组成的有机体系。农业信息体系的核心问题是研究组成该体系的农业信息资源的类型和结构，研究"是什么"的问题；而农业信息服务体系则是研究如何有效整合农业信息资源从而为农业信息体系的建立和运行提供保障，研究"怎么做"的问题。它侧重于研究"主体的行为"，即农业信息服务体系的运行方式，也就是农业信息服务主体如何提供信息服务。

3. 农业信息服务体系的基本框架

农业信息服务体系的主体包括公共服务组织、合作服务组织、企业性质的农业信息服务组织以及个人。每一主体都具有其特有的属性功能，同时在体系内部还应该形成主体间的功能互动，产生协同效应。

二、农业推广信息服务的内容与方法

1. 农业推广信息服务的内容

农业推广信息服务,就是根据农业市场和产业化发展的需要,为农业龙头企业、农村合作经济组织和广大农民,及时提供准确的农业生产、科技、政策、供求、价格等信息,使信息在指导决策、引导生产、促进流通中发挥积极作用,以此加快农业结构和农村产业结构调整,推进农业发展、农民增收、农村繁荣。农业推广信息服务的内容主要包括传统信息服务和电子信息服务。

(1) 传统信息服务 包括信息提供、信息检索、信息咨询和信息分析研究等。

(2) 电子信息服务 包括软件服务、系统集成、数据库服务、专门服务和网络服务等。

① 软件服务。包括为特定用户进行软件开发和为非特定用户提供软件包和软件产品。

② 系统集成服务。主要包括信息系统的设计、技术开发、设备选购、系统安装调试、教育培训、咨询等,并为用户提供包括软件和硬件在内的大型信息服务系统。

③ 专门服务。主要包括培训和展览。信息技术的发展使培训市场应运而生,既包括企业自身技术人员、销售人员的培训;同时也包括用户及潜在用户的培训,以及面向待业青年的信息技术培训。

④ 网络服务。主要包括网络查询、网络检索、信息浏览、信息反馈、电子邮件和网上交流等。

2. 农业推广信息服务的方法

(1) 农业信息网 利用信息技术搜集、处理和分析国内外先进农业技术信息、农产品市场价格和供求信息,为农业信息化服务。

(2) 信息农业示范基地 利用示范基地,在品种选育、模式化栽培、配方施肥、节水灌溉、畜禽养殖智能化、农业管理信息化等方面开展利用信息技术进行示范。

(3) 农业信息资源数据库 利用现代信息处理技术、数据库技术、多媒体技术,建立农业信息资源保障体系,包括农业自然资源信息、农业科技资源信息、农业管理信息、农业科技文献资源信息等。

(4) 农业信息监测与速报 利用星(航天遥感)、机(航空遥感)、地(监测网络)遥感监测技术,对主要农作物的种植面积、长势与产量、土壤墒情、水旱灾害、病虫草害、海洋渔业、农业资源、生态环境等,进行监测、速报与预报。

(5) 农产品市场监测预警信息服务 利用农产品市场监测预警信息服务系统,选择部分关系国计民生的农产品,通过数据采集、分析与处理,完成数据集成和信息发布,实现对这些农产品市场需求、价格、进出口贸易等信息的动态监测预警,引导农产品生产经营者及时采取措施规避市场风险。

(6) 农村市场与科技信息服务 利用农村市场与科技信息服务系统,实施农村供求信息全国联播,强化农产品批发市场价格信息服务、农业电视节目市场信息服务和农业科技推广信息服务。

(7) 基于网络的农业管理信息服务 利用网络农业信息管理系统,实施农业电子政务和网络办公,实现农业行政审批和市场监督管理等事项的网络化处理,增强农业行政管理的透明度,提高信息服务质量和办事效率。

三、农业推广信息咨询服务

1. 咨询的含义和特征

(1) 咨询的含义 在现代汉语中,咨询是询问、谋划、商量之意。在欧美国家,咨询的含义是同别人商量,向别人或书籍寻求知识或劝告。任何人(机构)对事物的认识都存在一定的局限性,这是咨询得以产生的根本原因。咨询作为一项具有参谋性、服务性的社会活动,在经济、政治等领域中逐渐发展起来,已成为社会、经济、政治活动中辅助决策的重要手段,并逐渐形成一门应用性软科学。咨询服务不同于一般劳务、代理和中介服务,也不同于一般专业技术的研究开发,而是一种智力(知识性)服务。在科学技术高度综合、交叉渗透的现代社会中,咨询活动已逐渐社会化,成为智力密集型的头脑企业、软件产业,咨询公司应运而生。

(2) 咨询的特征

① 服务性。服务性是咨询的首要特征。咨询就是为委托方服务，从委托方的根本利益出发，为委托方做出正确的判断，寻求最佳的对策和方案。

② 经营性。咨询活动成为一个行业，也使得咨询活动市场化。按市场经济规律进行运作是咨询活动成为独立产业的主要标志。

③ 高知识性。咨询服务与其他服务的根本区别在于咨询服务是知识密集性产业。首先要求咨询服务人员有很高的专业知识水平，并且要求咨询服务机构有多种专业知识的有机组合，在具体论证中，采用最新科学理论、方法和手段。

④ 客观性。客观性就是咨询业要按照咨询道德规范开展工作。一方面，在咨询项目进行中和完成之后，均要保守用户业务上的全部秘密；另一方面咨询工作不能受任何利害关系所左右，一定要用专业知识和职业准则做出独立的、客观的判断。只有这样，才能保证咨询机构的权威性和社会信誉。

2. 专业咨询机构咨询服务

(1) 咨询服务内容　咨询服务主要包括政策与法律咨询、决策咨询、经营管理咨询、工程咨询、技术咨询等。

(2) 咨询服务程序　咨询实质上是提供超浓缩信息的一种智力服务。咨询人员接受委托，通过调查研究取得信息，写出咨询报告，为委托方提供有力的决策依据。

各类咨询机构的咨询服务程序基本上是相同的。一般都要经过确定咨询课题与项目、调查与分析研究和提交咨询报告（结果）三个阶段。

① 确定咨询课题与项目阶段。该阶段的主要任务是寻找并发现客户，详细了解其信息需求，并在此基础上聘请专家小组，向客户提交建议书。若建议书能被客户接受，咨询机构就应和客户就咨询任务的内容、要求、期限和费用达成协议，签订咨询合同。

② 调查和分析研究阶段。咨询机构和组成的咨询专家小组，充分利用各种信息渠道，获得大量的信息和数据，并利用各种分析方法进行分析和研究。

③ 提交咨询报告与结果阶段。在此过程中，对历时较长的咨询项目，往往要在一定时间后提出阶段报告，以便与客户交换意见，及时补救咨询工作中的不足之处。

(3) 农业咨询企业简介　农业咨询业正在逐步兴起，已有专业的农业咨询公司，如北京东方艾格农业咨询有限公司、北京BC农业咨询服务有限公司、北京吉利时间农业咨询公司、杭州汇农农业信息咨询服务有限公司等。其中，不少企业建立了自己的网站，作为咨询服务的平台。

3. 农业专家热线咨询服务

开通农业专家热线（农业信息服务热线）是农业部门强化部门职能，创新工作方式，提升服务水平的具体体现。通过热线将使农民与政府、农民与专家、农民与市场之间架起直通桥，有效地帮助农民解决最关心、最直接、最现实的问题，成为农民群众致富增收的好帮手、好顾问。起初农业专家热线咨询服务的方式是公布一个热线电话号码，农业专家轮流值班，直接解答电话咨询，以后逐步发展为智能电话语音系统服务和农业科技110咨询服务。

(1) "12316" 智能电话语音系统服务　为了整合农业系统信息服务资源，提高农业信息服务能力，为广大农民和企业提供统一、规范、方便、准确的信息服务，2006年7月10日农业部下发关于开通"12316"全国农业系统公益服务统一专用号码的通知，规范全国智能电话语音系统建设，使农业智能电话语音系统建设跨入一个新阶段。全国各地的"12316"智能电话语音系统的服务功能和方式不尽相同，主要有以下几个方面。

① 直接拨号获取信息。对每条信息进行编号，用户通过拨打对应号码，即可得到电话语音应答。

② 人工辅助咨询服务。系统守候人员根据用户要求，人工从数据库检索所要信息，然后通过系统以电话语音回答。

③ 专家咨询服务。若语音数据库没有所要的信息，以守候人员经验或知识给以当场解答或

将电话转接专家回答，对不能电话直接回答的，事后会商解答回复。

④ 短信双向收发。系统可以对手机用户进行分类管理和短信群发，也可以接收用户发给系统的短信。

⑤ 用户信息发布。系统具有录音功能，用户可通过电话向语音服务中心上传语音信息，语音服务中心将其编入语音数据库，也可以把接收的短信文本进行编辑后转换成语音信息编入语音数据库。

（2）农业科技110咨询服务 已发展为农业网站和热线电话相结合。著名的农业科技110网站有：中国科技110网（http://www.kj110.cn/）、海南农业科技110（http://www.hnnj110.com/）、中国农业科技110（http://www.9611110.com.cn/）、湖北农技110（http://www.hb110.org.cn/）等。

4. 网站咨询服务

有不少网站提供咨询服务，如中国农业咨询网（http://www.nyzxw.com/）、中国农业工程咨询网（http://www.nygczx.com/）、中国农业投资网（http://www.nongye110.com/）、河北农业技术咨询网（http://nyydt.com/）、商务中国网（http://slogan888.comchn.com/info/12/）、中国汇易农业咨询网站（http://www.chinajci.com/default.aspx）等。

四、提高农业推广信息服务质量

提高农业推广信息服务质量，必须重点抓好以下几项工作。

1. 加快农业信息网络建设

农业信息化的重点是农村信息硬件建设（通信网络、通信设备、计算机等）和软件建设（乡镇村庄的信息化组织机构建设、人员培训等）。要想搞好农业推广信息服务，必须大力发展农业信息技术，加快农业信息网络建设，整合农业信息网络资源，丰富网上信息，实施互联网进村入户工程。必须着力解决农业信息网络入户的问题，确保"最后一公里"畅通，在充分利用广播、电视、报纸等传播方式的基础上，推动计算机网络成为信息服务的主导方式。

切实加强农业网站建设，强化网站信息特别是科技信息，增强网站的科技咨询服务能力，使农业网站更好地成为科技服务的重要窗口和科技交流的园地。在市、县农业网站建设中，把加强科技信息上网和检索作为一项重要指标。

目前我国许多县（市）已经建立了农业推广信息服务网站，设立了农业信息咨询热线（如农技110），并与网站信息服务相结合，开展了网上信息咨询服务。应鼓励社会各界投资建设服务性质的农民网吧，发展以各级涉农部门为主的纵向网络和以农业企业、农村市场为主的横向网络，全面建成市、县、乡、村四级网络服务体系，建成社会各界广泛参与、人机配套、纵横相通、覆盖广泛的农业信息服务社会化组织网络。

建立和完善农业信息服务各项管理制度。根据国家有关计算机网络管理的要求，建立一套计算机网络运行制度，保证计算机网络的安全；建立一套信息采集、报送和发布制度，统一和规范农业信息的发布方式、管理权限和范围；建立一套农业信息服务考核制度，促进农业信息工作的发展。

2. 加强农业推广信息服务队伍建设

农业推广信息系统的顺利运行，离不开一支结构合理、素质较高、服务优良的专业队伍。在健全信息服务机构的同时，要着力提高农业推广人员的信息服务能力。信息服务能力是指搜集、加工、处理、传递、利用信息的本领和技能。目前，我国农业推广人员的信息服务能力普遍较低，需要通过培训和实践不断提高。农业推广机构要配备专职信息人员。根据农业部制定的农业信息员岗位规范和要求，建立农业信息员登记、培训考核和资格认证制度。通过省、市、县逐级培训和农业广播学校远程教育培训、农业信息网在线培训等形式，对信息人员进行岗位培训，提高信息员在科技信息收集、加工、发布及应用服务等方面的能力，建立起一支能够基本满足多种需求的农业科技信息服务队伍。

3. 加大农业推广信息系统的投入

农业推广信息化工作是一项服务"三农"的公益性事业，资金投入是农业推广信息系统建设的基本保证，各级政府应加大对农业推广信息系统的资金投入。各级政府建立的农业信息化发展引导资金要向农业推广信息系统建设倾斜，要重点加强基础设施建设，尽快完善农业推广信息系统的基础设施。各地要把农业信息系统重点工程列入地方国民经济和社会发展规划，给以重点支持。应积极争取国家、地方的政策性拨款。鼓励社会各界投资农业推广信息服务业。有关部门要研究制定优惠政策，对发展、租用农业推广信息服务网络通道和农民上网费用给以政策性优惠，以便迅速提高农村信息化能力和农业信息化水平。

4. 有效开展农业推广信息服务

按不同服务范围、对象和内容开展农业信息服务，更好地体现服务的层次性、针对性、时效性和有效性，为服务对象获取有价值的信息提供一条快捷的路径。

① 省级农业推广机构。一是为政府部门提供农业政务信息；二是为农业部门、农业龙头企业、农产品批发市场、中介服务组织，提供农业科技信息、经济信息、市场信息、政策信息等。

② 市级农业推广机构。信息服务应以区域为主，根据区域特点和生产情况，传递农产品生产、流通、加工、出口等信息，主要为农业经营主体服务。

③ 县和乡镇农业推广机构。主要是为广大农户服务，发布农产品产销信息，指导当地农业结构调整；调查预测生产情况，发布农情动态信息；开展农业咨询服务，解答农民疑难问题；传播推广农业科技，提高生产经营效益。

5. 提高农业推广信息服务的质量

积极开设农业电视电台栏目。农业电视电台栏目具有覆盖面广、受众者多的特点，是传播农业科技的重要渠道。县级农业部门要认真实施农业部"三电合一"信息服务工程，切实加强和当地电视台、电台的合作，开设固定的农业栏目。

加快"三电合一"和"三网合一"农业信息服务平台建设，破除体制壁垒，有效解决农技推广"最后一公里"和科技成果转化"最后一道坎"的实际问题。实施"金农"工程和信息入户工程，引导和鼓励社会力量积极参与农业信息服务，快速推进农业信息化。

因地制宜采取多种形式，充分利用网络、广播、电视、报纸、刊物、简报、传真和电话等多种传媒，建立多层次、多渠道的信息服务窗口。通过农业技术推广、送科技下乡、专家咨询、农产品推荐会、信息发布会等多种形式，积极开展信息服务工作。加强农业信息服务人员的自身建设，不断提高信息服务能力，逐步提高信息服务质量。

本 章 小 结

农业信息化是我国农业发展的一项重要内容，也是农业现代化的一个重要支撑。农业信息化是指农业全过程的信息化，即以各种信息传播手段实现农业科技、生产、流通和消费信息在农业生产者、经营者和消费者之间有效传递的过程，是用信息技术装备现代农业，依靠信息网络化和数字化支持农业经营管理，监测管理农业资源和环境，支持农业经济和农村社会信息化。农业信息化主要包括农业资源和环境信息化、农业生产与管理信息化、农业生产资料市场信息化、农产品市场信息化、农业科学技术信息化、农业教育及培训信息化、农业金融税收信息化、农业政策法规信息化、农村社会经济信息化、农民生活消费信息化、农业基础设施装备信息化等。

信息农业的核心技术是 3S（RS、GIS、GPS）技术。信息农业常常被表述为精细农业、精确农业、精准农业、精致农业、精细农作、数字农业、电脑农业等。在信息农业中，信息技术的主要构成包括：信息采集技术、信息传输更新技术、信息处理技术、信息应用技术等。

农业推广信息系统按所处理的具体业务不同，可以分为数据库系统、情报检索系统、业务信息系统、管理信息系统、专家系统和决策支持系统。农业推广信息系统的应用非常广泛，主要应用于农业推广沟通、农业推广教育、科技成果推广、联合推广攻关、农业生产咨询与决策、农业信息管理和传播、专业化和地区性信息服务、网络经济、农业企业管理、政策法规广告宣传等。农业推广信息系统的应用重点是农业数据库的应用、农业专家系统的应用、农业决策支持系统的应用、农业信息网站的应用等。

现代农业推广不仅要培训农业生产者以提高其专业技能,普及推广最新的科学技术知识,提供咨询服务以帮助他们解决在生产和管理中出现的问题,而且要为农业生产者提供与农业生产有关的经济、市场和现代科学技术方面的信息。农业推广人员必须掌握现代信息服务技术,迅速提高信息服务能力。

农业推广信息服务包括传统信息服务和电子信息服务。农业推广信息服务的方法包括:建立农业信息网、信息农业示范基地和农业信息资源数据库,开展农业信息监测与速报、农产品市场监测预警信息服务、农村市场与科技信息服务和基于网络的农业管理信息服务等。农业推广信息服务的重点是应用农业信息网络、农业数据库、农业专家系统、农业决策支持系统,解决农民的信息需求问题,帮助农民提高信息搜集、接收和应用的能力。

完善的农业推广信息服务体系,是提高农业信息服务质量的基础。必须加快农业信息网络建设,加强农业推广信息服务队伍建设,加大农业推广信息系统的投入,加快"三电合一"和"三网合一"农业信息服务平台建设。

复习思考题

一、名词解释
1. 农业信息化
2. 信息农业
3. 农业推广信息系统
4. 农业专家系统
5. 农业决策支持系统

二、简答题
1. 简述信息的形态与特征。
2. 简述农业信息的种类与特性。
3. 简述农业推广信息系统的类型。
4. 简述农业推广信息系统的利用途径。
5. 如何提高农业推广信息服务质量?

第十二章 农业推广调查

[学习目标]
1. 理解农业自然资源、农业社会经济资源、农业生产情况、农业生产结构、农业产业化、农业灾害等概念。
2. 了解农业推广调查的内容、农业推广调查的类型。
3. 掌握农业推广调查的方法、步骤和调查资料的收集整理技术。
4. 学会撰写农业推广调查报告。
5. 探讨提高农业推广调查质量的基本途径,在掌握理论知识的基础上提高农业推广调查的实践技能。

做好农业推广调查工作,是指导农业生产,发展农村经济,实施技术推广,研究解决农业、农民和农业推广问题的基础。作为农业推广人员,必须学会做农业推广调查工作。

第一节 农业推广调查的内容

农业推广调查的内容极其广泛,凡是直接或间接影响农业生产和农村发展的各种情况都需要进行调查研究。一般是根据上级的安排和调查者的需要来确定农业推广调查的内容。在农业推广调查实践中,调查的内容主要包括农业资源调查、农业生产调查、农业市场调查、农业科技推广调查四个方面。

一、农业资源调查

农业资源是指参与农业生产过程的物质要素,它包括自然资源和社会经济资源。农业生产受自然和社会经济条件的影响和制约,具有强烈的地域性和季节性。只有对农业资源进行周密的调查研究,才能更好地开发和利用当地的自然、社会资源,以最少的资源占用与消耗,获得最佳的农业生产经济效益。同时,开展农业资源调查,也是提高农业推广效率和促进农业可持续发展的重要基础。

1. 农业自然资源

农业自然资源是农业生产可以利用的自然资源,主要包括农业气候资源、农业土地资源、农业水资源和农业生物资源。

(1) 农业气候资源 气候是农业自然资源最基本的要素之一,制订农业计划,改革种植制度,采用农业生产措施,均需以当地气候资料为主要依据。气候资源调查的内容主要有太阳辐射、气温、降水和气候灾害等。

① 光能资源。光能是太阳辐射能的一部分。太阳通过辐射放出的能量,称为太阳辐射能。太阳的辐射强度与离太阳的距离、地面与太阳射线形成的角度及在太阳与地面之间大气的吸收、散射作用有关。到达地面的太阳辐射总量(指单位水平面积上在单位时间内所接受的太阳辐射的总能量)称为太阳总辐射,一般而言,纬度越低,总辐射值越大;纬度越高,总辐射值越小。太阳辐射能是影响地球气候形成及其变迁的主要因素,也是地球上一切生命活动过程(包括农业生物)基本能量的源泉。地球上的植物利用太阳能作为能量同化二氧化碳和水形成有机物,占生物

学产量的90％以上，并有效地将太阳辐射能转变成化学能，供动植物和人类利用。农业生产就是通过栽培作物进行光合作用，将太阳辐射能转变成化学能制造有机物的过程。

太阳辐射量通常用太阳辐射强度、日照时数、日照百分率等指标来表示。科学实验证明，光能利用率（单位土地面积上作物累积的化学潜能与同期同面积上的太阳总辐射或光合有效辐射之比）可达5％～6％，而我国目前农田全年光能利用率平均只有0.4％，可见我国作物的增产潜力十分巨大。改革耕作制度、推广立体种植、增加复种指数、选育引进新品种、改进作物栽培技术，是提高作物光能利用率的重要途径。

② 热量资源。热量资源一般用温度表示，包括气温和地温。太阳辐射是地球表面增温的主要热源，地球表面吸收太阳辐射能以后，热量传递给低层大气和表层土壤，导致空气温度和土壤温度发生变化。太阳辐射决定着气温和地温的高低变化，气温和地温有明显的日变化和年变化，也有明显的垂直方向变化和水平分布变化。一定的热量是生命不可缺少的基本条件之一。每一生命过程都限制在一定的温度范围内，并有一个最适宜生命活动的温度，每一物种、每一生命发育阶段，都有自身要求的确定温度范围。为了分析作物在生育期所处的热量环境，通常用作物生长起止温度（气温）的初终日期、持续日数、积温（活动积温、有效积温）、初霜、终霜日期和无霜期，最热月和最冷月的平均温度、极端（最高或最低）气温，气温日较差等指标来表示。

我国地处温带、亚热带和热带，热量资源差异较大，充分利用当地的热量资源，推广和应用新的栽培模式，扩大作物间作套种面积，提高复种指数，大力发展多熟种植，是提高作物产量的重要途径。

③ 大气降水。大气降水包括雨、雪、霰、雹等各种形态水的降落过程。大气（自然）降水是陆地上水分的源泉，是农业水资源的基本因素。降水量的多少及时间分配，往往决定了一个地区河流水量的大小、气候干湿程度和农作物需水量的供应程度，而干湿程度的变化与其温度相结合，则对农业生产形成有利或不利的影响。降水一般用降水量（年、季、月、作物生长期或关键期的降水量）、降水强度、降水日数、降水变率、降水保证率、湿润度（降水量与蒸发力的比值）、干燥度（蒸发力与降水量的比值）以及空气湿度（绝对湿度、相对湿度）等指标来表示。

(2) 农业土地资源　土地是地球表面的陆地区域，是由地貌、土壤、植被等自然因素构成的自然体，它是人类赖以生存的自然基础。中华人民共和国国土资源部2007年7月发布的《第二次全国土地调查技术规程》土地利用现状分类，把全国土地划分为三大类（农用地、建设用地、未利用地）12个一级类型，即耕地、园林、林地、草地、商服用地、工矿仓储用地、住宅用地、公共管理与公共服务用地、特殊用地、交通运输用地、水域及水利设施用地、其他土地等。农业推广土地资源调查，主要对农用地中的耕地、园林、林地、草地的种类（土壤质地）、数量和分布进行调查。土地资源的数量，常用绝对量和相对量来表示。土地资源的绝对量是指经过大量计算的实际土地面积和绝对数，是考核评价一个地区农业生产占有与利用土地资源的一项经济指标，土地资源的相对量是指农业人口占有土地面积的数量。查明农用土地资源的数量和质量，对于调整土地利用结构，挖掘土地利用潜力，实现农业可持续发展，具有十分重要的意义。

(3) 农业水资源　是指自然界的水资源可用于农业生产中的农林牧副渔各业及农村生活的部分。它主要包括降水的有效利用量、通过水利工程设施而得以为农业所利用的地表水量和地下水量。生活污水和工业废水经过处理，也可作为农业水资源加以利用。

农业水资源只限于液态水，气态水和固态水只有转化成液态水时，才能形成农业水资源。叶面截留的雨露水和土壤水都可为作物所利用，但其量甚微，在农业水资源分析中一般不予考虑。江河湖泊的地表径流，可为国民经济各种用水部门提供水源，但不是全部水量都可构成可利用的水资源，如为了维护河道生态平衡，必须有一部分河道径流输入海洋；水源开发工程虽可进行年内及年际调蓄，但在丰水周期内亦常产生无法调蓄的弃水。因此，可利用的水资源只为其总水量的一部分，而农业可用水资源又只为可利用水资源中的一部分。

查明地表水和地下水的时空分布特点、数量和质量，对于合理安排作物生产，确定农村发展项目具有重要的指导意义，也是合理利用农业水资源，提高农业用水效率和效益的基础工作。评价地表水的主要指标有：地表径流、河川流量及其时间分布、地表水资源数和地表水质量等；评价地下水的主要指标有：地下水的补给和排泄、地下水资源总量、地下水可开采量、地下水类型及其富水性、地下水埋藏深度、地下水位和地下水质量等。

（4）农业生物资源　地球上由人类和动物、植物、微生物组成了一个具有生命的世界，其中除人类外，目前可以被人类利用或确知具有潜在利用价值的部分，统称生物资源。可分为陆地生物资源和海洋生物资源两大类。陆地生物资源包括野生动植物、驯化动物、栽培植物、微生物等；海洋生物资源又称海洋水产资源，包括海洋动植物、海洋养殖生物和海洋微生物等。生物资源是农业重要的资源，是农业生态系统的重要组成部分。

2. 农业社会经济资源

农业社会经济资源是指直接或间接对农业生产发生作用的社会经济因素，包括人口、劳动力、物质技术装备、交通运输、信息、管理等。

（1）人口资源　是指一个国家或地区的人口总体。人口同自然资源一样，是进行物质资料生产不可缺少的基本条件。人口密度及其分布状况，决定着一个地区农业生产的特点。从一个地区的人口来看，调查分析的主要内容有：户数、人口数量、人口结构（主要包括性别、年龄、职业、文化程度等）、人口增长变化（主要是人口自然增长率）、人口密度及其分布等。

（2）劳动力资源　劳动力资源是指在总人口中在劳动年龄范围内有劳动能力的人的总和，它包括劳动力的数量和质量。劳动力资源的数量，就是能够参加劳动的实际人数，它包括已达到劳动年龄或超过劳动年龄的人数；劳动力的质量，是指劳动力的体能和智能。体能指劳动者的体力强弱和健康状况；智能包括劳动者的文化程度、科学技术水平、劳动技巧、经验和思想觉悟。

随着科学技术水平的提高和农业科技成果的推广应用，对劳动力质量的要求越来越高，做好劳动力资源调查，对于农业推广计划的制订、项目的选择具有重要意义。

（3）物质技术装备状况　物质技术装备是人们在农业生产中对农业自然资源进行开发利用和改造的重要手段。物质技术装备的好坏，反映着一个地区农业现代化水平的高低，是农业推广的物质基础和重要手段。调查的主要内容有：农机具技术设施的数量、水平和农田水利基本建设情况，灌溉设施和有效灌溉面积，旱涝保收高产稳产农田的比重，施用化肥的种类、数量及其结构和化肥、农药等的施用水平等。

（4）交通运输条件　交通运输条件可影响到商品生产的发展以及农工商、产供销的关系和发展。因此，要对交通运输条件的现状、存在问题至今后发展情况进行调查，以便在引进农业生产技术、确定推广项目时，充分考虑到与交通运输有关的种种因素。

（5）农业信息资源　随着人类社会的发展，面对新的技术革命，社会将从工业化社会转入信息社会。信息作为反映客观世界各种事物的特征和变化的新知识已成为一种重要的资源，在人类自身的划时代改造中产生了重要的作用，其信息流将在生产管理中成为决定生产发展规模、速度和方向的重要力量。在信息理论、信息处理、信息传递、信息储存、信息检索、信息整理、信息管理等许多领域中将建立起新的信息科学。

（6）管理资源　管理资源是指对农村经济增长与社会发展起推动作用的所有管理系统。包括农村资源管理系统、农村经营管理系统（农村经济管理系统）、农村市场管理系统、农村村级财务管理系统、新型农村合作医疗管理系统、农村行政管理系统等。农村资源管理系统包括农村土地资源管理系统、农村林木资源管理系统、农村水资源管理系统、农村能源管理系统、农村人力资源管理（农村劳动力资源管理）系统、农村环境资源管理系统、农村信息资源管理系统、农村远程教育资源管理系统等。管理出秩序，管理出效益，管理系统实际上也是一种资源。当管理与人力、物力、财力等资源相结合时，将显示其重要作用。因此，它是与人力资源、财力资源、物力资源并列的一种资源。农村管理资源是一种农业推广的环境资源，要想搞好农业推广，必须重视农村管理资源的应用。

二、农业生产调查

农业生产调查的内容主要包括农业生产情况调查、农业灾害调查、农业生产结构调查、农村商品生产调查、农村经济政策调查以及农业生产经营效果调查等。

1. 农业生产情况调查

简称农情调查,是农业推广必须进行的和广泛开展的。主要有以下几项。

(1) 农作物播种面积调查　农作物播种面积,是指实际播种或栽植有农作物的土地面积。调查掌握准确的农作物播种面积,对于组织农业生产活动,制定和实施各项增产技术措施,研究农作物的组成及分布,合理调整农业生产内部结构,以及全面准确地计算作物产量,是非常必要的。

① 农作物种类调查。播种面积和作物产量调查都应按每种作物来进行。在调查统计时,常常按作物的收获季节、主要用途等分成若干类,每一类又分为若干组。例如:按农作物主要用途分为粮食作物、经济作物和其他作物;粮食作物按收获季节或播种季节分为夏收粮食作物和秋收粮食作物。

② 作物播种面积调查。作物的播种面积按种植季节、按作物分别统计,在每个种植季节结束后进行调查;每种作物的播种面积按调查时的实际面积计算。对一些特殊情况和具体问题,如补种、改种、间作套种等作物面积的计算,要按照全国《农业统计报表制度》的统一规定来进行。农作物播种面积调查,通常包括以下三个方面的内容。

a. 全年总播种面积。农作物播种面积一般是按每个种植季节分别进行调查统计的。但是,许多问题的研究则以一年的情况为依据。这就提出了全年总播种面积的问题。可用如下公式表示:

$$本年总播种面积=本年夏收作物播种面积+本年秋收作物播种面积$$

b. 播种面积构成。为了反映种植业生产的结构情况,以一个地区或单位的全年总播种面积为100%,计算各类作物和各种作物播种面积所占百分比,就是该地区或单位的播种面积构成指标,它是调整种植业生产结构的依据之一。

c. 收获面积。作物在遭受严重自然灾害或其他人为影响后,常常出现有种无收的情况。为了反映农作物的收成情况,就得调查统计农作物的收获面积。收获面积就是播种面积中实际收获产品的面积。凡减产90%以上的就不能计算为作物的收获面积,把农作物的收获面积同播种面积对比,可以大致反映当年自然灾害情况和田间管理水平。

(2) 农作物产量调查　农业生产的情况如何,主要就是看能收获多少粮、棉、油等农产品。因此,农作物产量,是衡量农业生产成果大小和水平高低的重要指标。农业生产、管理、科研及推广部门,为了考核生产经营活动的最终成果,分析高产、稳产的影响因素,总结和推广丰产经验,就必须及时了解农作物的产量情况,做好产量调查。农作物产量调查包括总产量和单位面积产量两个部分。

① 总产量。农作物总产量是指全部播种面积所收获产品产量的总和。总产量分为实际总产量和预计总产量。实际总产量是指作物收获后入库产量。有时为了提前知道农作物产量,常常在作物收获前进行产量预测调查,对未来的总产量进行估算,这就是预计总产量。

农作物产量的计算标准和方法,要以国家农业统计报表制度的统一规定来进行。例如,粮食作物,除薯类外,一律按脱粒后的原粮计算,棉花按皮棉计算。

② 单位面积产量。农作物单位面积产量是指在一定单位面积上收获的农产品数量,简称单产或亩产。单产的高低,是耕作技术和田间管理水平的综合反映,是衡量种植业经济效益的重要指标。单产分别以每种作物来计算,等于某种作物总产量除以该作物的面积。作物面积可以分别用播种面积、收获面积和耕地面积来计算。

a. 播种面积单产:按播种面积计算的单产。

$$播种面积单产=\frac{某作物总产量}{该作物播种面积}$$

它是说明每亩作物生产成果，反映单产水平最常用的一个指标。

b. 收获面积单产：按收获面积计算的单产。

$$收获面积单产 = \frac{某作物总产量}{该作物收获面积}$$

这一指标反映在一个生长季节每亩耕地实际所达到的产量。

c. 粮食耕地每亩平均年产量：按耕地面积来计算单产，主要用于粮食作物类，耕地每亩平均年产量指标，也简称"粮食亩产量"。粮食耕地每亩平均年产量与粮食平均单产是不同的。

$$粮食作物平均单产 = \frac{各种粮食作物总产量之和}{各种粮食作物播种面积之和}$$

$$粮食耕地每亩平均年产量 = \frac{全年粮食总产量}{当年粮食作物占用耕地面积}$$

粮食作物平均单产是各种粮食作物单产的平均水平。粮食耕地每亩平均年产量要说明的是粮食作物占用的耕地面积、平均每亩一年的产量是多少。它不仅受各种粮食作物单产水平的影响，而且与耕地复种指数有直接关系。在一年一熟地区，这两个单产指标是一致的。在能取得准确的粮食实际占用耕地面积资料时，可采取直接计算法计算。计算公式为：

$$粮食耕地每亩平均年产量 = \frac{粮食总产量}{粮食实际占用耕地面积}$$

在不能直接取得粮食实际占用耕地面积时，可采用间接计算法计算。间接法是以总复种指数来代替粮食作物复种指数，用以计算粮食作物实际占用耕地面积。其计算公式如下：

$$粮食耕地每亩平均年产量 = \frac{粮食总产量}{粮食实际占用耕地面积}$$

$$粮食实际占用耕地面积 = \frac{粮食作物播种面积}{复种指数}$$

$$复种指数 = \frac{(农作物总播种面积 - 绿肥作物播种面积)}{总耕地面积}$$

(3) 农作物产量结构调查　选有代表性的田块、田间随机选样，调查农作物产量结构，计算预测农作物产量。如小麦产量结构调查，田间调查亩穗数，在调查点选取有代表性的麦株，室内测算穗粒数、千粒重，也可测量株高等，用公式计算出每亩产量。

$$亩产量(千克) = 亩穗数(万) \times 穗粒数(粒) \times 千粒重(克)/100$$

一般预测产量高于实际产量，通常把初始预测产量乘上一个折算系数，得出比较接近实际的预测产量。折算系数由经验得来，一般小麦产量结构计算产量的折算系数为 0.85。

(4) 农作物栽培管理情况及苗情调查　主要有以下几种。

① 农作物种植（播种、定植）基础调查。主要农作物一般都要进行种植基础调查，以便按播种基础提出有针对性的田间管理技术意见或了解种植投入情况。如小麦播种基础调查、棉花播种（定植）基础调查等。

② 农作物田间管理情况调查。主要农作物一般都要进行田间管理情况调查，以便及时提出有针对性的田间管理技术意见或了解田间管理投入情况。如小麦冬季或春季田间管理情况调查、棉花田间管理情况调查等。

③ 农作物苗情调查。主要农作物一般都要进行苗情调查，以便及时提出有针对性的田间管理技术意见。如小麦冬前（越冬）苗情调查、返青期苗情调查、起身期苗情调查、拔节期苗情调查等。

2. 农业灾害调查

农业灾害主要是农业气象灾害和农作物病虫害。

(1) 农业气象灾害调查　中国是世界上气象灾害最严重的国家之一，灾害种类多、发生频率高、分布地域广、造成损失大。经常发生的有干旱、洪涝、寒潮、寒害、霜冻、冻害、低温冷害、低温连阴雨（寡照）、冰雹、暴雨、干热风、大风、台风、龙卷风等。农业气象灾害调查主要调查灾害发生范围（地点）、发生时间、持续时间和强度、危害情况等，以便及时提出农业救灾措施，并研究分析农业气象灾害的发生规律，以便提出农业气象灾害的防御措施。

(2) 农作物病虫害调查　包括病害调查、虫害调查、草害调查、鼠害调查。主要调查病、虫、草、鼠害发生及为害情况、病虫草鼠害发生规律、天敌发生规律、病虫越冬情况、病虫草鼠防治效果等。病虫草鼠灾害发生发展的情况包括发生面积、严重程度（危害程度）、分布区域等。一般分季节、分作物进行调查。如优势农作物主要病虫害调查、农作物病虫害及成因调查、农作物病虫害越冬基数调查、春作物病虫害调查、秋作物病虫害调查、露地蔬菜病虫害调查、夏玉米病虫害调查、小麦病虫害调查、水稻病虫害调查、棉花病虫害调查等。通过调查，掌握病虫草鼠灾害发生发展的情况，及时提出防治意见，分析总结病虫草鼠灾害发生发展的规律，以便提出预防意见。

3. 农业生产结构调查

农业生产结构亦称农业部门结构，是指一个国家、一个地区或一个农业企业的农业生产各部门和各部门内部的组成及其相互之间的比例关系。农业生产结构是由多部门和多种类组成的一个多层次复合体。从部门来说，一般可分为农、林、牧、副、渔各业，称之为一级生产结构。在一级结构各业的内部，根据产品和生产过程不同，又可划分为若干小的生产部门，成为二级生产结构。如种植业中的粮食作物、经济作物、饲料作物和其他作物的组成情况及比重称为种植业结构。在二级生产结构内部，如粮食作物可分为禾谷类作物、豆类作物和薯类作物等，粮食作物的类型组成及比重称之为粮食作物结构，是三级结构。

农业生产结构，通常以农业总产值构成、农业用地构成、播种面积构成、劳动力及资金占用构成等经济指标来反映，一般以农业总产值构成的相对数来表示。农业生产结构的形成和发展，受多种因素的制约和影响。与一个国家和地区的自然环境条件，农业自然资源条件和生产力发展水平，人口和消费构成，经济制度和经济政策等有密切关系，具有一定的地域性和相对稳定性，但随着农村产业的发展，其内涵加深，外延不断扩展。

农业生产结构是农业生产力合理组织（或生产力要素合理配置）和开发利用方面的一个基本问题。它的合理与否对农业生产能否顺利发展起着十分重大的作用。农业生产结构调查，主要是通过对农业内部各业构成情况的调查、分析，考察其是否合理，并分析原因，为合理、高效的农业生产结构发展方向，提出依据。

农业生产结构合理与否，主要看能否：①满足一定阶段国民经济发展的需要；②充分利用自然条件和各种农业自然资源，发挥当地优势，各生产部门相互促进，协调发展；③取得最佳的经济效益和社会效益；④促进农业生态平衡的良性发展。

4. 农业产业化调查

农业产业化是农业按照建立利益共享、风险共担的有效机制原则，把农业产前、产中、产后各个环节结成一个统一的利益共同体，科学、合理地配置生产要素，因地制宜，多元化、多层次、多形式地发展具有竞争力的农业生产体系，构建专业化生产、区域化布局、系列化经营、社会化服务、企业化管理的产业组织模式，实现产供销一条龙，贸工农一体化。农业产业化是社会主义市场经济的必然产物，农业产业化的发展能够有效地促进农业增效、实现农民增收、培育农业品牌、拓展就业途径、创新农业科技、提升农村经济整体效益。

农业产业化调查，主要有四方面的内容：一是调查农业产业化龙头企业的发展情况，如生产规模、产品结构、经营状况及劳动用工、职工培训、信息需求等方面的情况，以便有针对性地给企业提供有效服务；二是农产品市场调查；三是生产基地规模及其带动效应；四是农业产业化体系内部的利益分配机制。

三、农业市场调查

现代农业＝发达的农业技术和生产方式＋现代农业流通体系。促进农业产业化发展，需要按照农业生产的产业关联的内在联系，构筑和完善农业市场体系，包括农产品市场体系和农业生产要素市场体系。构筑和完善农产品市场体系实际上是发展农业生产的产后产业系列，构筑和完善农业生产要素市场体系实际上则是发展农业生产的产前产业系列。农业推广部门作为农业社会化的主要组织形式之一，承担着为农业生产产前、产中、产后提供技术和信息服务的重任。随着社会主义市场经济的建立和完善，农民越来越需要农业推广部门为他们提供更多、更新的农产品市场信息和农业生产要素市场信息，帮助他们解决产前、产中、产后各个环节的问题。因此，搞好农业市场调查，是农业推广工作者的一项重要任务。农业市场调查主要包括农民购买力调查、农业市场运转情况调查、影响农业市场需求的因素调查等。农业市场调查的重点是农产品市场。

1. 农民购买力水平调查

（1）调查农村居民的家庭收支构成及其变化　农村居民的家庭收入是形成购买力的基本方面，它决定农村居民购买力的大小。可以调查农民人均纯收入，即农业部制定的农村经济收益分配统计报表中的"农民人均所得"。其计算公式是：

农民人均纯收入＝（农村经济总收入－总费用－国家税金－上交有关部门的利润－企业各项基金－村提留－乡统筹）/汇总人口

国家统计局制定的公式为：

农民人均纯收入＝（总收入－家庭经营费用支出－税费支出－生产性固定资产折旧－调查补贴－赠送农村外部亲友支出）/家庭常住人口

（2）调查农民家庭的购买力投向　即调查农民的吃、穿、住、行以及文化生活等方面的需求比例变化。通过对农村居民家庭收支调查便于掌握购买力的投向，进而调查农民家庭对各类商品的品种、数量、质量等的需求。

（3）调查农业生产方面的需求　主要是调查农业生产需求的品种、数量、规格、质量、价格以及变化趋势和各种影响因素等。

2. 农业市场运转情况调查

（1）农业市场体系调查　适应现代农业要求的完善的市场体系是一个开放统一、竞争有序的市场体系。它的内涵至少包括4个方面：一是适应现代农业要求的发达的物流产业；二是农村流通的基础设施建设；三是现代流通方式和新型流通业态；四是多元化、多层次的市场流通主体。现代农业的市场体系应该产业、设施、业态、人四大要素齐全。从一定意义上说，农产品"卖难"反映的是我国农村市场体系不健全，农村市场流通不畅，所以，在相当长的时期内，破解"卖难"仍然是加强农村流通市场体系建设的着力点和突破口。农业市场体系调查的内容主要包括：

① 农产品批发市场标准化建设情况调查。包括批发市场信息系统、电子结算系统、质量检测系统及仓储、运输等基础设施建设等。农业市场信息系统是农产品市场建设中最关键的一个环节，发达的农产品市场信息是农业增长和发展的基本前提，市场信息系统是调查的重点。

② 流通方式和流通业态调查。包括农业市场业态结构，连锁经营、物流配送等新型流通方式的发展情况，批发市场、零售市场、专业市场的发育程度，市场流通现代化水平等。

③ 流通主体调查。包括从事农产品购销经营活动的农村合作经济组织、农村经纪人活跃程度，从事农产品流通、科技、信息等一系列中介服务产业的发育程度，农产品经纪人、批发大户和运输大户的数量与能力，农产品销售的组织化程度。流通主体的组织化程度和流通能力，农产品物流企业发展情况，"公司＋农户"、"基地＋农户"等产销组织形式对农产品销售的带动作用。

（2）农业市场商品供应情况调查　主要调查一定时间内供应农村市场的商品品种、数量、质量、规格以及潜在的供应能力。重点是进行农业生产资料供应市场调查，通过调查及时了解当地农业生产资料的供应情况，以便更好地向农民提供产前信息服务和产中技术指导服务。

（3）农村市场运行秩序调查　包括农产品市场准入制度建立与落实情况，农产品流通秩序的规范化程度，农产品商标和地理标志的侵权执法情况等。

3. 影响农业市场需求的因素调查

① 调查国家政策和经济形势的变化对农产品和农业生产资料销售的影响。

② 调查消费习惯对市场的影响。我国农村地域辽阔，农村居民的消费习惯因各地的地理条件、气候条件以及风俗习惯等因素而有所不同，消费者对商品的需求也因地因人而异。

③ 调查消费心理对市场的影响。消费心理是购买商品的内在动力。

④ 调查流通渠道对市场的影响。如运费、价格是否合理，运输工具是否满足需要，流通渠道是否畅通，流通信息是否灵便，产供销之间是否存在脱节现象等。

四、农业科技推广调查

农业科技推广是农业科研成果转化为直接生产力的最重要环节。由于农业对自然的依赖性，加上比较效益低，使农业技术的发展相对落后于工业等其他部门。要实现我国农业现代化，提高广大农村干部、群众的农业科技水平，就必须在农村大力推广普及农业科技。农业科技推广调查的主要内容有以下几个方面。

1. 农村科技推广体系调查

（1）农业技术推广机构现状调查　如基层农业技术推广机构调查、基层农业技术推广改革情况调查、农村科技推广队伍的建设情况调查、农村科技推广网点的设置情况调查。

（2）农业技术推广的保障措施调查　包括组织保障、经费保障、政策保障、生活保障以及工作条件、推广手段等。

（3）农业技术推广组织多元化发展状况调查　包括农村专业技术协会发展状况调查、农村专业合作社发展状况调查、农业科技企业发展状况调查等。

2. 农村科技推广运行机制调查

新型农业技术推广体系由政府农业技术推广机构、农业科研单位、农业院校、农业企业、农村专业技术协会等众多组织组成。在市场经济体制下，如何使这些组织在推广实践中相互促进、相互融和、取长补短，从而使各个组织的结构和功能得到完善优化，其运行机制就成为急需探讨的问题。农村科技推广运行机制调查主要包括以下几个方面。

（1）农业技术推广运行机制调查　包括管理机制、约束机制、协作机制、网络机制、调控机制、动力机制、激励机制、投入机制等。

（2）农业技术市场运行状况调查　常设农业技术市场应具备4个条件：固定的交易场所；具有依托的科研单位；综合市场和专业市场相结合；全方位的技术服务。具有3个功能：农业科技产品和科技成果的展示交易功能；农业科技信息的聚集发布功能；技术开发、技术转让、技术培训和技术咨询的服务功能。农业技术推广部门作为连接农业技术开发机构和农户的桥梁，应该及时掌握农业技术的发展动向，了解农户的技术需求，充分发挥纽带功能。对农业技术市场的运行状况应该有所了解。主要调查农业技术市场发展情况、农业技术贸易、咨询、中介机构发展情况、农业技术市场功能发挥情况等。

（3）"三农"结合模式运行机制调查　"三农"结合模式是指农业科研、农业教育和农业推广三方面的互相协作，进一步密切结合，合作推广的模式。主要调查其运行机制。

（4）农村科技推广模式调查　包括科技型企业模式、农业科技示范基地模式、农业产业化经营技术支撑模式、农业科技信息服务网络模式等。主要调查各种推广模式的运行机制。

3. 农村科技推广情况调查

进行农业推广工作总结，开展农业推广工作评价，都需要对农村科技推广情况进行调查。这类调查主要包括以下几个方面。

（1）农业科技推广情况调查　包括农业新品种、新技术、新设备、新工艺等在农村的推广应用情况调查，农业新品种、新技术、新设备、新工艺等在农村的试验、示范情况调查等。

（2）农业科技推广效果调查　包括农业新品种、新技术、新设备、新工艺等在农村推广应用的经济效益、社会效益、生态效益等调查。

（3）农业科技成果转化情况调查　包括农业科技成果转化率、推广度、推广率、推广指数、平均推广速度、农业科技进步贡献率等指标的调查以及农业科技成果转化效率的调查等。

(4) 农业科技推广人员创新创业情况调查　包括在岗在编科技人员创新创业情况、科技人员创新创业各类形式数量,以及三年来承担部、省、市各类科技项目情况、农业品种创新情况、农业技术创新情况、创业带动效应(社会效益)、在国家省级刊物发表学术论文情况(限第一作者)等。

(5) 农户农业科学技术应用状况调查　主要调查农户基本情况、使用最多的农业新技术、农户获取农业新技术的途径、农户认可的技术推广渠道、农户采用农业新技术的影响因素(包括科技意识,采用新技术的困难、阻力、动力等)、农户的科技需求、农户需要哪些农业实用技术等。

第二节　农业推广调查的类型与方法

一、农业推广调查的类型

按照调查对象的范围,农业推广调查大体可划分为普遍调查、典型调查、抽样调查、重点调查等类型。

1. 普遍调查

(1) 普遍调查的含义　普遍调查简称为普查,是指为了了解调查对象的整体情况,对调查对象普遍进行的一次性全面调查。有些与农业生产有关的问题,如人口、劳动力资源的数量及构成变化、耕地面积、土壤肥力等情况,如果需要了解和掌握其全面详细的资料,就得进行普查。一般情况下普遍调查可以理解为逐个进行调查,调查对象不能论个时,也只能选取有代表性的样本进行调查,例如土壤普查。

(2) 普查的组织方式　基本有三种:一是填报表。即由上级制定普查表,由下级根据掌握的资料进行填报。二是直接登记。即组织专门的普查机构,配备一定数量的普查人员,对调查对象进行直接登记,我国已进行的五次人口普查、两次农业普查都是采用这种方式。三是普遍检测调查。即组织专门的普查机构,配备一定数量的普查人员和专门的化验检测仪器,按照一定的技术规程,采集样本,进行化验,取得数据。我国已进行的两次土壤普查就是采用这种方式。

(3) 普遍调查的优点

① 资料全面。由于普遍调查是对全部调查对象逐个进行的调查,与其他类型调查比较起来,它所搜集的资料是最全面的,便于调查者从宏观上和整体上掌握情况,普遍调查的资料也是各级领导机关制定政策的基本依据。

② 资料准确性高。由于普遍调查资料的收集是利用统一的统计报表或调查表格,每一调查对象都按统一要求填写,因此资料的准确性、精确性和标准化程度均较高,误差最小,可以统计汇总和进行分类比较。

③ 普遍调查的结论具有普遍性。由于普遍调查是对所有调查对象进行全面、无一遗漏地调查,因此通过汇总和归纳可以得出具有较高概括性和普遍意义的结论,可以精确地反映社会总体的一般特征。

(4) 普遍调查的局限性

① 工作量大,人力、物力和财力方面消耗大。由于调查对象多、分布广且工作量大,这就使得投入普查的人力、物力和财力要比其他调查方式多得多,是一般组织难以承受的。

② 耗时较长。由于普遍调查无法在短时间内把资料收集齐,并对大量数据与资料进行处理,所以耗时较长。

③ 资料缺乏深度。由于普遍调查工作量大,调查项目不可能很细,不可能对每一个调查对象进行深入细致地调查。因此,普遍调查往往限于对社会现象最基本、最一般的描述,无法反映社会现象深层的变化、细微的差别、本质的原因。所以,普遍调查应用范围比较狭窄,适用性较小,主要适用于对事物的宏观了解,只有与其他的调查方式结合起来,才能使认识深化。

(5) 普查应注意的问题　普查的最大优点就是调查资料的全面性和准确性。但普查工作量大，调查内容有限，需较多人力、物力和财力，普查的组织工作必须集中领导，统一行动，并在实际工作中注意以下问题。

① 规定统一的标准时点。普查时间必须统一，普查一般是要取得某一时点上的数量和情况，所以调查资料必须反映统一规定的某一时间的状况。如我国第五次人口普查是以2000年11月1日零时为标准时间的。第二次全国农业普查的标准时点是2006年12月31日。

② 规定统一的普查期限。各地调查应同时进行，并在普查期限内完成。尽可能在短期内完成调查工作，以便保证资料的准确性。调查时间拖延太长，容易产生重复和遗漏。

③ 规定统一的普查项目和指标。各地不得改变和增减普查的项目和指标。同一项普查历次调查的基本项目的指标也应力求一致，以便对历次普查资料进行对比分析。在使用计算机的情况下，对普查表的设计、审核程序都要考虑复合计算机编码、程序设计和数据处理的要求。

④ 必须严格按照《中华人民共和国统计法》的有关规定和普查的具体要求，如实填报普查数据，确保基础数据的真实可靠。任何地方、部门、单位和个人都不得虚报、瞒报、拒报、迟报，不得伪造、篡改普查资料。

⑤ 普查取得的资料，严格限定用于普查目的。不得作为任何部门和单位对普查对象实施考核、奖惩的依据；各级普查机构及其工作人员，对普查对象的个人和商业秘密，必须履行严格的保密义务。

⑥ 依靠各级领导，依靠群众搞好普查。普查涉及面广、要求高、时间紧，必须依靠各级领导，把有关部门、各基层单位的力量组织动员起来，把普查的任务要求和有关政策交给群众，取得各部门、各单位和群众的理解和支持。

2. 典型调查

（1）典型调查的含义　就是从调查对象的总体中选择具有代表性的一个或若干个单位进行全面深入的调查，借以了解总体的特征和本质的方法。典型调查的主要目的在于通过少量典型来真实、迅速地了解全局情况。因此典型调查要求典型对全体必须具有一定的代表性，这是保证典型调查科学性的关键。所谓典型，即同类中最具代表性的人或事物。所谓代表性，从静态上讲是指同类事物的共同属性；从动态上讲是指事物的发展趋势。作为典型单位，共性越大，其代表性越强，从而调查所得的结论就越全面，越能说明调查对象总体的情况。因此，典型调查是认识事物共性的重要途径之一。典型调查的科学性在于，它以辨证唯物主义关于事物的个性与共性对立统一的理论为基础，人们通过认识某一类事物中若干有代表性的事物，对其加以解剖，弄清它的性质及其与周围事物的联系，从而把握同类事物的共同本质及规律。这种调查方法不仅能深入了解典型本身的情况，而且可以在一定程度上获得对同类事物客观规律的认识。在农业推广中，需要及时了解典型地区、典型农户采纳农业新技术的情况，这就需要进行典型调查。

（2）典型调查的特点

① 调查单位具有一定的代表性。典型调查是对调查对象中个别或少数样本进行的调查，是调查者对有意识选择的样本进行的调查，要求调查对象有一定的代表性。这种代表性不是通过随机抽样取得的，而是借助于分析判断取得的，因而它又区别于抽样调查。

② 典型调查存在局限性。典型调查的调查单位一般只有一个或几个，而不像普遍调查是研究对象的全部单位。也不像抽样调查那样是研究对象的相当一部分单位。典型调查对象少，它们的代表性总是不完全的。典型的选择易受调查者主观意志左右，很难完全避免主观随意性。

③ 调查深入细致。典型调查不只了解调查对象的某一方面，而往往是了解它的各方面，进行全部的解剖，因而典型调查属于一种深度调查，是系统、深入的调查，是面对面的直接调查。

④ 侧重于定性研究。典型调查主要是通过对事物内部结构的解剖来揭示事物的性质、特点及其发展变化的趋势和规律，因而它主要考察的是事物质的规定性的一面，因而主要是定性调查。

⑤ 用典型说明一般。典型调查虽然只是考察一个或少数几个对象，但其目的则在于通过一个或少数几个对象的考察去说明和发现事物的一般特征和发展变化的规律。但是，在用少数说明

多数、用典型说明一般时，典型调查仅不及抽样调查那样严格和准确，往往只是一种粗略的推论。因而，利用典型作推论时应特别谨慎，不能过于武断，以免以偏概全。

(3) 典型调查应注意的问题

① 选择好典型。首先必须对所研究的问题进行全面分析，以保证选择的典型真正具有代表性。其次，要根据调查目的和任务确定典型，通常的做法是：若是为了说明事物的一般情况，就要选择能够代表事物一般水平的样本作为典型；为了总结先进经验，要选择先进单位和先进人物作为典型；若是为了研究新生事物，就选择最初出现或处于萌芽状态的事物作为典型。第三，应根据被研究对象的特点选择典型单位。

② 要把调查与研究结合起来。典型调查主要是定性调查，除了要求全面了解典型各方面的情况外，还要求进一步认识调查对象的本质及其发展规律。因此，典型调查不能满足于一般的搜集材料，而必须在整个调查过程中，把调查和研究紧密结合起来，把认识问题和探索解决问题的方法结合起来。

③ 慎重对待调查结论。典型尽管是同类事物中具有代表性的单位，但它毕竟是普遍中的特殊。因此对于典型调查的结论，必须持慎重态度，必须严格区分哪些是代表同类事物的具有普遍意义的东西，哪些是由典型本身的特殊条件、特殊环境所决定的只具有特殊意义的东西，必须对这两部分结论的适用范围做出科学说明，切不可把典型调查的全部结论到处乱搬乱套，更不可不顾时间、地点、条件，拿着典型调查的结论到处去"将军"。

3. 抽样调查

(1) 抽样调查的含义　抽样调查就是从调查对象的总体中按照随机原则抽取一部分单位作为样本，对样本进行调查，并根据调查的数据来推算有关总体的数字特征，从而实现对总体的认识。这里所说的"总体"，是指调查对象的全部单位；"样本"，是指抽取出来进行调查的一部分单位。抽样调查的目的，不是说明样本本身的情况，而是通过样本推断总体、说明总体，是用来了解全面情况的非全面调查。

(2) 抽样调查的特点

① 经济性好。抽样调查的调查对象是作为样本的一部分单位，而不是全部单位，所以抽样调查具有非全面调查节约人力、物力、材料、省时、高效的特点。

② 机会均等。调查样本是按随机的原则抽取的，在总体中每一个单位被抽取的机会是均等的，因此，能够保证被抽中的单位在总体中的均匀分布，不致出现倾向性误差，代表性强。所抽选的调查样本数量，是根据调查误差的要求，经过科学的计算确定，在调查样本的数量上有可靠的保证。

③ 存在误差。通过调查，取得部分单位（样本）的实际资料，根据样本的数据推断总体的数据。对总体的规模水平、结构指标做出估计，与实际情况的误差是不可避免的。通常抽样调查的误差有两种：一种是工作误差（也称登记误差或调查误差）；一种是代表性误差（也称抽样误差）。如根据样本的农作物实际产量，来推算全县的农作物产量，只能是一个比较接近实际情况的产量数字。

④ 误差可控。抽样调查可以通过抽样设计，通过计算并采用一系列科学的方法，把代表性误差控制在允许的范围之内，能保证抽样推断的结果达到一定的可靠程度。另外，由于调查单位少、代表性强、所需调查人员少，工作误差比全面调查要小。特别是在总体包括的调查单位较多的情况下，抽样调查结果的准确性一般高于全面调查。因此，抽样调查的结果是非常可靠的。

(3) 抽样调查法的适用范围　应用范围十分广泛。许多地方和单位，无论是经济调查，还是舆论调查，无论是生产调查，还是经营调查，都广泛地应用抽样调查方法。但是，抽样调查的采用也是有条件的，一般在以下情况适合采用。

① 调查对象不能进行全面调查时，必须应用抽样调查方法。例如，种子发芽率检验、粮食的含水量测定、棉花纤维长度检验等，不能为了鉴定质量而毁去所有的产品，在这种情况下，就只有采用抽样的方法，依样本资料对总体的状况做出推断。有些调查对象群体过大，单位又很分

散，无法进行全面调查。例如，检验水库的鱼苗数、农作物产量预测等，也需要采用抽样调查。

② 在需要取得全面统计资料，但时间来不及进行全面调查或全面调查工作量太大时，可以采用抽样调查方法。如农作物收割前的产量实测、大区域的粮食实际产量等。

③ 需要了解全面情况，但又没有必要进行全面调查，抽样调查就可以得到较好的效果时，应该采用抽样调查。如市场物价调查、大面积林木的数量等。

④ 运用抽样调查对全面调查资料进行补充、修正和验证。例如，为了验证人口普查资料的质量，在普查后要进行抽样调查。

(4) 抽样调查的基本组织形式　抽样调查的组织按其研究对象的性质和研究目的以及工作条件不同，可以分为多种形式。在农业调查中常用的形式有以下几种。

① 纯随机抽样。就是按照随机原则，直接在总体中抽取所要研究的调查单位。为了保证每个单位都有相等的中选机会，通常采用抽签或用"随机数表"的办法抽取调查单位。一般先将总体各单位编号写签，然后抽取。在实际工作中，总体的单位往往很大，编号抽签的工作非常繁重。

② 机械随机抽样。又称等距随机抽样或系统随机抽样，先将总体各单位按一定标志顺序排列，编上序号；然后用总体单位数除以样本单位数求得抽样间隔，并在第一个抽样间隔内随即抽取一个单位作为第一个样本单位；最后，按间隔做等距抽样，直到抽取最后一个样本单位为止。机械随机抽样的排队标志有两种：一种是无关标志，即和研究目的无直接关系的标志，如农产品产量调查不按产量标志排队，而是按各地区、各单位的地理位置或地名笔画多少排队；另一种是有关标志，即与调查目的直接有关的标志，例如，农产品产量调查按各单位或者各地块的预计单位产量或近几年平均单位产量排列。机械随机抽样一般是按有关标志排队抽取样本。

③ 分类随机抽样。又称分层随机抽样或类型随机抽样。这种方法是先把复杂的总体按主要标志划分成若干类型，然后在各种类型中再按纯随机抽样或机械随机抽样的方式抽取调查单位。通过分类，可以把总体中标志值比较接近的单位归为一组，这就缩小了同一组内各单位之间的差异程度，所以在总体各单位标志值大小悬殊的情况下，运用分类随机抽样，比其他抽样法能得到更准确的结果。因此，在实际工作中分类随机抽样应用较多。例如，农产品产量调查可以按地区的地形分组，经济调查可以按经济水平分组等。由于分类是按有关的主要标志值分组的，各组（各类型）的单位数不同，所以分类抽样通常是按各组单位数占总体单位数的比例来抽取样本，单位数多的组多抽，单位数少的组少抽。

④ 集体随机抽样。又称整群随机抽样，是先将总体各单位按一定标准分成若干个群或集体；然后，按随机原则从这若干个群体或集体中抽出样本群或集体实施逐个调查。整群随机抽样样本单位比较集中，调查工作比较方便，可节省人力、财力、物力和时间，但整群调查样本分布不均匀，样本的代表性较差。

4. 重点调查

重点调查是指对某种社会现象比较集中的、对全局具有决定性作用的一个或几个单位所进行的调查。它是一种非全面调查，最适宜在调查对象比较集中的情况下采用。农业生产有很强的地区性，有些经济作物和土特产品的生产往往集中在少数几个地区，只要调查这几个地区就可以基本上掌握其生产情况。由于根据重点调查的材料，可以基本上掌握全部情况，满足一般研究任务的需要，所以对分散的、比较小的地区或单位就没必要再花费人力和时间采用其他调查方法去调查。

重点调查既可用于经常性调查，也可用于一次性调查。组织重点调查的首要问题是确定重点单位。一般来说，选出的单位应尽可能少些，而其标志值在总体标志总量所占比重应尽可能多些；选中的单位，管理应比较健全，调查力量应比较充足，统计基础应比较巩固，这样才能准确及时地取得资料。

重点调查的优点是：耗费的人力、物力和财力较少，而取得效益较大，便于及时掌握基本情况，指导工作，在农业调查工作中被经常采用。

二、农业推广调查的方法

农业推广调查的方法主要有文献调查法、实地观察法、访问调查法、问卷调查法和电信调查法等。

1. 文献调查法

文献调查法，简称为文献法，它是利用文献间接收集材料的方法。即农业推广调查者从各种文献、档案、报纸、书刊、报表以及历史资料等社会信息中去采集自己研究所需的资料。文献调查是否成功，主要取决于文献的齐全程度、内容的可信程度和调查人员自身的素质。

(1) 调查人员的选配和文献搜集

① 选配合适的调查人员。从事文献调查的人员，应具有坚定的政治立场、全面的专业知识和丰富的社会经验。

② 搜集文献资料要齐全。按照调查的主题，调查人员应有目的地去搜集文献。通过政府、团体、专门机构、研究单位或个人等多种渠道，尽可能地把已有的文献收集起来，由专人负责登记、立卷、排列、编目、分类和保管，以满足分析研究时的需要。

③ 要检验、分析和评价文献的真伪。搜集来的文献往往鱼目混珠，如不加分析检验，随便乱用，就有可能得出错误的结论。因此，调查人员使用文献时，不管文献多么可靠和真实，都要以批判的、分析的态度去对待，认真地检查文献有无遗漏、差错或可疑之处。

(2) 搜集文献的方法和途径

① 搜集文献的方法。主要有三种：a. 检索工具法，即利用已有的检索工具查找文献资料方法，目前有手工检索工具、机读检索工具两种；b. 参考文献查找法，也称追溯查找法，即利用作者本人在文章、专著的末尾所开列的参考文献目录或者文章、专著中所提到的文献名目，追踪查找有关文献资料的方法；c. 循环查找法，也称为查找法，即将检索工具查找法和参考文献查找法结合起来，交替使用的一种方法。

② 搜集文献的途径。主要有三种：a. 到文献管理单位搜集，可以到档案馆、图书馆档案室、资料室搜集；b. 网上搜集，可通过搜索引擎直接搜索，可进入相关网站查找，也可进入文献数据库查找（如中国知网、超星阅览器等）；c. 社会寻访，向可能存有有价值文献资料的单位或个人访求。

2. 实地观察法

实地观察法，简称观察法，它是观察者有目的、有计划地运用自己的感觉器官或借助科学的观察仪器，能动地了解处于自然状态下的社会现象的方法。

(1) 实地观察法的类型　实地观察法是观察者有目的、有计划的考察活动，是运用一定的观察工具进行的调查活动。实地观察的观察工具可分为两类：一类是人的感觉器官，其中最主要的是视觉器官——眼睛。它的观察过程是一个能动的反映过程，人的观察过程不仅是人的感觉器官直接感知的过程，而且是人的大脑积极思维的过程。另一类是科学的观察仪器，如录像机、摄影机、望远镜、显微镜、录音机、探测器、人造卫星等。它的观察对象应该是处于自然状态下的现象，如果观察对象不是处于自然状态的现象，而是人为的、故意制造的现象，那么，就会失去实地观察的意义，甚至有可能得出错误的观察结论。

(2) 实地观察应注意的问题　为了保证观察结果的正确性，防止观察误差，实地观察中应注意以下问题。

① 充分做好观察准备。调查人员在观察前应做好充分的知识和物质准备。知识准备是指一个合格的观察员应该具备较为广博的知识，主要包括三个方面：一是要有与调查课题有关的专门学科的理论知识；二是要有关于所观察的对象的历史和现状的知识；三是要有关于观察方法和观察工具使用的知识、经验和技能。物质准备主要是指社会调查人员要事先准备好观察仪器设备、现场察看和选择、布置好观察场所。

② 要灵活安排实地观察的程序。实地观察的程序一般有三种安排方法：①主次程序法，即

先观察主要对象、主要部分、主要现象,后观察次要对象、次要部分、次要现象;②方位程序法,即按照观察对象所处的位置,采取由近到远或由远到近、由左到右或由右到左、由上到下或由下到上等方法逐次进行观察;③分析综合法,即先观察事物的局部现象,后观察事物的整体,或者先观察事物的整体,后观察事物的局部,然后再进行综合或分析,得出观察结论。

③ 充分利用观察仪器。调查人员在实地观察中,应根据需要和具体情况,尽可能使用显微镜、望远镜、测量仪、照相机、摄影机、录音机等科学仪器,充分发挥其放大、延伸、计量和记录功能,提高观察的客观性和准确性,防止和减少误差。

④ 进行多点对比观察或反复对比观察。调查人员在实地观察中,对于比较复杂的或难以做出准确判断的情况,应选不同的观察点或在不同时间对同一观察对象进行对比观察,加以验证比较。一般而言,通过多点对比观察和重复对比观察所得出的结论,产生误差的可能性会大大减少。

⑤ 把观察与思考紧密地结合起来。任何观察活动都包含两类因素:一类是感性直觉因素;另一类是理性思维因素。只有目的明确、理论正确、知识广博、经验丰富且又积极思维的人,才能获得良好的观察效果。

⑥ 及时做好观察记录。

3. 访问调查法

简称访问法,是调查人员通过口头交谈等方式向被访问者了解社会实际情况的方法。访问调查能够了解广泛的社会现象,能深入广泛地探讨各类社会问题,能灵活地进行调查工作,可直接了解调查对象对调查的态度并进行心理沟通,能提高调查的成功率和可靠性,适用于多种调查对象。但也存在一些局限性,如耗费时间多,无法用作大范围的调查;访问调查的结果和质量很大程度上取决于被访问者的合作态度和回答问题的能力。要想取得访谈的成功,应抓好以下关键环节。

(1) 细致地准备 根据调查内容,准备好访谈的问题,安排提问的顺序;根据调查目的阅读有关资料,通过各种途径了解调查对象的基本情况,以便于沟通交流。

(2) 巧妙地接近 一般来说,有以下几种接近方式:自然接近、求同接近、友好接近、正面接近和隐蔽接近等。访问者应根据被访问者的特点,采取正确的接近方式。

(3) 科学地提问 提问是访问调查的主要手段和环节,科学地提问应注意提问的类型、方式和时候。尽量避免难以回答的提问、有心理刺激的提问、涉及个人隐私的提问。

(4) 认真地听取 听取回答是提出问题的直接目的,在访问过程中,访问者要排除种种听取障碍,认真听取回答,要善于对回答做出恰当的反应,及时根据回答提出新的问题。不要以主观愿望影响调查对象的态度,不要暗示回答,不要催促回答。

(5) 正确地引导 当访谈遇到障碍不能顺利进行下去或偏离原定计划时,就应及时引导。例如被访问者有顾虑,就应该摸清顾虑所在,然后对症下药,解除其思想顾虑。

(6) 适当地追询 被访问者的回答没有按照调查要求完整说明问题时,要进行适当的追询。有正面追询、侧面追询、补充追询、重复追询等。追询可环环相扣,但不能步步紧逼。

(7) 虚心地求教 要虚心求教,以礼待人,平等交谈,谦逊诚恳;不要装腔作势,故作高雅,居高临下,气势逼人。使用通俗易懂的语言,尽量少用专业术语。

4. 问卷调查法

简称问卷法,是调查者运用统一设计的问卷向被调查者了解情况或征询意见,是标准化调查。问卷调查一般都是间接调查(除访问问卷外),即调查者一般不与被调查者直接见面,而由被调查者自己填答问卷。问卷调查一般采用书面形式,即调查者用书面问卷提出问题,被调查者也用书面问卷回答问题。也可以通过互联网进行网上问卷调查。

问卷调查的一般程序包括设计问卷、选择调查对象、分发问卷、回收问卷和审查问卷。

(1) 设计调查问卷 问卷的一般结构包括前沿、主体和结语三个组成部分。设计问卷应注意问题的种类、选择、结构、表述以及回答的方式及其说明。问卷的设计要遵循通俗性原则、完备性原则、中立性原则、互斥性原则。

(2) 选择调查对象 问卷调查的对象可用抽样方法选择。由于问卷调查的回复率和有效率一般都不可能达到100%，因此选择的调查对象应多于研究对象，可用以下公式计算：

$$调查对象 = \frac{研究对象}{(回复率 \times 有效率)}$$

(3) 分发调查问卷 分发问卷有多种方式，可以随报刊投递、从邮局寄送、派人送给有关机构代发、携带问卷登门访问，也可以直接印在报纸上。

(4) 回收调查问卷 回收问卷是问卷调查中的一个重要环节，如何提高问卷回收率是一个关键问题。提高问卷回收率的一般做法是：①争取知名度高、权威性的机构的支持；②选择恰当的调查对象；③选择具有吸引力的调查课题；④尽量避免难以回答的问题出现；⑤使用不记名的问卷。

(5) 审查整理问卷 主要包括三项工作：一是对回收问卷进行审查，剔除其中的无效问卷；二是对回收问卷进行统计，计算出问卷回复率和有效率；三是对回收问卷进行一定的形式加工，如字迹不清就应填写清楚，缺字漏字就应适当补齐，破损问卷能够修复的就适当修复。

5. 电信调查法

电信调查法是借助电信设施按照统一的调查提问或调查问卷向被调查者提出问题，并请被调查者回答而获得社会信息的调查资料搜集方法。电信调查法是在访谈调查法、问卷调查法和文献调查法等基础上的延伸，是信息技术和电信业务应用于社会调查领域的结果，是一种新兴的调查方法。

(1) 电信调查法的主要类型 主要有三种，即电话调查法、电子邮件调查法、网上问卷调查法。

① 电话调查法。电话调查法实际上是一种借助于电话实施的访谈调查法，与一般面对面的访谈调查法比较，电话调查有着自己的一些特点：a. 搜集信息速度快。电话调查由于可以异地访谈，省去了调查者登门调查的往返时间，使每次调查只需很少的时间，搜集信息的速度非常之快。b. 调查费用比较低，电话调查费用仅限于电话费用。短途电话调查花钱很少；即使是长途电话调查，其费用也远比派员调查节省。此外，电话调查还可以减少访员，节省大量的人员工资和其他经费。c. 有较好的匿名性。电话访谈是一种调查者与被调查者不直接见面的交谈，被调查者可以保持匿名，可以无顾忌地回答某些具有一定敏感性的问题和具有潜在威胁性的问题。d. 调查活动难于控制。电话调查由于受到电话中介的制约，如果被调查者对调查内容不感兴趣或产生厌倦情绪，随时可以挂上电话，调查者不能有效地劝其接受调查和完成访谈。e. 受电话普及率制约。电话调查受到电话普及率的制约，样本的代表性往往不太充分，因而增加了推论总体的误差。对于电话普及率太低的地区，根本就无法进行电话抽样调查。

② 电子邮件调查法。电子邮件（E-mail）是利用电子技术并通过计算机网络收发信息的通信方式。电子邮件调查法实际上就是调查者借助电子邮件的通信方式，向被调查者发出提问，并请被调查者作答以搜集社会信息的方法。电子邮件调查者是信函调查和问卷调查的延伸，随着社会上电子邮件用户的增多，电子邮件调查法必将成为一种极为重要的现代社会调查方法。

电子邮件调查法与访谈调查法、问卷调查法、电话调查法等相比，都有其自身的许多优势：a. 与访谈调查法相比，电子邮件调查法能实现高度超时空的网上"交谈"，并且省却了访谈调查法必须的记录程序，提高了调查的功效。b. 与问卷调查相比，电子邮件调查法能实现高速地传递调查问卷，并且借助计算机的自动控制程序，能实现对填答问卷的质量、回复催促和回答信息的自动处理。c. 与电话调查相比，电子邮件调查克服了普通电话传递信息的先天缺陷。电子邮件调查比电话调查更节省费用。当然，电子邮件调查法也有自身的局限性，这主要是目前电子邮件用户还不够多，并且只能对知道其邮箱地址的调查对象进行调查，借助于电子邮件通信方式只能做有限的课题调查，并且还很难应用调查结论推论总体。

③ 网上问卷调查法。也称为网站问卷调查，是问卷调查法的延伸。

(2) 电信调查法的实施要点

① 电话调查法的实施要点

a. 确定抽样方法。电话调查法的抽样方法有三类：一是电话号簿法；二是随机拨号法；三是综合法。

b. 访谈时间的限制。电话是一种适用于短时间交谈的通信工具，时间长了，一是话费较多，二是容易使人厌烦。因此，电话访谈一般应控制在 20 分钟之内，最好控制在 15 分钟之内。此外，电话调查的实施时间最好在傍晚下班之后晚餐之前，或在晚上电视新闻联播之后。无论怎样，电话调查的实施时间应充分考虑和尊重调查对象的作息时间与生活习惯，否则，调查者的调查电话是不会受欢迎的。

② 电子邮件调查法的实施要点

a. 要明确电子邮件调查的类型。电子邮件调查法常见的有两种类型：一是通过电子邮件进行网上访谈；二是通过电子邮件进行问卷调查。如果是网上访谈，则必须安排专人进行访谈；如果是问卷调查，则必须先设计好电子邮件问卷，按问卷调查法一般规律来操作。

b. 要建立容量较大的电子邮箱。

c. 要制订适于电子邮件调查的调查策略。

d. 要注意保存问卷的备份文件，以应付电子邮件出错的情况。

e. 要时常关注被退回的调查问卷。

f. 要重视电子邮件调查中的安全问题。

(3) 网上问卷调查法的实施要点　就是把调查问卷放到相关网站上，请网友网上填写调查问卷。比电子邮件调查法更具有优越性。调查对象是随机的，接受调查是自愿的。只要对调查的问题感兴趣，都可以参加。可以把调查问卷放到某一网站的论坛上进行网上调查。

第三节　农业推广调查的实施

农业推广调查必须按照一定的科学程序，有目的和有计划地分阶段进行，以保证调查的准确性。农业推广调查分为三个阶段进行：调查准备、调查资料的收集与整理、得出调查结论（写出调查报告）。

一、农业推广调查的准备

1. 选择调查课题

正确选择课题是搞好农业推广调查的前提。正确选择农业推广调查课题应坚持需要性原则、科学性原则、创造性原则和可行性原则。需要性原则指明了农业推广调查的根本方向，科学性原则体现了农业推广调查的内在要求，创造性原则反映了农业推广调查的本质，可行性原则说明了农业推广调查的现实条件。只有全面、综合地运用这四条原则，才能正确地选择农业推广调查课题。

2. 设计调查指标

调查课题选定后，在初步分析的基础上，就可以拟定调查方案。在拟定调查方案之前，应先设计调查指标。调查指标就是调查过程中用来反映调查对象的特征、属性或状态的指标，如农业劳动力人数、农业总产值、农业人均纯收入等。

调查指标的设计过程，一般都是以一定的研究假设为指导设计出一套社会指标体系，并将这个体系中的每一个社会指标具体化为若干调查指标，这就形成了一个具有层次性、系统性和完整性的调查指标体系。这就是说，调查指标的设计过程，实际上是研究假设→社会指标体系→调查指标体系的分解过程。

为了使设计出来的调查指标能准确地说明客观实际，在设计调查指标时，应坚持科学性、完整性、通用性、准确性、简明性和可行性等原则。

3. 拟定调查方案

调查方案一般应包括以下内容。

（1）调查目的　即调查所要达到的具体目的。

（2）调查内容和工具　调查内容是通过调查指标反映出来的，因此设计调查指标的过程就是设计调查内容的过程。调查工具是指调查指标的物质载体，如调查提纲、表格、问卷、各种量表和卡片等。

（3）调查区域　即调查在什么地区进行，在多大的范围内进行。

（4）调查时间　即调查在什么时间进行，需多少小时完成。

（5）调查对象　是指实施工作的基本单位及其数量。

（6）调查方法　包括搜集材料的方法和研究资料的方法。

（7）调查人员的组织。

（8）调查经费的计划。

（9）调查工作的安排。

二、调查资料的收集与整理

1. 收集调查资料

农业推广调查应收集利用两种资料：一种是第一手资料，即调查人员直接在实地上观察、记录和收集的资料；另一种是第二手资料，即由他人收集并经过整理发表的资料，如国民经济统计资料、气象资料、土壤普查资料等。

资料搜集过程是调查人员按照调查方案和调查提纲与调查对象接触、相互交往、相互影响的过程。应特别注意资料搜集的质量，收集到的资料的系统性和全面性是非常重要的。资料搜集过程中，要把研究对象当作系统总体对待，以便达到搜集资料的系统性要求。调查人员要对研究样本的每个问题、每个问题的各个细节及其同周围事物之间的关系加以研究，按照细节要求进行资料搜集，从而保证收集到系统的资料。要做到资料收集的全面性，就应该按照取样要求，围绕与样本有关的调查项目，逐项地、不厌其烦地收集资料，在掌握大量的全面资料的基础上，才能统观事物的全貌。间接资料，应该注意搜取旁证。收集资料要随时记录，避免遗漏和资料散失。

不仅要搜集文本资料，其他载体的资料也要搜集。有时还要收集实物的标本，或者对实物进行拍照，甚至录像。

2. 审核调查资料

所谓调查资料的审核，就是指对原始资料进行仔细探究和详尽考察，看其是否真实可靠和符合要求。其目的主要是消除原始资料中的虚假、差错、短缺、冗余等现象，以保证资料真实、可信、有效、完整、合格，从而为进一步整理分析打下基础。审核时特别要注意资料的真实性、可靠性、科学性、完整性。

（1）完整性　所谓完整性是指调查资料的齐全完整。在审核资料的完整性时，应对照调查计划或审查调查表格，逐项检查审核，看是否有缺项或遗漏。如有缺项或遗漏，应设法补齐。

（2）真实性　资料的真实性审核也称信度审核，是指通过对资料进行逻辑检验以判明调查所得的资料是否符合实际情况，资料中有无相互矛盾的地方。对资料本身的真实性审核，一般选用以下几种方法。

① 根据已有的经验和常识进行判断，一旦发现与经验、常识相违，就要再次根据事实进行核实。

② 根据资料的内在逻辑进行核查，如果发现资料前后矛盾的地方或违背事物发展的逻辑，就要找出问题所在，剔除不符合事实的材料。

③ 利用资料间的比较进行审核。如果资料是用多种方法获得的，既有访谈资料，又有文献资料及观察资料，就可以将这些资料进行比较看有无出入，以判断真伪。

④ 根据资料的来源进行判断，当事人反映的情况比传说的情况更可靠些，引用率高的文献

比引用率低的文献更可靠些等。

(3) 可靠性　可靠性也称为准确性。资料内容的可靠性审查也称效度审核，是指在一个不太长的时间间隔内，对同一个调查对象前后调查所得资料的一致性程度进行审核。如果在不太长的时间内，两次或多次调查同一调查对象，得到的结果大致相同，就可以说它的可信度高。反之，两次调查或几次调查中有比较大的差异，则可信度就可能较低。对调查资料可靠性的审核，一方面是要审核收集到的资料符合原设计要求及对于分析所研究的问题有效用的程度。对于那些离题太远、效用不大或不符合要求的资料要予以剔除。另一方面是要审核调查资料对于事实的描述是否准确，特别是有关的事件、人物、时间、地点、数字等要准确无误，切忌事实资料含糊不清、模棱两可，数据资料笼统模糊。可靠性审核一般可选用以下几种方法。

① 核对法。依据可靠的权威性的相关资料或以往的实践经验与调查资料的内容进行对照、比较，以发现或纠正调查资料中的某些差错。如果发现调查资料中有明显违反可靠资料、违背科学原则或实践经验的地方，那么就应重新进行调查或核实。

② 分析法。是根据调查资料所反映的情况与问题进行内在的逻辑分析，审核其是否合乎情理，是否夸大其词，是否自相矛盾，是否含糊笼统，以发现资料中的疑点和破绽。如果发现调查资料的内容前后矛盾，或者违背事物发展的客观规律，那么就应剔除那些不符合事实的资料，必要时还要进行补充调查。

③ 复查法。是对调查资料所反映的情况再以小范围验证的方式进行直接的实际调查，以检查资料的真实性与准确性。这种方法一般只用于审核关键性的调查资料。

(4) 科学性　是指收集的资料是否违背科学原则。审核研究资料，是否有可比的基础，计算方法是否有误，资料收集是否按设计要求进行等。

3. 整理调查资料

通过调查所获得的资料是分散的、零碎的，只能反应研究总体的个别样本情况，而不能系统的、集中的、全面地、真实地反映研究对象的总体情况。一般把围绕研究总体收集到的素材，叫做原始资料。对原始资料进行加工，使之条理化、系统化，从而获得能够反映总体特征和内在规律的综合性资料。通常把原始资料加工成综合资料的过程，叫做资料整理。

调查资料主要分为数字资料和文字资料两种。数字资料整理与文字资料整理有所不同，加工时需要按统计分析的要求进行。因此，在制订研究计划时，就应考虑资料整理的要求。

(1) 文字资料整理　文字资料包括开放性问卷的文字资料、调查中的各种原始谈话记录、座谈会纪要、观察记录资料以及有关的文献资料等。文字资料整理的程序如下。

① 审查补充。审查调查资料是否系统完整、准确可靠，发现问题及时进行补充调查，将资料补全。

② 分析归纳。主要是将各种类型资料归纳在一起，整理出比较完整系统的资料。

③ 摘录提要。对于各种文字资料，要区别主次、精选内容，进行摘录整理。

④ 加注说明。对文字资料的整理要特别注意加注说明。要注明调查时间、地点、范围、方法以及调查者姓名等。

(2) 数字资料整理　整理数字资料的程序如下。

① 订正。按照调查计划或表格，检查所得的资料是否有遗漏之处、是否有错填之处，检查搜集到的资料是否具有科学性和可靠性，如发现问题，应及时予以订正。

② 分组。数据资料的分组整理，就是按照一定标志，把调查所得的数据资料划分为不同的组。分组的目的在于，了解各组事物或现象的数量特征，考察总体中各组事物或现象的构成情况及依存关系等。对数据资料进行分组的一般步骤是：选择分组标志，确定分组界限，编制变量数列。

③ 汇总。数据资料的汇总就是根据研究的目的，把分组后的各种数据（标志值）汇集到有关的表格中，并进行计算和加总，以集中、系统地反映社会调查对象总体的数量情况。数据资料汇总的目的一是初步了解数据的分布情况；二是为深入的统计分析做准备。汇总形式分逐级汇总

和集中汇总两种。汇总方式一般有手动汇总、机械汇总和计算机汇总等三种。

4.制表和图示

数字资料汇总后，为了更加集中、系统、鲜明地反映事物的本质，一般需要进行制表和图示。

（1）制表 经分组、汇总、整理好了的统计资料，按一定的规则，清晰、明确、系统地用表格表达出来，这种表格称为统计表。统计表具有完整、简明、系统、集中的特点，而且便于计算、查找和对比。统计表的结构从形式上看，由标题、标目（包括横标目和纵标目）、数字、表格注释等要素组成。统计表按照主词分组不同，可分为简单表、分组表和复合表三种。简单表是一种常用统计表，未按任何标志对总体加以分组，一般无法反映事物的内在联系；分组表是一种按某一标志对总体加以分组的统计表，分组表可以揭示不同类型现象的数量特征，研究调查对象总体的内部结构，分析现象之间的相互关系；复合表是一种按照两个或两个以上标志对总体加以分组的统计表，复合表可以把多种标志综合起来，从不同角度反映社会现象的不同数量特征。

（2）图示 在统计学中把利用统计图形表现统计资料的方法叫做统计图示法。统计图具有直观、形象、生动的特点，易显出社会现象的规模、水平、发展趋势，相互依存的数量关系，同类指标之间的对比关系，因此统计图也是表现数字资料的一种主要形式。统计图按其表现形式的不同，可分为几何图、象形图和统计地图三种类型。几何图就是利用点、线、面来表示统计资料的图形。象形图就是按照调查对象本身的事物形象来表示统计资料的图形。统计地图，就是以地图为底景，用线纹或象形图来表现统计资料在地域上分布状况的图形。统计图一般采用直角坐标系，横坐标用来表示事物的组别或自变量 x，纵坐标常用来表示事物出现的次数或因变量 y；或采用角度坐标（如圆形图）、地理坐标（如地形图）等。按图尺的数字性质分类，有实数图、累积数图、百分数图、对数图、指数图等；其结构包括图名、图目（图中的标题）、图尺（坐标单位）、各种图线（基线、轮廓线、指导线等）、图注（图例说明、资料来源等）等。

5.统计分析

统计分析就是运用统计学原理对调查总体进行定量研究。判断和推断，以揭示事物内部数量关系及其变化规律的一种逻辑思维方法。

对于数字资料，可以应用数理统计方法对样本进行数量分析（主要有统计分析法、系统分析法、定性定量分析法、因果分析法、比较分析法、典型分析法和趋势分析法等），揭示其数量特征，再用文字加以简要地概括和解释。

对于文字资料，可以应用归纳、比较、推理的逻辑学原理，对收集的样本资料加以分析，找出各样本间共性、个性以及彼此之间的内在联系和因果关系，确切地反映出研究对象的全貌和本质。

三、撰写调查报告

调查报告，是反映调查研究情况和成果的一种报告性文件，它系统介绍社会调查研究的目的、方法、过程和结论，是调查研究成果的集中体现，因而调查研究报告的写作，是整个调查研究工作中十分重要的一部分。随着农业调查研究工作的广泛和深入开展，调查报告在农业科研、管理和推广工作中的作用将越来越大。调查报告撰写的好坏将直接关系到调查成果质量的高低和社会作用的大小。要撰写好调查报告，就必须了解调查报告的类型，掌握调查报告的结构和写法以及写作过程中应注意的问题。

1.调查报告的类型

由于内容、性质和作用的不同，调查报告的类型也就不同。在农业推广工作中采用较多的主要有以下三种类型。

（1）基本情况调查报告 这类调查报告的作用主要是认识社会现象、了解社会问题、把握社会命脉，通过对调查资料的归纳，认识事物的特点和规律。在研究某个问题、做出重要决策、处理重大事件之前，一般先要调查基本情况。这类调查报告注重全面情况的调查，着重对基本情况和主要事实的具体说明,分析和议论很少,重视原始材料的统计分析和引用材料的翔实。

(2) 典型经验调查报告　典型经验调查主要是对某项工作所取得的成绩进行深入调研,总结出具有普遍指导意义的经验和做法。这类调查报告的作用主要是总结、推广先进经验,指导农业推广工作。同时,还有树立典型、表彰先进的作用。这类调查报告的写作,应着重说明其产生的具体历史条件、技术及经济的发展阶段和过程,特别是要详细介绍其曾经遇到过的问题、解决这些问题的具体做法以及取得的成绩和推广的意义等。

(3) 理论研究调查报告　这类调查报告,从内容而言,分为专题研究和综合研究两种。但不论专题研究还是综合研究,都是从客观实际出发,通过对有关问题进行系统和周密的调查研究,得出科学结论,一方面为制定正确的方针、政策和办法提供可靠的实际材料和理论依据;另一方面,它又为贯彻中央的方针、政策做理论上的说明,达到宣传和推广方针、政策落实的目的。

2. 调查报告的结构与写作

农业推广调查报告,除标题外,一般由三部分构成,即前言、正文和结尾。

(1) 前言的写法　前言是调查报告的开头部分,一般用来介绍调查的对象、范围、经过、目的等,有的是概括全文的内容和主旨,或基本情况的说明,给人以概括性的了解。前言写得好坏,对于激发读者的兴趣具有重要作用。一般来说,前言有以下几种写法。

① 宗旨直述法。即在前言中着重说明调查工作的具体情况。这种写法,有利于读者了解进行调查工作的主要宗旨和基本精神。因此,它是一种常见的前言写作方法。

② 情况交代法。即在前言中着重说明调查工作的具体情况。这种写法,有利于读者了解进行调查工作的历史条件和调查研究过程中的具体情况,多用于比较大型的调查报告。

③ 提问设悬法。即在报告的开头首先提出问题,给人设下悬念。这种故设悬念的写法,增强了调查报告的吸引力,它常用于总结经验和揭露问题的调查报告。

④ 结论前置法。即在前言中先将调查结论写出来,然后在调查报告的主体部分中去论证。这种写法开门见山,使读者对调查报告的基本观点一目了然,也是一种较为常见的前言写法。

(2) 正文的写法　正文是调查报告的主体部分。不同类型调查报告的正文写法各异。

基本情况的调查报告,一般是根据所分类别将问题逐一说明。常见的基本情况的分类方法,除按时间、地点、单位、部门的特征分类外,还常常按事物的性质、特点、种类、意义、作用、原因、发展趋势、存在的问题等分类,这是一种逻辑分类法。有时一篇调查报告只涉及其中一个问题,或仅介绍特点,或仅介绍意义,这时则需要特点或意义分几个方面进行说明。典型经验的调查报告,如果是总结正面的经验,一般是先谈基本情况和取得的成绩,然后总结经验,分析原因;如果是揭露问题的调查报告,正文一般可分为存在的问题和产生问题的原因两个部分。理论研究的调查报告,正文很灵活,应根据主体的需要,同写论文一样,按照理论的逻辑结构安排文章各个部分的顺序。正文各部分有时用小标题,有时用序号,还有不用小标题,也不用序号,首尾相连,一气贯通。

(3) 结尾的写法　结尾一般用来总结全文。调查报告的结尾常常用来指出存在的问题和不足,提出建议和设想,说明影响和群众反映,指明前进的方向等。结尾也有略写、详写或独立为正文的一个部分等三种写法,也有的不用结尾,文章随正文结束而结束。

3. 写好调查报告应注意的问题

(1) 进行深入细致的调查研究工作　调查报告是调查者站在正确的立场,运用正确的方法,对调查所得的大量事实的综述和评价。所以,搞好调查研究是写好报告的基础。要做好调查研究需做如下工作:① 列好提纲,做好准备;② 选好典型,具体剖析;③ 周密调查,深入研究;④ 坚持"去粗取精、去伪存真、由此及彼、由表及里",把感性材料上升到理性高度。

(2) 提炼明确的富有指导意义的主题　主题的提炼要努力做到正确、集中、深刻、新颖和对称。正确是指主题要如实反映客观事物的本质和规律;集中是指主题要突出,要小而实;深刻是指要深入揭示事物的本质;新颖是指主题要有新意,要在前人研究的基础上有所发展;对称是指主题要与材料、观点相平衡。

（3）科学恰当地选用素材　调查报告最基本的要求是用事实说明问题。对调查所得的大量材料，一是选取具有普遍意义、反映事物本质特征的典型材料；二是运用好写作技巧，科学恰当地安排和运用材料，发挥材料的巨大说服力。在选用材料的写作技巧上常用以下5种方法：①用一个完整的典型实例说明一个观点；②用一种排比材料从不同角度说明一个观点；③用新旧、正反、成败等方面的对比材料说明观点；④用反映总体情况的综合材料与某些具体的典型材料结合阐明观点；⑤在报告的关键部分，采用少量经过加工提炼的生动、形象、准确、简练的群言印证观点。

（4）做好材料的结构安排　提炼好主题、确定了说明主题的材料后，还要注意所用材料的结构安排。一般有纵式结构、横式结构、因果式结构三种。纵式结构就是按照事务发展的历史顺序和内在逻辑来叙述事实，阐明观点。横式结构就是把调查的事实和形成的观点，按其中性质或类别分成几个部分，并列排放，分别叙述，从不同的方面综合说明调查报告的主题。因果式结构是以材料的因果关系为次序安排材料，撰写成功推广讲演的调查报告常采用这种结构。

本 章 小 结

根据实际需要和上级的部署搞好农业推广调查，是农业推广机构的重要任务之一；如何搞好农业推广调查，是农业推广工作的重要课题。农业推广人员必须掌握农业推广调查的方法、步骤和调查研究技能，必须善于开展农业推广调查，及时发现与解决农业生产中的实际问题。

农业推广调查的内容极其广泛，凡是直接或间接影响农业生产和农村发展的各种情况都需要进行调查研究。农业推广调查主要包括农业资源调查、农业生产调查、农业市场调查、农业科技推广调查四个方面。农业资源调查包括农业自然资源调查和农业社会经济资源调查。农业生产调查包括农业生产情况调查、农业灾害调查、农业生产结构调查、农业产业化调查等。农业市场调查包括农民购买力水平调查、农业市场运转情况调查、影响农业市场需求的因素调查等。农业科技推广调查包括农村科技推广体系调查、农村科技推广运行机制、农村科技推广情况调查等。一般应根据实际需要和上级安排确定调查内容。

农业推广调查大体可划分为普遍调查、典型调查、抽样调查、重点调查等类型。普遍调查的优点是资料全面、准确性高、调查结论具有普遍性；普遍调查的局限性是工作量大、耗时较长、资料缺乏深度。典型调查的优点是调查单位具有一定的代表性、用典型说明一般、侧重于定性研究、调查深入细致；典型调查的局限性是调查对象少，它们的代表性总是不完全的，典型的选择易受调查者主观意志左右，很难完全避免主观随意性。抽样调查的优点是高效省时、经济性好，样本抽取机会均等、样本总体分布均匀；抽样调查的局限性是调查结果存在误差，但误差可控。重点调查的优点是耗费的人力、物力和财力较少，而取得效益较大，便于及时掌握基本情况，指导工作；重点调查是一种非全面调查，一般只在重点了解某一调查对象时才使用。应根据调查内容确定采取适宜的调查类型。一般一项调查只选择一种调查类型，也可以一种类型为主，以另一种类型作为辅助。

农业推广调查的方法主要有文献调查法、实地观察法、访问调查法、问卷调查法、电信调查法等。应根据调查类型选用调查方法。一个调查可以选用一个调查方法，也可以几种调查方法综合运用，以一种调查方法为主，以其他的调查方法为辅。

农业推广调查首先要做好选择调查课题、设计调查指标、拟定调查方案等准备工作。调查资料的收集、审核与整理是农业推广调查的关键环节，调查报告是调查研究的结晶，调查报告体现调查工作的水平。调查资料的收集与整理是写好调查报告的基础，撰写调查报告是对调查资料深入研究的过程。农业推广人员应该能够写出高水平的调查报告。

复习思考题

一、名词解释
1. 农业自然资源
2. 农业社会经济资源
3. 抽样调查
4. 典型调查

5. 访问调查法
6. 电信调查法

二、简答题

1. 简述农业推广调查的内容。
2. 简述农业推广调查的类型。
3. 简述农业推广调查的方法。
4. 农业推广调查应该做好哪些准备？
5. 如何进行农业推广调查资料的收集与审核？
6. 如何进行农业推广调查资料的整理？
7. 怎样撰写农业推广调查报告？
8. 写好调查报告应注意哪些问题？

实训 农业推广现状调查

一、目的要求

通过对农业推广现状的调查，掌握所在地区的农业生产，农业推广的网络布局、农业推广水平的高低，科学技术对农业发展的贡献率，农业推广过程中存在的问题，探讨提高农业推广效率和质量的途径和方法。

二、调查内容

农业推广现状调查内容主要包括以下几个方面。

（1）**农业生产基本情况** 包括调查地区的地理位置、土地、气候、生物、生态等资源与天气条件；国土面积、耕地面积、草地面积；主要农作物播种面积与产量；当地的农村人口、农业劳动力数量、农业劳动者的科技文化素质；农业产业化发展水平，农业专业化、标准化、集约化的程度等。

（2）**农业推广体系建设情况** 包括农业推广机构的设置、农业推广的组织管理模式；农业推广人员的年龄结构、学历结构、支撑结构、专业结构等农业推广机构与人员的工作特点、工作特色；民间农业推广组织的发展情况，如有关农业的研究会、专业协会、农村经济合作组织的发展情况；深化体制改革、优化运行机制的情况等。

（3）**农业推广工作的开展情况** 包括农业推广的内容（项目）、农业推广试验示范开展情况、农业科技示范户建设情况、农业科技入户工程实施情况、农业推广人员科技创新情况、农业推广的方式方法、农业推广的先进经验、农业推广的效果、农业科技进步贡献率等。

（4）**农业推广先进典型** 包括农业推广面向"三农"，创新服务模式的情况；运用新观念、新技术、新手段，提高农业推广水平和层次、提高农业推广效率的情况；农业推广人员深入基层，开发新产品、普及新技术，促进农业产业化、标准化发展的情况等。

（5）**农业推广法律法规及政策贯彻落实情况** 主要包括《中华人民共和国农业技术推广法》、《中华人民共和国农业法》以及有关农业推广的法律法规的贯彻落实情况，有关农业推广的政策贯彻落实情况等。

（6）**农业推广工作中存在的问题** 主要包括农业推广体系建设方面存在的问题，农业推广工作中存在的问题，影响农业新技术推广普及的主要因素等。如农业推广网络布局问题、基础设施问题、推广手段问题、农业推广保障问题等。

可以根据需要确定具体调查内容，可对农业推广现状进行大的调查，可以选取一个方面进行深入细致的调查，也可以选取几个方面开展调查。

三、方法与步骤

本项调查可以班组为单位，也可以个体为单位，在教师指导下进行。调查范围可以是一个县

(市)，也可以是一个乡（镇）。学生可以回到家乡进行调查。调查步骤如下。

1. 搜集资料

通过调查区域的农业主管部门、统计部门或其他有关部门，广泛搜集当地农业推广的有关资料，主要包括。

（1）当地农业生产基本情况 如国土面积、耕地面积、基础设施、作物布局、生产水平、经济基础、经营效益、农民素质等数据。

（2）当地政府农业、农村发展规划和计划 包括中长期发展规划、近期计划等。

（3）农业推广体系建设情况 包括农业推广机构设置、人员编制、管理模式、运行机制等。

（4）农业推广工作情况 可以搜集农业推广工作计划、农业推广工作总结、农业推广研究报告等有关资料。

（5）农业推广政策出台落实情况 可以搜集当地下发的与农业推广有关的文件，了解农业推广政策贯彻落实情况。

2. 实地调查

实地调查包括选择调查地点、实地观察、现场座谈、现场询问等，要做好调查记录或填写调查表。

（1）选择调查地点 作为调查对象的农业推广的地区或单位，在农业推广方面应具有一定的典型性和代表性，能够反映当前某一地区农业推广工作的现实状况，了解一些带倾向性的问题以及这些问题解决的办法或解决的情况。

（2）实地观察 深入到农业推广工作现场，了解农业推广工作的落实情况，主要包括农业推广项目实施的地点、规模、效果等情况。

（3）座谈询问 可以召集了解情况的农民、有关部门（农业推广管理部门、农业技术部门、基层行政管理部门）的干部与群众开座谈会，了解当地对农业推广工作的要求、建议和意见，征询人们对农业推广工作的看法、评价。座谈会可以进行面对面的交流，可以对某些问题进行深入的讨论，能够取得详实的第一手资料。可以设计一份调查问卷，在座谈会上分发，以便得到统一规范的调查数据。

也可以深入田间地头、农业企业或农户，与农民、农业企业家交谈，询问了解农业推广的有关情况。

（4）填写调查表 实地调查常常涉及数据问题，设计一份调查表，组织有关人员填写，是搜集数据资料的好方法。以表格的形式搜集数据，简单明了，并便于以后的统计分析。如某一时期农业推广人员的变化情况、分年度农业推广项目数、农作物产量年际变化情况等，都可以采用填写调查表的形式进行调查。

3. 资料整理与分析

应及时地对所搜集到的资料进行整理，以便拾遗补缺，充实完善调查资料。资料搜集全部完成后，要抓紧时间进行资料的整理分析，通过对调查资料的细致分析、深入研究，得出有价值的调查结论，从而写出高质量的调查报告。

四、作业

农业推广现状调查结束后，写出调查报告。调查报告的内容一般应包括当地的农业生产基本情况、农业推广体系建设情况、农业推广工作开展情况、农业推广工作的经验与教训、农业推广工作中存在的问题及其解决办法、促进农业推广工作发展的建议等。

第十三章 农业推广工作的评价

[学习目标]
1. 理解推广工作评价的含义。
2. 掌握农业推广工作评价的内容和指标。
3. 熟悉农业推广工作评价的方式与方法。

第一节 农业推广工作评价概述

农业推广工作评价是农业推广工作的重要组成部分，它是应用科学方法，依据既定的推广工作目标或标准，对推广工作的各个环节进行观察、衡量、检查和考核，以便了解和掌握已完成的推广工作是否达到了预定的目标或标准，进而确定推广工作的效果和价值，及时总结经验和发现问题，不断改进工作作风和提高推广工作水平。

一、农业推广工作评价的作用

完成一项推广工作应及时评价和判断该项工作哪些方面是有效率或高效率的，哪些方面是无效率或低效率的，以便总结过去，肯定成绩，找出差距，明确不足，展望未来，做出决策，以利再战。具体来讲，对推广工作的评价可以起到以下作用。

① 评价可以评定农业推广工作完成的程度，测算其取得的效益大小。如推广人员作用发挥的程度、推广机构内部各子系统工作协调的状况，以及整个机构发挥整体功能的大小，推广工作方式、方法使用正确程度等。

② 评价可以透视整个推广工作中的问题和成绩，有哪些教训与经验，达到扬长避短和存优去劣的目的，以便改进工作，提高推广工作效率和效果。

③ 评价可以剖析推广项目的经费使用情况，分清主次，便于考虑今后工作中投资额和经费开支的去向。

④ 评价可以帮助推广人员端正服务态度，提高工作能力和改进工作作风。同时，也可窥视到农民对推广内容的态度和行为改变的程度，便于发现处于萌芽状态的好与坏的苗头，加以发扬或纠正，使推广工作顺利发展。

⑤ 评价可以检查推广计划的合理性和可行性，为未来的推广项目计划和技术更新提供依据，并确定正在进行的项目是否继续进行。

⑥ 评价可以为农业行政部门和政府从宏观上制定推广政策，确定推广方针、目标、措施提供科学依据。

二、农业推广工作评价的原则

农业推广工作评价应该遵循一定的原则，只有这样才能把评价工作做深做细，从而使推广管理者和推广人员的积极性激发出来。农业推广工作评价的原则如下。

1. 综合效益原则

所谓综合效益原则，是指在评价时必须对项目的经济效益、社会效益及生态效益进行综合评价，也就是要掌握三个效益统一的原则。具体地讲，既要看到技术的先进性、实用性和实效性，也要考虑到经济合理有效和环境无害性；既要照顾到生产者和经营者有利可图，又要考虑到对社会稳定、人民安居乐业有促进作用；还要考虑到对生态平衡和自然环境有良好作用或者使其危害降低到最低程度。

2. 实事求是原则

在评价工作的整个过程中，参与评价人员必须认真了解评价对象的各个方面，对所获原始材料进行实事求是的分析、比较、鉴别、去伪存真。要准确地、实事求是地评价技术的各种效益，不能主观地加以夸大或缩小。一切数据应以试验、示范及实地调查为准，充分占有第一手资料，力求做到客观准确、正确无误、公正合理和结论的科学性。

3. 资料可比原则

有比较才能判断好坏、鉴别优劣，对农业技术推广的效益评价，只有通过一定的比较才能做出结论。但互相比较的两个或多个事物，必须有可比性，这样比较的结果才有价值，才有说服力。在进行新技术推广效益评价时，常常使用对比的方法，即以新技术与对照技术（当地原有技术或当前大面积推广技术）进行效益比较。在进行两者的比较时，资料的来源应一致，统计口径应一致，比较的年限也应一致等。同时，所比较的事物应该是同类技术。例如不同小麦品种可以比，不同的氮肥类型可以比，而不能以小麦与玉米比、氮肥与磷肥比等。

4. 因地制宜原则

农业生产具有明显的地域性、严格的季节性和多因素的综合性，发展农业生产必须遵循自然规律，所以，农业推广的各项技术措施是否因地制宜，从实际出发，这也是评价农业推广工作的一条重要原则。

5. 突出重点原则

工作目标是评价的重点，应该分清主次目标，按重要程度有序进行。如技术的适应性，效益的统一性，指标的水平、方法的适用等都应围绕工作目标进行评价。

6. 统筹兼顾原则

要定性指标和定量指标相结合，要尽量用定量指标说明问题。宏观评价要注意通用性，微观评价要适度反映特殊评价的要求，要有行业、部门、项目的特色评价。

7. 以人为本原则

要考虑到推广工作的开展给所有利益相关者带来的影响，因此要吸收有关领导与管理人员、推广对象、推广人员和相关专家的意见，充分考虑推广工作中的参与问题、公平问题、持续问题、组织发展问题和贫困消除问题。

三、农业推广工作评价的内容

农业推广工作评价的内容很多，涉及推广的全过程。不过每一次评价活动，并不是对下列内容做一一评价，应依据评价的目的和要求，仅选择部分内容予以评价即可。但是，重大推广项目则必须较为全面地进行评价。

评价的内容包括：①对推广决策的评价；②对农业推广目标实施结果的评价；③对规划、计划执行结果的评价；④对农业推广效益的评价；⑤对项目实施进程的监控评价；⑥对推广项目实施结果的评价。

1. 对推广决策的评价

推广决策是推广管理工作的一项重要职能，它是依据农业生产中迫切需要解决的问题作为决策目标，经过项目评估分析、方案对比，从诸多可行性方案中筛选出最佳方案，通过试验、示范证实技术先进可行后，才可决定大面积推广。

决策者和管理人员只有掌握推广评价技术，对各决策环节进行适时评价，必要时进行决策修正（指决策实施后在反馈过程中，对那些略微偏离目标的部分，及时加以调整或局部修正，以完善决策）和跟踪决策（指在原决策方案实施过程中，发现方案失误或目标不准，或支撑条件有变化，对原目标实施方案进行根本性调整或修正），才能有助于减少盲目性，减少不必要的损失和浪费，从而提高推广效率，实现推广目标。

2. 对农业推广目标实施结果的评价

农业推广目标是实现农业发展所要达到的标准。农业发展目标大体可分为三大类。

① 农业发展规划目标体系。包括农业发展总目标（如国家农业发展规划目标）、分目标（加省、市、区农业发展规划目标）、小目标（如地区农业发展规划目标）和子目标（如县、乡农业发展规划目标）。上级目标引导和制约下一级目标的订立，下一级目标是上一级目标的分解和基础，上下有机结合，形成完整的目标体系。

② 农业推广计划的目标体系。它是由农业发展规划派生出来的，经四级分解落实到基层而形成体系，各级推广计划均需根据本地的条件和需要，确立各自的推广目标。

③ 非计划推广目标。如一些化肥厂、农药厂、种子公司及商业机构，将一些推广项目加入推广行列，多以合同形式参与推广，以实现各自的推广目标。作为各级农业推广管理机构，政府的决策者、农民团体、厂家常常对这三类目标的实施结果进行评价。由于目标有发展变动属性，所以在某一发展时期内对目标予以评价很有必要，以促进新的更高一级目标的确立。

对目标的评价，更多的是在取得实施结果后进行，并为新的目标决策奠定基础，但有些目标在计划或合同执行过程中作评价，发现有误、过于保守或支撑条件发生变化时，可以组织专家、推广人员、农民代表、实事求是地评价，对原目标进行修正。

3. 对规划、计划执行结果的评价

一般规划、计划产生执行结果时，都需要进行一次评价，总结成功的经验找出存在的问题，分析规划、计划的各个组成部分在实现目标过程中所处的地位和作用。

对规划和计划的评价有时也在实施过程中进行，其主要目的是发现它们存在重大问题或过于保守，通过评价予以纠正。

4. 对农业推广效益的评价

取得农业推广效益是农业推广目的所在，因此，对农业推广效益的评价是至关重要的。农业推广效益评价包括：经济效益、社会效益和生态效益三方面的评价。

（1）经济效益的评价　经济效益是指生产投入、劳动投入与新技术推广的产值的比较。在进行推广经营效益评价时首先要注意农民是否得到了好处，投入产出比是否高，比较效益是否合理；其次在评价项目总体经济效益时，还应注意推广规模和推广周期长短等因素，因为这与单位时间创造总经济效益关系密切。

经济效益评价的内容通常有：土地生产率、劳动生产率、资金产出率、投资经济效果、项目推广总经济效益、年平均经济效益、单位面积增长量（值）等。

（2）社会效益的评价　社会效益是指农业推广项目应用后给社会提供优质、丰富的产品，满足人们的物质和精神生活的需要，促进社会安定，提高农民素质，促进农村两个文明建设和社会发展的效果。具体表现如下。

① 为社会做出的贡献情况。通过推广项目的活动，是否促进了生产发展，为社会提供丰富物质，同时是否改革了社会活动条件、劳动条件，减轻劳动负担和农民家庭生活的改善。

② 推广教育效果情况。通过推广项目活动，考核推广教育对农民的影响程度，包括：农民对推广项目的态度和认识程度；操作技能提高程度；基本理论掌握、理解程度等。这些反映农民素质的提高情况。

社会效益评价内容通常有：就业效果，社会稳定效果，农村文化、生产和生活质量的改变效果，农村人际关系的变化等。

（3）生态效益的评价　生态效益，是指项目推广应用对生物生长发育环境和人类生存环境的影响效果。对推广项目实施中所带来的生态影响，尤其是对不利影响进行评价，主要有：①土壤里是否有农药、地膜等农业废弃物残留，残留期多长；②是否破坏了自然景观；③是否是毁林种地项目；④是否会造成水土流失；是否会加剧土壤盐渍化；⑤是培肥地力项目、大量消耗地力项目还是用地与育地相结合项目；⑥农业用水和饮用水的水源是否遭到污染；⑦三废处理是否妥当，是否对当地的农业生态环境造成威胁和污染等。

生态效益的评价内容主要有：光能利用率、土地利用率、森林植被覆盖率、水土保持率以及农业环境污染情况和农产品清洁状况等。

5. 对项目实施进程的监控评价

试验、示范和推广三者是一种渐进关系，应该一一予以评价。对项目实施进程的监控评价，主要对项目实施中的技术适应性试验和示范性试验（或生产示范）两方面进行评价。

（1）技术适应性试验的评价　对开发性技术试验（技术来源于当地的科研、教学和推广单位）、引进技术试验（技术来源于国外）、多年试验与多点试验及群众经验验证性试验等均属于中间性评价范畴，处于技术开发与成功推广的中间状态，评价时应着重评价其科学性、先进性、适用性和效益性。

科学性是指新技术的来源是否清楚，试验设计是否合理；技术路线是否正确；试验条件和地点是否有代表性；试验结果是否精确可靠，是否有较好的重演性。

先进性是指技术试验是否以原有技术为对照；新技术的生产力水平、生产投入、劳动投入、劳动强度投入是否优于原有技术。

适用性是指新技术是否与当地自然条件和生产条件相适应；新技术是否容易被农民接受；新技术忍受制约的能力如何；新技术产品是否能在市场中站稳脚跟。

效益性是指新技术试验结果表明的经济效益、社会效益和生态效益怎样。

通过评价，了解技术储备情况，加强对有希望的技术项目实施控制和管理，并及时进入示范性试验。

（2）示范性试验的评价　示范性试验（或生产示范）的评价也属中间性评价范畴，它是在适应性试验的基础上进行的试验，也是大面积推广的前奏，是在一定范围内进行的生产示范，一般示范面积不少于13.33公顷，并要设几处同样田块的新、老技术的对比试验。对示范性试验的评价要求大体同技术适应性试验。参与评价的人员不仅是推广人员与管理人员，而且要吸收政府官员和农民代表参加。

6. 对推广项目实施结果的评价

推广项目实施结果的评价又称事后评价。一般在项目结尾时进行，评价内容包括推广工作的各方面。当然，根据推广工作的需要和发展趋势，评价内容应有所侧重。评价时，应以决策、计划、目标、实施方案、年度小结、项目总结、实物、标本、途径、现场等为根据，以原有技术为对照，对实施结果进行评价。在项目结束时，对管理工作进行评价也是十分必要的。

（1）推广资金管理评价　包括资金的筹措是否及时到位，资金的使用率，资金的有偿使用、无偿划拨、滚动使用，资金回收，财务制度是否合理、健全等进行的评价。

（2）推广物资管理评价　包括农用物资、机械、器具等品种是否齐全，数量是否充足，到位是否及时，采用什么方式送到农民手中，价格是否合理，是否出现伪劣产品，使用效果如何，农用物资是否有积压，使用、保管制度是否健全等。

（3）推广机构及人员参与项目实施能力评价　包括对管理人员的组织协调作用，对该地区科技潜能（含科技人员数量、科技推广经费、技术装备、外引经费等）的利用率，对参与推广工作的推广机构、推广人员的积极性、业务素质、能力素质和思想素质、协作精神等做出的评价。要重视推广机构、科技人员参与科技承包活动的评价。

（4）农业推广档案管理和农业信息服务评价　包括：存档是否及时、准确、资料齐全，是否有标准格式，是否有专职管理人员和保管条件，使用制度是否健全；信息管理人员是否经常性地进行信息收集、加工、传递和贮藏管理工作；推广人员是否能及时得到政策信息、生产信息、资料信息、商品流通信息，再传递给农户。

（5）对推广方法的评价　包括采用哪些方法传播农业新技术，它们在项目中的地位和作用，是否能根据农民的素质选用不同的推广方法，是否能根据社会经济、自然条件、生产条件差异较大的地区选用不同的推广方法，所用推广方法是否有利于推广机构潜能的发挥，推广方法上有哪些创新等。

(6) 对农民行为改变的评价 在推广评价中要注意一类素质较低的农民和一类素质较高的农民的比例动态变化规律；行为改变的内因是什么，外因是什么；不同地区、不同素质的农民行为转变速度的差异；如何采用有效的推广方法缩小这种差异。注意农民在掌握了初步技术原理的基础上，能否将提高的操作技能灵活地扩大使用范围。既要考核推广教育的近期效果，还要预测出推广教育的长远效果。

行为改变的评价着重知识的改变、技能的改变和态度的改变。

第二节 农业推广工作评价的指标体系

在农业推广项目评价中使用的指标（或标准）及指标（或标准）体系，是衡量农业推广项目实施或完成的优劣、效益大小、实施方案和决策目标是否合适等的重要尺度。

对有关产值等数量指标，往往年度间的可比性有所变动，进行比较时，均需换算成不变价以后，再进行比较。对一些不能定量评价的，如行为改变的测量等，则用定量、定性结合或用定性方法评价。农业推广项目的评价指标体系有以下 5 个方面。

一、经济效益评价指标体系

1. 推广项目经济效益预测

(1) 新项目推广规模起始点

$$项目规模起始点(公顷、头、株) = \frac{项目推广的费用总和}{\left(项目单位面积的新增产值 - 项目单位面积的新增费用\right) \times 项目实施年}$$

例 1 实施一栽培模式的项目技术，投入推广总费用为 10 万元，预测实施两年，每公顷要增加费用 500 元，新增收入 2500 元，求该项目最低起始点的推广面积是多少公顷？

解： $$该项目最低起始点 = \frac{100000}{(2500-500) \times 2} = 25 \text{ 公顷}$$

该项目实施规模应大于 25 公顷，面积越大效益愈大。若项目规模低于 25 公顷，说明失败。

(2) 新项目推广的经济临界限（或经济临界点） 指采用新项目的经济效益与对照的经济效益比，必须大于 1 或两者之差必须大于零。

$$项目经济临界点 = \frac{新项目的经济效益}{对照经济效益} > 1$$

或：$$项目经济临界点 = 新项目的经济效益 - 对照经济效益 > 0$$

凡此值大于 1 为有效，且愈大愈好，说明项目效果显著。在若干新项目都高于经济临界点的情况下，具有最大经济效益的新项目为最佳项目。即：

$$最佳项目 = \frac{新项目的经济效益}{对照经济效益} = 最大数值$$

这是在若干项同类项目中选择最佳项目的指标之一。

2. 推广项目经济效益指标体系

(1) $$推广项目单位面积增产率 = \frac{推广后单位面积产量 - 推广前单位面积产量}{推广前单位面积产量} \times 100\%$$

(2) $$推广项目单位面积增加的经济效益 = \frac{\left(\begin{array}{c}推广后\\总收入\end{array} - \begin{array}{c}推广后\\总支出\end{array}\right) - \left(\begin{array}{c}推广前\\总收入\end{array} - \begin{array}{c}推广前\\总支出\end{array}\right)}{有效推广面积}$$

有效面积 = 推广面积 - 受灾失收减产面积

或 = 推广面积 × 保收系数

$$保收系数 = \frac{常年播种面积 - 受灾失收面积 \times 灾害概率}{常年播种面积}$$

一般情况下，保收系数为 0.9 左右。

例 2 某地有 1 万公顷天然橡胶林，采用化学刺激割胶技术前年总收入为 5400 万元，总支出为 2700 万元，而采用化学刺激割胶技术后年总收入为 9000 万元，总支出为 4500 万元，求每公顷橡胶每年推广化学刺激割胶技术的经济效益。

代入上式：

$$每年每公顷增加经济效益 = \frac{(90000-450000)-(54000-27000)}{10000} = 0.18 万元/公顷$$

(3) 项目总经济效益 = 项目总增值 − (新增生产成本 + 推广费等)

(4) 推广年经济效益 = $\dfrac{项目经济效益}{推广年限}$

(5) 推广年人均经济效益 = $\dfrac{项目推广年经济效益}{参与推广的人数}$

(6) 农民收益率 = $\dfrac{单位面积新增产值}{单位面积新增生产费} \times 100\%$

(7) 项目总产值 = 单位面积产值 × 推广面积

3. 土地产出指标体系

(1) 土地生产率提高率　土地生产率提高率指新技术推广后的土地生产率与对照土地生产率增加的百分比，公式为：

$$土地生产率提高率 = \left(\frac{新技术推广后的土地生产率}{对照土地生产率} - 1\right) \times 100\%$$

(2) 土地生产率 = $\dfrac{产品量或价值量}{土地面积}$

这个指标反映单位土地面积的农产品产量或产值。

例 3 某地农村推广水稻杂交品种，采用新品种每公顷产量为 6750 千克，对照每公顷产量为 4500 千克，求土地生产率提高率。

$$土地生产率提高率 = \left(\frac{6750}{4500} - 1\right) \times 100\% = (1.5-1) \times 100\% = 50\%$$

(3) 单位播种面积产量或产值 = $\dfrac{某种作物产量或产值}{某种作物播种面积}$

这个指标主要用于评估单项技术或不同作物的经济效果。

(4) 单位耕地面积产量或产值 = $\dfrac{总产量或总产值}{总耕地面积}$

这个指标主要是综合反映耕地的农业技术水平和利用水平。

(5) 单位农用地面积产值 = $\dfrac{农业(农林牧副渔)总产值}{农用土地面积}$

这个指标能比较准确地反映农业技术措施效果和土地资源利用状况，经常用于农业技术推广的经济效果评估。

(6) 单位土地面积纯收入(赢利率) = $\dfrac{农产品产值 - 生产成本}{土地面积}$

这个指标反映出扣除物化劳动和必要劳动消耗后的经济效果，表达了土地赢利情况，因而在推广评估中经常用到。

(7) 总产量 = 单位面积产量 × 推广面积

如果推广项目实施 3 年，则应先将每年的产量分别计算后，再将 3 年的产量相加。

(8) 总产品商品率 = $\dfrac{总产量 - 自用量}{总产量} \times 100\%$

4. 劳动生产率指标体系

(1) 劳动生产率提高率 = $\left(\dfrac{新技术推广后的劳动生产率}{对照劳动生产率} - 1\right) \times 100\%$

(2) 单位时间劳动生产值 $=\dfrac{\text{产量或产值}}{\text{活劳动时间}}$

(3) 单位时间农业劳动净产值 $=\dfrac{\text{农产品产值}-\text{消耗生产资料的价值}}{\text{活劳动时间}}$

(4) 单位时间农业劳动赢利 $=\dfrac{\text{农产品产值}-\text{生活成本}}{\text{活劳动时间}}$

活劳动消耗量，通常用人年、人工日、人工时来计算。

5. 资金产出率指标体系

资金是农业生产总的要素，农业生产或农业推广项目应努力提高投入单位资金所取得的有用效果，资金产出率指标正是为评估这一内容而设置的。

(1) 成本产出率 $=\dfrac{\text{产量或产值}}{\text{产品生产费用}}\times 100\%$

它反映每投入单位成本所能取得的产量（或产值）。

(2) 单位农产品成本 $=\dfrac{\text{农产品总成本}}{\text{农产品总产值或产值}}$

它反映获得单位农产品产量（或产值）所消耗的成本。

(3) 成本利用率 $=\dfrac{\text{总利润率}}{\text{农产品总成本}}\times 100\%$

它反映每投入单位成本所能得取的利润率。

(4) 资金产出效率 $=\dfrac{\text{产值}}{\text{资金占用率}}\times 100\%$

它反映资金产出的效率。

(5) 单位农产品资金占用量 $=\dfrac{\text{资金占用量}}{\text{农产品产量}}$

它反映每取得单位农产品产量（或产值）所占用的农业资金。

(6) 资金利润率 $=\dfrac{\text{总利率}}{\text{资金占用量}}$

它反映每占用一单位资金所取得的利润。资金利润率根据评估的目的不同可分为：

$$\text{总资金利润}=\text{固定资金利润率}+\text{流动资金利润率}$$

$$\text{固定资金利润率}=\dfrac{\text{利润}}{\text{固定资金占用额}}\times 100\%$$

$$\text{流动资金利润率}=\dfrac{\text{利润}}{\text{流动资金占用额}}\times 100\%$$

6. 推广项目的产投比

推广项目的产投比是指实施某一农业推广项目的总产出的产值与总投入费用之间的比例，它是评估项目实施成绩的一个总要方面。如产出为 3000 万元，投入为 100 万元，则产出：投入为 3000：100＝30：1。

产出，包括主副产品及其他收入。

投入，包括资金、物质和人工的投入所有各项均应换算成价值（不变价）进行比较。

7. 单位面积增产值（量）

推广新技术单位面积所增产值（量）也叫新增单产值（量）。在推广实践中发现，由于小面积试验条件与大面积推广条件客观上存在着一定的差异，多点小区试验单位面积增产值数值与大面积推广平均单位面积增产值数据不一致，而前者往往高于后者。这样，在按试验数据评价新技术大面积推广的效果时，就会偏高。为了纠正这一偏差，引入一个系数——缩值系数，来解决以上问题。我国有关科技管理工作者经过多年的反复实践，提出了比较适合我国国情的计算机缩值系数的方法。其要点是，以多点控制实验的数据为基础，以大面积多点调查数据为比较，以单因子增产量之和不超过总的实际增产量为前提，以地、县为单位取正常年景值或 3 年平均值，将综合分析与单项考察相结合,提出了以下两种情况下的缩值系数的计算方法。

第一种情况。当地大面积增产的主导因子是所推广的成果时(其他因子为非主导因子)首先要取得在多点控制试验(简称"控试")条件下本成果比对照(当地原有的同类型技术)所增产的数据,然后再取得大面积采用该成果多点调查的增产数据,并且在符合:①控试每公顷增产量＞多点调查每公顷增产量;②多点调查每公顷增产量＞大面积应用该成果的每公顷增产量两个条件时,可用下式来计划缩值系数:

$$缩值系数 = \frac{大面积多点调查每公顷增产量}{"控试"每公顷增产量}$$

$$单位面积增产量 = 控试每公顷增产量 \times 缩值系数$$

上式中缩值系数<1,即大面积多点调查每公顷增产量(值)只能小于不能大于控试条件下每公顷增产量(值)。从四川省农业科学院调查 80 项成果的计算结果来看,缩值系数取值范围在 0.4～0.9 之间,平均范围约为 0.6～0.7。

例 4 某县推广玉米地膜覆盖栽培技术,在小面积多点控制试验下,平均每公顷增产玉米 2250 千克,而大面积多点调查平均每公顷增产玉米 1800 千克,求该县推广玉米地膜覆盖栽培新技术的缩值系数?

$$缩值系数 = \frac{大面积多点调查每公顷增量}{控试每公顷增产量}$$
$$= 1800/2250 = 0.8$$

第二种情况。当一个地区大面积增产的主导因子不是 1 个而是 2 个以上时,就不能使用第一种情况下的方法,而应采取"矫正系数"的方法:

$$矫正系数 = \frac{大面积多点调查综合应用各单因子每公顷增产量}{各单因子控试每公顷增产量之和}$$

$$单位面积增产值 = 控试每公顷增产量 \times 矫正系数$$

例 5 某地区在"八五"期间大面积推广棉花地膜覆盖和模式化栽培两项新技术,据大面积多点调查显示综合应用该两项技术的增产量为每公顷增产皮棉 375 千克,而在控试下地膜覆盖技术每公顷增产皮棉 300 千克,模式化栽培每公顷增产皮棉 225 千克,求矫正系数?

$$矫正系数 = \frac{375}{300+225} = 0.71$$

以上两种方法,均是以控试试验数据为基础,与自然、生态、经济及技术类型基本相同的地区大面积多点调查的数据相比较。控试是指按统一的设计方案在严格控制的可比条件下,在不同的自然经济区域选择有代表的点,进行的新旧成果(技术)的对比试验。大面积多点调查,是指在大面积推广运用新成果的地区,选择若干有代表性的点进行新旧成果技术经济效果的对比调查,其数据必须准确可靠,点次要多,且有代表性和可靠性。

二、社会效益评价指标体系

1. 量化指标

(1) 推广项目对劳动力的吸引率 $= \dfrac{参加生产新增劳力数}{原来参加生产的劳力数} \times 100\%$

(2) 推广项目对辅助劳动力的容纳率 $= \dfrac{参加项目的辅助劳力数}{辅助劳力数} \times 100\%$

(3) 推广项目对社区稳定的提高率 $= \left(1 - \dfrac{项目推广后的事故数}{项目推广前的事故数}\right) \times 100\%$

(4) 推广项目对农民生活水平的提高率 $= \left(\dfrac{项目推广后生活消费额}{项目推广前生活消费额} - 1\right) \times 100\%$

2. 非量化指标

(1) 项目推广后农村文化、生产及生活的变化 例如:劳动强度的减轻、食物结构的变化、交流的机会增加、科技小组的建立等。

(2) 农村人际关系的变化 例如：道德修养水平的提高、农民之间关系的密切程度加强、交流的机会增多、与外界联系更加频繁、信息来源及信息量的增加等。

三、生态效益指标体系

农业类技术推广的生态效益常用以下指标。

1. 光能利用率提高率 $= \left(\dfrac{\text{新技术推广后的光能利用率}}{\text{对照技术的光能利用率}} - 1 \right) \times 100\%$

   光能利用率 $= \dfrac{\text{生物产量} \times \text{能量系数（千焦）}}{\text{生育期内接受光能总量（千焦）}} \times 100\%$

2. 降水利用率提高率 $= \left(\dfrac{\text{新技术推广后的降水利用率}}{\text{对照技术的降水利用率}} - 1 \right) \times 100\%$

   降水利用率 $= \dfrac{\text{经济产量（千克/公顷）}}{\text{生育期内降水量（毫米）}} \times 100\%$

3. 温度生产效率提高率 $= \left(\dfrac{\text{新技术推广后的温度生产效率}}{\text{对照技术的温度生产效率}} - 1 \right) \times 100\%$

   温度生产效率 $= \dfrac{\text{经济产量（千克/公顷）}}{\text{生育期内总积温（摄氏度,℃）}} \times 100\%$

4. 土壤有机质提高率 $= \left(\dfrac{\text{新技术推广后的土壤有机质含量}}{\text{对照技术有机质含量}} - 1 \right) \times 100\%$

5. 土壤有益生物提高率 $= \left(\dfrac{\text{新技术推广后的土壤有益生物数量}}{\text{对照技术土壤有益生物数量}} - 1 \right) \times 100\%$

6. 农药施用减少率 $= \left(1 - \dfrac{\text{新技术推广后的农药施用量}}{\text{对照技术农药施用量}} \right) \times 100\%$

7. 对天敌的影响率 $= \left(\dfrac{\text{新技术推广后的天敌数}}{\text{对照技术的天敌数}} - 1 \right) \times 100\%$

8. 对水土流失的影响率 $= \left(1 - \dfrac{\text{新技术推广后流失量}}{\text{对照技术流失量}} \right) \times 100\%$

9. 秸秆还田率 $= \dfrac{\text{秸秆还田量}}{\text{秸秆总产量}} \times 100\%$

此外，评估生态效益还有水体污染、土壤污染、产品污染以及空气污染、毁林、沙化等，尽可能地多用项目实施前后发生的变化进行对比，用量化指标来说明。关于水域污染损失计算，可参见农业部 1994 年 12 月 19 日发布的"水域污染事故渔业资源损失计算方法"。

四、推广成果综合评价

1. 推广程度指标

① 推广规模（实际推广面积大小）。

② 推广度。是反映单项技术推广程度的一个指标，指实际推广规模占应推广规模的百分比。

$$\text{推广度} = \dfrac{\text{实际推广规模}}{\text{应推广规模}} \times 100\%$$

多项技术的推广度可用加权平均法求得平均推广度。

推广规模指推广的范围、数量大小。其单位有：面积（平方米、公顷）；机器数量（台、件等）；苗木数量（株树）。

实际推广规模指已经推广的实际统计数。

应推广规模指某项成果推广时应该达到、可能达到的最大局限规模，为一个估计数，它是根据某项成果的特点、水平、内容、作用、适用范围、与同类成果的竞争力及其与同类成果的平衡关系所确定的。

推广度在 0~100% 之间变化。一般情况下，一项成果在有效推广期内的年推广情况（年推广度）变化趋势呈抛物线，即推广度由低到高，达到顶点后又下降，降至为零，即停止推广。依最高推广率的实际推广规模算出的推广度为该成果的年最高推广度；根据某年实际规模算出的推广度为该年度的，即年推广度；有效推广期内各年推广度的平均称该成果的平均推广度，也就是一般指的某成果的推广度。

③ 推广率。是评价多项农业技术推广程度的指标，指推广的科技成果数占成果总数的百分比。

$$推广率 = \frac{已推广的科技成果项数}{总的成果项数} \times 100\%$$

例如，某省农业科研、教学单位"七五"期间共取得农业科技成果 721 项，其中可推广应用的成果为 680 项，已推广的成果为 310 项，计算推广率为：

$$推广率 = \frac{已推广的科技成果项数}{总的成果项数} \times 100\%$$
$$= \frac{310}{680 \times 100\%} = 45.59\%$$

即某省科研、教学单位的科技成果推广率为 45.59%。

④ 推广指数。成果的推广度和推广率都只能从某个角度反映成果的推广状况，而不能全面反映某单位、某地区、某系统（部门）在某一时期内的成果推广的全面状况。为此，引入"推广指数"作为同时反映成果推广率和推广度的共同指标，可较全面地反映成果推广状况。因此，推广指数为综合反映技术推广状况的综合指标。推广指数可用下式表示：

$$推广指数 = \sqrt{推广率 \times 推广度} \times 100\%$$

例 6 某省在 1981~1990 年期间培育或引进玉米新品种 7 个。据调查统计得知，各品种的年最高推广度分别为：

玉米品种代号	A	B	C	D	E	F	G
年最高推广度	19.0	25.0	56.0	70.0	9.5	35.5	46.0
平均推广度	8.5	16.5	47.8	52.0	3.5	27.6	37.7

求该省 1981~1990 年期间玉米新品种的群体推广度、推广率及推广指数（以年最高推广度≥20% 为起点推广度。）

$$群体推广度 = \frac{8.5 + 26.5 + 47.8 + 52.0 + 3.5 + 27.6 + 37.7}{7} = 27.7\%$$

$$推广率 = \frac{已推广成果数}{科技成果总数} \times 100\% = 5/7 \times 100\% = 71.4\%$$

$$推广指数 = \sqrt{推广率 \times 推广度} \times 100\% = \sqrt{71.4\% \times 27.7\%} \times 100\% = 44.5\%$$

专家测算，我国 1984~1988 年获得国家级、部级奖的农业科技成果（硬技术成果）的推广状况如表 13-1 所示。

表 13-1 1984~1988 年获得国家级、部级奖的农业科技成果推广状况

行　业	平均推广度/%	平均推广率/%	平均推广指数/%
种植业	41.0	59.2	49.27
畜牧业	43.0	61.3	51.40
水产业	34.46	60.03	45.58
农　机	71.3	82.1	76.51
农牧渔业	44.22	62.04	52.38

⑤ 平均推广速度。是评价推广效率的指标，指推广度与成果使用年限的比值。

$$\text{平均推广速度} = \frac{\text{推广度}}{\text{成果使用年限}}$$

2. 推广速度指标

$$\text{单位时间推广度} = \frac{\text{推广度}}{\text{推广年限}}$$

3. 推广难度指标

根据推广收益的大小、技术成果被劳动者采纳操作的难易程度、推广收益的风险性及技术推广所需配套物资条件解决的难易程度，把农业科技成果推广的难易度分为三级。

Ⅰ级：推广难度大。具以下情况之一者均为Ⅰ级。①推广收益率低；②经过讲述、示范或阅读技术操作资料后，仍需要正规培训和技术人员具体指导技术采用全过程；③技术采用成功率低；④技术方案所需配套物资或其他条件难以解决。

Ⅱ级：推广难度一般，介于Ⅰ、Ⅲ之间。

Ⅲ级：推广难度小。全部满足下列情况者为推广难度小：①推广收益率高；②经过讲述、示范或阅读技术操作资料后，即可实施技术方案；③技术采用成功率高；④技术方案所需配套物资或其他条件容易解决。把以上各项指标列为表13-2。

表13-2 农业科技成果推广评价表
（生产技术成果、生态技术成果）

序号	成果名称	推广效益											推广程度							总分	名次
		经济效益				生态效益				社会效益				效益得分（40%）	推广规模	推广度	推广密度	推广成效率	得分（40%）	推广难度	得分（10%）	推广速度	得分（10%）		
		新增总产值	推广总收益	推广收益率	得分	水土流失率少	土壤性状改良	三废污染减少	光能利用率提高	得分	产品商品率	农业人均纯收入	劳动力就业率	劳动者素质	减或轻提劳高动安强全度性	得分										

五、农业推广工作综合评价指标体系

推广工作综合评价是指评价人员对推广机构的领导管理、项目推广应用和工作效果等方面进行比较全面的评价。评价人员通过座谈、讨论、交流、查阅资料、听取汇报、现场查看等了解情况进行比较全面的评价，指标列入表13-3。分别打分，然后平均。综合得分在80分以上为优，70～79分为良，60～69分为中，59分以下者为差。

表13-3 综合评价指标表

一级指标	分值	二级指标	分值
推广项目	10	信息（项目）来源	3
		可行性研究报告	7
成果推广应用与管理	30	技术措施	10
		推广方法	15
		领导管理	5

续表

一级指标	分值	二级指标	分值
产前、产中、产后服务	25	资金投放使用	5
		生产资料供应	10
		产品销售和深加工	10
推广效益	35	经济效益	20
		社会效益	10
		生态效益	5
合计	100		100

第三节 农业推广工作评价步骤和方法

一、农业推广工作评价步骤

农业推广工作评价步骤是根据具体农业推广工作的特性而制定的，反映了评价工作的连续性和有序性。包括以下几个步骤：明确评价范围与内容、选择评价标准与指标、确定评价人员、收集评价资料、实施评价工作、编制评价报告。

1. 明确评价范围与内容

一个地区或单位的农业推广工作要评价的范围和内容很多，它涉及推广目标、对象、综合管理、方式方法等各个方面。因此需要根据评价的目的，选择其中的某个方面作为重点评价范围与内容。例如，是控制评价还是最终评价；是评价不同推广方法的优劣还是评价推广组织的机构的运行机制；是评价技术效益还是评价综合效益；是评价教育性农业推广目标实现的程度还是评价经济性及社会性农业推广目标的实现程度等。现实中一般实施结果和实施方案的评价较多。当推广项目结束时，都要对项目全程进行综合性的评价。

2. 选择评价标准与指标

评价范围与内容确定后就要选择评价的标准与指标。选择合适的指标来评价项目实施达到的程度，尽可能使指标量化，则更能表明推广项目的具体绩次。对不同的评价内容，需要选择不同的评价标准和指标。然而对大多数农业推广项目而言，以下几个标准是常用的：①创新的扩散及其在目标群体中的分布；②收入增加及生活标准的改善及其分布情况；③推广人员同目标群体之间的联系状况；④目标群体对推广项目的反应评估。

3. 确定评价人员

包括评价人员数量与类型的选择。评价人员数量应根据评价的内容而定，应有一定的代表性和鲜明的层次性。一般来说对大型的推广项目或者时间跨度较大的项目，人数应多一些，反之则可少些。一般以5~15人较为适宜。

选择评价人员在很大程度上要回答项目推广实施中的许多问题，要求通过评价能更好地改善工作，因此通过推广人员、咨询专家及实施对象共同参与，是达到共同合作、实现目标的最好途径。在具体选择评价人员时，应当权衡各类评价人员的优缺点。在确定了评价的目的、范围与内容之后，根据各类评价人员的优缺点选择各类评价人员，如表13-4。

4. 收集评价资料

这是实施农业推广工作评价的基础工作，也是根据评价目标收集评价证据的过程，评价资料有现成的，如试验、示范田间记载资料和实物产量等，也有采用各种方式收集的。收集评价资料的关键在于要拟定好评价调查设计方案，做到切合实际，既满足评价需要，又易于操作和便于存档。

表 13-4　各类评价人员的优点和缺点

评价人员类型	优　点	缺　点
推广人员作为评价人员	熟悉问题 愿意接受评价结果 较充分地利用评价信息 与日常工作能较好地结合起来	关于评价方法论的技术有限 与推广工作发生时间冲突 不乐意评价不足之处 不容易深入发现自己工作中的问题
评价中的目标群体参与	调节看问题的角度 了解自身的情况 能直接评价推广措施 愿意与项目合作	表示与推广无关的希望 不能充分表达自己的需求与观点 以不切实际的期望为基础进行评价 突出个人的自我表露
属于该组织或该项目的评价专家	具备有关方法论的知识 对问题有深入的了解 有足够的机会获得各种信息 能直接为推广人员提供咨询	容易将评价报告写成日常工作报告 较难采纳批评意见 容易使调查及分析工作复杂化 推广人员可能不会接受评价结果
独立的评价机构	能清楚的认识问题 有较好的评价方法 了解很多相关的项目,有助于比较分析	对被评价项目本身的了解不够 由于推广人员有戒备心理,故较难收集信息 容易与项目人员发生意见冲突,调查及评价结果难以为其接受

(1) 收集资料的内容　即根据不同的评价内容,寻找相应的硬件和软件资料。

① 在评价推广的最终成果时,需要在调查设计方案中列出下列指标:产量增减情况、农民收入变化情况、农民健康及生活环境状况等。

② 评价技术措施采用状况时,需要列出对采用推广项目的认识、采用者的比例、数量及效果等。

③ 评价知识、技能、态度变化时,需要列出农民知识、技能提高的程度,对采用新技术的要求、学习的态度和紧迫感等。

④ 评价农业推广人员及其活动时,需要列出推广工作的准备活动过程的观察,视听设备的利用情况,推广人员以其他方式完成任务情况的记录,通过非正式渠道了解到评价信息,农业推广人员的勤、绩和农民的反映与推广人员的要求等。

⑤ 评价推广投入时,需要列出推广人员活动所费时间、财力、物力,社会各界为支持推广活动所投入的人、财、物等。

⑥ 评价社会及经济效益时,需要列出社会产品产值总量增加、农民受教育情况及精神文明和社会进步情况等,列出环境的改善及保护生态平衡等。

(2) 资料收集方法　收集资料的方法有以下几种。

① 访问法。调查者直接到现场面对面征求有关人的意见,个别访问或开座谈会,配合查阅有关资料,对了解到的情况做好记录,访问的对象有地方领导、推广人员的同事及推广人员本身、农民、专家、学者等,这是一种双向沟通和信息反馈的好方法。

② 直接观察法。通过直观考察,对日常推广工作的价值资料进行直接估量和检查。例如:农作物的实际生长情况,农民的生活情况,以前报告的内容与直接观察的情况是否一致。举办演讲会传播技术时,可观察农民对演讲的态度,农民是否感兴趣等。使用这种方法应切忌主观因素。

③ 问卷调查法。根据评价的目标与内容,相应设计一些标准要素,制成表格标明各要素的等级差别和对应的分值。然后发给有关人员征求意见,与调查对象不直接见面,为一种间接收集资料的方法。实践中常采用通讯方式,将调查表或调查问卷邮寄给被调查者,由被调查者按要求填好寄回,故又称通讯法或邮寄法。

④ 重点调查法。在调查对象中选择一部分重点单位进行调查,是非全面调查的一种方法。重点单位的多少根据任务要求和调查对象的基本情况而定,一般说所选出的单位应尽可能少些,

而其标志值在总体中所占的比重尽可能大些。重点调查对象是农业推广人员经常联系的对象(单位或个人),能较快速度取得较准确的反映主要情况或基本趋势的统计数据。

⑤ 典型调查法。是要调查对象中有意识地选出个别的或少数的有代表性的典型单位进行深入和周密调查研究的方法。它一般是评价人员或专家根据评价目的、拟定调查提纲,选择项目实施区有代表性的单位或个人,亲自深入下去开调查会或个别访问,然后根据座谈和访问记录,进行分析研究,找出有规律性的东西。由个别了解一般,从个性了解共性。一般说典型调查侧重于探索事物的规律化,研究事物的本质特性、内部结构、发展趋势、研究不同事物相互区别的办法,包括其数量界限。

典型调查的关键,是选好调查对象,但实际中很难找到与规定要求完全一致的典型,对此,一般采取多找调查对象,使之平均化的办法,以抵消或减少一部分偶然因素的影响。

⑥ 抽样调查法。是按照随机原则在调查总体中选取一部分单位进行调查,取得资料用以推算总体数量特征的调查方法。它与其他非全面调查比较,有两个重要特点:一是随机原则;二是从数量上推算总体。因此总体中每一个单位被抽取的机会是均等的,这种调查方法比较节省人、财、物力,受人为干扰的可能性比较小,调查资料的准确性比较高,但它一般只能提供宏观或某些主观的数据,不能提供微观数据。

5. 实施评价工作

这是将收集到的有关评价资料加工整理,运用各种评价方法形成评价结果的阶段。虽在室内完成,时间不长,但任务较重,技术要求高。

这一阶段主要工作是资料的整理和评价方法的选用。有关评价方法选用在本节后一部分再介绍,这里仅对资料的整理工作加以说明。

评价资料的整理是根据研究的目的,将评价资料进行科学的审核、分组和汇总,或对已加工的综合资料进行再加工,为评价分析准备系统、条理化的综合资料的进程。资料整理的好坏直接关系到评价分析的质量和整个评价研究的结果。资料整理的基本步骤:①设计评价整理纲要,明确规定各种统计分组和各项汇总指标;②对原始调查资料进行审核和订正;③按整理表格的要求进行分组、汇总和计算;④对整理好的资料进行再审核和订正;⑤编制评价图表或评价资料汇编。

6. 编制评价报告

评价工作的最后一步是要审查评价结论、编制评价报告从而更好地发挥评价工作对指导推广工作实践以及促进信息反馈的作用。目前世界很多发达国家都实行了推广评价报告制度。

例如,美国农业推广工作中对项目进行反应评价,编制汇报报告,作为各级管理者提出增加、维护或者停止资助推广项目意见的根据。在项目的反应评估中,通过记录由参加者认定的在他们参与项目期间所获的结果,得出系统的证据。这是一种建立在证据水平之上的模型,通过使用标准化的询问项目,可以在不需要多少帮助的情况下广泛使用这种评价报告方法。

二、农业推广工作评价方式与方法

1. 评价方式

(1) 自检评价(自我评价) 这是推广机构及人员根据评价目标、原则及内容收集资料,对自身工作进行自我反思和自我诊断的一种主观效率评价方式。这种方式的特点是:推广机构的人员对自身情况熟悉、资料积累较完整、投入较低,但由于评价人员对其他单位的情况了解不够、往往容易注意纵向比较,而忽视横向比较,因而对本单位的问题诊断要么有一定的偏差,要么深度不够。所以要求评价人员要不断地了解本单位以外的各种信息。

(2) 项目的反应评价 通过研究农户对待推广工作的态度与反应,鼓励以工作小组的形式来对推广工作进行评价。这种方式在很多方面都优于自我评价方式,它使推广人员能研究农户是如何看待推广项目有效性的,并能获得如何改进各方面工作的第一手资料。因为它将项目评估方法做了标准化和简化,用标准化的询问题目供人填空,从而使对正式评价没有经验的人也能接受它，而且为在推广中修订项目计划提供了参考。

（3）行家评价　由于行家们具有广泛的推广知识和经验，对事物的认识比较全面，评价的意见比较准确中肯。加之行家们来自不同的推广单位，很容易把被评单位与自己所在单位进行对比，这种多方位的对比从不同的侧面对被评单位进行透视和剖析，就不难发现被评价单位工作的独到之处和易被人们忽视的潜在问题。所以行家们的评价，不仅针对性强、可行性大，且实用价值也高。

（4）专家评价　这是高级评价，是聘请有关推广方面的理论专家、管理专家、推广专家组成评价小组进行评价。由于专家们理论造诣较深，又有丰富的实践经验，评价水平较高，对项目实施工作能全面地进行研究和分析，从而提出的意见易被评价单位和个人接受。

专家评价法的信息量大、意见中肯、结论客观公正，容易使被评价单位的领导人产生紧迫感和压力感，从而推动推广工作向前发展。但这种方法花的时间及费用较多，有时专家们言辞尖锐或有时专家们囿于情面，不直接指出问题的所在，这些在评价中值得注意。

2. 评价方法

农业推广工作的评价方法是指评价时所采用的专门技术。评价方法种类繁多，需要根据评价对象及评价目的加以选用。总的来说，评价方法可分为定量方法和定性方法两大类，各大类又有很多小类，这里只选择几种常用的评价方法加以简述。

（1）农业推广工作定量评价方法

① 对比法（比较分析法）。这是一种很简单的定量分析评价的方法。一般将不同空间、不同时间、不同技术项目、不同农户等的因素或不同类型的评价指标进行比较。一般常常是以推广的新技术与当地原有技术进行对比。

进行比较分配时，必须注意资料的可比性。例如进行比较同类指标的口径范围、计算方法、计量单位要一致；进行技术、经济、效率的比较，要求客观条件基本相同才有可比性；进行比较的评价指标类型也必须一致；此外在价格指标上要采用不变价格或按某一标准化价格才有可比性。还有时间上的差异也要注意。在农业推广评价中广泛应用，是一种很好的评价方法。

a. 平行对比法。这是把反映不同效果的指标系列并列进行比较，以评定其经济效果的大小，从而便于择优的方法。可用于分析不同技术在相同条件下的经济效果，或者同一技术在不同条件下的经济效果。

例7　畜牧业生产的技术经济效果比较。某畜牧场圈养肥猪，所喂饲料有两种方案：一是使用青饲料、矿物质和粮食，按全价要求配合的饲料；二是单纯使用粮食饲料喂养肥猪。哪一种方案经济效果好？详见表13-5。

表13-5　配合饲料与单一饲料养猪的经济效果

指标	头数/头	试验天数/天	平均每头日增重/千克			每千克增产耗用粮食/千克	每千克增产成本/元	每千克活重产值/元	每千克活重赢利/元	每工日增重/克
			初重	末重	日增重					
配合饲料	36	80	55.7	123.9	0.852	8.68	1.30	1.50	0.20	35
单一饲料	36	80	56.1	93.4	0.466	24.56	2.44	1.50	−0.94	42

从表13-5中可以看出，用配合饲料喂猪，除劳动生产率较低外，其他经济效果指标都优于单一饲料喂养。通过上例说明比较，采用配合饲料喂猪效果好。

b. 分组对比法。分组对比法是按照一定标志，将评价对象进行分组并按组计算指标，进行技术经济评价的方法。分组标志是将技术经济资料进行分组，用来作为划分资料的标准。分组标志分为数量标志的质量标志。按数量标志编制的分配数列，叫做变量数列。变量数列分为两种：一是单项式变量数列；二是组距式变量数列。常用组距式变量数列，即把变量值划分为若干组列出。

例 8 某县采用组距式变量数列按物质费用分组计算经济效益,见表 13-6。

表 13-6 ××年试点户物质消耗与小麦产量分组比较表

组别	组距/元	户数/户	公顷数/hm²	单位费用/(元/hm²)	单位产量/(kg/hm²)	单位收入/(元/hm²)	单位纯收益/(元/hm²)	千克成本/元	每元投资效益
1	420~480	1	0.36	455.7	3262.5	1305	847.8	0.140	1.86
2	480~540	2	1.67	511.2	3547.5	1419	937.8	0.144	1.78
3	540~600	3	1.59	573.8	3630.0	1457	876.8	0.160	1.52
4	600~660	4	1.29	631.4	3720.0	1488	856.7	0.170	1.36
5	660~720	5	0.33	697.7	4440.0	1776	1078.4	0.156	1.55

注:小麦按每千克 0.40 元计算。

从表 13-6 中可以看出,随着物质费用投入的影响,单位产量随其增加而相应增加,但由于报酬递减率规律的制约,每元投资的效果在逐步下降。如每公顷费用为 455.7 元的第一组,每公顷产量为 3262.5 千克,其千克成本最低,而每元投资效益最高;每公顷费用为 631.4 元的第四级,每公顷产量为 3720 千克,其千克成本为最高,而每元投资效益最低。由此可见,在生产水平一般地区,小麦种植以每公顷投资 420~480 元的经济效益最好。

② 综合评价法。这是一种将不同性质的若干个评价指标转化为同度量的并进一步综合为一个具有可比性的综合指标实行评价的方法。综合评价的方法主要有:关键指标法、综合评分法和加权平均指数法。

a. 关键指标法,指根据一项重要指标的比较对全局作出总评价。

b. 综合评分法,指选择若干重要评价指标,根据评价标准定的记分方法,然后按这些指标的实际完成情况进行打分,根据各项指标的实际总分作出全面评价。

c. 加权平均指数法,指选择若干重要指标,将实际完成情况和比较标准相对比计算出个体指数,同时根据重要程度规定每个指标的权数,计算出加权平均数,以平均指数值的高低作出评价。

(2) 农业推广工作定性评价方法 农业推广工作评价,很多内容很难定量,而只能用定性的方法。定性评价法是一个涵义极广的概念,它是对事物性质进行分析研究的一种方法。例如行为的改变、推广管理工作的效率等,它是把评价的内容分解成许多项目,再把每个项目划分为若干等级,按重要程度设立分值,作为定性评价的量化指标,下列中的定性评价方法可供参考。

例 9 请您就参加"技术讲习班"的评价,在您认为适当处划"√"。

要 素	等 级				
	很差	差	普通	好	很好
1. 环境场地安排	1	2	3	4	5
2. 指导	1	2	3	4	5
3. 学习的气氛	1	2	3	4	5
4. 教学设备	1	2	3	4	5
5. 讲课内容	1	2	3	4	5
6. 讲课老师的水平	1	2	3	4	5
7. 讲习班的方式	1	2	3	4	5
8. 讲习效果	1	2	3	4	5

例 10 评价一个推广机构的工作,在适当处打"√"

要 素	等 级				
	很差	差	普通	好	很好
1. 品德好,水平高	1	2	3	4	5
2. 积极搞好推广工作	1	2	3	4	5
3. 对待农民热情	1	2	3	4	5
4. 团结互助,分工合作	1	2	3	4	5
5. 发扬民主,待人诚实	1	2	3	4	5
6. 推广人员经常下乡	1	2	3	4	5
7. 定时召开生产会议	1	2	3	4	5

例11 农民知识方面的改变

蔬菜收获前几天不能喷农药？请打"√"。

一周前_____

二周前_____

三周前_____

为什么_____

增加"为什么",是对农民经过学习、掌握知识深度的进一步的评价。

例12 农民对使用推广方法的反映,在适当处打"√"。

推广方法	等 级			
	非常喜欢	喜欢	无所谓	不喜欢
1. 成果与方法示范	1	2	3	4
2. 巡回指导	1	2	3	4
3. 农户访问	1	2	3	4
4. 座谈会	1	2	3	4
5. 讲习班	1	2	3	4
6. 放电影电视	1	2	3	4
7. 印刷品宣传	1	2	3	4
8. 广播宣传	1	2	3	4
9. 专家讲课	1	2	3	4
10. 报纸	1	2	3	4

如此等等,根据需要设计表格,根据评价人员所评的平均分数,对评价的某个专题或某个问题进行定性评价。

本 章 小 结

农业推广工作评价是农业推广工作的重要组成部分,它是应用科学方法,依据既定的推广工作目标或标准,对推广工作的各个环节进行观察、衡量、检查和考核,以便了解和掌握已完成的推广工作是否达到了预定的目标或标准,进而确定推广工作的效果和价值,及时总结经验和发现问题,不断改进工作作风和提高推广工作水平。

农业推广工作评价应该遵循一定的原则。农业推广工作评价的原则有：①综合效益原则；②实事求是的原则；③资料可比原则；④因地制宜原则；⑤突出重点的原则；⑥统筹兼顾的原则；⑦以人为本的原则。

农业推广工作评价的内容很多,涉及推广的全过程。不过每一次评价活动,并不是对下列内容作一一评价,应依据评价的目的和要求,仅选择部分内容予以评价即可。但是,重大推广项目则必须较为全面地进行评价。

评价的内容包括：①对推广决策的评价；②对农业推广目标实施结果的评价；③对规划、计划执行结果的评价；④对农业推广效益的评价；⑤对项目实施进程的监控评价；⑥对推广项目实施结果的评价。

在农业推广项目评价中使用的指标（或标准）及指标（或标准）体系,是衡量农业推广项目实施或完成的优劣、效益大小、实施方案和决策目标是否合适等的重要尺度。

农业推广项目的评价指标体系有以下5个方面：①经济效益评价指标体系；②社会效益评价指标体系；③生态效益指标体系；④推广成果综合评价；⑤农业推广工作综合评价指标体系。

农业推广工作评价步骤是根据具体农业推广工作的特性而制定的，反映了评价工作的连续性和有序性。包括以下几个步骤：明确评价范围与内容、选择评价标准与指标、确定评价人员、收集评价资料、实施评价工作、编制评价报告。

农业推广工作评价方式有：①自检评价（自我评价）；②项目的反应评价；③行家评价；④专家评价。

农业推广工作的评价方法是指评价时所采用的专门技术。评价方法种类繁多，需要根据评价对象及评价目的加以选用。总的来说，评价方法可分为定量方法和定性方法两大类，各大类又有很多小类。

复习思考题

1. 为什么要对农业推广工作进行评价？
2. 农业推广工作评价有哪些经济评价指标？
3. 如何评价农业推广的推广程度？

实训　农业推广项目评价

一、目的要求

农业推广项目评价是根据一系列项目评价指标，对项目完成的情况进行总体的、科学的、客观的评判，确定项目实施的技术水平，找出项目实施的过程中存在的各种问题，以便以后制定出更加切实可行的推广项目实施方案，为改进推广方法、提高推广效率积累经验。农业推广项目评价要客观准确地评价项目的价值，并对项目前景做出科学的分析；了解影响项目实施的主观和客观因素，了解影响推广工作效率的因素；对项目的三大效益进行系统的分析。

二、方法与步骤

（1）确定项目评价的范围　一般应评价项目内容、项目推广方法、项目的总体效益等。

（2）制订评价计划　包括评价的主要内容和如何进行评价，要列出具体日期、评价办法和评价方案。

（3）确定评价指标　设计出评价指标体系和评分标准。

（4）选择评价对象　根据评价项目确定评价对象，一般采用抽样调查法。

（5）搜集评价资料　包括农民采用技术的人数、增加的产量、经济效益等。按照制定的评价方案进行评价。

（6）写出评价报告。

三、农业推广项目评价的主要内容

1. 经济效益评价

经济效益的实现有三种形式：一是节本增效，即单位面积或规模产出值相同，但产投比高于被替代的技术（以下简称对照）；二是节本增效增产，也就是既减少成本，又提高产量，效益显著高于对照；三是增本增效，即投入稍大于对照技术，产品产量却大幅度提高，效益随之增加。每项新技术的经济效益高于准备取代的对照技术。经济效益的评价指标主要如下。

① 项目总经济效益。
② 项目单位面积增产率。
③ 项目单位面积增加的效益。
④ 土地生产率。
⑤ 土地生产率提高率。

⑥ 单位面积农用地总产值。
⑦ 单位土地面积盈利率。
⑧ 农产品商品率。

2. 社会效益评价

社会效益集中体现在促进农村社会协调发展和促进农民发展两个方面。促进农村社会协调发展主要包括：促进农业科技进步、促进农村经济增长方式的转变、促进农业种植结构和农村产业结构的合理调整、促进相关产业的发展、改善农业生产条件、增加总供给以满足人们的生活需求、提供就业机会、促进社会稳定等。促进农民发展主要包括：创造扶贫效果、促进农村劳动力转移、增加农民收入、提高农民科技文化素质、改善农民生活质量、提高农民生活水平等。

社会效益评价指标主要如下。

① 项目的受益人数（项目区域内群众参与项目的程度）。
② 项目区域内的优势发掘程度（资源利用程度）。
③ 项目区域内"土著知识"的保护与利用程度。
④ 项目区域管理能力提高程度。
⑤ 项目对区域扶贫的贡献程度（项目对提高农民生活水平的贡献程度）。
⑥ 项目为区域提供的就业机会（项目对劳动力的吸引率）。
⑦ 项目对区域社会稳定的贡献。
⑧ 项目为类似其他区域发展提供的经验和模式。

3. 生态效益评价

生态效益是指项目对项目区生态系统的贡献及影响。通过定量测定和计算项目的生态效益并转换成生态价值来反映项目的贡献程度和影响大小。生态效益分为直接和间接两类。直接的生态效益主要是考虑区域发展项目是否增加氧量和价值、保土量和价值、保水量和价值、保肥量和价值。间接的生态效益，从环境污染和疾病成本增加及人力资源损失方面考虑。生态效益评价指标主要如下。

绿色植物覆盖率、提高水土保持力（减少水土流失）、防治土壤退化（减少土壤沙化、盐渍化）、改善生态环境（减少土壤、水体污染）、减少固体废弃物和有害物质、提高土壤肥力（改善土壤质量、提高土壤有机质含量）、提高土地利用率（提高复种指数）、提高农业水资源利用率（减少农业用水量）、提高农田光能利用率、提高能量产投比、增强农业的抗灾能力等。

4. 教育影响评价

教育影响主要是指项目实施过程中推广教育活动对农民知识、行为、技能的影响程度。可以定性评价和定量评价结合进行。评价指标可以根据项目类型确定。

四、作业

根据教师提供项目实施情况，在对数据进行整理分析的基础上，确定具体的评价指标并计算出完成指标的数值，写出项目评价报告。

参 考 文 献

[1] 高启杰. 农业推广学. 北京：中国农业大学出版社，2003.
[2] 高启杰. 农业推广学. 第2版. 北京：中国农业大学出版社，2008.
[3] 汤锦如. 农业推广学. 北京. 中国农业出版社，2001.
[4] 汤锦如. 农业推广学. 第2版. 北京：中国农业出版社，2005.
[5] 王慧军. 农业推广学. 北京：中国农业出版社，2002
[6] 王慧军. 农业推广学. 第2版. 北京：中国农业出版社，2007.
[7] 王福海. 农业科学实验与新技术推广. 北京：中国农业出版社，2001.
[8] 王福海. 农业推广. 北京：中国农业出版社，2002.
[9] 王福海. 农业推广. 第2版. 北京：中国农业出版社，2008.
[10] 许无惧. 农业推广. 北京：经济科学出版社，1997.
[11] 卢敏. 农业推广学. 北京：中国农业出版社，2005.
[12] 傅雪琳. 农业推广学. 广东：广东教育出版社，2008.
[13] 汪荣康. 农业推广项目管理与评价. 北京：经济科学出版社，1998
[14] 王德海. 传播与沟通教程. 北京：中国农业大学出版社，2007.
[15] 任晋阳. 农业推广学. 北京. 中国农业大学出版社，1998.
[16] 何 勇等. 精细农业. 杭州：浙江大学出版社，2003.
[17] 苑棚, 国鲁来, 齐莉梅等. 农业科技推广体系改革与创新. 北京：中国农业出版社，2006.
[18] 张立峰. 我国农业科技成果转化模式研究［硕士学位论文］. 石家庄：河北农业大学，2002.
[19] 张雨. 农业科技成果转化运行机制研究［博士学位论文］. 北京：中国农业科学院，2005.
[20] 周乐. 中国科技成果转化问题研究［硕士学位论文］. 长春：长春理工大学. 2003.
[21] 于延申, 齐心, 朱晓天等. 我国农业科技成果推广的现状、成因及采取对策. 吉林蔬菜，2003.
[22] 孙联辉. 中国农业技术推广运行机制研究［博士学位论文］. 西安：西北农林科技大学，2005.
[23] 蔡东宏. 热带区域农业信息化路径与对策研究［博士学位论文］. 武汉：武汉大学，2005.
[24] 李应博. 我国农业信息服务体系研究［博士学位论文］. 北京：中国农业大学，2005.
[25] 陈红卫. 我国农业推广信息传播的制约因素及其对策研究［硕士学位论文］. 郑州：河南农业大学，2007.
[26] 戴新明. 湖北省农业科技推广信息系统研究［硕士学位论文］. 华中农业大学. 2005.
[27] 盛畅, 崔国贤. 专家系统及其在农业上的应用与发展. 农业网络信息，2008，(3)：4-7.
[28] 杨玉东. 农业产业化与农业市场体系. 农业经济，1999，(5)：18-19.
[29] 何振红. 健全适应现代农业的市场体系. 经济日报，2007-01-09 (2).
[30] 全国农业技术推广服务中心. 前进中的中国农技推广事业：中国农业技术推广工作回顾与展望. 北京：中国农业出版社，2001：3-10.